AF670184

DEUTSCHE DEMOKRATISCHE REPUBLIK
DEUTSCHE AKADEMIE DER LANDWIRTSCHAFTSWISSENSCHAFTEN ZU BERLIN
INSTITUT FÜR LANDWIRTSCHAFTLICHE INFORMATION UND DOKUMENTATION

Landwirtschaftliches Zentralblatt

ABTEILUNG III

TIERZUCHT · TIERERNÄHRUNG FISCHEREI

9. JAHRGANG
1964

AKADEMIE-VERLAG · BERLIN

LZ. III TIERZUCHT · TIERERNÄHRUNG · FISCHEREI · JG. 1964 · NR. 10 · SEITE 2021–2244 · BERLIN · OKTOBER 1964

LANDWIRTSCHAFTLICHES ZENTRALBLATT

KURATORIUM

Prof. Dr. Gustav Becker — Quedlinburg
Prof. Dr. Johannes Dobberstein — Berlin
Prof. Dr. Ernst Ehwald — Eberswalde
Prof. Dr.-Ing. Heinrich Heyde — Berlin
Prof. Dr. Hermann Meusel — Halle/Saale
Prof. Dr. Kurt Nehring — Rostock
Prof. Dr. Erwin Plachy — Berlin
Prof. Dr. Johannes Reinhold — Berlin
Prof. Dr. Heinz Röhrer — Insel Riems bei Greifswald
Prof. Dr. Otto Rosenkranz — Böhlitz-Ehrenberg
Prof. Dr. Rudolf Schick — Groß-Lüsewitz, Krs. Rostock
Prof. Dr. Karl Schmalfuß — Halle/Saale
Prof. Dr. Wilhelm Stahl — Rostock
Prof. Dr. Hans Stubbe — Gatersleben, Bez. Halle

CHEFREDAKTEUR

Dr. Werner Kleeberg — Berlin

ABTEILUNG TIERZUCHT · TIERERNÄHRUNG · FISCHEREI

REDAKTIONSAUSSCHUSS

Prof. Dr. Knut Breirem — Vollebekk
Dr. Virgil Gligor — Bukarest
Prof. Dr. Erwein Höpler — Wien
Prof. Dr. Karl Ivar Johansson — Uppsala
Prof. Dr. Jan Kielanowski — Warschau
Prof. Dr. Vladimír Koželuha — Prag
Prof. Dr. Edwin Lauprecht — Mariensee
Prof. Dr. Walter Lenkeit — Göttingen
Prof. Dr. Kurt Nehring — Rostock
Prof. Dr. Maximilian Pflücke — Potsdam
Prof. Dr. Nikola Platikanow — Sofia
Prof. Dr. József Schandl — Budapest
Prof. Dr. Ivan Šmalcelj — Zagreb
Prof. Dr. Wilhelm Stahl — Rostock
Prof. Dr. Michail Tomme — Moskau
Prof. Dr. Hans-Helmuth Wundsch — Berlin

REDAKTION

Dr. Hans Dieter Hennig — Tierzucht
Dr. habil. Bernhard Piatkowski — Tierernährung
Dr. habil. Werner Steffens — Fischerei

INHALTSVERZEICHNIS

NAMENVERZEICHNIS

3–64/10–0001 bis 0718; 9001 bis 9183

Ab Jahrgang 1964 beziehen sich die hinter dem Autorennamen angegebenen Zahlen auf die Signatur des Dokumentationsmaterials

Signatur in [Klammern] bedeutet Bibliographie, mit Stern * bedeutet Buchbesprechung

HERMANN VON GUTTENBERG

Lehrbuch der allgemeinen Botanik

6., neubearbeitete Auflage

1963. XVII, 735 Seiten — 637 Abbildungen — 10 Tafeln — 14 Tabellen — gr. 8°
Ganzleinen MDN 32,—

Bei der Herausgabe der 6. Auflage des Lehrbuches wurde darauf geachtet, die wichtigsten Forschungsergebnisse der letzten Jahre so in das Werk einzuarbeiten, daß der ursprüngliche Aufbau beibehalten bleibt. Die rasche Verbreitung des Lehrbuches in beiden Teilen Deutschlands hatte bewiesen, daß der Grundgedanke des Verfassers, ein für den Anfänger verständliches, aber auch dem Fortgeschrittenen dienliches Buch zu schreiben, sich bewährt hat. Die neuen Ergebnisse sind in möglichst leicht verständlicher Weise aufgenommen. Abgesehen von zahlreichen kleinen Ergänzungen und Verbesserungen, wurden in der Zellenlehre die neuen Befunde der Elektronenmikroskopie berücksichtigt und durch Abbildungen erläutert; im anatomischen Teil wurde eine Neubearbeitung der Histogenese vorgenommen. Die Ergänzung der Physiologie erforderte besonders ein Eingehen auf die neuen Ergebnisse der Photosynthese-Forschung. Ferner war das Virusproblem in Anbetracht seiner Bedeutung für die Genetik mehr als bisher zu publizieren. Auch das Kapitel über Wachstum und Entwicklung wurde dem derzeitigen Stande dieser Forschungsrichtung angepaßt. Damit dürfte auch die neue Auflage die Aufgabe erfüllen, für die das Buch gedacht ist. Es soll den Studenten der Biologie und verwandter Fächer, aber auch dem Lehrer und Praktiker das Wissensgebiet der allgemeinen Botanik in leicht lesbarer Form vermitteln.

Bestellungen durch eine Buchhandlung erbeten

A K A D E M I E - V E R L A G · B E R L I N

// LANDWIRTSCHAFTLICHES ZENTRALBLATT
ABT. TIERZUCHT · TIERERNÄHRUNG · FISCHEREI

1964 **NR. 10** **OKTOBER**

ALLGEMEINES

A. GESCHICHTE, FORSCHUNG, UNTERRICHT

3-64/10-0001 Stubbe, H. **Über einige Zukunftsprobleme der Agrarwissenschaft.** Dtsch. Landwirtsch. **15** (1964) Nr. 5. S. 209-213. 40.

3-64/10-0002 Lorencowicz, M. Doszkalanie absolwentów WSR i techników rolniczych. **(Die zusätzliche Ausbildung von Absolventen landwirtschaftlicher Hochschulen und landwirtschaftlicher Techniker.)** Nowe Rolnictwo **12** (1963) Nr. 19. S. 54-56. PRL/CBR. 50.

3-64/10-0003 Hirsch, G. P. **Die landwirtschaftliche Berufsausbildung in Großbritannien.** Ausbild. Berat. Land- u. Hauswirtsch. **17** (1964) Nr. 4. S. 77-79. — 2 Abb., 2 Tab. 50.

3-64/10-0004 Weiling, F. **Zur Frage der biometrischen Ausbildung in der Landwirtschaft.** Landwirtsch. Forsch. **16** (1963) Nr. 4. S. 310-314. — 1 Abb., 3 Tab. 50.

3-64/10-0005 *Bálint, György, Faluba, Zoltán* und *Poór, György.* **Szakoktatás és szakemberszükséglet a mezögazdaságban. (Témadokumentáció.)** (Fachunterricht und Fachkräftebedarf in der Landwirtschaft.) Budapest: Országos Mezögazdasági Könyvtár és dokumentációs Központ. 1963. (95 S.) 8°. (1963 A 1540)

B. GRUNDLAGENWISSENSCHAFTEN UND METHODIK

3-64/10-0006 Schmidt, W. J.; Gießen, Univ., Zool. Inst. **Über die Struktur einiger abnormer Vogel-Eischalen nebst Bemerkungen zu neueren Auffassungen betreffend Bau und Bildung der Kalkschale.** Z. Morphol. Ökol. Tiere **53** (1964) Nr. 4. S. 311-361. — 36 Abb., 40 Lit.
Bei der Bildung der Vogeleischale schließen die wachsenden Calcitkristalle das org. Material in sich ein. Die artspezifische Zusammensetzung der org. Subst. bedingt zusammen mit der Zahl der Uterusdrüsen pro Flächeneinheit u. a. das erbliche Milieu für die Schalenbildung. H. Pingel. 120.

3-64/10-0007 Grau, C. R. und Wilson, B. W.; Davis, Univ. of California. Avian oogenesis and yolk deposition. **(Oogenese und Dotterablagerung bei Vögeln.)** Experientia [Basel] **20** (1964) Nr. 1. S. 26. — 8 Lit.
Es wird die Auffassung vertreten, daß bei Vögeln der Hauptanteil des Eidotters extrazellulär ist und nicht intrazellulär, wie bisher angenommen. Die Eizelle spielt bei der Ablagerung des Eidotters nur eine passive Rolle. Der Eidotter entsteht durch selektive Absorption von Blutplasma, das zwischen den Follikelzellen in die Follikelhöhlen eindringt und dort abgelagert wird. Wasser, Natrium u. a. Stoffe werden wieder ins Blut abgegeben. Plasmaprotein, Kalium, Lipoide u. a. Stoffe verbleiben und bilden den Dotter.
H. Pingel. 120.

3-64/10-0008 Söchtig, H., Ruhemann, H., Maeder, H. und Flaig, W. **Über die Lochkartendokumentation des Instituts für Biochemie des Bodens der Forschungsanstalt für Landwirtschaft in Braunschweig-Völkenrode.** Landwirtsch. Forsch. **17** (1964) Nr. 1. S. 53-57. 170.

3-64/10-0009 Specht, G. **Erarbeitung einer einheitlichen internationalen Terminologie für biometrische Verfahren in der Landwirtschaft mit dem Ziel der Herausgabe eines Biometrischen Wörterbuches für die Landwirtschaft.** Potsdam, Inst. Landwirtsch. Untersuchungswes. Dtsch. Akad. Landwirtsch.-Wiss. Berlin Plan-Nr.: 170134 h-3-15/3. Abschlußber. (22/5. 1964).
Mit dem Ziel, eine einheitliche internationale Definition biometrischer und mathematisch-statistischer Begriffe zu erarbeiten, haben ein deutsches und ein ungarisches Kollektiv von Fachwissenschaftlern begonnen, Fachausdrücke in einem Wörterbuch zusammenzustellen und zu erläutern. Es wird über den gegenwärtigen Stand der Arbeiten berichtet, die außerhalb des Planes Forschung und Technik fortgeführt werden. Die Ergebnisse werden durch Herausgabe eines mehrsprachigen, erläuternden Wörterbuches der Biometrie unter besonderer Berücksichtigung der Landwirtschaftswissenschaften nutzbar gemacht. Eine gleichzeitige deutsche und ungarische Erstauflage erscheint in Koedition im VEB Deutscher Landwirtschaftsverlag Berlin und im Ungarischen Landwirtschaftsverlag Budapest. 170.

3-64/10-0010 *Richter, Wolfgang* und *Werner, Eberhard.* **Untersuchungsgänge bei Haustieren und wichtige physiologische Daten.** Jena: Fischer. 1963. (XVI, 164 S. m. 13 Abb. u. 4 Taf.) 8°. (1964 A 182)

3-64/10-0011 *Siegmund, Kurt.* **Studium der landwirtschaftlichen Information und Dokumentation.** Bericht über die Studienreise nach Ungarn in der Zeit vom 17.—25. 11. 1963. Berlin: Inst. f. landw. Inf. u. Dokumentation. 1963. (17 S.) 4°. (G61)

3-64/10-0012 *Weber, Erna.* **Grundriß der biologischen Statistik.** Für Naturwissenschaftler, Landwirte und Mediziner. Jena: Fischer. 1964. (XII, 582 S. m. 120 Abb. u. Taf.) 8°. (1964 A 271)

3-64/10-0013 **Probleme de biologie.** (Probleme der Biologie.) Hrsg.: Acad. Republicii Populare Romine. București: Edit. Acad. RPR. 1962. (574 S.) 8°. (1964 A 81)

C. JAHRESBERICHTE UND TAGUNGEN

3-64/10-0014 Pala, J. Sympozjum genetyczne. **(Das genetische Symposium in Poznań 19.-21. 11. 1963.)** Nowe Rolnictwo **12** (1963) Nr. 23. S. 24. PRL/CBR. 200.

D. STATISTIK

3-64/10-0015 Jelínková, V., Hofrichterová, A. und Tauber, A. Přehled a srovnání vývoje a současného stavu zemědělství ve vyspělých západoevropských zemích. **(Übersicht und Vergleich der Entwicklung und des gegenwärtigen Standes der Landwirtschaft in fortgeschrittenen westeuropäischen Ländern.)** Studijní Inform., zemědělská Ekonom. **1963** Nr. 10. S. **499** bis 582.
Im ersten Teil dieser statistischen Übersicht werden die Grundkennziffern der landwirtsch. Produktion, wie Fläche in LN und AL, Ernteflächen und ihre Struktur, Hektarerträge, Stand der landwirtsch. Nutztiere umgerechnet auf die Einheit LN, Nutzleistung der landwirtsch. Haustiere (durchschnittl. Milchleistung, Milchfettgehalt, Bienentracht), tierische Produktion je ha LN angeführt. Das in Indexen angegebene Wachstum der landwirtsch. und industriellen Produktion wird ebenso wie die Nahrungsmittelproduktion, Getreidearten- und Milchbilanz, Mechanisierung der landwirtsch. Erzeugung, Tages- und Jahresverbrauch in kg und Kalorien verglichen. Diese Angaben beziehen sich auf die landwirtsch. Produktion in Belgien, Frankreich, Holland und der BRD, einige weitere Angaben haben außerdem auf weitere zwei Länder (Dänemark und Schweden) Bezug. Bei vergleichbaren Kennziffern werden auch die entspr. Angaben aus der ČSSR angeführt. Die Entwicklung der landwirtsch. Produktion wird in zeitlichen Reihenfolgen angeführt, die in den meisten Fällen mit dem Jahr 1950 beginnen und mit den Jahren 1955, 1958-1962 fortgesetzt werden. ČSSR/ÚVTI. 210.

3-64/10-0016 *Ujhelyi, Tamás.* **A fontosabb szocialista és tőkés országok mezőgazdasági mutatóinak összehasonlitása. (Temadokumentácio.)** (Vergleich der landwirtschaftlichen Kennziffern der wichtigsten sozialistischen und kapitalistischen Länder.) Budapest. 1962. (71 S.) 8°. (1963 A 1317)

ALLGEMEINE TIERZUCHT

B. ORGANE DES TIERKÖRPERS

3-64/10-0017 Braend, Mikael und Stormont, Clyde; Davis, Univ. of California, School of Veterin. Med. Studies on hemoglobin and transferrin types of horses. **(Untersuchungen über die Hämoglobin- und Transferrintypen beim Pferd.)** Nord. Veterinärmed. **16** (1964) Nr. 1. S. 31-37. — 2 Abb., 1 Tab., 8 Lit.
Mit der Methode der Stärkegelelektrophorese werden die Hb- und Transferrintypen des Pferdes untersucht. Insgesamt sind 16 verschiedene β-Globulintypen ermittelt worden, die sich als Transferrine erwiesen. Diese 16 Typen sind wahrscheinlich in 6 co-dominierenden autosomalen Allelen verankert, die mit *TfD, TfF, TfH, TfM, TfO* und *TfR* bezeichnet werden. Das Vorkommen dieser 6 Allele wird mittels Abstammungsangaben überprüft und eine gute Übereinstimmung der Ergebnisse mit der Theorie festgestellt. Die Transferrintypen allein oder zusammen mit den gewöhnlichen Bluttypen sind auf Grund der Ergebnisse zur Lösung von Abstammungsproblemen beim Pferd brauchbar. Eine individuelle Variation der Hb- und Haptoglobintypen konnte nicht nachgewiesen werden. W. Verter. 1120.

3-64/10-0018 Riechert, Dietrich. **Über den Blutchlorspiegel des Schweines bei hohen Außentemperaturen und hoher Luftfeuchtigkeit.** Diss. Berlin **1963** 68 S.
Für die Untersuchungen standen 12 Schweine zur Verfügung. Die Cl-Bestimmung erfolgte nach der Methode von Sundermann und Williams (vgl. J. biol. Chemistry **102** [1933] S. 279.) bei einer Außentemperatur von 13-15 °C und 70-80% Luftfeuchtigkeit (Normalwertbestimmung) und bei 35 °C und 90% Luftfeuchtigkeit. Als Ergebnis dieser beiden Versuchsserien wurde festgestellt, daß der Normalwert 278,9 ± 6,9 mg% beträgt, wobei die Einzelwerte zwischen 265,54 und 294,175 mg% Cl schwanken. Die Beziehungen zwischen Körpertemperatur und Cl-Gehalt sind nicht eindeutig, obwohl ein Ansteigen oder Abfallen der Körpertemperatur zu 59,3% von einem Steigen oder Sinken der Cl-Werte begleitet ist. Mit steigender Außentemperatur und Luftfeuchtigkeit erhöhte sich der Cl-Gehalt des Blutes. Die Schwankungsbreite der Einzelwerte nimmt zu. Die Körpertemperatur erhöht sich ebenfalls. Eine direkte Abhängigkeit der Höhe des Cl-Gehaltes von der Höhe der Körpertemperatur besteht nicht. — Eine dritte Versuchsserie sollte zeigen, ob es zu einer Gewöhnung des Körpers an die Wärme kommt, d. h. ob nach Anstieg der Cl-Werte trotz anhaltender Wärme eine Rückkehr zur Norm eintritt. Es wurde festgestellt, daß Körpertemperatur und Cl-Werte im Laufe von 5 Tagen unter der Einwirkung von 35 °C und 70% Luftfeuchtigkeit keine fallende Tendenz aufweisen. D. Riechert. 1120.

3-64/10-0019 Meyer, H. **Über den Hämatokritwert beim Schaf.** Mh. Tierheilkunde **15** (1963) Nr. 11. S. 306-314. — 1 Abb., 7 Tab.
Mit der Methode nach Wintrobe werden Hämatokritbestimmungen aus Blutproben von insgesamt 1297 klinisch gesunden Schafen 11 verschiedener Rassen vorgenommen. Zentrifugiert wird 45 Min. lang bei 3000 U/min. Längere Zentrifugation führt zu keiner weiteren Veränderung des Sediments. Bei einer rel. Zentrifugenkraft von ca. 1800 g wird bei 40 Doppelanalysen eine Standardabweichung von 0,34 Einheiten und ein methodischer Fehler von 0,98% ermittelt. 983 erwachsene weibl. Schafe weisen einen mittleren Hämatokritwert von 34,44% ± 0,14 auf. Bei der Überprüfung der Rassen-

und Herdeneinflüsse werden erhebliche Unterschiede im durchschnittl. Hämatokritwert festgestellt, die wahrscheinlich auf spez. Faktoren in den Herden zurückzuführen sind. Ein gesicherter Einfluß auf den Hämatokritwert ergibt sich ferner in Abhängigkeit vom jeweiligen Hb-Typ (A, B und AB). Weitere, den Hämatokritwert möglicherweise beeinflussende Faktoren, wie die väterliche Abstammung, die Altersabhängigkeit und die Einwirkung von Zwillings- und Einlingslämmern, werden überprüft. Bes. starke und statistisch gesicherte Unterschiede bestehen zwischen Zwillings- und Einlingslämmern. Gleiche Ergebnisse bestehen bei der Überprüfung verschiedener Nachkommengruppen väterlicher Abstammung. Somit sind genetische Faktoren wahrscheinlich mit bestimmend für die Höhe des Hämatokritwertes. Hinsichtlich der Lebenszeit ist mit zunehmendem Alter ein kontinuierlicher Anstieg zu verzeichnen, der jedoch statistisch nicht gesichert werden konnte. W. Verter. 1120.

3-64/10-0020 Whitlock, J. H. The influence of heredity and environment on maximum hematocrit values in sheep. **(Der Einfluß der Vererbung und der Umwelt auf die maximalen Hämatokritwerte beim Schaf.)** Cornell Veterinarian **53** (1963) Nr. 4. S. 534-550. — 3 Abb., 8 Tab.
Für die max. Hämatokritwerte beim Schaf besteht offensichtlich eine Beeinflussung durch das Erbgut. Hieraus leitet sich wiederum ein direkter Einfluß auf den Grad der Ausprägung einer natürlichen Strongylosis, bei der *Hämonchus contortus* die Hauptursache ist, ab. In bisherigen Untersuchungen wurden hinsichtlich des max. Hämatokritwertes nicht nur signifikante Differenzen zwischen den Vätern, sondern hochsignifikante Regressionen des im Leben der Muttertiere gefundenen höchsten Hämatokritwertes (Hp) auf den Hp-Wert ihrer Lämmer in einem bestimmten Jahre gefunden. Für die zusammengefaßten Werte der Jahre 1959 und 1960 bestand eine vergleichbare signifikante Regression. Bei den im Apr. geborenen Lämmern war i. allg. im Alter von 3 Wochen eine postnatale Anämie zu beobachten, die es bei Juni-Lämmern nicht gab. Bestimmte Autoren unterstellen eine Beeinflussung der Erythropoese durch Frühjahrs- und Sommerweide, wobei eine Reizung der Nebennierenrinde durch eine entspr. Substanz im Gras in Frage kommt. Van Dyke u. a. wiesen in der Hypophyse eine ACTH-ähnliche Substanz mit erythropoetischen Eigenschaften nach. Ohne daß das Problem des sommerlichen max. Hämatokritwertes bisher geklärt ist, gibt es doch einen Mechanismus, der das hämatopoetische System in höchste Funktionsbereitschaft versetzt, während der Parasit den Wirt in Anspruch nimmt. In den vorliegenden Untersuchungen wurde genetisch eine Gruppe Schafe festgestellt, die gegenüber dem betr. Stimulans übereinstimmend die gleiche Reaktion nicht zeigte. Wenn man auch den max. Hämatokritwert als wiederkehrenden Grenzwert und Potential zu betrachten hat, gibt es auch hierfür Grenzen. Der Grad der durch Hämonchus bedingten Anämie und andere, genetische Faktoren können zu einem bestimmten Zeitpunkte seine Ausprägung beeinflussen. H. Busse. 1120.

3-64/10-0021 Joshi, H. B., Razdan, M. N. und Pal, A. K. Studies on avian blood. II. Some chemical constituents of duck blood (Khaki campbell). **(Untersuchungen von Geflügelblut. 2. Mitt. Einige chemische Bestandteile im Entenblut.)** Indian veterin. J. **40** (1963) Nr. 10. S. 612-616. — 1 Tab., 8 Lit.
Vff. untersuchten an männl. und legenden sowie nichtlegenden Enten den Fe- und anorg. P-Gehalt im Gesamtblut, den nicht eiweißgebundenen N-Gehalt im Plasma und den Ca-, Mg- sowie den Mg-Ammonium-Phosphatgehalt im Blutserum. Die Bestimmung von Fe und des anorg. P erfolgte nach den Methoden von Wong, Fiske und Subba Row, die des nicht eiweißgebundenen N nach Folin und Wu, die des Ca, Mg und des Magnesium-Ammonium-

Phosphates nach Clark, Collip, Krämer, Tischall, Holzapfel und Fiske-Subba Row. Bei männl. Enten lagen die Werte für anorg. P bei 6,0 ± 1,22 mg/100 ml Blut, die des Fe bei 51,97 ± 8,90 mg. Der nicht eiweißgebundene N-Gehalt betrug 38,23 ± 8,05 mg/100 ml Blutplasma. Die Werte für Ca lagen bei 10,95 ± 1,09 und für Mg bei 4,26 ± 0,75 mg/100 ml Serum. Bei nichtlegenden weibl. Tieren wurden folgende Werte ermittelt: Anorg. P 5,98 ± 1,01 mg, Fe 45,14 ± 3,19 mg/100 ml Blut; nicht eiweißgebundener N 44,04 ± 3,42 mg/100 ml Blutplasma; Ca 14,38 ± 4,23 mg und Mg 4,31 ± 0,37 mg/100 ml Blutserum. In der dritten Gruppe – legende weibl. Enten – lagen die entspr. Werte für anorg. P und Fe bei 7,26 ± 1,19 und 42,93 ± 8,28 mg/100 ml Blut, für nicht eiweißgebundenen N bei 39,74 ± 4,18 mg/100 ml Plasma, für Ca und Mg bei 31,81 ± 6,42 und 4,62 ± 0,65 mg/100 ml Serum. W. Verter. 1120.

3-64/10-0022 Benjamin, B. R. und Nair, P. G. Studies on the seasonal variation in the depth of sweat glands of Hariana cattle. **(Untersuchungen über die jahreszeitliche Schwankung in der Tiefe der Schweißdrüsen bei Hariana-Rindern.)** Indian J. veterin. Sci. Animal Husbandry **33** (1963) Nr. 3. S. 163-164. – 2 Tab. 1135.

3-64/10-0023 Arutjunjan, P. I.; Jerewan, Zootechn. und Veterinärmed. Inst. K voprosu ob issledovanii sesamovidnoj kosti bercovo-pljusnevogo sustava domašnich ptic. **(Über die Untersuchung des Sesamknochens am Sprunggelenk bei Geflügel.)** Izvestija Akademii nauk Armjanskoj SSR. Biologičeskie nauki, Erevan **16** (1963) Nr. 6. S. 69-74. – 5 Abb., 1 Tab. Orig.: russ., Ausz.: armen.

Vf. hat an 18 Hühnerembryonen und 140 Küken verschiedenen Alters sowie an erwachsenen Hühnern, Truthühnern, Enten und Gänsen den Sesamknochen untersucht. Der Sesamknochen begrenzt das Beugen und Strecken des Sprunggelenkes, dient der Sehne des Zehenbeugemuskels als bewegliche Unterlage und kann dadurch die Richtung der Muskelkontraktion verändern. Er ist bei 17-18 Tage alten Embryonen als Knorpelplatte festzustellen. Beim Wassergeflügel ist er auch im erwachsenen Alter nicht vorhanden. W. Bonitz. 1310.

3-64/10-0024 Ingram, D. L., McLean, J. A. und Whittow, G. C. The effect of heating the hypothalamus and the skin on the rate of moisture vaporization from the skin of the ox (Bos taurus). **(Die Wirkung einer Erwärmung des Hypothalamus und der Haut auf die Feuchtigkeitsabgabe durch die Haut beim Ochsen.)** J. Physiol. [London] **169** (1963) Nr. 2. S. 394-403. – 2 Abb., 1 Tab., 11 Lit.

Bei insgesamt 5 kastrierten Bullenkälbern (8-12 Mon. alt) wird der Einfluß einer isolierten Erwärmung des Hypothalamus auf 41,5 °C für 3 Min. und verschiedenartiger künstlicher Erwärmung der Haut auf die Feuchtigkeitsabgabe untersucht. Bei künstlicher Erwärmung des Hypothalamus kommt es unabhängig von der Ausgangshauttemperatur im Bereich des Brustkorbes und der Unterschenkel zur Erhöhung der Feuchtigkeitsabgabe. Wird die Durchblutung der Extremitäten unterbrochen, so bleibt die durch Erwärmung des Hypothalamus auslösbare Steigerung der Feuchtigkeitsabgabe im Bereich der Unterschenkel aus. Eine ähnliche Erhöhung der Feuchtigkeitsabgabe wird nach örtlicher Infrarotbestrahlung sowie nach i. v. Injektion von Priscol beobachtet. Adrenalin bewirkt eine Steigerung der Feuchtigkeitsabgabe bei gleichzeitiger Senkung der Hauttemperatur. Aus den Versuchsergebnissen wird geschlossen, daß eine Steigerung der Feuchtigkeitsabgabe durch die Haut i. allg. mit der verstärkten Hautdurchblutung einhergeht. Die erhöhte Feuchtigkeitsabgabe bei Drosselung der Hautdurchblutung nach Adrenalininjektion wird mit einer spez. Wirkung des Adrenalins auf die Schweißdrüsen erklärt. H.-A. Ketz. 1350.

3-64/10-0025 McLean, J. A.; Ayr, Scotland, Hannah Dairy Res. Inst. The regional distribution of cutaneous moisture vaporization in the Ayrshire calf. **(Die regionale Verteilung der Verdunstung von Hautfeuchtigkeit beim Ayrshire-Kalb.)** J. agric. Sci. **61** (1963) Nr. 2. S. 275-280. — 5 Abb., 1 Tab., 15 Lit.

Insgesamt wurden 9 Ayrshire-Bullenkälber, jeweils zu dritt in einer Versuchsreihe, in eine Klimakammer gebracht und die Transpiration durch Ventilationskapseln an verschiedenen Bezirken des Felles ermittelt. — In Gr. I wurden bei den Kälbern (8-10 Mon. alt) 18 Hautstellen mit Meßkapseln geprüft und davon 6 ausgewertet. In Gr. II wurden die Kälber (6-10 Mon.) einer Raumtemperatur von 15, 20, 25, 30, 35 und 40 °C bei einer Luftfeuchtigkeit von 8 mm Hg ausgesetzt: Bei niedrigen Temperaturen war die Verdunstungsrate klein und bei allen Körperpartien ähnlich, bei hohen Temperaturen dagegen differierte die Evaporation beträchtlich zwischen den einzelnen gemessenen Partien. In einer III. Gruppe wurden bei den Kälbern (10-11 Wochen) die Verdunstungswerte von 8 Hautregionen bei konstanter Temperatur von 38 °C bei einer Luftfeuchtigkeit von 17 mm Hg gemessen, und zwar jeweils an einem Tage während eines Monats für die Dauer von insgesamt 7 Mon. Die Werte dieser letzten Versuchsreihe zeigen keine merkliche Änderung in der regionalen Verteilung der Transpiration, doch stieg der Evaporationswert aller Regionen während des zunehmenden Alters der Tiere an.

H. Freye. 1350.

3-64/10-0026 Kemenes, F. und Pethes, G. Further evidence for the role of the Bursa of Fabricius in antibody production in chickens. **(Weitere Beweise für die Rolle der Bursa Fabricii bei der Antikörperproduktion von Küken.)** Z. Immunitäts- u. Allergieforsch. **125** (1963) Nr. 5. S. 446-458.

64 bursektomierte 2-12 Tage alte New-Hampshire-Küken und 66 unoperierte etwa gleichaltrige Kontrollen wurden s. c. oder i. p. mit *L. icterohaemorrhagica* infiziert. Die Antikörperproduktion der bursektomierten Tiere blieb hinter derjenigen normaler Küken weit zurück, Todesfälle und Keimträgertum waren häufiger. 4-5 Wochen p. i. kam es infolge der chronischen Stimulation durch das in den Organen (vorzugsweise in den Nieren) abgelagerte Antigen zu einer gewissen Angleichung der Antikörperproduktion. Die Durchschnittstiter bursektomierter Tiere erreichten nicht nur die abklingenden Werte der Kontrollen, sondern übertrafen sie sogar. G. Train. 1350.

3-64/10-0027 Schulze, W., Schröder, I. und Arbeiter, K. **Die Atemfrequenz beim Schwein.** Dtsch. tierärztl. Wschr. **70** (1963) Nr. 22. S. 620 bis 624. — 5 Abb. Zus. in Engl.

Einführend werden die Werte der normalen Atemfrequenz bei Schweinen, ermittelt von verschiedenen Autoren, angegeben. Die verschiedenartigsten Faktoren, die die Atemfrequenz beeinflussen, werden genannt. An 1. Stelle jedoch wird die Atemfrequenz durch die Umgebungstemperatur beeinflußt. An 371 Schweinen wurden 3339 Untersuchungen zur Feststellung der Atemfrequenz durchgeführt. Die Tiere wurden in Altersgruppen eingeteilt. Durch die Messung der inneren Körpertemperatur, der Stalluftfeuchtigkeit und -temperatur erhielt man Werte, die über den Einfluß auf die Atemfrequenz Aussagen zuließen. Aus 1 Tab. können die Durchschnittswerte der Atemfrequenz klinisch gesunder Schweine in verschiedenen Altersgruppen entnommen werden. Aus den Ergebnissen kann geschlußfolgert werden, daß bei den Ferkeln sowohl Atemfrequenz als auch die Streuungen am größten sind. Atemfrequenz und Streuung nehmen mit zunehmendem Alter ab.

W. Richter/Kleinmachnow. 1380.

3-64/10-0028 Ripke, Eckhard; Berlin-Dahlem, Univ., Inst. für Veterin.-Anatomie. **Beitrag zur Kenntnis des Schweinegebisses.** Anatom. Anz. **14** (1964) Nr. 2. S. 181-211. — 30 Abb., 8 Tab., 49 Lit.

An 71 in 4 Altersgruppen (6 Mon., 8 Mon., 10 Mon., 16 Mon.) unterteilten Schweinen wurde die Länge (höchste Erhebung des freien schmelzbedeckten Zahnteiles), Breite (größte rostronuchale Ausdehnung) und Dicke (größte buccolinguale Ausdehnung) aller Zähne gemessen und tabellarisch dargestellt. Die Backenzähne des Oberkiefers zeigen vor allem bei den älteren Tieren größere Maße als die des Unterkiefers. Die Geschlechtsunterschiede vergrößern sich auch mit dem Alter, indem die Werte der männl. Tiere die der weibl. Tiere zunehmend übertreffen. Bei den Schneidezähnen, die in den einzelnen Altersgruppen eingehend beschrieben und zeichnerisch dargestellt wurden, ist ein Antagonistenvergleich wegen der Formverschiedenheiten nicht möglich. Der Geschlechtsvergleich zeigt bei den Schneidezähnen keine so eindeutigen Beziehungen wie bei den Backenzähnen, während die bekannten Geschlechtsunterschiede bei den Eckzähnen sehr augenfällig sind. G. Michel. 1385.

3-64/10-0029 Obydennov, V. A. Funkcija ščitovidnoj železy i otkorm svinej. **(Die Funktion der Schilddrüse und ihre Bedeutung in der Schweinemast.)** Životnovodstvo, Moskva **26** (1964) Nr. 3. S. 42-43. – 2 Tab.
Stoffwechsel und Stoffansatz werden in hohem Maße von der Arbeit der Schilddrüse beeinflußt. Durch Mikrodosen von Jod läßt sich die Funktion der Drüse aktivieren. Mit Hilfe des Präparates Betasin ist hingegen eine Herabminderung des Funktionsniveaus möglich. Vf. führte einen Versuch zur Aktivierung der Schilddrüse mit Antistrumin, einem jodhaltigen Präparat, durch. Außerdem erhielten in einem anderen Versuch Absatzferkel synthetisch hergestelltes Schilddrüsenhormon. Die Steigerung der Gewichtszunahme betrug bei den Versuchsgruppen von 26,7-51,9% im Vergleich zu den unter gleichen Bedingungen ernährten Kontrollgruppen. Die im Antistrumin enthaltene Joddosis betrug 0,25 mg KJ je Kopf und wurde in Abständen von je 5 Tagen gereicht. H. Schwiderski/Dummerstorf. 1525.

3-64/10-0030 Cowie, A. T., Daniel, P. M., Prichard, Marjorie M. L., und Tindal, J. S. Hypophysectomy in pregnant goats, and section of the pituitary stalk in pregnant goats and sheep. **(Hypophysektomie bei trächtigen Ziegen und die Durchtrennung des Hypophysenstiels bei trächtigen Ziegen und Schafen.)** J. Endocrinol. [London] 28 (1963) Nr. 1. S. 93-102. – 6 Abb., 3 Tab., 22 Lit.
Von 9 Ziegen, denen zwischen dem 38. und 135. Tage der Trächtigkeit die Hypophyse operativ entfernt worden war, abortierten 7 zwischen dem 3. und 9. Tag nach der Operation. Bei den Tieren, die nicht abortierten, wurden durch die histol. Untersuchung Reste des Hinterlappens vorgefunden. Von 8 Ziegen, denen der Hypophysenstiel zwischen dem 44. und 129. Tag der Trächtigkeit durchgeschnitten wurde, abortierten sieben 6-17 Tage nach der Operation. Zwischen die beiden Enden des Hypophysenstiels wurde ein Blättchen eingelegt, um ein Aneinanderlegen der Enden zu verhindern. Bei dem einen Tier, bei welchem kein Abort eintrat, war das Blättchen verrutscht. Die Durchtrennung des Hypophysenstiels wurde auch bei 8 Schafen vorgenommen, von welchen jedoch keines abortierte. Vier Tiere erreichten das Ende der Trächtigkeit, die anderen erkrankten an Pneumonie oder zeigten Symptome der Trächtigkeitstoxikose. Von den 3 Ziegen, die nicht abortiert hatten, brachten 2 einen normalen Milchertrag, und auch verschiedene T ere, die abortiert hatten, zeigten Milchleistungen von mehr als 1 l/Tag. Bei keiner der hypophysektomierten Ziegen trat eine Laktation ein. Sowohl bei Ziegen als auch bei Schafen waren nach der Hypophysektomie und Hypophysenstieldurchtrennung ein vermehrtes Durstgefühl und eine vermehrte Wasseraufnahme und -ausscheidung zu beobachten. Aus den Untersuchungen kann der Schluß gezogen werden, daß eine unversehrte Hypophyse bei der Ziege für die Aufrechterhaltung der Trächtigkeit Voraussetzung ist, nicht jedoch beim Schaf. Die Ergebnisse werden ausführlich diskutiert. H. Gürtler. 1525.

3-64/10-0031 Stahl, Perry, Pipes, G.W., Turner, C.W. und Stephenson, A.B. Mode of inheritance of thyroxine secretion rate in lines of New Hamsphire chickens. **(Der Charakter der Erblichkeit von Thyroxinsekretionsraten in Linien von New-Hampshire-Hühnern.)** Poultry Sci. **41** (1962) Nr. 2. S. 570 bis 572. — 2 Tab., 8 Lit.
Es wurden 6 New-Hampshire-Hähne mit verschiedenen Thyroxinsekretionsraten (1,0-3,0) mit 9 ebenfalls nach der Thyroxinsekretionsrate zusammengestellten Hennengruppen gepaart (1,0 bis 3,25). Die Nachkommenschaft ließ eine sehr hohe Heritabilität erkennen (0,83), aus der eine schnelle Wirksamkeit der Selektion auf Thyroxinsekretion geschlossen wird. Die Bestimmung der Thyroxinsekretionsrate nach Pipes fand bei Elterntieren und Nachkommen während des Wachstums statt. H. Neumeister. 1525.

3-64/10-0032 Velle, Weiert. Gonadal hormones in domestic animals. **(Geschlechtshormone des Hausgeflügels.)** Advances veterin. Sci. 8 (1963) S. 115-187. 1550.

3-64/10-0033 Raeside, J. I.; Guelph, Canada, Ontario Veterin. Coll. Urinary oestrogen excretion in the pig at oestrus and during the oestrous cycle. **(Oestrogenausscheidung im Harn von Schweinen während der Brunst und des Brunstzyklus.)** J. Reproduct. Fertility **6** (1963) Nr. 3. S. 421-426. — 3 Abb., 20 Lit.
Mittels eines Dauerkatheters bei 2 Sauen im Verlaufe von 4 Wochen und bei 4 Sauen während der Brunst gesammelter Harn wurde nach einer bereits beschriebenen Methode (Raeside, J. I., vgl. Canad. J. Biochem. Physiol. **41** [1963] S. 2013.) auf den Gehalt an Oestrogenen untersucht. Während für die Oestradiol-Fraktion nur unzuverlässige und die Oestradiol-17β-Fraktion keine Werte gemessen wurden, ergab die Bestimmung der Oestron-Werte sowohl in Konzentration (μg/l) als auch Gesamtmenge (μg/24 h) zu Beginn der Brunst eine hohe Spitze. Außerdem läßt sich an Hand der Ergebnisse ein präovulatorischer Abfall der Oestronproduktion bei der Sau annehmen.
J. Bergfeld/Dummerstorf. 1580.

3-64/10-0034 Raeside, J. I.; Guelph, Canada, Ontario Veterin. Coll. Urinary oestrogen excretion in the pig during pregnancy and parturition. **(Harnausscheidung von Oestrogenen beim Schwein während der Trächtigkeit und Geburt.)** J. Reproduct. Fertility **6** (1963) Nr. 3. S. 427-431. — 2 Abb., 12 Lit.
Während der gesamten Trächtigkeitsdauer wurde bei 2 Sauen und in den letzten 6 Wochen der Trächtigkeit bei 4 Sauen die Tagesausscheidung von Oestron im Urin chem. bestimmt. Nach einer Spitze in der 4. Woche der Trächtigkeit fielen die Werte stark, um von der 10. Woche an wieder rapide anzusteigen. Nach dem Ferkeln sank die Oestronausscheidung binnen einiger Tage auf tiefe Werte ab. J. Bergfeld/Dummerstorf. 1580.

3-64/10-0035 *Ivanov, N.* und *Nestorov, N.* **Fiziologija selskostopanskite ptici.** (Physiologie des landwirtschaftlichen Nutzgeflügels.) Plovdiv: Izd. „Chr. G. Danov". 1963. (296 S. m. 53 Abb., 41 Tab. u. 56 Lit.) Vff. behandeln Fragen der Physiologie des Blutes, des Blutkreislaufes und der Verdauung wie auch die Physiologie und Biochemie der Fütterung und des Stoffwechsels, die Oogenese, die Eiweißsekretion, den Legevorgang, die chem. Zusammensetzung des Eies u. a. Geklärt werden die Probleme einer Regulierung der Legetätigkeit, ihre Intensität und ihr Rhythmus sowie die Befruchtung und die Entwicklung der Embryonen. Im Kapitel „Endokrines System" werden die Funktionen der einzelnen Drüsen beschrieben, und es wird auf ihre Besonderheiten beim Geflügel vom Standpunkt der Intensität des Stoffwechsels hingewiesen. NRB/ZSNTI.

C. GENETIK

3-64/10-0036 Georgiev, G. P. und Mant'eva, V. L. Informacionnaja i ribosomal'naja ribonukleinovye kisloty chromosomno-jadryškovogo apparata, metody razdelenija i nukleotidnyj sostav. **(Methoden der Isolierung**

der Informations- und Ribosomen-Ribonucleinsäuren des Nucleolus-Chromosomenapparates und ihre Nucleotidzusammensetzung.) Biochimija, Moskva **27** (1962) Nr. 5. S. 949-957. – 1 Abb., 3 Tab., 21 Lit. Zus. in Engl. 1615.

3-64/10-0037 Poole, H. K., Healey, William V., Russell, Paul S. und Olsen, M. W. Evidence of heterozygosity in parthenogenetic turkeys from homograft responses. **(Ein Nachweis für die Heterozygotie bei parthenogenetischen Truthühnern durch Transplantat-Reaktionen.)** Proc. Soc. exp. Biol. Med. **113** (1963) Nr. 3. S. 503-505. – 1 Tab., 11 Lit.
Die Mitteilungen, daß alle parthenogenetisch entstandenen Truthühner Männchen seien und ihre somatischen Zellen die diploide Chromosomengarnitur tragen, haben Überlegungen über den zytologischen Weg ihrer Entstehung veranlaßt. Die hier niedergelegten Versuchsergebnisse beabsichtigen eine Prüfung der Möglichkeiten ihrer Entstehung, nämlich einmal eine Unterdrückung einer frühen Teilungsstufe des haploiden Eies oder aber eine Unterdrückung einer der beiden Meiose-Teilungen. – In 2 Versuchsreihen wurden Transplantate vom Kehllappen und normaler Körperhaut von parthenogenetischen Putern auf ihre Nachkommen übertragen; die Transplantate wurden vom Empfänger abgelehnt, und eine Wiederholung einer Hautübertragung auf das gleiche Tier wurde entweder nach 12 oder bereits nach 2 Wochen durchgeführt. Die neuerliche Abstoßung der Transplantate wird einer im Verlaufe der ersten Pfropfung erworbenen aktiven Immunität zugeschrieben. Vff. schließen aus den Ergebnissen, daß die parthenogenetischen Tiere für ein Paar von Histokompatibilitätsallelen heterozygot seien. – Von den eingangs erwähnten 3 Wegen zur Entstehung von diploiden Putern wird der erste Weg ausgeschlossen; Vff. neigen zur Annahme einer Unterdrückung der Meiose II. H. Freye. 1667.

3-64/10-0038 Opol'škyj, A. F. Sproba oderžannja somatyčnych zmin u kurej šljachom perelyvannja čužoridnoï krovi. **(Versuch zur Erreichung somatischer Veränderungen bei Hühnern durch Transfusion fremden Blutes.)** Dopovidi Akademiï nauk Ukraïnśkoï RSR, Kyïv **1963** Nr. 9. S. 1251-1253. – 6 Lit. Orig.: ukrain., Ausz.: russ., engl. 1670.

3-64/10-0039 Meščerjakov, V. Ja. Gruppy krovi i ich rol' pri ocenke rezul'tatov vvodnogo skreščivanija v Antoninskom plemzavode. **(Die Blutgruppen und ihre Rolle bei der Beurteilung der Ergebnisse der Einkreuzung im Zuchtbetrieb von Antonina.)** Tr. molodych učenych Ukr. s. ch. akad. **1963** Nr. 9. S. 34-39. – 21 Lit. Aus: Referativnyj žurnal Moskva. Životnovodstvo, veterinarija **1963** Nr. 24. 58. 20. S. 4.
In der Arbeit wurden die Blutgruppenformeln bei 113 Tieren der Weißköpfigen Ukrainischen Rasse und der durch Einkreuzung der Schwarzbunten Rasse erhaltenen Kreuzungstiere analysiert. Die Blutgruppenbestimmung wurde in der ČSSR durchgeführt. Beim Vergleich der reinrassigen Rinder mit den Kreuzungstieren wurde festgestellt, daß sie sich bei den Blutgruppen der Systeme A, J, SU und Z nicht unterscheiden, bei den Faktoren U_2 und O^1 des Systems B jedoch ein bedeutender Unterschied festzustellen ist. Die Faktoren U_2 und O^1 kamen mit seltenen Ausnahmen bei der Weißköpfigen Ukrainischen Rasse nicht vor, waren aber bei dem zur Einkreuzung verwendeten Schwarzbunt-Bullen vorhanden. Der Autor verfolgte die Vererbung dieser Faktoren bei den Töchtern und Enkelinnen des Schwarzbunt-Bullen und kommt zu der Schlußfolgerung, daß sie sich stärker über die Söhne als über die Töchter vererben. Es wird die Schlußfolgerung gezogen, daß die unterschiedliche Charakteristik der Blutgruppenformeln in den nachfolgenden Generationen in verschiedenem Maße bestehen bleiben oder sich in Abhängigkeit davon, ob die Kreuzung über die Linie der Töchter oder der Söhne erfolgt, ausgleichen kann. In Erörterung der Frage, warum die Bastardsöhne diese Faktoren 6,5mal, andere Faktoren dagegen nur 1,5- bis 3mal stärker

vererben als die Kreuzungstöchter, gelangt Vf. zu der Schlußfolgerung, daß die Homozygotie bzw. Heterozygotie des zu verwendenden Zuchtbullen hierbei von entscheidender Bedeutung ist. 1690.

3-64/10-0040 Schmid, D. O. **Fruchtbarkeit beim Rind und Blutgruppen.** Mh. Tierheilkunde **15** (1963) Nr. 11. S. 302-305. — 26 Lit.
Von allen Blutgruppenfaktoren (BF) des Rindes wurde lediglich der BF *J* im Spermaplasma des Bullen gefunden. Es lag daher der Gedanke nahe, daß immunbiologische Vorgänge bei der Befruchtung eine Rolle spielen. Die Vorbehandlung des Bullensamens mit Isoimmunseren der mit Bullensamen immunisierten Rinder oder mit Heteroimmunseren von Kaninchen hatte oft Unfruchtbarkeit zur Folge. Dabei handelt es sich, wie Untersuchungen an Kaninchen ergaben, wahrscheinlich um einen frühembryonalen Fruchttod. Wurde das Sperma mit Serum von Tieren vorbehandelt, die nicht mit Sperma immunisiert waren, trat eine Befruchtung ein. Gegenüber Sperma wirksame Immunseren wiesen niemals Erythrocytenantigene auf. Es handelt sich also um eine Antigen-Antikörper-Reaktion zwischen Spermaantigen und den korrespondierenden Serum-Agglutininen. Die Blutgruppenantigene dagegen sind ursächlich nicht beteiligt. Der *J*-Faktor läßt sich nur im Hämolyse-Hemmungstest mit Rindernormalseren mit dem Normalantikörper-anti-*J* und Kaninchenserum als Komplement nachweisen. Ob ein Übertritt von Antikörpern aus dem Blut in den Genitaltrakt erfolgt, ist noch umstritten. Auch die Konglutinationsreaktion mit Spermatozoen konnte in vitro nicht beobachtet werden und ist auch in vivo ausgeschlossen, weil Konglutinin und Komplement im Genitaltrakt des Rindes fehlen. G. Becker. 1690.

3-64/10-0041 Ashton, G. C., Fallon, G. R. und Sutherland, D. N.; Rockhampton, Univ. of Queensland, Veterin. School, C.S.I.R.O.; Brisbane, Dep. of Agric. and Stock. Transferrin (β-globulin) type and milk and butterfat production in dairy cows. **(Transferrin-[β-Globulin-]Typ und Milch- und Milchfettproduktion bei Rindern.)** J. agric. Sci. **62** (1964) Nr. 1. S. 27 bis 34. — 6 Tab., 13 Lit.
Aus den Untersuchungen an 225 Jersey in 13 und an 433 Australian Illawarra Shorthorn in 24 Herden folgt, daß im Mittel aller untersuchten Tiere solche vom Typ *D/D* eine um 13,9 Tage längere Laktation gegenüber denen vom Typ *A/A* hatten und 449,7 lb. mehr Milch gaben. Die Tiere des Typs *A/D* verhielten sich intermediär. Die genetische Varianz bei den untersuchten Rassen betrug 10,4 bzw. 6,0%. Vff. sind der Meinung, daß durch rel. einfache Selektionsmaßnahmen die Milchleistung in 2 Generationen um 5% gesteigert werden kann. B. Busch/Dummerstorf. 1690.

3-64/10-0042 Schmid, D. O.; München, Inst. für Blutgruppenforsch. **Serogenetischer Nachweis einer Mehrlingsträchtigkeit beim Rind und seine Bedeutung für die forensische Abstammungsuntersuchung.** Zbl. Veterinärmed., R. A **10** (1963) Nr. 8. S. 707-712. — 8 Lit. Zus. in Engl., Franz., Span.
Im Rahmen erweiterter Familienuntersuchungen gelang bei 2 Jungrindern der Nachweis von je 4 Phänogruppen im *B*-System, für deren Vorhandensein nur eine Mehrlingsträchtigkeit die Ursache sein kann. Aus den Zuchtbucheintragungen war in dem einen Fall ersichtlich, daß es sich um ein Zwillingstier handelte, in dem anderen Fall wurde dies auf Grund der vorliegenden Untersuchungsergebnisse geschlußfolgert. Es wird auf die Überlegenheit der Phänogruppen: gegenüber der Faktorendiagnose bei der Klärung unklarer Abstammungsfälle hingewiesen. B. Busch/Dummerstorf. 1690.

3-64/10-0043 Schmid, D. O. und Menzel, E. **Die Hämoglobin-Typen als Beweismittel im Abstammungsgutachten beim Rind.** Berliner Münchener tierärztl. Wschr. **77** (1964) Nr. 1. S. 6-8. — 1 Abb., 4 Tab., 7 Lit. Zus. in Engl.

Vf. hat in seinem Institut von 1000 zur Begutachtung vorliegenden Abstammungsfällen 85,9% klären können. Durch Einsatz weiterer immunogenetischer Untersuchungsverfahren kann die Ausschlußchance bei der Abstammungsbegutachtung noch erhöht werden. Die vorliegende Arbeit hat bei 7 untersuchten deutschen Höhenviehrassen den Hb-Polymorphismus und seine Brauchbarkeit für die Klärung strittiger Verwandtschaftsverhältnisse im Ausschlußverfahren belegt. H. Busse. 1690.

3-64/10-0044 Naik, S. N., Bhatia, H. M. und Naik, P. V. Blood groups, haemoglobin variants and glucose-6-phosphate dehydrogenase study in the imported 'Jersey' cattle. **(Blutgruppen, Hämoglobinvarianten und Glukose-6-Phosphat-Dehydrogenase bei importierten Jersey-Rindern.)** Indian veterin. J. **40** (1963) Nr. 11. S. 680-684. — 2 Tab., 12 Lit. 1690.

3-64/10-0045 Kaminski, M. und Gajos, E.; Paris, Centre Nat. de la Rech. Sci.; Coll. de France. Comparative examination of carboxylic esterases in sera of horse, donkey and their hybrids. **(Vergleichende Untersuchung der Carbolesterasen in den Seren von Pferden, Eseln und deren Hybriden.)** Nature [London] **201** (1964) Nr. 4920. S. 716-718. — 3 Abb.
Nach Auftrennung in der Stärkegelelektrophorese ergaben die Seren von Pferd, Maultier und Maulesel identische Fraktionen (E_1, E_3), während im Eselserum nur die langsamere Zone E_1 nachzuweisen war. Unter Verwendung der Agargelelektrophorese waren die Fraktionen weniger deutlich aufgetrennt. Die Fraktion E_1 konnte als Serum-Cholinesterase bestimmt werden. B. Busch/Dummerstorf. 1690.

3-64/10-0046 Gasparska, J. und Gerner-Nowakowa, A. Wpływ promieni X na strukturę antygenów krwinkowych u kur. **(Der Einfluß der Röntgen-Strahlen auf die Struktur der Blutantigene der Hühner.)** Roczniki Nauk rolniczych, Ser. B. **81** (1963) Nr. 3. S. 569-571. — 2 Lit.
Es wird der Einfluß einer Bestrahlung (400 r) der Eier vor der Brut auf die Blutantigene der ausgeschlüpften Küken untersucht. PRL/CBR. 1695.

3-64/10-0047 *Kaczmarek, Antoni.* **Badanie antygenów krwinkowych u swin złotnickich i proba znalezienia prawidlowosci ich dziedziczenia.** (Untersuchungen über Antigene der Blutkörperchen beim Złotnicki-Schwein und ein Versuch der Feststellung der Regelmäßigkeit ihrer Vererbung.) Kraków. 1962. (23 S.) 4° = Instytut zootechniki. Wydawnictwa własne Nr. 148. (1963 B 238)

D. FORTPFLANZUNG

3-64/10-0048 Karapetjan, S. K., Mikaeljan, N. G. und Nazarjan, M. B. Ėksperimental'nye dannye o roli različnych otdelov central'noj nervnoj sistemy v reguljacii reproduktivnoj funkcii u ptic. **(Experimentelle Ergebnisse über die Rolle des zentralen Nervensystems bei der Regulierung der Fortpflanzungsfunktion der Hühner.)** Izvestija Akademii nauk Armjanskoj SSR. Biologičeskie nauki, Erevan **16** (1963) Nr. 6. S. 35-41. — 2 Abb., 11 Lit. Orig.: russ., Ausz.: armen.
An insgesamt 67 Hennen und 3 Hähnen wurden Operationen der Großhirnrinde und des Rückenmarks in mehreren Versuchsreihen vorgenommen und die Wirkung auf verschiedene Körperfunktionen untersucht. Es zeigte sich, daß bei rechts- und linksseitiger teilweiser Entfernung der Großhirnrinde die Fortpflanzungsfunktionen nur unterbrochen werden und nach 10-30 Tagen wieder vollständig hergestellt sind. Nach der vollständigen Entfernung einer der Großhirnhemisphären treten die Fortpflanzungsvorgänge erst nach 4-8 Mon. wieder ein. Bei der Entfernung beider Hemisphären bleibt die Funktion unterbrochen (2jährige Beobachtungen), und die Fortpflanzungsorgane atrophieren. Die gleichen Folgen hatte die Abtrennung des Rückenmarks auf der Höhe des letzten Brustsegments. W. Bonitz. 1750.

3-64/10-0049 Ilijaš, B. und Dumanovsky, F.; Zagreb, Veterin. Fak., Inst. za Patol. i Terapiju; Inst. za Zootehn. i Hig. Prilog poznavanju kretanja jajeta u oviduktu i mehanizma nesenja u kokoši. **(Beitrag zur Kenntnis der Bewegung des Eies im Eileiter und des Legemechanismus bei der Henne.)** Veterin. Arh. [Zagreb] **33** (1963) Nr. 1/2. S. 27-31. — 12 Lit. Zus. in Engl., Dtsch.

Durch Röntgenuntersuchungen an 40 Hühnern verschiedener Rassen wurde festgestellt: In 71,8% der Fälle lag das Ei mit dem spitzen Pol kloakenwärts; in 34,6% der Fälle rotierte das Ei ein- bis mehrere Male, wobei beim Verlassen des Eileiters der spitze Pol in der Regel wieder kloakenwärts zeigte und die Rotation meistens kurz vor Austritt aus dem Eileiter erfolgte; da die Mehrzahl der Eier den Ovidukt ohne Rotation passierten, kann die Rotation nicht als Bedingung für die normale Eiablage angesehen werden.

P. Schmidt. 1764.

3-64/10-0050 Milne, J. A. Effects of oxytocin on the oestrous cycle of the ewe. **(Die Wirkung von Oxytocin auf den Geschlechtszyklus des Schafes.)** Austral. veterin. J. **39** (1963) Nr. 2. S. 51-52. — 2 Abb., 1 Tab., 7 Lit.

7 Merinoschafe wurden tägl., beginnend am 1.-4. Tage nach dem Erkennen der ersten Brunsterscheinungen, mit unterschiedlichen Oxytocindosen (15-50IE) über einen Zeitraum von 3-6 Tagen behandelt, um den Einfluß des Oxytocins auf den Geschlechtszyklus zu studieren. Im Gegensatz zu den Verhältnissen beim Rind konnte eine Beeinflussung der Zykluslänge (Verkürzung) beim Schaf nicht beobachtet werden. Histol. wurden jedoch an den Gelbkörpern der mit 50 IE Oxytocin behandelten Tiere deutliche, wenn auch weniger ausgeprägte Veränderungen als beim Rind festgestellt. Aus der histologisch nachweisbaren Degeneration der Gelbkörper bei den behandelten Schafen muß auf eine gewisse Lutealhemmung des Oxytocins geschlossen werden, allerdings scheint die Progesteronwirkung noch ausreichend zu sein, um eine Verkürzung der Zykluslänge zu verhindern. Ob dabei die Progesteronproduktion des degenerierten Corpus luteum allein ausreichend ist oder ob Progesteron zusätzlich von einem anderen Organ gebildet wird oder ob die Empfindlichkeit des Schafes gegenüber Oxytocin geringer ist als die des Rindes, muß weiteren Untersuchungen vorbehalten bleiben.

J. Wollrab. 1765.

3-64/10-0051 Brunner, M. A., Hansel, William und Hogue, D. E.; Ithaca, N. Y., Cornell Univ. Use of 6-methyl-17-acetoxyprogesterone and pregnant mare serum to induce and synchronize estrus in ewes. **(Der Einsatz von 6-Methyl-17-acetoxyprogesteron und PMS zur Provokation und Synchronisierung des Oestrus bei Schafen.)** J. Animal Sci. **23** (1964) Nr. 1. S. 32-36. — 5 Tab., 9 Lit. 1765.

3-64/10-0052 Fulka, J. und Pavlok, A. Charakteristika býčích ejakulátů získaných při opakovaných vyčerpávajících zkouškách. **(Charakteristik der bei wiederholten sogenannten Erschöpfungstesten gewonnenen Bullen-Ejakulate.)** Živočišná Výroba **8(36)** (1963) Nr. 9. S. 523-530. — 2 Abb., 2 Tab., 11 Lit. Zus. in Russ., Franz., Dtsch.

In 38 an 8 2- bis 3jährigen Bullen in wöchentl. Intervallen durchgeführten Erschöpfungstesten wurden bei den einzelnen Bullen innerhalb von 2-4 Std. 10-26 Ejakulate gewonnen. Auf einen Erschöpfungstest entfielen ⌀ 41,05 ml Ejakulate mit einem Spermiengehalt von $30{,}15 \times 10^9$. Der Anteil der ersten 10 Ejakulate am Gesamtvolumen betrug 64%, der an der Gesamtmenge der Spermien 76%. Im Anteil lebender (ungefärbter) Spermien wurde ebenfalls eine Verringerung festgestellt. Dasselbe betrifft die Fructose. Bei der Bewertung der ersten 12 und letzten 12 Erschöpfungsteste wurde ein nur geringer Unterschied in der Spermienanzahl je Ejakulat zugunsten der letzten Teste

festgestellt. Die Anzahl lebender Spermien war bei der 2. Gruppe der Teste höher. Statistisch signifikant ist nur der Unterschied im Fructosegehalt, der bei der 2. Testgruppe durchschnittl. um 77 mg% niedriger war.
ČSSR/ÚVTI. 1775.

3-64/10-0053 Malikov, D. I.; Stawropol, Unions-Forsch.-Inst. für Schaf- und Ziegenzucht. Vlijanie atmosfernogo davlenija na vosproizvoditel'nuju funkciju baranov. **(Der Einfluß des atmosphärischen Luftdruckes auf die Fortpflanzungsfähigkeit von Schafböcken.)** Vestnik sel'skochozjajstvennoj nauki, Moskva 8 (1963) Nr. 6. S. 82-86. — 3 Abb., 10 Lit. Zus. in Engl., Franz., Dtsch.

Versuche mit Zuchtböcken der Kaukasischen Rasse, die im Herbst 1950 in der Region Stawropol durchgeführt wurden, haben ergeben, daß die Lebensfähigkeit des Spermas bei einer Erhöhung des atmosphärischen Druckes anstieg und bei einer Senkung ebenfalls sank. Ein umgekehrter, allerdings nicht so deutlicher Zusammenhang bestand zwischen der Lufttemperatur und der Qualität des Spermas. Ein Einfluß der Wolkenbildung, der Niederschläge und der Windrichtung war nicht festzustellen. Auch das Gewicht der Lämmer bei der Geburt und im Alter von 4 Mon. schwankte entspr. den Veränderungen des atmosphärischen Druckes und der Lebensfähigkeit des Spermas, die durch stärkere Sättigung des Blutes mit O_2 bedingt war (bei höherem Luftdruck in der Deckperiode wiesen die Lämmer ein höheres Geburtsgewicht auf).
B. Schenk. 1793.

3-64/10-0054 Henricson, B. und Bäckström, L.; Stockholm, Roy. Veterin. Coll. A systematic study of the meiotic divisions in normal and subfertile or sterile boars and bulls. **(Eine systematische Untersuchung der Meiose bei normalen und subfertilen oder sterilen Ebern und Bullen.)** J. Reproduct. Fertility 7 (1964) Nr. 1. S. 53-64.

Die Spermien teilweise oder völlig steriler Eber oder Bullen sehen häufig normal aus. Um die Ursachen der Sterilität oder Fertilitätsminderung bei solchen Tieren beurteilen zu können, wurden nach Kastration oder Schlachtung Untersuchungen am spermatogenen Gewebe durchgeführt. Bewertet wurden die Häufigkeit einzelner Teilungsstadien in einem Kollektiv von 600 Kernen und die Zahl der Abnormalitäten in Metaphase und Anaphase der beiden Teilungsschritte. Die individuelle Variation hinsichtlich des zeitlichen Ablaufes der Teilungsstadien ist bei normalen Tieren sehr klein. Dementsprechend fällt der Unterschied zu subfertilen und sterilen Tieren bes. auf. Bei 6 von 7 untersuchten Bullen war die Metaphase der 1. Teilung und bei 1 die Metaphase der 2. Teilung erheblich verlängert, ebenso bei 3 von 4 untersuchten subfertilen Ebern. Störungen in den Teilungsfiguren kommen auch bei normalen Tieren in einem bestimmten Prozentsatz vor. Die Anomalien sind aber bei subfertilen Bullen und Ebern bedeutend häufiger. Die genauen Bewertungen von Metaphase- und Anaphaseanomalien führen aber zu so differenten Ergebnissen, daß aus ihnen nicht auf eine gemeinsame Ursache der Fertilitätsstörungen geschlossen werden kann. Vff. schlußfolgern, daß die Fertilitätsminderungen eher auf Fehlern im Teilungsmechanismus beruhen, als auf chromosomalen Aberrationen. Teilungsstörungen können inkomplette Gengarnituren in den Nachfolgezellen zur Folge haben. Teilungsstörungen wurden auch bei 2 sterilen Ebern mit Akrosomendefekten gefunden. In diesen Fällen ist eine nichtchromosomale Struktur Ursache für Sterilität.
H. Fischer. 1798.

3-64/10-0055 Hawk, H. W., Brinsfield, T. H., Turner, G. D., Whitmore, G. E. und Norcoss, M. A.; Beltsville, Md., A. R. C., Animal Husbandry Res. Div. Embryo survival in first-service and repeat-breeder cattle after ovariectomy and hormone therapy. **(Überleben der Embryonen nach Ovarektomie und Hormonbehandlung bei Rindern, die nach der ersten Besamung tragend wurden oder mehrmals umrinderten.)** J. Dairy Sci. **46** (1963) Nr. 12. S. 1397-1401. — 1 Tab., 13 Lit.

15 Milchrinder und Färsen mit normaler Fruchtbarkeit und 20 klinisch gesund erscheinende, aber unfruchtbare Rinder, die ∅ 7,5 mal vergeblich besamt worden waren, wurden 5; 6 oder 7 Tage nach der Besamung ovarektomiert. Am Tage vor der Ovarektomie beginnend erhielten die Tiere 25 mg Progesteron (**I**)/100 lb. Lgw./Tag oder 25 mg **I** + 6,25 μg Oestron (**II**)/100 lb. Lgw./Tag s. c. injiziert. 5 von 7 mit **I** behandelten Rindern wiesen bei der nach 27-89 Tagen erfolgten Schlachtung einen normalen Embryo auf. Bei Verabreichung von **I** + **II** waren es 6 von 8 Tieren. Bei den sterilen Tieren wurde ohne Behandlung in 15% der Fälle ein normaler Embryo gefunden und nach Ovarektomie und Substitution mit Sexualhormonen in 18% der Fälle. Durch die Behandlung, die die Gravidität bei den meisten fertilen Tieren erhielt, wurde also keine Fruchtbarkeitsverbesserung erzielt.
F. Döcke. 1840.

3-64/10-0056 Karlov, V. N. Formirovanie pola u životnych v zavisimosti ot sočetanija tipov nervnoj sistemy samca i samki. **(Die Bildung des Geschlechts bei Tieren entsprechend der Kombination der Typen des Nervensystems des männlichen und weiblichen Tieres.)** Vestnik sel'skochozjajstvennoj nauki, Moskva **8** (1963) Nr. 6. S. 64-68. — 4 Tab., 3 Lit. Zus. in Engl., Franz., Dtsch.

Das Geschlecht bildet sich nicht nur unter dem Einfluß der Umweltbedingungen heraus, sondern auch nach der Kombination der Typen des Nervensystems der Eltern. Nach Beobachtungen an Pferden und Kühen dominiert der ungehemmte Typ über alle anderen Typen, der lebhafte Typ über den ruhigen und schwachen und der ruhige Typ über den schwachen; bei gleichem Typ des Nervensystems erfolgt die Geschlechtsbildung entweder nach der einen oder anderen Seite. Die Typen des Nervensystems lassen sich am einfachsten nach der Herzmotorik bestimmen (die Stärke des Erregungszustandes wird nach der größten Frequenz der Herzkontraktionen bei max. Erregung und der Länge der Periode mit max. Frequenz ermittelt, die Stärke des Hemmungsprozesses nach der niedrigsten Frequenz der Herzschläge beim Hemmungszustand der Tiere und der Länge dieser Periode; die Schnelligkeit des Übergangs von der max. zur min. Frequenz zeigt die Beweglichkeit der Nervenprozesse). Nach einer angeführten Tab. der Durchschnittskennziffer der Pulsfrequenz können die Nerventypen der Tiere festgestellt werden. B. Schenk. 1850.

3-64/10-0057 Tverskoj, G. B. Vlijanie chroničeskogo razdraženija afferentnych nervov moločnoj železy kozy na sekreciju moloka i moločnogo žira. **(Der Einfluß der chronischen Reizung der afferenten Nerven der Milchdrüse bei Ziegen auf die Milch- und Milchfettsekretion.)** Fiziologičeskij žurnal SSSR imeni Sečenova, Moskva-Leningrad **49** (1963) Nr. 10. S. 1188-1196. — 6 Abb., 7 Lit. 1866.

3-64/10-0058 Lamétrie, M. und Ramon, M. Le centre d'insémination artificielle de la beuvinière à Mayenne. **(Die Besamungsstation der Rinderzuchtgemeinschaft in Mayenne.)** Potasse [Mulhouse/Haut-Rhine] **38** (1964) Nr. 313. S. 63-70. — 14 Abb.

Die Station umfaßt ein Gelände von 15 ha und wurde 1949 gegründet. Neben dem Leitungsstab werden ca. 10 Personen beschäftigt, davon 3 im Labor, 5 als Bullenpfleger, 1 als Außeninspektor, sowie 40 Inseminatoren, die auf 33 Außenstellen verteilt sind. Die Zahl der Bullen ist variabel, z. Z. beträgt der Bestand 55 Vatertiere. Die Besamungsdaten werden auf Lochkarten hinsichtlich der Finanz-, der Fruchtbarkeits- und der Arbeitsleistungskontrolle der Techniker maschinell ausgewertet. Die Zahl der Erstbesamungen ist von 6000 im Jahre 1950 auf 140000 im Jahre 1962 angestiegen. Die Bullen werden mit ca. 12 Mon. in das Prüfverfahren einbezogen. Zwischen dem 14. und dem 17. Lebensmonat hat der Jungbulle Sperma für 300 Erstbesamungen zu liefern. Hiervon erwartet man 50 Kälber, die in der Milchleistungskontrolle angeschlossenen Betrieben anfallen. Die Testbullen werden ca. 18 Mon. zwecks Nachkommenkontrolle gesperrt (9 Mon. Trächtigkeit, 6 Mon. für die Beobachtung des Kalbes und 3 Mon. zur Abwicklung des Geschäftsverkehrs). Anschließend wird die Freigabe zum eingeschränkten Besamungseinsatz gegeben. Im diskontinuierlichen Prüfverfahren darf der Bulle mit 3 Jahren beschränkt eingesetzt werden. Mit 5,5 Jahren kann man seine Nachzucht endgültig beurteilen. In Holland werden die Bullen kontinuierlich geprüft. Das franz. Landwirtschaftsministerium beabsichtigt eine entspr. Regelung. H. Busse. 1881.

3-64/10-0059 Vinš, J. **Die mechanisierte Verrechnung der bei künstlicher Besamung von Rindern erzielten Ergebnisse.** Int. Z. Landwirtsch. [Sofia/Berlin] **1963** Nr. 5. S. 69-72. — 1 Abb.

1962 wurden in der ČSSR 2,4 Mill. Rinder (= 84,8% des Gesamtbestandes an Kühen und Färsen) künstlich besamt. Die Durchführung der KB erfolgt kostenlos, auch bei den in individuellen Wirtschaften gehaltenen Tieren. Die Berichterstattung über die KB beruht auf 3 Unterlagen: der Karteikarte der Kuh (Zeitpunkt der Besamung, Herkunft des Spermas, Zulassungs-, Befruchtungs- und Abkalbetermin, Nachzucht, Krankheiten usw.), dem tägl. Arbeitsbericht des Besamungstechnikers und dem Tagebuch des zentralen Besamungspunktes. In monatl. Analysen werden die durchgeführten EB und der prozentuale Anteil trächtiger Kühe und Färsen nach Erst- und Zweitbesamung, die Anzahl der geborenen Kälber im Verhältnis zur Gesamtzahl der besamten Rinder sowie die Ursachen von Differenzen zwischen der Zahl trächtiger Kühe und der Anzahl geborener Kälber ermittelt. In einem Jahresbericht werden die Auslastung der Besamungstechniker und der Zuchtbullen, der Besamungsindex sowie die Kosten für die Besamung eines Muttertieres, einer trächtigen Kuh und eines geborenen Kalbes den Ergebnissen des Vorjahres gegenübergestellt. Die Einschätzung der von den Besamungstechnikern geleisteten Arbeit erfolgt nach der Planerfüllung, der Trächtigkeit nach EB, dem Befruchtungssatz und der Anzahl der geborenen Kälber. In den Jahren 1961 und 1962 wurde ein System für die mechanisierte Verrechnung der Primärunterlagen über die KB mittels Lochkarten entwickelt und erprobt. Diese maschinelle Auswertung ermöglicht die Erfassung der Erst- und Zweitbesamungen sowie der Anzahl befruchteter Kühe nach ein- und zweimaliger Besamung, getrennt für jeden Zuchtbullen, in den einzelnen Ortschaften, Besamungsbereichen, Stationen und Kreisen, des Trächtigkeitsprozentsatzes nach jeder Besamung, der Dauer der Service-Periode und des Alters der Färsen bei der Befruchtung. Ferner können die Anzahl und das Geschlecht der geborenen Kälber, der Verlauf der Abkalbungen, die Anzahl der totgeborenen und nach dem Abkalben gestorbenen Kälber für jeden einzelnen Bullen sowie die Abhängigkeit der Befruchtung von der Art des Samenverdünners, der Konservierung, des Transportes und der Lagerungsdauer des Spermas festgestellt werden. Die Unterlagen für die Rechenstationen werden diesen von den Besamungsstationen nach einem Zeitplan in Form von Nachweisen zugestellt. Es wurde je eine 80spaltige Lochkarte über die Daten der KB, die festgestellte Trächtigkeit und das Abkalben entwickelt. Für die Zukunft ist vorgesehen, 90spaltige Lochkarten und Maschinen vom Fabrikat „Aritma“ oder sogar Elektronenrechenanlagen zu verwenden.

G. Herrmann. 1881.

3-64/10-0060 Rodin, I. I. Novye pribory dlja polučenija spermy ot bykov. **(Neue Geräte zur Gewinnung von Bullensperma.)** Tr. Mosk. vet. akad. **43** (1962) S. 133-139. – Aus: Referativnyj žurnal Moskva. Životnovodstvo, veterinarija **1963** Nr. 18. 58. 114. S. 15.
Beschrieben werden neu konstruierte Geräte zur Spermagewinnung. 1885.

3-64/10-0061 Michajlov, N. N.; Unions-Inst. für Exp. Veterinärmed. Novyj metod polučenija spermy ot chrjakov dlja diagnostičeskich celej. **(Eine neue Methode zur Gewinnung von Ebersperma für diagnostische Zwecke.)** Svinovodstvo, Moskva **17** (1963) Nr. 3. S. 47. – 1 Abb.
Nach der empfohlenen Methode wird das Sperma für Untersuchungszwecke in der Praxis mit Hilfe von Cervikaltampons gewonnen. Sterile Wattetampons mit daran befestigten Seidenfäden werden so vor den äußeren Gebärmuttermund der rauschenden Sau plaziert, daß der Faden aus der Schamspalte heraushängt. Nach darauffolgendem Deckakt wird der Tampon mit dem Faden langsam aus den äußeren Geschlechtswegen der Sau herausgezogen. Bei dieser Bewegung wird das Sperma ebenfalls nach außen befördert und kann in einem vorgehaltenen Gefäß aufgefangen werden.
I. Tschinkel. 1885.

3-64/10-0062 Dikov, V. und Danov, D. Vlijanie na njakoi veštestva vŭrchu preživjaemostta na spermatozoidi ot bik i koč. **(Der Einfluß einiger Stoffe auf die Lebensfähigkeit der Spermien von Bulle und Schafbock.)** Selskostopanska nauka, Sofija **2(8)** (1963) Nr. 7. S. 847-854.—6 Abb., 13 Lit.
Untersucht wurde der Einfluß einiger Stoffe, die zum Einfetten der künstlichen Vagina verwendet werden, auf die Lebensdauer der Spermien von Bullen und Schafböcken. Es wurde festgestellt, daß das Sperma bei Lagerung in halbflüssigen Substanzen (Vaseline und Schweineschmalz) länger lebensfähig bleibt als bei Lagerung in flüssigen Stoffen (Pflanzenöl und flüssigem Paraffin). Eine Sterilisierung von flüssigem Paraffin übt keinen Einfluß auf die Lebensdauer der Spermien aus. Eine mehrmalige Sterilisierung von Pflanzenöl verkürzt die Lebensdauer der Spermien, während sie durch eine Sterilisierung von Vaseline verlängert wird. NRB/ZSNTI. 1885.

3-64/10-0063 Jarosz, S. Kolorymetr fotoelektryczny użyty do oceny koncentracji nasienia buhaja. **(Ein photoelektrisches Colorimeter zur Prüfung der Konzentration von Bullensperma.)** Przegląd Hodowlany **32** (1963) Nr. 12. S. 26-28. – 2 Tab. PRL/CBR. 1886.

3-64/10-0064 Gajvoronskij, G. S.; Charkow, Forsch.-Inst. für Tierzucht des Waldsteppen- und Polessje-Gebietes der Ukrain. SSR. Metod uskorennogo opredelenija koncentracii semeni chrjaka. **(Eine Methode zur schnellen Bestimmung der Dichte von Eberejakulaten.)** Svinovodstvo, Moskva **17** (1963) Nr. 3. S. 38-39. – 2 Abb.
Zur Dichtebestimmung von Eberejakulaten wird die Verwendung von Fotocolorimetern FEK-M, FEK-N-57 oder fotoelektrischer Erythrohämometer empfohlen. Anwendung und Schaltschema der Geräte werden erläutert. Die Instrumente sind vor Gebrauch zu eichen, indem man im Vergleich zu den angezeigten Skalenwerten die Dichte mehrerer Ejakulate mit unterschiedlichen Dichten mit Hilfe der Zählkammer bestimmt. Aus den jeweils entspr. Werten stellt man graduierte Kurven bzw. Tabellen auf. Im beschriebenen Versuch wurden Kurve und Tabelle für das verwendete Gerät an Hand von 55 untersuchten Ejakulaten aufgestellt. Nach Ansicht des Vf. genügen für die Praxis zum Eichen des Gerätes 15-20 normale Ejakulate mit möglichst unterschiedlichen Spermienkonzentrationen. Bei Anwendung dieser Methode wurde für die Dichtebestimmung eines Ejakulates ⌀ 1-2 Min. benötigt, d. h. den 15.-20. Teil der für die Dichtebestimmung mit Zählkammer benötigten Zeit. I. Tschinkel. 1886.

3-64/10-0065 Mukherjee, D. P. Melanizing activity of semen and its relation to live spermatozoa of bulls, goats and rams. **(Beziehungen zwischen der Melanisierungsaktivität des Spermas und dem Überleben von Bullen-, Ziegenbock- und Schafbockspermien.)** J. Reproduct. Fertility **7** (1964) Nr. 1. S. 29-36.

Unter Melanisierungsaktivität ist die Intensität der durch die Zugabe von Dihydroxyphenylalanin zum Sperma hervorgerufenen Farbreaktion zu verstehen. Die Melanisierungsaktivität des Spermas variierte zwischen den Vatertieren und zwischen den Ejakulaten des gleichen Vatertieres, Spermaproben von gelber Farbe zeigten eine stärkere Farbreaktion als andere Proben. Der Prozentsatz an lebenden Spermien, die nach verschiedengradigen Temperaturschocks ermittelt wurden, war i. allg. beim Sperma mit starker Melanisierungsaktivität geringer als bei solchem mit schwacher Melanisierungsaktivität. Die hinsichtlich des Überlebens der Spermien nach der Schockbehandlung festgestellten Schwankungen zeigten einen krummlinigen Verlauf mit verschiedenen Abstufungen zwischen den untersuchten Tierarten. W. Schäfer. 1886.

3-64/10-0066 Kazda, J. Příspěvek k mikrobiologii pohlavních orgánů a spermatu býků s nízkou plodností. **(Beitrag zur Mikrobiologie der Geschlechtsorgane und des Spermas bei Bullen mit niedriger Fruchtbarkeit.)** Veterinární Med. **8(36)** (1963) Nr. 5. S. 317-324. — 2 Tab., 18 Lit. Zus. in Russ., Dtsch.

Um über den mikrobiellen Einfluß auf die Fruchtbarkeit der Zuchtbullen eine Übersicht zu gewinnen, wurden in 69 Fällen die Geschlechtsorgane untersucht sowie 426 Spermaproben, die aus verschiedenen Zuchtstationen stammten. In 10% der Fälle wurden die Geschlechtsorgane und Spermien derselben Bullen untersucht. Am häufigsten fand man Corynebakterien und *Pseudomonas aeruginosa*, dann folgten die zur Familie Enterobacteriaceae gehörigen Mikroorganismen und *Corynebacterium pyogenes*, weniger häufig Streptokokken. ČSSR/ÚVTI. 1887.

3-64/10-0067 Kazda, J. Vliv mikrobů, nejčastěji isolovaných ze spermatu býků, na spermie. **(Einfluß von Mikroben, die am häufigsten vom Bullensperma isoliert werden, auf die Spermien.)** Veterinární Med. **8(36)** (1963) Nr. 5. S. 325-330. — 2 Abb., 1 Tab., 16 Lit. Zus. in Russ., Engl.

Man untersuchte den Einfluß der Mikroben *Corynebacterium spec.*, *C. pyogenes*, *Escherichia freundii*, der Gattung Proteus und *Escherichia coli* auf Bullenspermien in hohen Konzentrationen und unter Bedingungen des Wärmetestes. Die stärkste spermicide Wirkung fand man bei den untersuchten Angehörigen der Familie Enterobacteriaceae und ferner bei *Corynebacterium pyogenes*. Diese Feststellung wird als wichtig betrachtet, da die Kontamination des Samens mit diesen Mikroben leicht möglich ist, und zwar bes. bei einer Infektion der Harnröhre und des Gebärmutterhalses. Abweichend war die Wirkung von *Corynebacterium spec.*, die gegenüber der Kontrolle eine höhere Zahl beweglicher Spermien übrig ließen. ČSSR/ÚVTI. 1887.

3-64/10-0068 Wales, R. G. und Choong, C. H.; Sydney, Univ. of Sydney. The effect of ultraviolet radiation on ram and bull spermatozoa. **(Die Wirkung einer Bestrahlung mit ultraviolettem Licht auf Schafbock- und Bullenspermien.)** Austral. J. biol. Sci. **16** (1963) Nr. 4. S. 885-895. — 8 Tab., 14 Lit.

Mittels künstlicher Vagina bzw. Elektroejakulation gewonnenes Bullen- und Schafbocksperma guter Qualität wurde mit einem Magermilch- oder einem synthetischen Verdünner, der Na_2HPO_4, NaH_2PO_4, KCl, $MgCl_2$, NaCl und Glukose enthielt, verdünnt, indem 2 Tropfen Sperma bei 30 °C mit 1 Tropfen Verdünner in einem Kristallschälchen vermischt wurden. Zur Bestrahlung mit UV-Licht dienten eine „Philips"- und eine „Chromatolite"-

Lampe, deren max. Emissionen bei 366 mμ bzw. 254 mμ lagen. Nach der 15-60 Min. langen Bestrahlung wurde die Spermienbeweglichkeit 3mal in 1- bzw. ½stündigem Abstand geschätzt. Bei einer Wellenlänge von 366 mμ und Magermilchverdünner wurden weniger bewegliche Spermien gefunden als bei 254 mμ bzw. im synthetischen Verdünner. Im synthetischen Verdünner wurde der rel. geringe Effekt des UV-Lichts durch Katalase, Cystin oder Glutathion fast völlig aufgehoben. Die starke Herabsetzung der Spermienbeweglichkeit im Milchverdünner beruhte auf der Wirkung der UV-Bestrahlung auf die Milch. Sie wurde durch Glutathion und Cystin verringert.
F. Döcke. 1887.

3-64/10-0069 Nelson, Leonard. Acetylcholinesterase in bull spermatozoa. **(Acetylcholinesterase in Bullenspermien.)** J. Reproduct. Fertility **7** (1964) Nr. 1. S. 65-71.

Vf. konnte bei seinen Untersuchungen das Vorhandensein von Acetylcholinesterase im Kopf-, Mittel- und Schwanzstück von Nebenhodenspermien des Bullen nachweisen. Die spez. Fermentaktivität des Schwanzstückes ist jedoch ca. 5mal so groß wie die des Kopfstückes. Bei beiden Bruchstücken beträgt die Hydrolyserate des Butyrylcholins ca. 15% und des Benzolcholins ca. 5-8% derjenigen des Acetylcholins. Das Ferment kann nach Ansicht des Vf. in die Kontrolle der Ausrichtung und Ausbreitung der wellenförmigen Bewegung der Spermien, die offenbar eine notwendige Voraussetzung für deren erfolgreiche Vorwärtsbewegung darstellt, einbezogen werden.
W. Schäfer. 1887.

3-64/10-0070 Power, J. H. A study of canine semen: the relationship between chloride content and ejaculate volume. **(Eine Untersuchung an Hundesperma: Beziehung zwischen Chloridgehalt und Ejakulatsvolumen.)** Irish veterin. J. **18** (1964) Nr. 3. S. 41-48. — 1 Abb., 4 Tab. 1887.

3-64/10-0071 Choong, C. H. und Wales, R. G.; Sydney, Univ. of Sydney. The use of various diluents for deep-freezing bull spermatozoa. **(Die Verwendung verschiedener Verdünner für die Tiefgefrierung von Bullenspermien.)** Austral. J. biol. Sci. **16** (1963) Nr. 4. S. 896-904. — 4 Tab., 19 Lit.

Mittels künstlicher Vagina gewonnene hochwertige Bullenejakulate wurden im Verhältnis 1:10 bei 30 °C mit 0,154 M NaCl-Lösung, einem Fructose (0,154 M)-NaCl (0,077 M)-Verdünner oder einem Ca-freien Krebs-Ringer-Phosphat-Fructose-Verdünner nach Umbreit, Burris u. Stauffer (1949) verdünnt. Außerdem wurden mittels Dialyse Magermilchextrakte hergestellt, die den synthetischen Verdünnern zugesetzt wurden. Die Endkonzentration des im Zweitverdünner zugegebenen Glycerins betrug 7,5%, die gewöhnliche Äquilibrierungszeit 18 Std., und das Abkühlen auf −79 °C erfolgte nach dem Schema von Polge u. Lovelock (1952). Beim Auftauen nach wenigstens 24stündiger Aufbewahrung zeigte sich, daß das Spermienüberleben durch den Milchextrakt (3%) oder auch durch Casein (3%) verbessert wurde. Wurde der dialysierbare Milchanteil als Verdünner verwendet, übte die darin enthaltene Laktose eine wesentliche Schutzwirkung auf die Spermien aus, die in den synthetischen Verdünnern von der Fructose übernommen wurde. Die Zugabe von Fructose nach dem Einfrieren wirkte sich auch dann noch günstig aus, wenn der Verdünner schon 144 mM Fructose enthielt. K, Mg, $CaCl_2$ und Na-Citrat in niedriger Konzentration verbesserten das Spermienüberleben nicht signifikant. F. Döcke. 1893.

3-64/10-0072 Šubin, A. A. Vlijanie metodov osemenenija na oplodotvorjaemost' i plodovitost' matok. **(Der Einfluß der Besamungsmethoden auf die Befruchtung und Fruchtbarkeit der Sauen.)** Svinovodstvo, Moskva **17** (1963) Nr. 6. S. 20.

Sperma von Ebern der Großen Weißen Rasse, der Landrasse und der Urshumer Rasse wurde mit Milch, Bicarbonat- und Citratverdünner im Verhältnis 1:1-1:3 verdünnt und 24-36 Std. bei 15-20 °C aufbewahrt. Die fraktionierte Besamung von Sauen der Großen Weißen Rasse und Kreuzungstieren ergab, daß bei einer Gesamtmenge des verdünnten Spermas und des Verdünners von 150 ml eine Spermienmenge von 4-5 Md. die besten Ergebnisse bringt. Bei einem anderen Versuch wurde die gleiche Spermienzahl (3-5 Md.) in 100-120 ml verdünntem Sperma bzw. 30-50 ml verdünntem Sperma und 70-90 ml Verdünner (fraktionierte Besamung) eingeführt. Bei der fraktionierten Besamung mit 10-40 Std. aufbewahrtem Sperma betrug die Befruchtung 73,5-75%, bei der nicht fraktionierten Besamung 55,5-57,9%. Die Besamung mit Sperma, das bei 15-20 °C 2-3 Tage lang aufbewahrt worden war, brachte dieselben Ergebnisse; bei der Aufbewahrung bei 5-7 °C sank die Befruchtung ab. Bei der nicht fraktionierten Besamung sollte die Spermienzahl mindestens auf das Doppelte erhöht und das Sperma stets bei 15 bis 20 °C aufbewahrt werden. B. Schenk. 1895.

3-64/10-0073 *Hackmann, Josef.* **Vergleichende Untersuchungen über das Verhalten der Fruktolysewerte von Bullenejakulaten sofort nach deren Gewinnung und verschieden langer Aufbewahrung bei +5 °C.** Diss. Veterinärmed. Fak. Hannover. 1963. (35 S.) 8°. (Diss. 9660)

E. ZÜCHTUNG

3-64/10-0074 Fredeen, H. T. The livestock industry. **(Die Tierproduktion.)** Agric. Inst. Rev. **18** (1963) Nr. 6. S. 9-11. 39. — 5 Abb.

Vf. diskutiert in der vorliegenden Eingabe an die 43. Jahresversammlung der Kanadischen Gesellschaft für Tierische Produktion die Entwicklung von Haustierrassen in der Vergangenheit vor allem unter Berücksichtigung der Arbeit der Züchter, ihre Grundsätze und Ziele. Um 1930 wurde offensichtlich, daß die Ziele der Hochzüchter und ihre „Philosophie" nicht mehr mit den Wünschen der Konsumenten, den Produktionsverfahren der Praxis und den Belangen der verarbeitenden Industrie übereinstimmten. Die damals einsetzende Entwicklung neuer Rassen, die auch in Europa und bes. in der UdSSR zu verzeichnen ist, wird begrüßt. Vf. setzt sich mit den gebräuchlichen Zuchtverfahren auseinander, die alle auf eine Verbesserung bestehender Rassen hinzielen. Die Züchtung neuer Rassen wird als notwendige Ergänzung und Bereicherung der bisherigen Zuchtarbeit angesehen. Allein die Leistungen werden über die Berechtigung und die Anzahl der Rassen entscheiden. Die Tätigkeit der Herdbuchverbände wird einer kritischen Betrachtung unterzogen. Die Produzenten tierischer Erzeugnisse werden oft noch von den überholten Ansichten der Herdbuchzüchter beeinflußt, mehr und mehr setzt sich jedoch die Bereitschaft durch, eine genetisch bedingte Leistungssteigerung in den Gebrauchsherden anzustreben. Dieser Teil der Produzenten braucht die Unterstützung solcher Züchter, die nach neuesten wiss. Erkenntnissen arbeiten und nicht von Vorschriften der Herdbuchverbände oder der Verwaltung in ihrer Aktivität eingeengt werden. K. Damm. 1910.

3-64/10-0075 Denisov, V. F. Inbriding i skreščivanie pri razvedenii raznych vidov sel'skochozjajstvennych životnych. **(Die Inzucht und Kreuzung bei der Züchtung verschiedener Arten landwirtschaftlicher Nutztiere.)** Tr. Kirg. s.-ch. in-ta **2** (1961) Nr. 11. S. 3-21. — Aus: Referativnyj žurnal Moskva. Životnovodstvo, veterinarija **1963** Nr. 17. 58. 17. S. 2.

Auf Grund einer Analyse der umfangreichen, sich oft widersprechenden Literatur über die Ergebnisse einer Anwendung der Inzucht und der Kreuzung bei verschiedenen Arten landwirtsch. Nutztiere kommt Vf. zu dem Schluß, daß Inzucht bei Pferden und Schafen und vom Geflügel bei Gänsen am wenigsten gefährlich ist. Mit großer Vorsicht muß man die Inzucht in der Tierzucht bes. bei der Züchtung von Kamelen, Ziegen, Schweinen und Hühnern anwenden. Der Effekt einer Vitalitätssteigerung der Nachkommenschaft verändert sich bei der Kreuzung in umgekehrtem Sinne, d. h., am deutlichsten ausgeprägt ist er bei Schweinen, Ziegen und Kamelen, weniger deutlich ausgeprägt ist er beim Rindvieh und am schwächsten – bei Schafen und Pferden. Vom Geflügel reagieren die Hühner gut auf eine Kreuzung, bei Gänsen ist der Kreuzungseffekt schwach ausgeprägt. Jedoch gibt es hier zahlreiche Ausnahmen, deren Ursache Vf. in den individuellen Besonderheiten der Stärke der Konstitution der Elternpaare sieht; bei einer starken Konstitution der Eltern liefert die Inzucht in der Regel eine lebensfähige Nachkommenschaft. Außer der Konstitutionsstärke besitzt auch der Konservativismus der Vererbung der Eltern große Bedeutung. Eine Kombination des Konservativismus der Vererbung mit einer kräftigen Konstitution der Eltern führt dazu, daß man eine hochleistungsfähige Nachkommenschaft sowohl bei der Reinzucht als auch bei der Kreuzung erhält. Da die Stärke der Konstitution eines Organismus in vieler Hinsicht von den Bedingungen der Aufzucht und Haltung der Tiere abhängt, wird es möglich, gelenkt gute Ergebnisse durch Anwendung aller Methoden der Züchtung von Tieren zu erhalten. 1920.

3-64/10-0076 Ovsjannikov, A. I. Zakon Darvina, žiznennost' i geterozis v životnovodstve. **(Der Darwinismus, die Vitalität und die Heterosis in der Tierzucht.)** Životnovodstvo, Moskva **25** (1963) Nr. 8. S. 46-51. – 3 Tab.

Die Stärke, mit der der Effekt der Rassen- oder Linienkreuzung auftritt, hängt sowohl von der Verstärkung der Vitalität als auch von der Kombination der konkreten Erbanlagen der zu paarenden Individuen ab und verläuft nicht immer positiv. Deshalb müssen folgende Faktoren berücksichtigt werden: 1. sorgfältige Auswahl der Rassen für die Gebrauchskreuzung auf Grund von Vorprüfungen; 2. sorgfältige Auswahl der Blutlinien innerhalb der ausgewählten Rassen; 3. Züchtung gut konsolidierter, hochwertiger Vatertiere zur Zucht und Gewährleistung einer individuellen Auswahl der Muttertiere; 4. Anwendung mehrerer speziell ausgewählter Rassen für die Mehrrassenkreuzung; 5. planmäßige Selektion der Blutlinien und Rassen; 6. Anwendung unterschiedlicher Aufzucht- und Lebensbedingungen für die zu kreuzenden Mutter- und Vatertiere. Sinn dieser Empfehlungen ist der günstige Einfluß leichter Unterschiede bei der Formung der männl. und weibl. Keimzellen, die entweder auf die Elternpaare oder ihre Vorfahren einwirken. Deshalb kann auch die Kreuzung ökologischer Typen innerhalb einer Rasse große Erfolge zeitigen. Wichtig ist auch die Anpassungsfähigkeit der Rassen an die ökologischen Bedingungen, unter denen sie gekreuzt werden sollen. Die Gebrauchskreuzung muß auch unbedingt mit der Nachkommenprüfung der Vatertiere kombiniert werden, und die intensive Selektion ist bei ihr ebenso wichtig wie bei der Reinzucht. Alle diese Erkenntnisse bestätigen die Richtigkeit der Darwinschen Kreuzungslehre. B. Schenk. 1935.

3-64/10-0077 Krause, E.; Berlin, Humboldt-Univ., Veterinärmed. Fak., Inst. für Tierzucht und Tierernähr. **Untersuchungen zur Typenfrage beim Rind unter besonderer Berücksichtigung der Ergebnisse elektrophoretischer Untersuchungen der Milch.** Arch. Tierzucht 7 (1964) Nr. 5. S. 399-408. – 8 Abb., 9 Tab., 9 Lit. Zus. in Russ., Engl. – nach Zus.

Zur Prüfung evtl. bestehender Stoffwechselunterschiede zwischen den von Arcularius aufgestellten Konstitutionstypen wurden an 45 Milchkühen während der Futterumstellung (Weideaustrieb) die Milchzucker-, Fett- und Gesamteiweißwerte bestimmt und gleichzeitig milchelektrophoretische Untersuchungen durchgeführt. Es wurden keine signifikanten Unterschiede in der Milchzusammensetzung als Zeichen einer unterschiedlichen Reaktion auf die Stoffwechselbelastung durch die Futterumstellung zwischen den drei Typen gefunden. 1940.

3-64/10-0078 Krause, Erich. **Konstitutionstyp und Milchzusammensetzung.** Berlin, Inst. Tierzucht Tierernähr. Humboldt-Univ. Berlin-Plan-Nr.: 35 3-18/3. Abschlußber. (22/5. 1964). — Inhalt siehe vorst. Ref. 1940.

3-64/10-0079 Lauvergne, J. J., Vissac, B. und Perramon, A. Étude du caractère culard. I. Mise au point bibliographique. **(Untersuchungen über das Merkmal „Doppellender". 1. Mitt.)** Ann. Zootechnie **12** (1963) Nr. 2. S. 133 bis 156. — 3 Abb., 6 Tab., 34 Lit. Zus. in Engl.

In der Arbeit werden die Morphologie, Morphopathologie, die genetischen und physiol. Aspekte der Doppellender behandelt. H. Busse. 1950.

3-64/10-0080 Cohrs, P., Comberg, G., Meyer, H. und Trautwein, G. **Erbliche Meningocele cerebralis beim Schwein.** Dtsch. tierärztl. Wschr. **70** (1963) Nr. 15/16. S. 437-440. — 4 Abb., 1 Tab., 7 Lit. Zus. in Engl.

Es wird über Kopfmißbildungen einer Herde des Bunten Schweines berichtet. Pathologisch-anatomisch handelt es sich um eine Meningocele cerebralis (Hirnhautausstülpung) durch eine medial gelegene Knochenspalte. Die Austrittsstelle des Bruchsackes war in allen Fällen die Nahtstelle zwischen den Ossa frontalia bzw. parietalia. Im Ausprägungsgrade variierten die Hirnhautvorfälle zwischen linsen- und kirschgroßen Meningocelen. Letztere waren von meist unbehaarter Haut überzogen, kugelig und dünngestielt. Zur röntgenologischen Ermittlung von Anlageträgern (Paarungsversuche) wurden die Neugeborenen ohne eindeutigen Befund untersucht. Nur bei einem Ferkel fielen etwas breitere Knochensuturen am Schädel auf. Im Herkunftsbestande wurden im Jahre 1960 Sauen, die Halbgeschwister waren, von einem zugekauften Eber belegt. In vier von diesem Eber stammenden Würfen traten Ferkel mit Veränderungen des Schädeldaches auf. In früheren, von anderen Ebern stammenden Würfen waren von den gleichen Sauen keine Ferkel mit Schädelanomalien geboren worden. Der fragliche Eber hatte in seinem früheren Deckbezirk zunächst keine mißgebildeten Ferkel gezeugt. Die Paarung mit einigen Töchtern am Ende der Deckzeit führte jedoch zu Geburten von Ferkeln mit ähnlichen Schädelmißbildungen (3 Würfe, 28 Ferkel, hiervon 8 mit Kopfmißbildungen). Die Erhebungen in den Schweinebeständen und Zuchtversuche sprechen dafür, daß die Mißbildungen durch ein autosomales rezessives, subletales Gen von wechselnder Penetranz und Expressivität bedingt werden. H. Busse. 1950.

3-64/10-0081 Larsson, Erik L. Miljöbetingade fosterskador hos svin. **(Umweltbedingte Fetusschäden bei Schweinen.)** Svinskötsel **54** (1964) Nr. 3. S. 79. 81-82. 84. 89-90. — 3 Abb.

Die Steifheit der Ferkel bei Yorkshires wurde von Hallquist als rezessive Anlage nachgewiesen. Ebenso beruht die Klumpfußanlage bei der Landrasse auf einem rezessiven Gen. Für einige Schäden (so für Verschluß des Enddarmes, Hermaphroditismus) konnte der Erbgang noch nicht geklärt werden. Die Zitterkrankheit der Ferkel wurde als nicht erblich bedingt nachgewiesen. Ferkel mit gelähmten und deformierten Hintergliedmaßen (Hypoplasie) wurden in Schweden und Dänemark beobachtet. Es wird erwogen, daß diese Mißbildungen durch eine mangelhafte Ernährung (Vitamine, Mineralstoffe) verursacht sein könnten. In der Praxis kommen Lähmungen der Hinterhand bei Ferkeln häufiger vor als bisher angenommen wurde. Auch für andere angeborene Mißbildungen kann eine Umwelteinwirkung nicht ohne weiteres a sgeschlossen werden. Die Zusammenhänge zwischen Vererbung und Umwelt lassen sich nur in Zusammenarbeit zwischen Züchtern, Tierärzten und Konsulenten klären. Außerdem wird eine entspr. Versuchsanstellung in einem Versuchsbetrieb gefordert. — Johansson nimmt zu dem Beitrag Stellung und verweist auf die bekannten Zusammenhänge zwischen Vitaminmangel und verschiedenen Hemmungsmißbildungen (Gaumenspalte, Blindheit, unvollständige Entwicklung von Gliedmaßen, Darmverschluß, verkrüppelte Ohren). Bei der Zwittrigkeit bestehen andere Ursachen (Hinweis auf Klinefelter-Syndrom und auf Eihautverwachsungen). J. K. Hinrichsen. 1950.

3-64/10-0082 Growley, J. P. und McGloughlin, Patricia. Hereditary entropion in lambs. **(Erbliches Entropium bei Lämmern.)** Veterin. Rec. **75** (1963) Nr. 43. S. 1104-1106. — 1 Abb., 5 Tab., 9 Lit.
In einer Herde von 160 Mutterschafen in Nordirland zeigten 53% der geborenen Lämmer Entropium in unterschiedlicher Ausbildung. Die Böcke, die in der Herde gedeckt hatten, zeigten ebenfalls Entropium, nicht dagegen die Mutterschafe, die zu 4 verschiedenen Rassen gehörten. Bei allen 4 Rassen war der Anteil der Lämmer mit Entropium nicht signifikant von 50% verschieden. Bisher hatten keine Berichte über das Auftreten der Erkrankung in Nordirland vorgelegen. Die tägl. Zunahmen waren bei den betroffenen Lämmern nicht verringert; da jedoch stärker betroffene Lämmer wenigstens zeitweise blind sind und daher ihre Mütter leicht verlieren, können Schwierigkeiten beim Hüten auftreten. Die Erkrankung ist wahrscheinlich erblich; der Erbgang ist jedoch noch unklar. Alle infizierten Lämmer zeigten mit fortschreitendem Alter spontane Besserung. Zur Bekämpfung der Krankheit wird vorgeschlagen, Böcke bei der Auswahl zur Zucht auf diese Erkrankung zu untersuchen und Böcke, deren Nachkommen die Veränderung zeigen, nicht weiter zur Zucht zu verwenden. W. Wittig. 1950.

3-64/10-0083 *Antal, Ján* u. a. **Úžitkové kríženie v chove hospodárskych zvierat.** (Zweckentsprechendes Kreuzen in der Nutzviehzucht.) Bratislava: Slov. vyd. pôdohosp. lit. 1963. (165 S.) 8°. (1964 A 382)

3-64/10-0084 *Körner, Eckart.* **Untersuchungen über das Auftreten einer Arthrosis deformans des Sprunggelenkes bei Schweinen holländisch-dänischer Blutführung.** Diss. Veterinärmed. Fak. Hannover. 1963. (44 S.) 8°. (Diss. 9673)

3-64/10-0085 *Molnár, László.* **Korszerü módszerek a nagyüzemi állattnyésztésben.** (Moderne Methoden in der Tierzucht in Großbetrieben.) Budapest: Mezög. kiadó. 1963. (198 S.) 8°. (DA 1675)

3-64/10-0086 *Tommě, Michail Fedorovič* und *Novikov, E. A.* **Obščaja zootechnika.** (Allgemeine Zootechnik.) 3., bearb. u. erw. Aufl. Moskva: Izd. sel'skochoz. lit., žurnalov i plakatov. 1963. (534 S.) 8°. (1964 A 357)

F. WACHSTUM UND ENTWICKLUNG

3-64/10-0087 Tulloh, N. M.; Melbourne, Univ., School of Agric. Comparative breed studies of beef cattle. I. Changes in body weight. **(Vergleichende Rassenuntersuchungen bei Fleischrindern.)** Austral. J. agric. Res. **14** (1963) Nr. 6. S. 882-897. — 1 Abb., 11 Tab., 21 Lit.
Um das Wachstum und die Entwicklung verschiedener Tiere miteinander zu vergleichen, ist es notwendig, deren Leistungen unter einheitlichen Umweltbedingungen zu ermitteln. Die vorliegenden Daten wurden an 404 Hereford, 172 Aberdeen Angus und 127 Shorthorn, welche in den Jahren 1955, 57, 58, 59 und 60 geboren wurden, ermittelt. Die genetische Struktur der betr. Herden auf der Metropolitan Farm, Werribee, Vic., ist typisch für die gesamte Landeszucht. Die Tiere wurden unter den üblichen Bedingungen des Weidebetriebes ernährt, männl. Tiere mit 4-5 Mon. kastriert. Mit Hilfe eines mathematischen Modells wurde der Einfluß von Geburtsjahr, Rasse, Geschlecht und Alter auf die Entwicklung des Körpergewichtes separiert und ermittelt. Im einzelnen werden folgende Daten untersucht: Geburtsgewicht, Absatzgewicht, Endgewicht der Ochsen bei der Schlachtung, Gewichte der Zuchtkühe, Entwicklungskurven des Körpergewichtes, abs. und rel. Wachstumsrate und Beziehungen zwischen dem Gewicht von Ochsen an bestimmten Lebenstagen (Geburt, Absetzen, 12 und 18 Monate). Es wurden rasse- und geschlechtsbedingte Unterschiede in den Körpergewichten an den genannten Stichtagen ermittelt. Weiterhin werden jahresbedingte Unterschiede auf

Ertragsschwankungen der Weiden zurückgeführt. Die abs. und rel. Wachstumsrate nach dem Absetzen zeigt rassebedingte Unterschiede.
K. Damm. 2110.

3-64/10-0088 Winchester, Clarence F. Symposium on growth: Environment and growth. **(Symposium über Wachstum: Umwelt und Wachstum.)** J. Animal Sci. **23** (1964) Nr. 1. S. 254-264. — 6 Abb., 43 Lit.
Untersucht wurde der Einfluß der Umgebungstemperatur auf die Futteraufnahme und den Energieumsatz bei Küken sowie die Wachstumsrate bei Küken und Färsen; aber auch der Einfluß der Luftfeuchtigkeit auf die gleichen Eigenschaften wurde bestimmt. R. Neseni. 2120.

G. ÖKOLOGIE EINSCHLIESSLICH HALTUNG UND PFLEGE

3-64/10-0089 Rollins, W. C., Carroll, F. D. und Ittner, N. R.; Davis, Univ. of California. Comparison of the performance of $^3/_4$ Hereford-$^1/_4$ Brahman calves with Hereford calves in a variable climate. **(Leistungsvergleich von $^3/_4$ Hereford-$^3/_4$ Brahman-Kälbern mit Hereford-Kälbern in einem variablen Klima.)** J. agric. Sci. **62** (1964) Nr. 1. S. 83-88. — 5 Tab., 14 Lit.
Während 4 Jahren (1954-57) verglichen Vff. die Lebendgewichtszunahmen von Kreuzungskälbern ($^3/_4$ Hereford und $^1/_4$ Brahman) mit denen von reinrassigen Hereford unter den jahreszeitl. stark wechselnden Klimabedingungen von Imperial Valley (Californien). Im Sommer unter Temperaturstressbedingungen übertrafen die Kreuzungstiere die Hereford in der Leistung sowohl auf der Weide als auch bei Stallfütterung. Die letzteren wiesen höhere Rectaltemperaturen auf. Während des Herbstes und Winters, d. h. unter stressfreien Klimabedingungen für britische Rinderrassen, übertrafen dagegen die Hereford die Kreuzungstiere in der Leistung bei Stallfütterung. Bei Stallfütterung hatten die Hereford generell eine höhere rel. Futteraufnahme als die Kreuzungstiere. Zwischen den Geschlechtern ergaben sich bei beiden Gruppen signifikante Unterschiede in den Gewichtszunahmen zugunsten der Jungbullen. R. Schiemann. 2165.

3-64/10-0090 Hilliger, H.G. **Der Tagesrhythmus von Temperatur und Feuchte der Luft eines Rinderstalles und seine Beziehungen zu diesen Werten bei der Außenluft.** Berliner Münchener tierärztl. Wschr. **77** (1964) Nr. 3. S. 43 bis 46. — 4 Abb., 1 Tab., 12 Lit. Zus. in Engl.
Nach Aussicht des Vf. ist eine objektive Beurteilung der Stalluft nur bedingt möglich, da man sich Augenblickswerte herausgreift, die sowohl einem Tages- als auch einem Jahresrythmus unterliegen. Die in den eigenen Untersuchungen ermittelten Werte werden in ihrer Abhängigkeit von den beiden Rhythmen dargestellt und zu den gleichzeitig ermittelten Außenwerten in Beziehung gesetzt. Bes. Berücksichtigung fand die abs. Feuchte. Zur Verbesserung der Vergleichbarkeit von Stalluftmessungen wird vorgeschlagen, bei jeder Messung Datum und Stunde zu vermerken, die entspr. Werte der Außenluft zu bestimmen, zusätzlich zur rel. Feuchte die abs. Feuchte und die Differenz der abs. Feuchte zwischen Außen- und Stalluft zu ermitteln. Die abs. Feuchte erscheint im Gegensatz zur rel. Feuchte im Stall geeigneter zu sein als die rel. Luftfeuchte, da sie im Stalle regelmäßig größer ist als in der Außenluft und nur im geringen Grade einem Tagesrythmus unterliegt. Außerdem sind Doppel- oder Mehrfachmessungen anzustreben. H. Busse. 2165.

3-64/10-0091 Ádám, T.; Budapest, Forsch.-Inst. für Tierzucht. **Einige bioklimatische Gesichtspunkte in der Kälberaufzucht.** Arch. Tierzucht **7** (1964) Nr. 5. S. 409-418. — 11 Abb. Zus. in Russ., Engl. — nach Zus.
An Kälbern der Ungarischen Fleckviehrasse wurden bioklimatische Untersuchungen durchgeführt. Unter abweichenden Umweltbedingungen (zwischen 0 und 30 °C) prüfte man bei 60 neugeborenen Kälbern bis zum Alter von 6 Mon. Atmung, Herzschlag je Min. und Körpertemperatur. In der Temperaturzone

von 15-25 °C wird der Organismus am wenigsten belastet. Von 3 in verschiedenen Aufzuchtställen gehaltenen Kälbergruppen (Pferch, Stall, Pferch/Stall) hatten die Stalltiere geringeren Futterverbrauch, bessere Futterverwertung und höhere Zunahmen. Die anderen beiden Gruppen waren durch Kälte- und Wärmeeinwirkung in ihrer Entwicklung gehemmt. Früh und bei Minusgraden in den Freistall versetzte Kälber blieben hinter denen zurück, die später – mit 2 Mon. – ins Freie kamen. Unter ungarischen Klimaverhältnissen müssen Kälber im Herbst und Winter im Massivstall gehalten werden. Außerdem wirkten große Wärme und durch CO_2 und NH_3 verunreinigte Luft negativ auf Zunahme und Futterverwertung. In Aufzuchtställen sollte die Luft nicht über 0,008 ‰ NH_3 und 1,0 ‰ CO_2 enthalten und eine Temperatur von 10-20 °C nicht überschreiten. 2165.

3-64/10-0092 Janáč, K. Hodnotenie mikroklímy stavieb KS II pre odchov ošípaných na južnom Slovensku. **(Bewertung des Mikroklimas des Schweineaufzuchtstalles KS II in der Südslowakei.)** Živočišná Výroba **8(36)** (1963) Nr. 11. S. 647-658. – 6 Abb., 1 Tab., 7 Lit. Zus. in Russ., Dtsch.

Die Untersuchungen wurden im Winter 1961/62 und 1962/63 sowie im Sommer 1962 durchgeführt. Der Stall ist eine Kombination von Schlupfnest, Futterplatz und Auslauf. Die Stalltemperatur fiel bei mäßigen Frösten nicht unter +6 °C, bei einer Außentemperatur von −12,4 °C und einer Windstärke von 28 m/s blieb sie über dem Nullpunkt. Die rel. Feuchtigkeit der Stalluft schwankte bei Fensterlüftung wie gewünscht um 75%. Der Aufzuchtstall KS II erfüllt im wesentlichen die an einen Stall für die Aufzucht von Schweinen gestellten Forderungen. Bei geeigneter Wärmeisolation der Decke kann der Stall auch in den Gebieten der mittleren Slowakei und der Tatra erfolgreich verwendet werden. ČSSR/ÚVTI. 2165.

3-64/10-0093 Esmay, Merle L. und Zindel, Howard C. A comparison of the environmental control two poultry houses having different amounts of wall insulation. **(Ein Vergleich der Umweltkontrollen zweier Geflügelställe mit unterschiedlichen Wandisolationswerten.)** Michigan State Univ., agric. Exp. Stat., quart. Bull. **45** (1962) Nr. 2. S. 279-292. – 10 Abb., 2 Tab.

Die angeführten Untersuchungen ergaben: Eine gleichmäßige Innenlufttemperatur von 45-50 °F kann in Geflügelställen der oberen Halbinsel von Michigan bei einer Besatzdichte von 2,5 sq. ft./Henne und einem Wärmeübertragungskoeffizienten von $U = 0{,}241$ BTU/h ft² °F (1 BTU = $1{,}076 \cdot 10^2$ kpm) aufrecht erhalten werden. Obgleich zwischen den untersuchten Ställen nur ein unwesentlicher Lufttemperaturunterschied bestand, war die Ventilationsrate je Henne in den Wintermonaten in dem isolierten um $^2/_3$ höher. Während der kältesten Monate mit 20 °F betrug der Temperaturunterschied zwischen innen und außen ca. 30 grd. Hierbei konnte der Geflügelstall mit $U = 0{,}241$ BTU/h ft² °F nur mit $^3/_8$ c. f. m. ventiliert werden gegenüber einer Ventilation von $^5/_8$ c. f. m. bei dem Stall mit 0,115 BTU/h ft² °F. Die gemessenen und errechneten Ventilationsraten der zwei Ställe weisen somit auf eine Begrenzung der Ventilationslüftung bei Verminderung der Isolation hin. Ungenügende Ventilation führt zu feuchter Einstreu, hohem Luftfeuchtigkeitsgehalt sowie hohem NH_3- und Riechstoffgehalt der Stalluft. J. Strecke. 2165.

3-64/10-0094 Sosedov, P. O., Semenov, K. P., Dyrenkova, M. Ja., Vasil'eva, A. D. und Sidorov, P. A. Mikroklimat mechanizirovannogo ptičnika. **(Das Mikroklima im mechanisierten Geflügelstall.)** Pticevodstvo, Moskva **1963** Nr. 9. S. 17-19. – 1 Abb., 1 Tab.

Die Untersuchungen wurden in vollmechanisierten Hennenställen durchgeführt. Dabei kamen Vff. zu der Schlußfolgerung, daß die bisher üblichen Limite der schädlichen Gase in der Luft (NH_3, H_2S) um die Hälfte herabgesetzt werden müssen. Die Ventilation muß für die zentrale und nördl. Zone des Landes mit der Lufterwärmung gekoppelt sein, wobei ein 12- bis 14facher Luftwechsel erzielt werden muß. Großen Einfluß auf das Mikroklima haben die Kotbunker, deren Entleerung mit Kratzervorrichtung nicht sehr vorteilhaft ist. Vff. schlagen vor, Entmistungsanlagen nach dem Schema von Förderbändern zu konstruieren. Wichtig ist weiter eine 4wöchentl. Ruhepause für den Stall, während der bes. auch die techn. Einrichtung gründlich gesäubert und desinfiziert werden muß. W. Bonitz. 2165.

3-64/10-0095 Romijn, C., Visschedijk, A. H. J. und Fox, S. Utrecht, Reichsuniv. **Die Bestimmung des Kohlensäuregehaltes größerer Brutmaschinen und ihre Anwendung zur Berechnung der Ventilationsgeschwindigkeit.** Arch. Geflügelkunde **26** (1962) Nr. 6. S. 512-521. — 3 Abb., 4 Tab., 3 Lit. Zus. in Engl.

Unzureichende Wärmeverteilung, Sauerstoffzufuhr und Kohlensäureableitung in Brutmaschinen führen zu mangelhaften Brutergebnissen. Als max. zulässige Kohlensäurekonzentration, über die man in der Praxis nur wenig informiert ist, wird 0,5% angegeben. Zur Bestimmung des Kohlensäuregehaltes und der Ventilationsgeschwindigkeit in größeren Brutmaschinen wird deshalb eine verbesserte Methode beschrieben, die es gestattet, den Kohlensäuregehalt mittels eines transportablen Diaferomessers, der mit einem Registriergerät gekoppelt ist, kontinuierlich aufzuzeichnen. Die Ventilationsrate läßt sich durch eine angegebene Formel berechnen, mit der verhütet werden kann, daß der Kohlensäuregehalt kritische Werte übersteigt. Die Meßmethode wird eingehend geschildert. J. Strecke. 2165.

3-64/10-0096 Pigarev, N. V., Rešetova, M. D. und Kobzeva, V. I. Svetovoj režim dlja kletočnych nesušek. **(Das Beleuchtungssystem für Käfighennen.)** Pticevodstvo, Moskva **1963** Nr. 7. S. 35-37. — 1 Abb., 3 Tab.

In mehreren Versuchen mit großen Legehennenbeständen in Käfighaltung wurde der Einfluß der Beleuchtungsdauer auf die Legeleistung untersucht. Dabei stellten Vff. fest, daß der Lichttag nach dem Einstallen der Junghennen auf 8-10 Std. begrenzt werden muß, um danach entweder wöchentl. um 15 bis 20 Min. oder monatl. um 1-2 Std. verlängert zu werden. In den letzten beiden Monaten tritt ganztägige Beleuchtung ein. Bei diesem Beleuchtungssystem, daß inzwischen mit Erfolg in der Praxis angewendet wird, sind geringere Abgänge, ein höheres Eigewicht und eine um ca. 10% höhere Legeleistung zu verzeichnen. W. Bonitz. 2170.

3-64/10-0097 Boltuškin, A. N. Vlijanie infrakrasnogo izlučenija na obmen veščestv u cypljat. **(Einfluß der Infrarotstrahlen auf den Stoffwechsel der Küken.)** Sb. rabot Leningr. vet. in-t **1962** Nr. 34. S. 361-370. — Aus: Referativnyj žurnal Moskva. Životnovodstvo, veterinarija **1963** Nr. 18. 58. 192. S. 25-26.

270 Eintagsküken (Weiße Leghorn) wurden in Käfigbatterien untergebracht und 60 Tage lang künstlich beleuchtet (16 Std. tägl. mit Leuchtröhren DS-30). Es wurden 3 Gruppen gebildet: Gr. I diente als Kontrolle, die Küken der Gr. II und III wurden zusätzlich durch Glühbirnen vom Typ 3S-2 mit einer Leistung von 250 W und einer Spannung von 127 V bestrahlt. Die durchschnittl. Bestrahlung im Käfig betrug 0,4 kcal/cm²/Min. Gr. II wurde folgendermaßen bestrahlt: 5 Tage — 8 Std., 10 Tage — 4 Std., 15 Tage — 2 Std. und 30 Tage — 1 Std. tägl.; Gr. III wurde tägl. 16 Std. bestrahlt. Gr. II nahm während des Versuches 1% und Gr. III 2,5% weniger Futter auf als die Kontrolle, aber die Verwertung der Nährstoffe des Futters war in Gr. II und III besser. Gr. III hatte am 60. Tage ein geringeres durchschnittl. Lgw. als Gr. I und II, und zwar um entspr. 2,4 und 5,6%. Die Befiederung, die Fettablagerung in den Organen und Körperteilen waren bei den bestrahlten Gruppen, bes. bei Gr. II, besser. Bei Bestrahlung stieg die Farbkennziffer des Blutes, aber die Menge

der Erythrocyten und des Hb veränderten sich nicht. Nach Ansicht des Vf. hemmt langes Bestrahlen das Wachstum, während ein mäßiges Bestrahlen das Wachstum fördert. 2170.

3-64/10-0098 Golovač, V. M. und Rozgoni, I. I. Efektyvnist' ul'trafioletovogo oprominjuvannja velykoï rogatoï chudoby. **(Nutzen der UV-Bestrahlung der Rinder.)** Socialistyčne tvarynnyctvo, Kyïv **35** (1963) Nr. 11. S. 50 bis 51. — Orig.: ukrain. 2170.

3-64/10-0099 Šurmuchin, A. F. und Gorbunova, Z. I. Vlijanie ul'trafioletovogo oblučenija jaic pered inkubaciej na vyvodimost' cypljat. **(Einfluß ultravioletter Bestrahlung von Hühnereiern vor der Brut auf den Schlupf.)** Tr. Vses. s.-ch. in-ta zaočn. obrazovanija **1962** Nr. 8. S. 58-62. — Aus: Referativnyj žurnal Moskva. Životnovodstvo, veterinarija **1963** Nr. 14. 58. 137. S. 21.
Eier wurden vor der Brut mit der Quarzlampe und einem Strahler vom Typ PRK-4 bestrahlt. Der Abstand zur Lampe betrug 40 cm, die Dauer der Bestrahlung 0,3 und 5 Min. Der Verlust bei der Brut war bei den Eier-Gruppen niedriger, die bestrahlt worden waren. Nach Meinung des Vff. hängt die Erhöhung des Schlupfergebnisses unter dem Einfluß der Bestrahlung von der Aktivierung des Provitamins D und in geringem Umfang von einer bakteriziden Wirkung der UV-Strahlen ab. Die Wirksamkeit der Bestrahlung ist von der Jahreszeit abhängig. Bei Eiern, die zu Beginn der Auslauf-Saison produziert wurden,war das Aufzuchtergebnis von Küken, die aus bestrahlten Eiern schlüpften, höher als in der Kontrollgruppe; dasselbe beobachtete man bei Eiern, die aus Farmen stammten, in denen die Hühner kein Vitaminfutter erhielten und keinen Auslauf hatten. Bei der Brut von Eiern, die von Hennen während der Auslaufhaltung stammten, war ein Bestrahlungseffekt nicht zu beobachten. Negative Ergebnisse erhielt man bei der Bestrahlung von Eiern aus Geflügelfarmen und Betrieben, in denen während des gesamten Jahres die Eiweiß- und Vitaminversorgung der Hühner vollwertig war. 2170.

3-64/10-0100 Kodineć, G. A. Vlijanie korotkočasnogo ul'trafioletovogo oprominjuvannja na rozvytok kurčat. **(Einfluß einer kurzfristigen UV-Bestrahlung auf die Entwicklung von Küken.)** Nauk. praci. Chersonśk. sil'śkogospod. in-t **10** (1962) Nr. 1. S. 5-9. — Orig.: ukrain., Ausz.: russ. Aus: Referativnyj žurnal Moskva. Životnovodstvo, veterinarija **1963** Nr. 15. 58. 193. S. 23.
Küken wurden 5 Min. lang einer UV-Bestrahlung mit der Quecksilber-Quarz-Lampe PRK-2 bei einer Entfernung von 1 m ausgesetzt. Die 1. Bestrahlung erfolgte nach dem Schlupf und Trockenwerden der Küken, die 2. am folgenden Tag, die 3. am 3. Tag. Der Versuch dauerte insgesamt 90 Tage. Durch kurzfristige Bestrahlung von Küken in den ersten Lebenstagen verbesserte sich das Wachstum, wurde die Befiederung beschleunigt, normalisierte sich der Mineralstoffwechsel und verringerte sich der Verlust. 2170.

3-64/10-0101 Ignat'ev, I. B.; Ukrain. Landwirtsch. Akad. Sravnitel'naja zoogigieničeskaja ocenka sistem ventiljacii. **(Vergleichende zoohygienische Bewertung von Ventilationssystemen.)** Veterinarija, Moskva **40** (1963) Nr. 11. S. 66-67.
Die Versuche wurden in 2 Milchviehställen im Kiewer Gebiet mit natürlicher Ventilation (Kontrolle) über Deckenabzugskanäle und Zwangsbelüftung (Versuchstall) durchgeführt. Die vergleichenden Untersuchungen ergaben für den Versuchsstall um 6% geringere Luftfeuchtigkeit, die doppelte Luftgeschwindigkeit (0,118 m/s) sowie eine bessere Luftzusammensetzung als im Kontrollstall. Der Zustand der Tiere unterschied sich nicht, lediglich die Blutuntersuchung ergab bei den Versuchstieren einen erhöhten Hb-Gehalt und eine Steigerung der Erythrocytenzahl im mm^3 um ca. 350000. W. Bonitz. 2175.

3-64/10-0102 Blaxter, K. L., Joyce, J. P. und Wainman, F. W. Effect of air velocity on the heat losses of sheep and cattle. **(Die Wirkung der Luftgeschwindigkeit auf den Wärmeverlust bei Schafen und Rindern.)** Nature [London] **198** (1963) Nr. 4885. S. 1115-1116. — 1 Tab.
Die Versuche in Respirationskammern, in denen die Umgebungstemperatur exakt kontrolliert werden konnte, zeigten, daß die Lufttemperatur, bei der die Wärmeproduktion als Antwort auf eine fallende Lufttemperatur ansteigt, bei Kälbern um 13 °C, bei Jungrindern um 7 °C und bei Schafen mit 4 cm Wolle um 8 °C liegt. Die Luftbewegung betrug in diesen Experimenten weniger als 0,5 m/s. In 2 Versuchsreihen sollte der quantitative Effekt der Luftbewegung auf den Wärmeverlust dieser Tiere ermittelt werden. Die Versuche mit Bullen wurden in einer Respirationskammer bei einer Luftbewegung von 0,4-1,6 m/s und einer Umgebungstemperatur von 20 °C oder 0 °C durchgeführt. Jeder Bulle stand 4 oder 5 Tage einmal mit normalem Fell und einmal geschoren unter den 4 Bedingungen. Die in den Versuch einbezogenen Schafe wurden in einem Klimaraum Temperaturen von −3,0 und +5 °C und einer Luftgeschwindigkeit bis zu 10 m/s ausgesetzt. O_2-Aufnahme, Wärmeproduktion bei unterschiedlicher Vlieslänge, Körpergewicht und Hauttemperatur wurden festgestellt. Eine Luftbewegung von 1,6 m/s hatte bei 20 °C weder auf geschorene noch auf ungeschorene Bullen einen Einfluß auf die Wärmeproduktion. Die durchschnittl. Wärmeproduktion betrug 8,673 kcal/24 Std. Diese steigt jedoch auf 9,490 kcal/24 Std. bei Tieren mit normalem Fell unter Bedingungen von 0 °C und 1,6 m/s an, während geschorene Bullen unter gleichen Verhältnissen 13,595 kcal/24 Std. Wärme produzieren. Werden Schafe mit einem 6 mm langen Vlies einer Temperatur von 5°C und einer Luftgeschwindigkeit von 9,6 m/s ausgesetzt, reagieren sie mit einer Wärmeproduktion von 6,469 kcal/24 Std. Unter gleichen Bedingungen erzeugen Schafe mit 20 mm Vlies 3,937 kcal und mit 50 mm Vlies 2,317 kcal/24 Std. Lufttemperaturen von −3 °C mit einer Luftgeschwindigkeit von 4,2 m/s bewirken bei Schafen mit 10 mm Wolle eine Wärmeproduktion von 6,271 kcal, bei 20 mm Wolle 4,699 kcal und bei 50 mm Wollänge 2,388 kcal/24 Std. Der höhere Futterverbrauch der im Freien gehaltenen Tiere kann mit auf die steigende Wärmeproduktion als Reaktion auf größere Luftbewegung zurückgeführt werden. Ch. Lips/Knau. 2175.

3-64/10-0103 Možerin, V. I.; Baschkir. Landwirtsch. Inst. Vlijanie ionizacii vozducha na organizm porosjat. **(Der Einfluß ionisierter Luft auf den Organismus von Ferkeln.)** Veterinarija, Moskva **40** (1963) Nr. 11. S. 67-68.
Es wurde die Wirkung von negativen Ionen, die mit einem Aeroionisator erzeugt wurden, auf eine Gruppe von 95 Ferkeln untersucht. Die Versuchsgruppe wurde 2mal tägl. 30 Min. lang ionisiert und zeigte um 20-40 g höhere tägl. Gewichtszunahmen und geringere Schlachtverluste (um 1,5%) als die Kontrollgruppe. Die Blutuntersuchungen ergaben bei den Versuchstieren erhöhten Hb-Gehalt und eine größere Erythrocytenzahl sowie eine geringe Zunahme der Eiweißstoffe im Plasma. W. Bonitz. 2175.

3-64/10-0104 Možerin, V. Vlijanie ionizacii vozducha na privesy porosjat. **(Einfluß ionisierter Luft auf die Gewichtszunahme von Ferkeln.)** S. ch. Baškirii **1962** Nr. 11. S. 26-28. — Orig.: russ. Aus: Referativnyj žurnal Moskva. Životnovodstvo, veterinarija **1963** Nr. 12. 58. 134. S. 21.
212 Saugferkel (im Herbst 7 Tage alt, im Winter 1 Mon. alt) und 279 Absatzferkel wurden 3mal tägl. 20-40 Min. lang bestrahlt. Bei Saugferkeln, die der Ionisation im Nov. ausgesetzt wurden, waren die Zunahmen um 12,6%, bei Absatzferkeln um 18,9% höher als bei den Kontrollgruppen, die in einem anderen Teil der Farm unter gleichen Fütterungs- und Haltungsbedingungen aufgezogen wurden. Im Jan. waren die Zunahmen ebenfalls um 17,4 bzw. 19,5% höher. Die Versuchstiere zeigten besseren Appetit, es wurden weniger

Erkrankungen beobachtet, der Hb-Gehalt und die Zahl der Erythrocyten stiegen. Die Schlachtausbeute stieg bei den Saugferkeln der Versuchsgruppe um 2,4%, bei den Absatzferkeln um 1,01%. 2175.

3-64/10-0105 Alim, K. A.; Alexandria, Univ., Fac. of Agric. Body reactions of Kenana calves fed all-roughage rations under hot dry conditions in the Sudan. **(Körperreaktionen von Kenana-Kälbern bei Ernährung mit Rauhfutter unter den heißen, trockenen Bedingungen des Sudans.)** East African agric. Forestry J. 28 (1963) Nr. 4. S. 209-212. – 4 Tab., 12 Lit.

Im Sudan ist es teilweise üblich, während der heißen Jahreszeit Saugkälber mit Rauhfutter zu ernähren. Welchen Einfluß verschiedene Rauhfutterarten auf die Körpertemperatur und die Respirationsrate der Tiere unter diesen Bedingungen ausübten und inwieweit die Körperreaktionen in Beziehung zu den klimatologischen Verhältnissen stehen, wurde untersucht. Hierzu dienten 5 Mon. alte Kenana-Kälber, denen tägl. neben 2 Säugezeiten Heu (*Dolichos lablab* L.) und Stroh (*Sorghum vulgare* Pers.) sowie Trinkwasser ständig zur Verfügung standen. Es wurde festgestellt, daß die Körpertemperatur der mit Heu (*Dolichos lablab* L.) gefütterten Kälber signifikant niedriger war als derjenigen Kälber, die Stroh (*Sorghum vulgare* Pers.) erhielten. Der Körpertemperaturanstieg bei Strohfütterung beeinflußte die Respirationsrate nicht signifikant. Lufttemperaturveränderungen wirkten sich auf die Körperreaktionen weit mehr aus als der Dampfdruck. Die Beziehungen zwischen Respirationsrate und Körpertemperatur waren unter dem Einfluß heißer Witterung statistisch signifikant. J. Strecke. 2180.

3-64/10-0106 Knap, J. Vliv teploty lože a některých dalších mikroklimatických faktorů na užitkovost při výkrmu prasat. **(Einfluß der Temperatur des Liegeplatzes und einiger weiterer mikroklimatischer Faktoren auf die Leistungsfähigkeit bei der Schweinemast.)** Živočišná Výroba **8(36)** (1963) Nr. 9. S. 545-556. – 6 Abb., 6 Tab., 11 Lit. Zus. in Russ., Dtsch.

Die auf Tiefstreu aufgestallten Schweine erreichten eine tägl. Zunahme von ∅ 0,654 kg, die in einem Nest mit elektrisch beheiztem Boden aufgestallten Schweine eine solche von 0,571 kg und die Kontrollschweine, welche in einem üblichen Maststall untergebracht waren, eine solche von 0,533 kg. Die Schweine der ersten beiden Gruppen waren dabei in einer umgebauten Scheune untergebracht. Der Nährstoffverbrauch je 1 kg Zunahme war am geringsten bei Gr. I und am höchsten bei der Kontrollgruppe. In der gleichen Reihenfolge betrugen die Futteraufwände 6,39 Kčs, 6,70 Kčs und 7,21 Kčs. Die Zunahmen der Mastschweine werden in erster Linie von der Liegeplatz-Temperatur und ferner auch von der rel. Luftfeuchtigkeit und dem NH_3-Gehalt der Luft beeinflußt. Das warme Lager wirkte auf den Gesundheitszustand der Schweine günstig, verringerte die Wärmeabgabe des Organismus der Tiere, und dadurch steigerte es die Zunahmen bei geringerem rel. Nährstoffverbrauch. ČSSR/ÚVTI. 2180.

3-64/10-0107 Chaskin, V. V.; Charkow, Ukrain. Forsch.-Inst. für Geflügelzucht. Vlijanie temperaturnych uslovij ėmbrional'nogo razvitija na termoreguljaciju vylupivšichsja cypljat. **(Der Einfluß der Temperaturverhältnisse während der Embryonalentwicklung von Küken auf die Thermoregulation nach dem Schlupf.)** Fiziologičeskij žurnal SSSR imeni Sečenova, Moskva-Leningrad **49** (1963) Nr. 10. S. 1254-1259. – 4 Abb., 17 Lit. Zus. in Engl.

Ein Teil der Hühnereier (I) in einem Brutschrank mit einer konstanten Temperatur von 37,6 °C wurde vom 2. Bruttage an 2mal tägl. 1 Std. lang bei Zimmertemperaturen von 22-25 °C abgekühlt. Die Küken wurden nach dem Schlupf 3 Tage bei 28-30 °C und danach bei 26 °C gehalten. Vom 10. Bruttage an wurde dann der O_2-Verbrauch durch die Eier bei Temperaturen von 31,5; 37,5 und 41,5 °C (jeweils 2 Std.) gemessen. Diese periodischen Abkühlungen wirkten sich stark auf die Atmung der Embryonen und den Charakter der Abhängigkeit der Atmung von der Temperatur aus. Die Embryonen von I wiesen bei allen Temperaturen eine höhere Atmungsintensität als II (nicht abgekühlte Eier) auf. Die typische poikilotherme Reaktion bestand nur bis zum 15. Tag, danach führte die Temperatursenkung zu einer Erhöhung der Atmungsintensität. Die Abkühlung bei der Brut beschleunigt also das Auftreten der homoiothermen metabolischen Reaktion in der Ontogenese. Auch nach dem Schlupf lag der Gasaustausch bei den Küken von I höher als bei II; bei 26-30 °C betrug der Unterschied 8-20%, bei niedrigeren Temperaturen noch mehr. Die max. Wärmeerzeugung wurde bei Gr. I bei 15 °C, bei Gr. II bei 20 °C festgestellt. Auch die Rectaltemperatur der Ein- und Zwei-Tage-Küken von I war höher als bei II, und die rel. konstante Körpertemperatur war schon am 6. Tag (II am 10. Tag) vorhanden.

B. Schenk. 2180.

3-64/10-0108 Šimková, A. und Šimek, L. Vliv tepelného režimu va výsledky odchovu kuřat. I. Růst a spotřeba krmiva do stáří 80 dní. **(Einfluß des Wärmeregimes auf die Ergebnisse der Kükenaufzucht. 1. Mitt. Wachstum der Küken und Futterbedarf bis zum Alter von 80 Tagen.)** Živočišná Výroba **8(36)** (1963) Nr. 11. S. 659-670. — 10 Tab., 45 Lit. Zus. in Russ., Dtsch.
Rebhuhnfarbige-Italiener-Küken wurden in 4 Gruppen untersucht. Gr. I bei 30 °C Umwelttemperatur mit allmählichem Abfall auf 20 °C im Alter der Küken von 30 Tagen; Gr. II bei 30 °C mit Abfall auf 20 °C am 10. Tag und auf 16 °C am 30. Lebenstag; Gr. III bei 26 °C mit Abfall auf 16 °C bis zum 30. Lebenstag; Gr. IV bei 20 °C in den ersten 5 Tagen mit Abfall bis auf 15 °C im Alter von 30 Tagen. Die Eintagsküken wurden bis zum Alter von 80 Tagen aufgezogen. Bei den Hennenküken wurden zwischen den Gruppen keine wesentlichen Unterschiede festgestellt. In Gr. IV nahmen zwar in der zweiten Aufzuchtdekade die Gewichtszunahmen ab, die aber mit ca. 50 Tagen wiederum kompensiert waren. Bei den Hahnenküken der Gr. IV wurde eine bedeutende Verzögerung des Wachstums beobachtet. Auch hier wurden die geringeren Zunahmen während der Periode von 10-60 Tagen später fast völlig ausgeglichen. Unter den Bedingungen von Gr. II und III wuchsen die Hahnenküken gleich gut wie unter den Bedingungen der Gr. I.

ČSSR/ÚVTI. 2180.

3-64/10-0109 Bartoš, O. **Universalkonstruktion für landwirtschaftliche Bauten.** Int. Z. Landwirtsch. [Sofia/Berlin] **1963** Nr. 6. S. 90-94. — 5 Abb.
Die Bildung sozialistischer Landwirtschaftsbetriebskomplexe und die Spezialisierung der Produktion verlangen Gebäude mit großem Fassungsvermögen. Diese müssen sowohl den Anforderungen moderner Technologien entsprechen als auch einen Umbau ohne größeren Aufwand ermöglichen. Die Gebäudekonstruktionen müssen universell verwendbar sein. Typen-Bauelemente verbilligen die Herstellung und ermöglichen Massenproduktion. Als Problem gilt die Beseitigung der Disproportion zwischen Lebensdauer und moralischem Verschleiß der Gebäude. Als Voraussetzung der Einführung progressiver Baumethoden wird die Vereinheitlichung der Abmessungen auf der Grundlage der RGW-Beschlüsse bezeichnet. Es folgen eine Beschreibung der Universalbauelemente (Stahlbeton-Fertigteile) sowie der Herstellung und Montage der Universalkonstruktionen (Drahtbindung mit Beton-Vergießen). Die Konstruktion ermöglicht Spannweiten von 12, 15, 18, 22,5 und 36 m. An Hand eines 15-m-Objektes wird die Verwendbarkeit als Laufstall für Milch- oder Jungvieh, Rindermaststall, Schweinemaststall (mit Naß- oder Trockenfütterung) oder Legehennenstall (Tiefstreu) aufgezeigt. Abschließend wird auf die wirtschaftlichen Kennziffern einiger Konstruktionsvarianten eingegangen. Für Rauhfutterlagerräume sind diese Universalkonstruktionen nicht geeignet.

E. Kulpe. 2260.

3-64/10-0110 Sainsbury, W. B. Restrict to save. **(Abferkelstände für Sauen.)** Pig Farming **12** (1964) Nr. 2. S. 43-45. – 15 Abb.
An Hand instruktiver Abb. werden verschiedene Formen von Abferkelständen gezeigt; in der Beschreibung sind die Hersteller genannt, z. T. auch die Maße angegeben. 2265.

3-64/10-0111 Grudniewska, B. Klatki porodowe i podwójne kojce dla macior. **(Abferkelkäfige und Doppelbuchten für Sauen.)** Przegląd Hodowlany **32** (1963) Nr. 12. S. 12-14. – 3 Abb., 2 Tab.
Die Anwendung von Abferkelkäfigen verminderte die Mortalität der Ferkel bis auf 6% und sogar bis auf 1%. Die Abferkelkäfige erleichtern und vermindern nicht nur die Arbeit, sondern bringen auch eine große Platzersparnis im Abferkelraum. Die Anwendung der Räume für die sog. kollektive Ferkelaufzucht, d. h. das Aufziehen von 2-3 Würfen gemeinsam mit den Sauen in einer Bucht, erlaubt eine wirtschaftlichere Ausnutzung des Platzes im Stall sowie eine Erleichterung der Arbeit des Personals beim Füttern u. a. Arbeiten. Bei diesem Aufzuchtverfahren ist die Fläche, die für eine Sau mit Ferkeln bestimmt ist, kleiner als bei der Einzelaufzucht; demzufolge liegen die Baukosten für den Stall niedriger. Aus den durchgeführten Untersuchungen geht hervor, daß sich die Aufzucht von 2 Würfen in einer Bucht nicht negativ auf das Wachstum der Ferkel bis zu einem durchschnittl. Gewicht von 25 kg auswirkte. PRL/CBR. 2265.

3-64/10-0112 Fricke, L. W.; Braunschweig-Völkenrode, Forsch.-Anst. für Landwirtsch., Inst. für Landwirtsch. Bauforsch. **Wieviel Platz benötigt ein Mastschwein.** Tier-Ernähr. **14** (1963) Nr. 3. S. 36. 38-40. – 4 Abb., 2 Tab.
Das Schwein verfünffacht während der Mastperiode sein Gewicht. Um Liegefläche, Einstreu und Arbeit im Maststall einzusparen sowie eine für das Stallklima günstige Besatzdichte zu erreichen, empfiehlt es sich, Mastställe haltungsgerecht einzurichten und die Tiere nicht von Anfang bis Ende der Mast in gleich großen Buchten zu halten. Um hierfür entspr. Planungsunterlagen zu bekommen, wurden exakte Untersuchungen angestellt, die den Bedarf der einzelenen Gewichtsklassen an Troglänge, Buchtenbreite, Liegeplatztiefe, Liegefläche und Mistgangbreite ermittelten. Die Ergebnisse sind tabellarisch zusammengefaßt. Entspr. ihrem Liegeplatzbedarf müssen Mastschweine deshalb während der Mast mehrmals umgebuchtet werden. Für die zweckmäßige Durchführung des Umbuchtens werden abschließend einige Möglichkeiten aufgezeigt. J. Strecke. 2265.

3-64/10-0113 Reepmeier, Gustav-Adolf. **Wandel im Bau von Rindviehställen.** Bauen auf d. Lande **14** (1963) Nr. 12. S. 304-309. – 12 Abb.
Durch die Einrichtung von Liegeboxen konnte der Strohverbrauch im Winter 1962/63 auf 0,6 kg/GV und Tag verringert werden. Um eine größere Ruhe in der Herde zu erreichen, sind einige Reserveboxen (ca. 10% der Gesamtzahl) einzubauen. Vf. beschreibt Beispiele von um- und neugebauten Rinderstallanlagen für Grünlandbetriebe. Die Anlagen bestehen aus Mehrraumlaufställen mit Boxenhaltung, wobei einmal das Futter in Flachsilos und zum anderen in luftdichten Hochbehältern siliert wird. W. Heinig. 2275.

3-64/10-0114 Fedorenko, A. und Aralov, V. Korovniki dlja južnych rajonov. **(Kuhställe für den Süden der UdSSR.)** Moločnoe i mjasnoe skotovodstvo, Moskva **9** (1964) Nr. 5. S. 47-49. – 4 Abb.
In einem nach den neuen Gesichtspunkten errichteten Laufstall für 170 Kühe wurde eine um 3 °C niedrigere Temperatur, ein um 20% höherer Luftaustausch und ein um das zweifache niedrigerer NH_3-Gehalt festgestellt als in den Typenbauten. Die Stallwände können bei diesem Stall für die Sommerzeit entfernt werden. Die tägl. Dungausbringung wird durch eine Schwemmentmistung mit zentralem Staukanal bewerkstelligt. Neben den fundamentalen

Winterställen spez. Ställe für die heiße Jahreszeit zu errichten, wird als unzweckmäßig angesehen, weil dadurch die Produktion durch zu hohe Baukostenamortisation belastet wird. H. Schwiderski/Dummerstorf. 2275.

3-64/10-0115 Glikman, M. Pomeščenie s boksami dlja besprivjaznogo soderžanija korov. **(Ein Stall mit Boxen für die Laufstallhaltung der Kühe.)** Moločnoe i mjasnoe skotovodstvo, Moskva 8 (1963) Nr. 12. S. 29-31.
Kuhställe mit Boxen bei der Laufstallhaltung der Kühe sind zweckmäßig zur Senkung des Streustrohbedarfes und Sicherung eines trockenen und sauberen Lagers. Die Stallfläche pro Kuh kann um 15-25% verringert werden und die Isolierung der Kühe untereinander schafft bessere Ruhebedingungen. Die Boxen sollen 190-200 cm lang und 90-110 cm breit sein. Die Begrenzung der Boxen soll die Größe von 160-180 × 80-110 cm haben. Die Breite des Mistganges wird vom Entmistungssystem bestimmt, sollte aber nicht unter 180 cm gehalten werden. Es sind 2 Varianten möglich. In der 1. Variante ist der gesamte Stallraum in Ruheboxen eingeteilt. Der Futterplatz befindet sich im Auslauf. In der 2. Variante befindet sich der Futterplatz innerhalb des Stalles. Die Tiere werden sofort nach dem Melken gefüttert. Der gesamte Futterplatz ist für 80 Tiere vorgesehen; er ist mittels Stangen in Abteile zu je 16 Plätze abgeteilt. Eine Gruppe von 16 Kühen kommt alle 5-7 Min. aus dem Fischgrätenmelkstand. Ein Futterzyklus einschließlich Neufüllung der Tröge dauert 70-80 Min. und der gesamte Melk- und Fütterungsprozeß bei 320 Kühen ca. 5 Std. In dem Kuhstall mit Boxen wird der Streustrohbedarf von 4-6 kg auf 0,4-0,6 kg pro Tier und Tag verringert und der Arbeitsaufwand für die Pflege der Tiere durch die Mechanisierung bedeutend gesenkt.
K. Witt. 2275.

3-64/10-0116 Stumpf, Adam. **Spaltenbodenlaufstall mit Ruheboxen für Rinder.** Bauen auf d. Lande 14 (1963) Nr. 12. S. 312-315. — 8 Abb., 1 Tab.
Der Spaltenbodenlaufstall soll als Warmstall ausgebildet sein. In Offenlaufställen wird bei Frost der Kot an den Rostbalken festfrieren, nicht mehr durch die Spaltenschlitze fallen und für die Tiere eine hohe Rutschgefahr hervorrufen. Außerdem entstehen ein erhöhter Futterverbrauch und Gewichtsabnahme im Winter. Bei Güllegruben unter dem Spaltenboden genügt eine Grubengröße von 5 m^3/GV, wenn sie 3mal im Jahr entleert wird. Einstreu ist nicht vorgesehen. Der Übergang vom Spaltenboden zur Ruhebox ist niveaugleich ausgebildet. W. Heinig. 2275.

3-64/10-0117 Anonym. **Serienmäßig vorgefertigte Junghennen- und Sauenhütten.** Bauen auf d. Lande 15 (1964) Nr. 3. S. 61. — 1 Abb. 2275.

3-64/10-0118 Jones, J. H.; Oamura, New Zealand, Dep. of Agric. Modern poultry housing for laying and growing stock. **(Moderne Geflügelställe für Aufzucht und Eierproduktion.)** New Zealand J. Agric. 115 (1962) Nr. 6. S. 528-529. 531. 533. — 7 Abb.
Beschrieben werden modern eingerichtete Hühnerställe, die von Eierproduzenten Neuseelands erbaut wurden und die Tendenz zu größeren Stalleinheiten sowie kontrollierten Umweltbedingungen zur Erreichung höchster Produktionsergebnisse aufweisen. Bes. wird auf die Größe der Geflügelställe, deren Ventilation, Isolation und Beleuchtung eingegangen.
J. Strecke. 2275.

3-64/10-0019 Jebautzke, Willy. **Zum Laufhofsystem in der Rindviehhaltung.** Bauen auf d. Lande 14 (1963) Nr. 12. S. 301-304. — 2 Abb., 4 Tab., 8 Lit.
Der ganzjährige Arbeitsaufwand im Kuhstall beträgt im Bundesgebiet im Durchschnitt über 150 AKh/Kuh und Jahr. Im modernen Mehrraumlaufstall sind 50 Std. und weniger je Kuh und Jahr erreichbar. In diesem Zu-

sammenhang verweist Vf. auf die Vorzüge der Laufstallhaltung. Als Richtzahlen für das Raumprogramm von Mehrraumlaufställen (bei mehr als 20 Kühe) werden angegeben:

Räume	Aufenthaltsdauer einer Kuh in % der Gesamtzeit	Planungseinheit
Liegefläche	35	4 m^2/Kuh
Lauffläche	38	6 m^2/Kuh
Freßplatz	20	4-5 Kühe/lfd.m[1]) 6 Kühe/lfd.m[2])
Saufplatz	1	30 Kühe/Tränkebecken
Versammlungsraum	4	Zahl der Melkstände mal 4m^2
Melkraum	2	

[1]) bei Selbstfütterung im Langsilo
[2]) bei beidseitig besetzter Futterschnecke W. Heinig. 2320.

3-64/10-0120 Reisch, Fr. **Ein Grünlandhof mit Liegeboxen und Laufhof.** Tierzüchter **15** (1963) Nr. 18. S. 680-682. — 4 Abb., 1 Tab.
Es wird der auf der 3. Hessischen Landwirtschaftsausstellung 1963 in Darmstadt gezeigte Grünlandhof beschrieben. Auf einer Fläche von 26 ha (100% Mähweide) werden 41,4 GV, d. h. 159 GV/ha gehalten. An 165 Weidetagen werden 60 kg Weidegras, im Winter 7 kg Heu und 25 kg Anwelksilage je Tier und Tag gerechnet. Der Wirtschaftshof besteht aus einem strohlosen Mehrraumlaufstall mit Futterhof und folgenden Einrichtungen: GBS-Heuturm Typ TT 10, 2 Hochsilos System „Weihenstephan" (je 150 m^3), Freßstand mit Futterschnecken-Zuführung von Silage und Heu (10 cm-Häcksel); Liegehallen mit Liegeboxen (Torfmullmatratze), Milchhaus mit 2 × 3er Fischgrätenmelkstand, Abkalbestall (3 Stände), Kälberstall (8 Einzelbuchten) und Güllegrube (120 m^3). Das Heu wird nach der Silage verfüttert. Es werden außer den üblichen 2 Futterzeiten Zwischenfutterzeiten eingerichtet, um eine möglichst hohe Grundfutteraufnahme zu erreichen. Bei 3800 kg Milch je Kuh und Jahr werden nur 2,5 dt Kraftfutter (während des Melkens) verabreicht. Die Milch fließt über eine Milchleitung in Kannen (Überlaufprinzip) und wird in einem transportablen Isolier-Kaltwasserbecken gekühlt. Die Liegeboxenmatratzen werden 4wöchentl. erneuert. Die Güllegrube befindet sich unter dem teilweise als Spaltenboden ausgebildetem Freßplatz. Zum Gülleausfahren dient ein 2000-l-Zinkfaß mit Mixflügel und Streuwerk (Zapfwellenantrieb). Die Kosten der Gesamtanlage belaufen sich auf DM 3506/GV. E. Kulpe. 2320.

3-64/10-0121 Beer, J. **Parasitologische Probleme bei der Offenstallhaltung des Rindes.** Dresden, Veterinäruntersuchungs- u. Tiergesundheitsamt Plan-Nr.: 5200 15 3-09/0. 18 S. Abschlußber. (3/6. 1964). — 6 Tab.
In 52 Offenstallanlagen für Rinder des Bezirkes Dresden wurden von 1960-63 jährl. Erhebungen angestellt. In der gleichen Zeit werden 1238 Kotproben von Rindern, die in den Offenställen untergebracht waren, und zum Vergleich 1279 Kotproben von Rindern aus Anbindeställen der gleichen Betriebe entnommen und parasitologisch untersucht. — Rinder sind in Offenställen, wie sie in der DDR als Typenbauten in den letzten Jahren errichtet wurden, also Laufställe mit betoniertem Auslauf, nicht stärker durch Parasiten gefährdet als im Anbindestall gehaltene Rinder. Hauptinvasionsquellen sind die Weide und unbefestigte Ausläufe. 2320.

3-64/10-0122 Aufbau und Betriebsorganisation einer Weidezentrale für 60 Kühe unter Mittelgebirgsbedingungen des Bezirkes Gera. Jena, Zweigstelle Inst. Grünland- u. Moorforsch. Paulinenaue Dtsch. Akad. Landwirtsch.-Wiss. Berlin Plan-Nr.: 368093. Abschlußber. (22/5. 1964).
Im Weidekombinat der LPG „Oberland" in Lobenstein wurde ein Altgebäude zu einer Weidezentrale für Milchvieh mit ganzjähriger Auslastung umgebaut. Die Umbaukosten betragen DM 1620/Kuhplatz, die jährl. Kosten DM 52,90/Kuh bzw. 1,76 Dpf./kg Milch. Der Arbeitsaufwand wurde mit 21,6 AKmin/Kuh ermittelt. Aus den Erfahrungen werden einige Verbesserungen vorgeschlagen. 2355.

3-64/10-0123 Bembridge, T. J. Light stocking gives excellent results. **(Geringere Besatzdichte erbringt ausgezeichnete Resultate.)** Rhodesia agric. J. **60** (1963) Nr. 5. S. 148-149. — 1 Abb., 2 Tab.
Es wird ein planmäßiges Weidesystem für die Rindermast vorgeschlagen, welches auf langjährigen Ergebnissen entspr. Versuche der Matapos-Versuchsfarm basiert. Es handelt sich um ein System der Umtriebsweide, welches sowohl den Belangen der Weidetiere als auch den spez. Bedürfnissen der Weiden entspricht. Angestrebt werden möglichst hohe Zunahmen je Tier in der Sommerweideperiode (Nov.-Mai). Es wird die Einrichtung fester Koppeln für die gesamte Weidezeit auf dem Weidekomplex empfohlen, je Koppel soll mindestens eine Wasserstelle angelegt werden, damit die Tiere max. 2000 yd. zur Tränke laufen müssen. Bei Färsen wurden Zunahmen von 250 lb., bei Jungkühen von 200 lb. in einer Weideperiode erreicht. Durch eine geringe Besatzdichte soll den Weidepflanzen eine ausreichende Blattmasse erhalten bleiben, um mit Hilfe der Photosynthese hohe Nachwuchsergebnisse zu erreichen. Die „Verbuschung" des Graslandes wird durch das planmäßige Beweiden der Koppeln und Abbrennen bekämpft. K. Damm. 2355.

3-64/10-0124 Arapović, M. Zoohigijenska valjanost vode vodoopskrbnih objekata otvorenog tipa na planinskim pašnjacima Kupresa. **(Die zoohygienische Wertigkeit des Wassers in den wasserversorgenden Objekten offenen Typs und den Gebirgsweiden des Kupresfeldes.)** Veterinaria [Sarajevo] **12** (1963) Nr. 1. S. 25-37. — 12 Abb., 16 Lit. Zus. in Engl.
Es wurden 65 Wasserproben aus verschiedenen offenen wasserversorgenden Objekten eines Jahres auf die zoohygienische Wertigkeit untersucht (pH-Zahl, ausgespülter Rest, Alkalinität, ständige und gesamte Wasserhärte, $KMnO_4$-Verbrauch, freier NH_3, Chloride, Sulfate, Ca. Mg). I. allg. war die hygienische Qualität des Wassers schlecht und die Wasserverunreinigung ständig und hoch. D. Ilančić. 2410.

3-64/10-0125 Schott, A. **Tierhaltung im Blickfeld von Rationalisierung und Technisierung.** Mitt. Tierhalt. **1964** Nr. 89. S. 3-6. — 13 Lit. 2425.

3-64/10-0126 Otto. **Wie funktioniert ein Heuturm betriebswirtschaftlich?** Tierzüchter **15** (1963) Nr. 17. S. 646. 648. — 6 Tab.
Vf. stellt einen betriebswirtschaftlichen Vergleich zwischen Heuturm als Vollmechanisierungslösung der Heuernte und -fütterung mit der Unterdachtrocknung an. Für die Errichtung eines Heulagers sind Raumausnutzung, Kapitalbedarf und Kosten sowie Arbeitsbedarf von Bedeutung. Bei ca. 180 kg/m³ lagerfähiges Heu im Heuturm und 200 Winterfuttertagen ist dieser für 27 GV (Typ TT 8, 304 m³, 545 dt, 10,0 kg/GV/Tag) bis 164 GV (Typ TT 10, 456 m³, 820 dt, 2,5 kg/GV/Tag) geeignet. Für die Kapitalbedarfs-Berechnungen muß von der Gesamtnährstoffmenge, nicht vom umbauten Raum, ausgegangen werden. Für 22000 KStE sind im Heuturm TT 8 mit 180 kg/m³ und 400 StE/kg DM 20890,— gegenüber der Unterdachtrocknung mit 150 kg/m³ (und 420 m³) DM 10515,— erforderlich. Mit zunehmender Heuturmgröße verringert sich diese Relation nur unwesentlich. Den jährl.

Mehr-Investitionskosten des Heuturm-Verfahrens im Vergleich zur Unterdachtrocknung von ca. DM 1000 (bei 30 GV und 10 kg/Tier/Tag) stehen Lohnkosten-Einsparungen beim Einlagern und Füttern von ca. DM 290 gegenüber. Für die Wirtschaftlichkeit des Heuturmes ist erforderlich, daß 1. Viehbestand, Heuration und Lagerraumkapazität im Gleichgewicht stehen und 2. die oberste Grenze der Bestandsvergrößerung (vom Standpunkt der Arbeitskapazität) erreicht ist und somit die Mehrkosten durch erhöhten Gewinn ausgeglichen werden. E. Kulpe. 2425.

3-64/10-0127 Šeriev, I. Techniko-ikonomičeska ocenka na različnite načini na vŭrzano-otgleždane na kravite. **(Technisch-ökonomische Bewertung der verschiedenen Methoden der Haltung von Kühen in Anbindeställen.)** Izvestija na Instituta po mechanizacija i elektrifikacija na selskoto stopantsvo, Sofija **4** (1963) S. 107-119. – 5 Abb., 5 Tab., 6 Lit.
Untersucht wurde die Innenaufteilung und die Ausrüstung von Kuhställen in Anbindeställen und ihr Einfluß auf die Organisation und die Produktivität der Arbeit. Es wurde eine Analyse der positiven Erfahrungen in der Praxis und eine kritische Beurteilung der Bauten und der Ausrüstung durchgeführt. Der Mechanisierungsgrad der einzelnen Arbeitsprozesse bei der Haltung in Anbindeställen und der tägl. Arbeitsaufwand bei den verschiedenen Arbeitsarten für alle Kühe im Stall und durchschnittl. pro Tier wurde ermittelt. Bei der vorhandenen Aufteilung und Ausrüstung der Kuhställe ist die Arbeitsproduktivität gering; auf 1 AK entfallen 10-12 Kühe. Vf. schlägt ein neues, rationelleres Schema für die Aufteilung und die Ausrüstung der Kuhställe vor, wobei auf 1 AK 20 Kühe entfallen. Dieses Schema wurde in der LAG in Obelja, Bezirk Sofia, und in einigen anderen Betrieben angewendet. Hierbei wurde die Mechanisierung verschiedener Arbeiten eingeführt, wodurch der Arbeitsaufwand je Kuh von 33,30 auf 18 AKmin reduziert wurde. NRB/ZSNTI. 2425.

3-64/10-0128 Lüdemann, H. und Bothe, W.; Frankfurt/M., DLG, Abt. für Landtechn. und Landarb. **Arbeitsaufwand bei der Käfighaltung von Legehennen.** Mitt. dtsch. Landwirtsch.-Ges. **78** (1963) Nr. 37. S. 1153-1154. 1156. – 2 Abb., 5 Tab.
Für die Käfighaltung von Legehennen werden arbeitswirtschaftliche Kennzahlen mitgeteilt, denen Untersuchungen in Betrieben über den Arbeitsaufwand des Eiereinsammelns, das Sortieren und Verpacken der Eier, das Füttern sowie verschiedener Stall- und Reinigungsarbeiten zugrunde liegen. Unter Berücksichtigung der beschriebenen techn. Voraussetzungen ergab sich bei der Versorgung von 4000 Legehennen mit einer Jahresleistung von 225 Eiern ein Gesamtarbeitsaufwand von 240-280 AKmin/Tag. Es wird festgestellt, daß bei der Käfighaltung 1 AK somit 10000-12000 Hennen betreuen kann. J. Strecke. 2425.

3-64/10-0129 Tugaj, V. G. Organizacija truda na bojnjach pticefabrik. **(Die Arbeitsorganisation in den Schlachtabteilungen der Geflügelfabriken.)** Pticevodstvo, Moskva **1963** Nr. 9. S. 12-14. – 1 Abb., 3 Tab.
Im Zusammenhang mit der Erhöhung der Produktionskapazität der Schlachtabteilungen erläutert Vf. ein neues Lohnsystem, den Brigadestücklohn. Danach wird der von der Brigade in einer Schicht erarbeitete Lohn auf der Grundlage von für jede Tarifgruppe festgelegten Koeffizienten auf die Brigademitglieder verteilt. Die tägl. Lohnsumme eines jeden Mitgliedes wird auf einer monatl. Sammelkarte erfaßt und am Monatsende summiert. Nach einem ähnlichen System erfolgt auch die Prämienausschüttung, die von bestimmten Qualitätsmerkmalen der Schlachtkörper abhängig ist. W. Bonitz. 2425.

3-64/10-0130 Krjukov, S. K.; Lett. Inst. für Mechanisier. und Elektrifizier. der Landwirtsch. Ferma kompleksnoj mechanizacii. **(Komplex-mecha-**

nisierter Schweinemastbetrieb.) Svinovodstvo, Moskva **18** (1964) Nr. 3. S. 37-40. — 6 Abb.
Diese Anlage besteht aus einem massiven Futterhaus mit daneben liegender Futterküche und Schweinehütten. Letztere sind aus Holz und Stroh gefertigt, können je 100-120 Tiere aufnehmen und befinden sich in 40-45 m Entfernung vom Futterhaus. Die Schweinehütten haben sich im Sommer und im Winter bewährt. In diesem Betrieb werden jährl. 4500 Schweine gemästet. In der 2geschossigen Futterküche (11,8 × 8 m) stehen im unteren Raum die Maschinen für die Futterzubereitung, z. B. Vorrichtungen zum Waschen und Zerkleinern des Futters sowie Dämpf- und Mischvorrichtungen. Die obere Etage ist Vorratsraum. Von der Futterküche wird das Futter mittels Rohrleitungen in das Futterhaus (25 × 10 m) gepumpt und von dort in 10 Futterautomaten geleitet. Nach der Fütterung werden Mist und Futterreste durch einen Wasserstrahl in Rinnen gespült und durch eine Kratzerkette entfernt. 1963 waren an Stelle von 11 nur 2 AK zur Mast von 1305 Schweinen erforderlich. I. Scholz/Dummerstorf. 2425.

3-64/10-0131 Annus, Ch. G. Za kompleksnuju mechanizaciju. **(Auf dem Wege zur komplexen Mechanisierung.)** Svinovodstvo, Moskva **18** (1964) Nr. 2. S. 13-15. — 3 Abb.
Vf. beschreibt einen Stall für 800 Mastschweine, der 1962 in einem Kolchos (Estn. SSR) erbaut wurde. Die Gesamtlänge beträgt 61 m, die Breite 18 m. Beiderseits des zentralen Futterganges (Breite 3 m) befinden sich je 4 große Buchten. Die Futterverteilung erfolgt durch einen selbstfahrenden Futterwagen, die Entmistung mittels Schleppschaufel. Als Besonderheit wird über eine 2geschossige Futterküche, zu der auch 2 Bunker gehören, ausführlich berichtet. I. Scholz/Dummerstorf. 2425.

3-64/10-0132 Varšavskij, S. L. Kompleksnuju mechanizaciju — v ovcevodstvo. **(Die komplexe Mechanisierung in der Schafzucht.)** Ovcevodstvo, Moskva **9** (1963) Nr. 6. S. 31-32.
Die Einrichtung von mechanisierten Schafscherstützpunkten erhöht die Arbeitsproduktivität, verkürzt die Schurtermine und spart Mittel ein. Das Scheren erfolgt mit elektrischen Schermaschinen, die Wolle wird mittels eines Fließbandes zum Wiege-Sortiertisch transportiert und gelangt dann zur Vertikalpresse. 1 AK kann hierbei 100-130 Schafe pro Tag scheren. Des weiteren ist die Mechanisierung des Tränkens der Schafe notwendig. In vielen Betrieben wird das Wasser aus den Brunnen noch von Hand heraufgeholt. Der Einsatz des Wasserschöpfgerätes „VL-100 M" ermöglicht es, eine Herde von 1000 Tieren in 30-40 Min. ausreichend zu tränken. Für das prophylaktische Baden der Schafe wird die Einrichtung von Badestützpunkten empfohlen, auf denen alle Arbeitsprozesse mechanisiert sind. Durch die Einführung der neuen Arbeitsmethoden in Verbindung mit der Mechanisierung werden die Selbstkosten stark gesenkt. K. Witt. 2425.

3-64/10-0133 Moiseev, P. und Pavlik, A. Mechanizirovannyj ptičnik. **(Mechanisierter Geflügelstall.)** Sel'skochozjajstvennoe chozjajstvo Urala, Sverdlovsk **1** (1963) Nr. 10. S. 52-54. — 3 Abb., 1 Tab. 2425.

3-64/10-0134 Hammer, W. **Menschenwürdiges Entmisten.** Schweinezucht u. Schweinemast **11** (1963) Nr. 12. S. 271. — 5 Abb., 1 Tab.
Das Entmisten in der herkömmlichen Weise mit Schubkarre und Gabel ist zeitraubend, schwer und unangenehm. Deshalb sollte eine Mechanisierung dieses Arbeitsganges vorgenommen werden. Als Möglichkeiten werden genannt: Mistschieber, von Seilwinde gezogen; Mistschlitten; Frontlader; Schubstange. Diese techn. Hilfsmittel werden kurz beschrieben, der noch erforderliche Arbeitsaufwand und der Kapitalaufwand werden dargestellt. G. Möbius. 2425.

3-64/10-0135 Breithaupt, Kl. **Schwemmentmistung aus der Sicht des Tierzüchters.** Tierzüchter **15** (1963) Nr. 21. S. 787-790.

Die techn. Seite der Schwemmentmistung ist gelöst und auch bodenbiologische Gesichtspunkte werden intensiv bearbeitet. Über die Fragen der Tierhaltung bei Schwemmentmistung fehlen bisher Untersuchungsergebnisse. Mit der Gitterrostaufstallung und der Schwemmentmistung nach dem Staurinnenprinzip werden für die Tiere völlig veränderte Umweltbedingungen geschaffen. Als wichtigstes Problem ergibt sich die Schaffung einer einwandfreien, gesunden, trittsicheren und trockenen Stand- und Liegefläche. Es ist zu untersuchen, welche Anforderungen an Stand- und Liegeflächen zur Gesunderhaltung der Tiere bei fehlender Einstreu zu stellen sind. Die Wärmedämmung für das Tierlager kann durch geeignete Ausbildung des Stallbodens erreicht werden. Für die Schaffung eines trockenen Lagers ist das Verhältnis Standlänge:Tierlänge von Bedeutung. Die Standlänge soll so kurz wie möglich gewählt werden, um sie frei von Kot und Harn zu halten. Das regelmäßige Reinigen der Liegefläche mit Wasser ist abzulehnen, weil dadurch leicht Aufliegeschäden infolge Durchfeuchtung und Verätzung der Haut entstehen. Die individuelle Anpassung der Standlänge an die Körperlänge wird am günstigsten durch eine verschiebbare Anbindevorrichtung erreicht. Das Anbringen von Schwanzbändern erleichtert die Sauberhaltung der Tiere. Die Verwendung von Spaltenböden und Staurinnen bringen im Schweinemaststall im Gegensatz zur Rindviehaufstallung von Seiten der Tierhaltung keine Probleme mit sich. Die Aufstallung von Rindvieh im Laufstall auf Spaltenböden nach norwegischem Vorbild wird für Jungvieh befürwortet, bei Milchvieh werden Bedenken geäußert. In der Lehr- und Versuchsanstalt für Viehhaltung Echem sollen die eingerichteten Versuchsanlagen zu weiteren Erkenntnissen auf diesem Gebiet beitragen. H. Kleiber. 2425.

3-64/10-0136 Berglund, Sven. Båspall och ränna vid spol- och svämutgödsling för nötkreatur. **(Liegeplatz und Rinne bei der Spül- und Schwemmentmistung bei Rindern.)** Svensk Husdjursskötsel **1964** Nr. 3. S. 76-77. – 2 Abb.

Der Bericht beruht auf den Ergebnissen einer Studienreise durch Süd- und Mittelschweden. In den Betrieben wird nicht eingestreut oder nur sehr feines Sägemehl verwendet. Es ist daher wichtig, daß die Standlänge der Größe der Tiere entspricht. Für schwedische Rotbunte werden als Länge des Liegeplatzes 145-150 cm, für Schwarzbunte 150-155 cm empfohlen. Das Gitter über der Schwemmrinne muß 80 cm breit sein. Durch Elektrodraht wird ein Abmisten auf den Liegeplatz verhindert. Bei den Gittern hat man mit Rundeisen (12 mm ∅) bessere Erfahrungen gemacht als mit Flacheisen. Der Abstand zwischen den Stäben soll bei Kühen 42-45 mm betragen, der zwischen den Querverbindungen ca. 30 cm. Bei 80 cm Rinnenbreite müssen diese 8 × 40 mm stark sein. Die Schwemmrinne soll bei reiner Schwemmentmistung und einer Länge von 9 m wenigstens 70 cm tief sein, bei 18 m Länge 100 cm tief. Bei Spülentmistung beträgt die Mindesttiefe der Rinne unabhängig von der Länge 70 cm. Die Vorderkante der Rinne muß senkrecht sein. Das Gefälle soll 0,5-1,0% betragen. Versuche, auf dem hinteren Teil von Langständen Spaltenboden anzubringen, haben sich als wenig zweckmäßig erwiesen. Kurzstände haben nur folgende Nachteile: häufigere Zitzenbeschädigungen, unbequemere Melkarbeit, soweit während der Weidezeit im Stall gemolken wird, und z. T. Schwierigkeiten, gefrorene Silage im Stall aufzutauen, da keine Absperrgitter vorhanden sind.

J. K. Hinrichsen. 2425.

3-64/10-0137 Anonym. Svämutgödsling och vattenvård. **(Schwemmentmistung und Wasserpflege.)** Svensk Husdjursskötsel **1964** Nr. 3. S. 79-80. – 5 Abb.

Es wird die Schwemmentmistungsanlage des deutschen Fabrikates Matreb beschrieben, die sich in einem Betrieb in Schonen befindet. Bei 30 Milchkühen waren vor der Umstellung 2 AK 3 Wochen des Jahres mit Mistfahren beschäftigt. Jetzt kann 1 AK in 3½ Tagen 3500 m³ Schwemmist ausbringen. Die vordere Begrenzung der Stände ist beweglich gehalten, so daß die Standlänge genau auf die Körperlänge der Kühe eingestellt werden kann. Seitliche Abtrennung zwischen den Ständen verhindert Zitzenschäden, ohne die Arbeit wesentlich zu behindern. Der Gitterrost, der in gleicher Höhe wie Stand und Stallgasse liegt, besteht aus Halbrundstäben, die mit der runden Seite nach oben verlegt sind. Die aus warmgalvanisiertem Spezialstahl bestehenden Stäbe sind leicht reinzuhalten, wozu eine wasserführende Nylonbürste benutzt wird. Für Bullen sind bes. Uringitter angebracht. Die Rinne ist so geformt, daß Wasserzusatz nicht nötig ist. Beim Ablassen wird der Mist im oberen Teil der Rinne durch eine bes. Klappe zurückgehalten. Futterreste werden durch die Pumpe zerkleinert, mit der der Schwemmist in den Lagerbehälter gebracht wird. Vor der Entleerung läuft der Schwemmist in die Sammelgrube und wird von dort in den Tankwagen gepumpt. Im Schweinestall mit Mittelgang wird der Mist mit einer Schubentmistung in eine Grube gebracht, von der er in die Sammelgrube läuft. Es wird auf den hohen N-Gehalt des Schwemmistes hingewiesen. J. K. Hinrichsen. 2425.

3-64/10-0138 Paine, Myron D. Control system design for livestock feeding. **(Plan eines Kontrollsystems für die Viehfütterung.)** Agric. Engng. **44** (1963) Nr. 2. S. 72-74. – 6 Abb.

Beschrieben wird eine elektrische Kontrolleinrichtung, die es gestattet, nachfolgend angeschlossene Fütterungseinrichtungen in einer bestimmten Reihenfolge automatisch zu betreiben. Den Ausführungen sind kleinere Schaltzeichnungen beigegeben. J. Strecke. 2425.

3-64/10-0139 Kravčuk, A. Kormovye rešetki s avtomatičeskim fiksirovaniem životnych pri besprivjaznom soderžanii. **(Freßgitter mit automatischer Festhaltung der Tiere bei Laufstallhaltung.)** Moločnoe i mjasnoe skotovodstvo, Moskva **8** (1963) Nr. 12. S. 32-33.

Vf. beschreibt den Bau von Freßgittern, die bei der Selbstfütterung bei Laufstallhaltung der Rinder verwendet werden. Die Gitter sind so gebaut, daß die Tiere, die den Kopf durch das Gitter stecken, um zu fressen, durch den Druck mit dem Hals die Gitter schließen und so festgehalten werden, bis die Gitter durch Seilzug wieder geöffnet werden. Die Anwendung der Freßgitter mit automatischer Festhaltung der Tiere gestattet, das Futter vor Zertreten zu bewahren, die Tagesordnung streng einzuhalten, da die Gitter in den Pausen geschlossen sind, die aggressiven Tiere im Einfluß auf die ruhigen in der Futterzeit einzuschränken, eine normierte Fütterung nach Gruppen und sogar eine individuelle Fütterung bei der Laufstallhaltung anzuwenden; das Festhalten der Tiere für die tierärztliche Besichtigung und Behandlung und die Aussonderung einzelner Tiere zur KB, zum Abkalben usw. zu erleichtern. K. Witt. 2425.

3-64/10-0140 Nichols, G. de la M. Measurement of skin temperature of sheep. **(Hauttemperaturmessungen beim Schaf.)** New Zealand J. agric. Res. **6** (1963) Nr. 5. S. 448-451. – 3 Abb., 1 Tab.

Es wird ein transportables, elektrisches Hauttemperaturmeßgerät für den Temperaturbereich von 5-40 °C beschrieben. Bei einer Temperatur von 4,5 bis 42,3 °C liegen die Stromstärken bei 0-50,0 Mikroampères. Die Thermoresistorspitze ist empfindlich und sollte im Ruhezustande durch eine Hülle geschützt werden. H. Busse. 2425.

3-64/10-0141 *Červený, Andrej.* **Organizácia socialistických pol'nohospodárskych podnikov.** (Organisation sozialistischer landwirtschaftlicher Betriebe.) 2., überarb. Aufl. Bratislava: Slov. vyd. pôdohosp. lit. 1963. (393 S.) 8° = Edicia Pol'nohospodárske učebnice Nr. 555. (1964 A 348)

3-64/10-0142 Unter d. Red. v. *Ivanov, D.* **Rezervi za snižavane sebestojnostta na produkcijata ot životnovŭdstvoto.** (Reserven für die Senkung der Selbstkosten der tierischen Erzeugnisse.) Plovdiv: Izd. „Chr. G. Danov". 1963. (164 S. m. Abb. u. Tab.) (NRB/ZSNTI)

3-64/10-0143 *Koehler, Joachim.* **Zur Hygiene der Tränkwasserversorgung auf Weideland im Bezirk Leipzig.** Diss. Veterinärmed. Fak. Leipzig. 1963. (164 S.) 4°. (Diss. 9618)

3-64/10-0144 *Mehl, Otto.* **Der Einfluß der Offenstallhaltung auf Gesundheit sowie Fruchtbarkeit von Milchkühen.** Diss. Veterinärmed. Fak. Hannover. 1963. (52 S. m. 24 Tab.) 8°. (Diss. 9675)

3-64/10-0145 *Mészáros, János.* **Baromfiegészségtan.** (Geflügelhygiene.) Budapest: Mezög. kiadó. 1963. (359 S.) 8°. (1964 A 74)

3-64/10-0146 *Novobrancev, F. K.* **Mechanizacija na svinovodčeskich fermach.** (Mechanisierung auf den Schweinezuchtfarmen.) Moskva: Izd. sel'skoch. lit., žurnalov i plakatov. 1963. (142 S.) 8°. (1964 A 540)

3-64/10-0147 *Pongracz, Kálmán.* **Korszerü gépesítési és építészeti megoldások a baromfitartásban. (Témadokumentáció.)** (Moderne Mechanisierungs- und Baulösungen in der Geflügelhaltung.) Budapest: Országos mezögazdasági könyvtár és dokumentációs központ. 1963. (IV, 58 S.) 8°. (1964 A 213)

3-64/10-0148 *Szabó, Ambrus.* **Müanyagok a mezögazdaságban.** (Kunststoffe in der Landwirtschaft.) Budapest: Müszaki Könyvkiadó. 1963. (176 S.) 8°. (1963 A 1673)

3-64/10-0149 **A szabadtartásos tehenészetek tapasztalatai az állami gazdaságokban.** (Die Erfahrungen mit Rinderoffenställen in staatlichen Wirtschaften.) Budapest. 1962. (69 S.) 4° = Mezögazdasági üzemszervezési kutato intézet közlemenyei Nr. 4. (SR 3054, 4)

3-64/10-0150 **Az istállók kitrágyázásának gépesitése.** (Die Mechanisierung der Stallentmistung.) Budapest: Országos mezög. könyvtár és dokumentációs központ. 1963. (103 S.) 8°. (1963 A 1314)

3-64/10-0151 **Ispol'zovanie izlučenija ul'trafioletovogo izlučenija v životnovodstve.** (Anwendung ultravioletter Strahlen in der Tierzucht.) Moskva: Izd. Akad. nauk SSSR. 1963. (235 S.) 8°. (1964 A 428)

3-64/10-0152 **Technologiai tervezés a teheneszetben.** (Technologische Planung in der Milchviehhaltung.) Budapest: Kiadja a Mezögazd. üzemszervezési kutató intézet. 1963. (75 S.) 4° = Mezögazdasági üzemszervezési kutató intézet közleményei. 10. (1964 B 56)

3-64/10-0153 **The self-feeding of silage in dairy herds.** o.O.: Milk marketing board of England and Wales. 1962. (77 S. m. Abb.) 8°. (1964 A 13)

H. NUTZUNG UND QUALITÄT TIERISCHER ERZEUGNISSE

3-64/10-0154 Wisecup, William G. Fallout and livestock — some observations on the situation as it appears today. **(Fallout und Viehbestand — einige Bemerkungen zur gegenwärtigen Lage.)** J. Amer. veterin. med. Assoc. **140** (1962) Nr. 3. S. 236-240. — 1 Abb., 3 Tab., 29 Lit.

Vf. schildert die Bildung und die Merkmale des Fallout sowie die Gefahren für den Viehbestand. Die Spaltprodukte, die bei einer nuklearen Detonation entstehen, stellen ein Gemisch von ca. 200 Isotopen von 35 Elementen dar. Für den Viehbestand entsteht dadurch die Gefahr der äußeren Bestrahlung sowie der Aufnahme radioaktiver Stoffe in das Innere des Organismus. Die radioaktiven Teilchen können sich auf der Körperoberfläche der Tiere ablagern und Sonnenbrandähnliche Verbrennungen hervorrufen. Die äußere Bestrahlung bewirkt eine Strahlenkrankheit, die meist zum Tode führt oder bei Schlachttieren eine Minderung der Fleischqualität entstehen läßt. Aufgenommene radioaktive Stoffe bringen die Gefahr der Erkrankung des Tieres selbst mit sich oder lassen die Gefahr der Aufnahme radioaktiver Stoffe durch den Menschen bei Genuß von Lebensmitteln, die von diesen Tieren gewonnen wurden, entstehen. Tierschutzräume zu bauen ist zu kostspielig. Vf. tritt dafür ein, die Tiere in Stallungen einzusperren und für einen genügenden Futtervorrat zu sorgen. Nach 48 Std. soll die akute Periode vorbei sein. Nachdem die akute Periode vorbei ist, sollen die betroffenen Tiere mit Wasser abgewaschen werden. Die Dächer der Ställe sind ebenfalls mit Wasser abzuspritzen. Für die Behandlung der Strahlenkrankheit der Tiere gibt es keine spez. Arzneimittel. Milch von Tieren, die radioaktive Stoffe aufgenommen haben, ist nicht vom Menschen zu verbrauchen.

G. Mehlhorn. 2505.

3-64/10-0155 Kijak, Z. Badania nad składem mleka krów. **(Untersuchungen über die Zusammensetzung der Kuhmilch.)** Przegląd Hodowlany **31** (1963) Nr. 10. S. 18-19. — 2 Tab. PRL/CBR. 2512.

3-64/10-0156 Johke, Tetsu, Hageman, Elizabeth C. und Larson, B. L.; Urbana, Univ. of Illinois. Some immunological relationships of α-lactalbumin and β-lactoglobulin in milks of various species. **(Einige immunologische Beziehungen zwischen α-Lactalbumin und β-Lactoglobulin in der Milch verschiedener Species.)** J. Dairy Sci. **47** (1964) Nr. 1. S. 28-31. — 3 Tab., 10 Lit. 2512.

3-64/10-0157 Foot, A. S. Recent experiments concerning the S. N. F. content of milk. **(Neue Versuche über den Gehalt der Milch an fettfreier Trockensubstanz [SNF].)** J. Soc. Dairy Technol. **17** (1964) Nr. 1. S. 34 bis 38. — 1 Abb.

Vf. untersuchte den Einfluß von genetischen und von Umweltfaktoren auf den SNF-Gehalt, indem er 47 Friesenfärsen in der 1. Laktation aus Herden mit hohem und 46 Tiere aus Herden mit niedrigem durchschnittl. SNF-Gehalt unter gleichen Fütterungs- und Umweltbedingungen im Forschungsinstitut hielt. Bestimmt wurde der SNF-Gehalt der Tiere unter gleichen Bedingungen im Inst. und zum Vergleich in den Herden, aus denen die Tiere stammten. Unter gleichen Umweltbedingungen ergaben sich im 3jährigen Durchschnitt keine gesicherten Differenzen im SNF-Gehalt. In weiteren Versuchen ist festgestellt worden, daß sich eine gute Fütterung der Färsen unmittelbar vor dem Abkalben positiv auf Lgw., die Milchmenge sowie auf SNF- und Fettgehalt der Milch in der 1. Laktation auswirkt. Die Unterschiede im Fett- und SNF-Gehalt waren in den ersten 3 Wochen nach dem Abkalben hochsignifikant. L. Schmidt. 2512.

3-64/10-0158 Cigna, Arrigo A.; Rome, Italy, Comitato Naz. per l' Energia Nucleare. Iodine-131 thyroid dose from milk in Italy during the period September 1962 to February 1963. **(Jod-131-Schilddrüsendosis von Milch in Italien während der Periode von September 1962 bis Februar 1963.)** Science [Washington] **143** (1964) Nr. 3604. S. 379-380. — 3 Abb., 1 Tab., 10 Lit.

In der Zeit von Sept. 1962 -Febr. 1963 wurde die ^{131}J-Aktivität von Milch in 14 italienischen Städten gemessen. Vff. errechneten daraus die Strahlenbelastung der Schilddrüse für Säuglinge im Alter bis zu einem Jahr. Im Durchschnitt betrug die Aufnahme an ^{131}J durch Milch 9100 pc entspr. einer Schilddrüsendosis von 0,56 rad. Vff. geben in einer Tabelle die Werte der Aktivitätsaufnahme und der Schilddrüsendosis für die verschiedenen Städte an und stellen ein Nomogramm zur Umrechnung der aufgenommenen ^{131}J-Aktivität in die Schilddrüsendosis auf. K. Krawielitzki. 2512.

3-64/10-0159 Davidov, R. B. Faktory, vlijajuščie na soderžanie belka v moloke. **(Faktoren, die den Eiweißgehalt der Milch beeinflussen.)** Život-novodstvo, Moskva **26** (1964) Nr. 3. S. 46-51. — 8 Tab.

Langjährige Untersuchungen des Eiweißgehaltes von Sammelmilchproben des Moskauer Milchkombinats und der Milchviehfarm der Timirjasew-Landwirtsch.-Akad. zeigten vor allem bedeutende jahreszeitliche Schwankungen. Der niedrigste Eiweißgehalt wurde im März und im Juni registriert, während der höchste in den Monaten Okt.-Nov. beobachtet werden konnte. Der Gehalt an freien Aminosäuren in der Milch, die für die Jungtierernährung von Bedeutung sind, hatte sein Minimum im 2. Jahresquartal, während das Maximum ebenfalls im 4. Quartal lag. In einer anderen Versuchsanordnung konnte festgestellt werden, daß im Verlauf der Laktation der niedrigste Eiweißgehalt in den 2. Laktationsmonat fällt, während der höchste Gehalt gegen Ende der Laktation auftritt. Weiter wurde der Eiweißgehalt in der Milch der einheimischen Rinderrassen untersucht, ebenso wie der Einfluß verschiedener Futterrationen auf denselben. Ein Überangebot an Eiweiß in der Ration (102-131 g/l Milch) bringt keine Erhöhung des Milcheiweiß-

gehaltes mit sich. Es wird darauf hingewiesen, daß die Erhöhung des Milcheiweißgehaltes zu einem Bestandteil der Züchtungsarbeit werden muß.
H. Schwiderski/Dummerstorf. 2512.

3-64/10-0160 Mulder, H., Menger, J. W. und Meijers, P. The copper content of cow's milk. **(Der Kupfergehalt der Kuhmilch.)** Nederl. Melk- en Zuiveltijdschr. **18** (1964) Nr. 1. S. 52-65. — 2 Abb., 4 Tab., 73 Lit. 2512.

3-64/10-0161 Knoop, E. **Über den Gehalt an radioaktiven Substanzen in der Milch.** Landwirtsch. Forsch. **17** (1964) Nr. 1. S. 23-32. 2512.

3-64/10-0162 Seelemann, Martin. **Über den Zellgehalt der Milch, seine Feststellung, Bedeutung und Beurteilung.** Milchwissenschaft **19** (1964) Nr. 4. S. 182-194. — 7 Tab., 71 Lit. Zus. in Engl. 2512.

3-64/10-0163 Langner, E. H. und Villiers, V. de. The possible application of a new technique for the routine determination of the protein content of milk. **(Anwendungsmöglichkeit einer neuen Technik für die Routinebestimmung des Eiweißgehaltes der Milch.)** South African J. agric. Sci. **6** (1963) Nr. 4. S. 735-736.
Es wird eine Filterpapierstreifenmethode (Färbebindung) zur Bestimmung des Gesamt-N beschrieben und Proben mit der Makro-Kjeldahl-Methode verglichen. Der Gesamt-N-Gehalt der 60 Proben schwankte zwischen 0,690% und 0,468% mit einem Mittelwert von 0,568%, die Korrelation zwischen beiden Methoden betrug $r = 0{,}96$, die mittlere Differenz 0,016% und die Standardabweichung 0,014% N. Es wurde eine lineare Regression zur Bestimmung des Prozentsatzes Gesamt-N aus der Absorptionsablesung des Spektrophotometers (Wellenlänge 620 μm) mit $Y = 1{,}4357 \cdot X + 0{,}080$ berechnet, wobei Y = Prozentsatz totaler N und X = die Absorption darstellen. Keine Veränderung der Ablesung wurde nach 10tägiger Aufbewahrung der Papierstreifen bei Zimmertemperatur gefunden im Vergleich mit Sofortanalysen. Dies erlaubt vom Ort der Probenehmung die Filterstreifen mit der getrockneten Milchprobe per Post an ein zentrales Laboratorium zu senden.
K. Männel. 2512.

3-64/10-0164 Schober, Richard, Christ, Walter und Niclaus, Willy. **Eine photometrische Bestimmung der Milchproteine in der Kombinationsmöglichkeit mit dem Schalm-Test (California-Reaktion).** Milchwissenschaft **19** (1964) Nr. 3. S. 122-124.
Im Hinblick auf die Tatsache, daß dem Eiweißgehalt in Milch als Qualitätsfaktor mehr Bedeutung geschenkt werden sollte, wurde in Anlehnung an den Schalm-Test ein rel. einfach durchzuführendes Verfahren zur Proteinbestimmung ausgearbeitet: Es beruht auf dem Absorptionsvermögen aromatischer Seitengruppen im UV-Strahlungsbereich, wobei die Auflösung der Proteinpartikel durch eine Harnstoff-Dodecylsulfatlösung erfolgt (bei Sekretionsstörung Bildung gallertiger Schlieren an der Glaswand). Die mittels Spektralphotometer abgelesenen Ergebnisse werden an einer Eichkurve, in der die Extinktion gegen die Proteinwerte der Kjeldahlbestimmung aufgetragen wurden, quantitativ ausgewertet. Die Ergebnisse der photometrischen Bestimmung stimmen gut mit den Kjeldahlwerten überein (Streuung s = 0,067 μm den nach Kjeldahl ermittelten Prozentgehalt).
Chr. Dietz. 2512.

3-64/10-0165 Anonym. **Bestimmung des Fettgehaltes von Magermilch nach dem Röse-Gottlieb-Verfahren.** Milchwissenschaft **19** (1964) Nr. 5. S. 253-254. 2512.

3-64/10-0166 Anonym. **Bestimmung des Trockenmassegehaltes von Milch.** Milchwissenschaft **19** (1964) Nr. 5. S. 252. 2512.

3-64/10-0167 Roennefahrt, K. **Die pH-Messung mit Glaselektroden im Molkereibetrieb.** Fette, Seifen, Anstrichmittel **66** (1964) Nr. 4. S. 284-290. – 11 Abb., 2 Tab., 22 Lit. 2512.

3-64/10-0168 Al'tman, A. D. und Bezenko, T. I. Vlijanie kukuruznogo silosa i sacharnoj svekly na sostav moloka i kačestvo moločnych produktov. **(Der Einfluß der Fütterung von Maissilage und Zuckerrüben auf die Milchzusammensetzung und die Qualität der Milchprodukte.)** Živtnovodstvo, Moskva **26** (1964) Nr. 3. S. 51-53. – 5 Tab.
Vff. untersuchten an 2 Gruppen von je 10 Kühen in einem Fütterungsversuch den Einfluß von großen Maissilagegaben (23 und 36 kg) plus Z-Rübengaben von 15,- und 5,-kg auf die Milchzusammensetzung und die Eignung der Milch zur Butter- und Käseherstellung. Der Maissilage wurden bei der Zubereitung 5 kg Harnstoff je Tonne Grüngut hinzugefügt. Beide Rationen enthielten fast gleiche Nährstoffmengen. Der Fettgehalt bei der Gruppe mit der größeren Z-Rübenmenge in der Ration erhöhte sich während der Versuchsperiode um 0,12%, während die Silagegruppe einen gleichbleibenden Fettgehalt, jedoch eine etwas höhere Milchleistung zeigte. Der Eiweißgehalt stieg bei beiden Gruppen um 0,15 bzw. 0,19% an. Die vielseitige Prüfung der während der Versuchsperiode gewonnenen Milchprodukte (Jaroslawler Käse und Butter) ließ keine größeren Unterschiede erkennen. Die aus der Milch beider Gruppen gewonnenen Produkte waren von ausgezeichneter Qualität.
H. Schwiderski/Dummerstorf. 2516.

3-64/10-0169 Bartmann, R. **Untersuchungen des Maschinenmelkens im Fischgrätenmelkstand und mit einer Kannenmelkanlage im Melkschuppen auf der Weide.** Dtsch. Akad. Landwirtsch.-Wiss. Berlin, Inst. Landtechn. Potsdam-Bornim **1963** Nr. 18. S. 1-2. – 3 Abb., 3 Tab., 7 Lit. Zus. in Russ., Engl.
Bei richtiger Bedienung der Anlagen und vor allem richtiger Arbeit des Pulsators, sodann der Behandlung der Kühe besteht auch bei Hochleistungskühen im Fischgrätenmelkstand (FGM) keine Beeinträchtigung der Milchleistung. Um genügend Zeit zur Kraftfutteraufnahme im FGM zu schaffen, wird empfohlen, jeweils immer eine 16er Gruppe ein- und auszutreiben oder eine Zufütterung im Vor- bzw. Nachwartehof. Die Kraftfutteraufnahmezeit durch die Kuh beträgt je kg bei Schrotform 5,3 Min., bei Preßlingen 2,1 Min. Die max. Gruppengröße im Vorwartehof sollte 32 nicht überschreiten. Zum Schutz der Tiere gegen Witterungseinflüsse empfiehlt es sich, den Vorwartehof zu überdachen. H. Senger. 2516.

3-64/10-0170 Bossmann, J. **Vergleichsuntersuchungen Fischgrätenmelkstand — Kannenmelkanlage.** Dtsch. Akad. Landwirtsch.-Wiss. Berlin, Inst. Landtechn. Potsdam-Bornim **1963** Nr. 18. S. 21-24. – 1 Lit. Zus. in Russ., Engl.
Vf. unterstreicht das Ergebnis der Untersuchungen von Bartmann und weist bes. auf die notwendige zu erreichende Hygiene in der höchstmöglichen Mechanisierung der Milchgewinnung hin, die in Melkständen am besten erreicht wird, weil Milch- und Mistgewinnungsstätte am konsequentesten getrennt sind. Unter Innehaltung des 8-Std.-Tages braucht man bei 300 Kühen im FGM 4 Melker + 1 Springer, bei einer Rohrmelkanlage 8-9 Melker + 2 Springer. Die Einschaltung von Frauen in die Melkarbeit ist im Melkstand bes. günstig. Sehr wichtig ist weiter die Tatsache, daß im FGM die Milchrohrlänge ca. 20 m, in der Rohrmelkanlage aber ca. 200 m beträgt, die Anzahl der benötigten und zu pflegenden Melkzeuge 8 bzw. 24.
H. Songor. 2516.

3-64/10-0171 Ullrich. **Die Ausrüstung des Fischgrätenmelkstandes mit doppeltem Melkzeugsatz und die Beeinflussung der Milchleistung durch Warten**

im Vorwartehof. Dtsch. Akad. Landwirtsch.-Wiss. Berlin, Inst. Landtechn. Potsdam-Bornim **1963** Nr. 18. S. 25-30. — Zus. in Russ., Engl.
Zum Zwecke einer individuelleren Betreuung der Kühe wurde der FGM durch Ausrüstung mit 16 Melkzeugen in seiner Wirksamkeit weiter entwickelt. Die Versuche ergaben damit einen Durchlauf von 66,5-85,5 Kühen/Std. Schwankungen in der Melkdauer von 340-550 Sek. können ohne Störung des Gruppenablaufs aufgenommen werden. Man erreichte eine Senkung der tägl. abs. Gemelksschwankungen um 50%, der Handgemelksmenge um mehr als 50% und eine Steigerung der Fettprozente um 0,4%. Die Untersuchung des Einflusses der Wartezeit auf die Höhe der Milchleistung ergab gegenüber einem sofortigen Eintreiben aus dem Stall bei 8 Kühen nach 1stündigem Warten einen Rückgang um 13,5 kg. Temperaturunterschiede, Regen, Rindern einiger Tiere beeinflußten den Rückgang zusätzlich. H. Senger. 2516.

3-64/10-0172 Wehowsky, G. **Technologische Fragen im Fischgrätenmelkstand.** Dtsch. Akad. Landwirtsch.-Wiss. Berlin, Inst. Landtechn. Potsdam-Bornim **1963** Nr. 18. S. 31-34. — 1 Lit. Zus. in Russ., Engl.
Die Einhaltung einer ordnungsgemäßen, von der Physiologie der Kuh her bedingten Technologie im Melkstand ist eine Grundvoraussetzung für die Erzielung hoher Milchleistungen und für die Gesunderhaltung der Herde. Pro Kuh ist ein Handarbeitsaufwand für alle erforderlichen Arbeiten von 100-120 Sek. notwendig, dazu kommen dann noch unvermeidliche Verlustzeiten für Unregelmäßigkeiten, Kotwegspülen usw., die bis zu 30% dieser Zeit und auch mehr ausmachen. Von großer Bedeutung für den Erfolg der Melkarbeit ist dann der Ausbildungsstand der Melker. Hohe Milchleistungen sind nur von hochqualifizierten Melkern erreichbar, denen die Arbeit Freude macht. H. Senger. 2516.

3-64/10-0173 Tröger, F. **Zur Frage des Nachmelkens im Fischgrätenmelkstand.** Dtsch. Akad. Landwirtsch.-Wiss. Berlin, Inst. Landtechn. Potsdam Bornim **1963** Nr. 18. S. 35-36. — Zus. in Russ., Engl.
Die Forderung eines 2maligen Nachmelkens beruht auf Erscheinungen, die durch ein unsachgemäßes Anrüsten vor dem Anlegen der Melkbecher entstanden sind. Das Handnachmelken wirkt dann als nochmaliges Anrüsten mit einer nochmaligen Oxytocinausschüttung und führt damit zu höheren zweiten Nachgemelken. Man sollte deshalb nicht auf ein zweites Nachmelken, sondern viel mehr auf eine gründliche und vorschriftsmäßige Eutervorbereitung auf das Melken orientieren, wenn bessere Milchleistungen erzielt, gesunde Kühe erhalten und eine höhere Arbeitsproduktivität in der Milchviehhaltung erreicht werden sollen. H. Senger. 2516.

3-64/10-0174 Gabler, E. **Technische Probleme des Fischgrätenmelkstandes.** Dtsch. Akad. Landwirtsch.-Wiss. Berlin, Inst. Landtechn. Potsdam-Bornim **1963** Nr. 18. S. 41-43. Zus. in Russ., Engl.
Eine Analyse der internationalen Melkanlagenproduktion zeigt, daß alle führenden Weltfirmen die Produktion von Fischgrätenmelkständen aufgenommen haben. Das Herstellerwerk wird in Zukunft auf Grund der Versuchsergebnisse von Bartmann der richtigen Einstellung, Wartung und Pflege des Zentralpulsators in den FGM durch die Vertragswerkstätten noch mehr Beachtung schenken. Die Ausbildung der Hoch- und Fachschulkader auf dem Gebiet der Milchwirtschaft muß jedoch unbedingt den modernen Anforderungen entspr. verbessert werden. H. Senger. 2516.

3-64/10-0175 Murray, J. G. und Foote, A. G. In-place cleaning of pipeline milking machines with recording jars in daily use. **(Die Reinigung von im täglichen Gebrauch befindlichen Pipeline-Anlagen mit Milchmeßgefäßen ohne Abbau.)** Res. exp. Rec. Ministry Agric. Northern Ireland **12** (1962) Nr. 1. S. 49-53. — 4 Tab., 6 Lit.

Vff. stellten Untersuchungen über den Wert der Reinigung und Sterilisation von Pipeline-Anlagen mit Milchgefäßen ohne Demontage in 8 Farmbetrieben mit unterschiedlichen Bedingungen bei 4 zu 4 Betrieben in der Zeit von Apr. bis Sept. 1962 an. Es ergab sich, daß die angewendete Hitze des Spülwassers von wesentlicher Bedeutung ist. Beste Resultate ergab eine Zirkulationstemperatur von 160 °F. Man fand weiter, daß die Zusetzung von Natriumhypochlorit mit 250-300 ppm Chloranteil noch wirkungsvollere Ergebnisse ergab, wenn die Flüssigkeit 10-15 Min. zirkulierte. Genügende Resultate ergaben sich bei Verwendung der verbesserten Meßgefäße gegenüber solchen mit Gummidichtungen. H. Senger. 2516.

3-64/10-0176 Kiškin, A. Bunt-frigator dlja ochlaždenija moloka. **(Ein Eisbunker-Kühlaggregat für die Milchkühlung.)** Moločnoe i mjasnoe skotovodstvo, Moskva 8 (1963) Nr. 12. S. 43-44.

Vf. beschreibt eine Kühlanlage für die Milchkühlung, dessen Hauptprinzip darin besteht, daß für die Gewinnung des Kühlwassers das Eis nicht zum Wasser gebracht wird, sondern das Wasser das Eis durchläuft. Der Eisbunker braucht im Sommer nicht geöffnet zu werden, und das Eis taut nicht ungenutzt. Der Verbrauch an Eis betrug pro t zu kühlender Milch 0,6-0,7 m^3. Das Kühlwasser (+ 3-4 °C) wird aus einem Behälter mit einer Pumpe in den Milchkühler gepumpt. Von hier aus gelangt das Wasser über eine Rohrleitung in den Eisbunker, wird durch ein Rohr mit Düsen unter das Eis gespritzt, fließt über den Boden des Eisbunkers, wobei es gekühlt wird, und gelangt durch ein Kiesfilter in den Behälter zurück. Der Eisbunker muß sich in der Nähe des Milchkühlraumes befinden. K. Witt. 2516.

3-64/10-0177 Vapcarova, M. und Goranov, G. Vŭrchu promenite pri sŭchranenie na kokoše meso. **(Die Veränderungen im Hühnerfleisch bei seiner Aufbewahrung.)** Izvestija na Veterinarno-chigiennija institut za životinski produkti, Sofija **3** (1963) S. 177-189. — 5 Abb., 4 Tab., 11 Lit.

Untersucht wurden die mikrobiologischen, biochemischen und organoleptischen Veränderungen, die im Fleisch geschlachteter Hühner vor sich gehen, welche bei Zimmertemperatur und bei Temperaturen von 0-4 °C und −18 °C gelagert werden. Die untersuchten Schlachtkörper wurden auf verschiedene Weise aufbereitet: ausgeweidet, nur teilweise ausgeweidet (nur der Darm), ausgeweidet, aber die inneren Organe wieder in den Schlachtkörper zurückgelegt, ausgeweidet — ohne innere Organe und Darm. Für die geschlachteten Hühner, die bei Zimmertemperatur gelagert werden, beträgt die Zeit der Brauchbarkeit einen Tag, wobei die Methode der Aufbereitung keine wesentliche Bedeutung hat. Bei einer Temperatur von 0-4 °C beträgt die Zeit der Lagerfähigkeit 4 Tage für ausgeweidete Schlachtkörper, aber mit in ihn zurückgelegten Organen und 5 Tage für Schlachtkörper, die nach den übrigen Methoden aufbereitet wurden. Bei −18 °C beträgt die Lagerfähigkeit für alle Arten von Schlachtkörpern bis zu 6 Mon. Daraus wird der Schluß gezogen, daß die beste Methode der Aufbereitung von Schlachtkörpern das vollständige Ausweiden ist. NRB/ZSNTI. 2522.

3-64/10-0178 Raschke, E. **Gedanken zur Reform des Fleischbeschaugesetzes.** Schlacht- u. Viehhof-Ztg. **63** (1963) Nr. 12. S. 474-479. — Aus: Dok.-Dienst Fleischwirtsch. 2524.

3-64/10-0179 Schneidewind, H. **Dringend notwendige Ergänzungen in der Fleischbeschaugesetzgebung.** Schlacht- u. Viehhof-Ztg. **63** (1963) Nr. 12. S. 480-481. — Aus: Dok.-Dienst Fleischwirtsch. 2524.

3-64/10-0180 Otto, E.; Dummerstorf, Inst. für Tierzuchtforsch. der Dtsch. Akad. der Landwirtsch.-Wiss. zu Berlin. **Objektive Untersuchung einiger Qualitätsmerkmale von Rindfleisch. 3. Mitt. 400 kg schwere schwarzbunte**

Jungbullen aus Nachkommengruppen. Arch. Tierzucht 7 (1964) Nr. 5. S. 419 bis 426. — 7 Tab., 17 Lit. Zus. in Russ., Engl. — nach Zus. 2. Mitt. vgl. 3-64/09-0155.
Von 400 kg schweren Jungbullen aus 6 Nachkommengruppen des Deutschen Schwarzbunten Rindes wurden objektive Faktoren der Fleischbeschaffenheit bestimmt. In jedem Versuchsjahr waren Nachkommen von 2 Besamungsbullen vorhanden, wobei ein Bulle in allen 3 Versuchsjahren mit einer Gruppe vertreten war. Festgestellt wurden Farbe, Feuchtigkeit und Faserung der Muskeln semimembranaceus, iliopsoas und long. dorsi. Die Unterschiede zwischen den 3 Prüfungsjahren sind bei der Helligkeit, dem lockeren Wasser (teilweise nicht beim M. long. dorsi) und der Muskelfaserstärke bei allen Muskeln signifikant. Das Fleisch von den Nachkommen des in allen Jahren geprüften Vaters ist immer dunkler als das der anderen Gruppen. Beim lockeren Wasser und der Muskelfaserstärke liegen die Werte für diese Bullengruppen im 1. Jahr über, im 2. und 3. Jahr unter denen der anderen Bullennachkommen. Die getrennte Verrechnung ergibt auch hierfür Signifikanzen. Der Einfluß der Väter auf die Fleischbeschaffenheit ist deutlich sichtbar. 2524.

3-64/10-0181 Jones, K. Bryce, Houston, T. W. und Harries, J. M.; London, Min. of Agric. Studies in beef quality. II. The influence of sire on the quality and composition of beef. **(Untersuchungen über die Qualität von Rindfleisch. 2. Mitt. Der Einfluß der Väter auf die Qualität und Zusammensetzung von Rindfleisch.)** J. Sci. Food. Agric. **14** (1963) Nr. 9. S. 637-645. — 10 Tab., 12 Lit. 1. Mitt. vgl. 3-64/03-0185.
Die Friesian-Hereford-Nachkommengruppen von 5 ausgewählten Hereford-Bullen, von denen je 6 Tiere auf 2 Prüfstationen standen, wurden bei einem Gewicht von 1000 lb. geschlachtet. Untersucht wurde der Einfluß der Väter und der Stationen. Die durchschnittl. tägl. Zunahme aller Halbgruppen waren in der einen Station höher. 4 Rippen-Stücke (7.-10. Rippe) wurden eingefroren und nach 3tägigem Auftauen subjektiv und objektiv untersucht. Die Notwendigkeit einer organoleptischen Prüfung der erzeugten landwirtsch. Produkte wird betont. Signifikante Unterschiede wurden bei Zartheit, Saftigkeit und Aroma gefunden. Die herausragenden Gruppen hatten mehr eingelagertes Fett und stammten von schmalen Vätern. Die JZ hatte ebenfalls signifikante Unterschiede. Nur auf die Zartheit wurde der Einfluß der Station festgestellt. E. Otto/Dummerstorf. 2524.

3-64/10-0182 Jones, K. Bryce, Harries, J. M. und Houston, T. W.; London, Min. of Agric. Studies in beef quality. III. Effects of hexoestrol implantation. **(Untersuchungen über die Qualität von Rindfleisch. 3. Mitt. Wirkung von Hexoestrol-Implantation.)** J. Sci. Food Agric. **15** (1964) Nr. 1. S. 62-68. — 5 Tab., 10 Lit. 2. Mitt. vgl. vorst. Ref.
In 2 Versuchsreihen mit 10 bzw. 16 Tieren erhielt die Hälfte der Ochsen 45 mg bzw. 60 mg des Oestrogens. Untersucht wurden Proben der 10. Rippe, die eingefroren und nach dem Auftauen gekocht wurden. Eine Prüfungsgruppe beurteilte die Schmackhaftigkeit, und objektiv wurden Tr.-Subst.-, Fett- und Eiweißgehalt bestimmt. Die geringe Tierzahl erlaubt keine allg. Schlußfolgerungen. Die Ergebnisse sind nicht ganz gleichgerichtet. Die Wirkung auf die Zunahme wird bestätigt, auch, daß der Einfluß auf die Qualität schwer erfaßbar ist. E. Otto/Dummerstorf. 2524.

3-64/10-0183 Nikitin, B. I. und Krupickaja, M. Z.; Zentr. Forsch.-Inst. für die Geflügelverarb. Ind. O standartach na mjaso pticy. **(Über die Standards von Geflügelfleisch.)** Pticevodstvo, Moskva **1963** Nr. 8. S. 24-25. — 1 Tab.
Nach einleitender Besprechung der geschichtlichen Entwicklung der Standards für Geflügelfleisch in der UdSSR wird auf die Mängel der bestehenden Bewertung hingewiesen. Das o. g. Institut wurde mit der Ausarbeitung neuer Richtlinien beauftragt und legte nach umfangreichen Untersuchungen an

Hühnern, Gänsen, Enten, Puten und Perlhühnern einen Entwurf mit folgenden neuen Gesichtspunkten vor: 1. Einheitliche Angaben für alle Unionsrepubliken, 2. Für Junggeflügel eigene Bewertung, 3. Nur minimale Gewichtsforderungen werden vorgeschrieben, 4. Verbot über Abgabe unausgenommenen Geflügels 5. Kennzeichnung durch Elektrobrand und Verpackung in Kunststoffolie ist erlaubt. W. Bonitz. 2524.

3-64/10-0184 Holme, D. W., Coey, W. E. und Robinson, K. L. The prediction of pig carcass composition from measurements of carcass density. **(Die Verbesserung der Schlachtkörperzusammensetzung auf Grund der Bestimmung der Dichte des Schlachtkörpers bei Schweinen.)** J. agric. Sci. **61** (1963) Nr. 1. S. 9-18. — 4 Tab., 33 Lit.

Von 102 Schweineschlachtkörpern wurden Schinken und Kotelett in Luft und Wasser gewogen und anschließend in Fett, Muskelfleisch, Knochen, Schwarte und Bindegewebe zerlegt und ebenfalls gewichtsmäßig bestimmt. Die Korrelationskoeffizienten zwischen Fettgehalt dieser Teilstücke und spez. Gew. wurden dann ermittelt. Sie betrugen z. B. für analytisch festgestellten Fettgehalt und Dichte des Kotelettes 0,878 und des Schinkens 0,900. Die entspr. Regressionsresultate sind angeführt. Weiterhin wurden die Beziehungen zwischen Speckdicke bzw. Muskelfläche zum Fettgehalt des Schlachtkörperteilstückes überprüft. Dabei konnte erkannt werden, daß das spez. Gew. des Schlachtkörpers ein besserer Maßstab für den Fett- bzw. Fleischgehalt des Schlachtkörpers ist als die Messung der Speckstärke oder Muskelfläche. R. Kürbs. 2526.

3-64/10-0185 Schön, L. **Die 4. DGL-Schlachtviehschau Hamburg 1963 in Verbindung mit der DLG-Herbsttagung.** Fleischwirtschaft **15** (1963) Nr. 10. S. 910-912. 915-918. — 12 Abb. Aus: Dok.-Dienst Fleischwirtsch. 2526.

3-64/10-0186 Rouy, H. **Erzeugung und Vermarktung von Fleisch in Frankreich.** Tierzüchter **15** (1963) Nr. 18. S. 666-667. — 2 Abb.

Mit 12,7 Md. Nfr. stand die Fleischproduktion 1961 an der Spitze der tierischen Erzeugung. In den letzten 4 Jahren stieg die vermarktete Rindfleischmenge um $^1/_3$, der Export 1962 erreichte 160000 t. Der Erzeugerpreis konnte mindestens auf der Höhe des Minimuminterventionspreises gehalten werden. Die Schweineerzeugung hat sich in 10 Jahren verdoppelt, die Erzeugerpreise sind gesunken. Der Erzeuger kann seine Verkaufsform wählen. Die großen Viehmärkte haben eine starke Bedeutung für Rinder, in etwas geringerem Grade für Kälber und Schafe. Für Schweine spielen sie keine Rolle mehr. Der Weg über diese Märkte ist nicht obligatorisch. Ein Plan, der eine Zusammenlegung zu wenigen großen Schlachtzentren vorsieht (600 öffentliche Schlachthöfe) soll 1967 abgeschlossen sein. Herbert Winkler. 2528.

3-64/10-0187 Bowden, W. E. **Schlachtviehvermarktung in Großbritannien.** Tierzüchter **15** (1963) Nr. 18. S. 667-669. — 2 Abb.

Die allmählichen Veränderungen der Schlachtviehvermarktung führte zur Gründung der „Fatstock Marketing Corporation Ltd". Dieser Erzeugerzusammenschluß auf dem Sektor Vieh und Fleisch stellte es dem Erzeuger und Fleischverkäufer frei, nach folgenden Methoden zu vermarkten: 1. privater Ankauf beim Erzeuger; 2. Verkauf auf Lebendgewichtsbasis durch örtliche Auktionen; 3. Verkauf auf Schlachtgewichts- und Klassifizierungsbasis zu einem öffentlich bekanntgegebenen Preis durch die FMC. Die Arbeit der FMC wird beschrieben. Jährl. werden ca. 28 Mill. Stück Vieh geschlachtet. Es wird die Auffassung vertreten, daß Schlachtvieh und Fleisch ähnlich wie bei der Milchvermarktung durch einen gesetzmäßig verankerten Marketing Board gelenkt werden soll. Es ist möglich, daß Schritte zur Regulierung und Kontrolle der Erzeugung und gesamten Vermarktung ergriffen werden, um einem sich ausweitenden Markt begegenen zu können.

Herbert Winkler. 2528.

3-64/10-0188 Brännäng, E. **Vieh- und Fleischvermarktung in Schweden.** Tierzüchter **15** (1963) Nr. 18. S. 674-675.
1933 wurde die Reichsorganisation „Sveriges Slateriförbund" gegründet, sie umfaßt 22 Bezirksgenossenschaften mit 250000 Mitgliedern. Die Genossenschaften haben feste Zufuhr- und Absatzgebiete. Die Erzeuger sind über die Genossenschaften Eigentümer der Schlachthöfe, Fleischfabriken u. a. Betriebe, der Geschäftsanteil steht im Verhältnis zu den Schlachtungen. Die Bezahlung erfolgt nach Schlachtgewicht und Qualität. Die Klassifizierung umfaßt für Rind- und Kalbfleisch 11 Klassen, für Schlachtschweine 4 Klassen. Die Klassifizierung unterliegt einer staatl. Kontrolle. Die Preise werden von Angebot und Nachfrage im Land, vom Weltmarktpreis und von spez. Importgebühren beeinflußt. Die Verluste, die bei Export von Überschüssen entstehen, müssen die Erzeuger selbst tragen. Die Dienstleistungen der Genossenschaft für ihre Mitglieder sind sehr vielseitig. Herbert Winkler. 2528.

3-64/10-0189 Bloom, W. **Schlachtviehvermarktung in den USA.** Tierzüchter **15** (1963) Nr. 18. S. 676-677.
Der Schlachtvieherzeuger hat die Wahl zwischen den verschiedensten Vermarktungsformen, von denen die öffentlichen Märkte, die Auktionen und die Direktverkäufe an Fleischverarbeiter dominieren. Während die öffentlichen Märkte geringer werden, nehmen die Schlachtviehauktionen stark zu. Bei ihnen wird das Tier ausgeboten und dem Käufer mit dem höchsten Gebot verkauft. Während bei öffentlichen Märkten Schlachtvieh über große Entfernungen gesandt wird, werden Auktionen aus der unmittelbaren Umgebung beschickt. Durch die Dezentralisierung der Fleischverarbeitungsindustrie in die Hauptvieherzeugergebiete entstand in jüngster Zeit der Direktverkauf. Er spielt die dominierende Rolle auf dem Schweinemarkt, ist aber auch wichtig für Lämmer und Rinder. Einheitliche Klassifizierungsstandards, die im Rahmen des landwirtsch. Marktdienstes entwickelt werden, finden im ganzen Land Anwendung. Herbert Winkler. 2528.

3-64/10-0190 Dansmann, H. **Probleme der Schlachtrindervermarktung in Nigeria.** Schlacht- u. Viehhof-Ztg. **63** (1963) Nr. 11. S. 432-433. — Zus. in Franz. Aus: Dok.-Dienst Fleischwirtsch. 2528.

3-64/10-0191 Hard, Margaret M., Spencer, John V., Locke, Ruth S. und George, Mary H.; Pullman, Washington Agric. Exp. Stat. A comparison of different methods of preserving shell eggs. 2. Effect on functional properties. **(Ein Vergleich verschiedener Methoden zur Konservierung von Eiern. 2. Mitt. Die Wirkung auf funktionelle Eigenheiten.)** Poultry Sci. **42** (1963) Nr. 5. S. 1085-1095. — 5 Tab., 13 Lit. 1. Mitt. vgl. 3-64/04-0214.
Das Volumen von Baiser wird durch Thermostabilisierung der Eier gesenkt. Das größte Volumen erreichten die Baiser aus dem Eiweiß von Eiern, die in Silikonfett getaucht und bei 72 °F aufbewahrt worden waren. Bei längerer Aufbewahrung war eine Verringerung des Volumens von Baiser zu verzeichnen. Die Thermostabilisierung ruft auch eine Verringerung des Volumens des Eiweißschaums hervor. In Öl oder Silikonfett eingetauchte Eier unterscheiden sich nach Aufbewahrung hinsichtlich des Volumens des Eiweißschaumes nicht von frischen Eiern. Unbehandelte und thermostabilisierte Eier ließen sich nach Aufbewahrung am schnellsten pellen, nachdem sie hart gekocht wurden. Bei in Öl und Silikonfett eingetauchten Eiern blieb das meiste Eiweiß an der Schale haften. H. Pingel. 2535.

3-64/10-0192 *Fischer, Leonhard.* **Der Einfluß des Treibens und der Ausruhzeiten von Schlachtschweinen auf den pH-Wert im Schinken.** Diss. Veterinärmed. Fak. Leipzig. 1963. (112 S.) 4°. (Diss. 9608)

3-64/10-0193 *Ivanov, P.* **Problemut za uveličenie proizvodstvoto na goveždo meso. (Meždunaroden simpozium — Rim, 31. 8. 1963 g.)** (Das Problem der Erhöhung der Rindfleischproduktion. Internationales Symposium — Rom, 31. 8. 1963.) Sofija. 1964. (48 S.) 8°. (1964 A 549)

3-64/10-0194 *Menth, Peter*. **Einfluß des Infektionsgrades von Milchkannen auf die Haltbarkeit bzw. Keimzahl der Milch.** Diss. Veterinärmed. Fak. Bern. 1963. (37 S.) (Diss. 9623)

3-64/10-0195 **Milch und Milcherzeugnisse — Prüfung von Milch.** Nachweis der alkalischen Phosphatase. Leipzig: Fachbuchverl. 1963. (1 S.) 4° = Technische Normen und Gütevorschriften. 8125. Bl. 11. (SR 2255, 8125, Bl. 11)

3-64/10-0196 **Milch und Milcherzeugnisse — Mikrobiologische Prüfung.** Reduktionsprüfung mit Methylenblau. Leipzig: Fachbuchverl. 1963. (3 S.) 4° = Technische Normen und Gütevorschriften. 11922. Bl. 11. (SR 2255, 11922, B. 11)

3-64/10-0197 **Milch und Milcherzeugnisse — Prüfung von Milch und flüssigen Milcherzeugnissen. Bestimmung des Laktosegehaltes.** Leipzig: Fachbuchverl. 1963. (4 S.) 4° = Technische Normen u. Gütevorschriften. 8677. Bl. 9. (SR 2255, 8677, Bl. 9)

3-64/10-0198 **Milch und Milcherzeugnisse — Prüfung von Milch und flüssigen Milcherzeugnissen. Bestimmung des pH-Wertes.** Leipzig: Fachbuchverl. 1963. (1 Bl.) 4° = Technische Normen und Gütevorschriften. 8677. Bl. 6. (SR 2255, 8677, Bl. 6)

I. INHALTSSTOFFE TIERISCHER ERZEUGNISSE

3-64/10-0199 Belitz, H. D. **Eidotterproteine und ihre Spaltprodukte. 2. Mitt. Phosphopeptide aus Phosvitin.** Z. Lebensmittel-Unters. u. -Forsch. **119** (1963) Nr. 5. S. 381-389. – 1. Mitt. vgl. 3-64/02-0376. 2560.

3-64/10-0200 Hadjimarkos, D. M. und Bonhorst, Carl W. Selenium content of fresh eggs. **(Selengehalt frischer Eier.)** Nature [London] **202** (1964 Nr. 4929. S. 296. – 6 Lit. 2560.

K. TIERPSYCHOLOGIE

3-64/10-0201 Blendinger, W. **Möglichkeiten und Aufgaben einer tiermedizinischen Psychologie.** Dtsch. tierärztl. Wschr. **70** (1963) Nr. 14. S. 388 bis 394.

Von entscheidender Bedeutung ist die Psychologie für die Erziehung und Ausbildung der Tiere. Tierpsychologie ist notwendig für eine sinnvolle Betätigung des Tierschutzes. Tiermedizinische Psychologie ist notwendig aus Gründen der sog. Psychosomatik. In der Psychopathologie harrt eine Fülle ungelöster Probleme der Erforschung. Von zunehmender Bedeutung ist die psychische Beurteilungslehre. Es wird festgestellt, daß kaum Zweifel darüber bestehen, daß ein Denkvermögen bei vielen Tierarten vorhanden ist. Sie nehmen mit Hilfe von Wahrnehmung und Gedächtnis eine Folgerung vor, erwerben damit ein Wissen und haben ein Bewußtsein. R. Berg. 2610.

3-64/10-0202 Webb, F. M., Colenbrander, V. F., Blosser, T. H. und Waldern, D. E.; Pullman, Washington State Univ. Eating habits of dairy cows under drylot conditions. **(Das Freßverhalten von Milchkühen bei Trockenfütterung.)** J. Dairy Sci. **46** (1963) Nr. 12. S. 1433-1435. – 2 Tab., 4 Lit.

Innerhalb einer Herde von 100 Kühen wurde das Verhalten von 4 Guernsey-Kühen beobachtet. Die Freßzeiten während 24 Std. verteilen sich auf ∅ 4 Std. für Silage- und 2,25 Std. für Heuaufnahme. Es bestanden Unterschiede in den Freßzeiten zwischen Tag und Nacht sowie zwischen Tieren mit hoher und geringer Leistung. Auch die Häufigkeit des Aufsuchens der Silage- und Heufreßplätze war während der einzelnen Tageszeiten verschieden. Die Einflüsse der Belichtung und der Temperatur wurden registriert.

K.-H. Voigtländer. 2610.

3-64/10-0203 Porzig. **Probleme der Tierpsychologie und Verhaltensforschung im Fischgrätenmelkstand.** Dtsch. Akad. Landwirtsch.-Wiss. Berlin, Inst. Landtechn. Potsdam-Bornim **1963** Nr. 18. S. 37-39. – Zus. Russ., Engl.

Vf. hebt die psychol. Beeinflussung der Kühe bei den Versuchen im FGM als für einen unbedingten Vergleich mit der Praxis erschwerendes Moment hervor. Es ist für das Verhalten der Kuh etwas anderes, ob der FGM offen auf der Weide oder im geschlossenen Melkhaus steht. Während der Weidezeit sind die Tiergruppen auch untereinander verhaltensmäßig ausgeglichener. Die Kraftfutterzufütterung im Melkstand verändert das Verhalten beim Eintreiben und während des Melkens. Schließlich schafft die Arbeit immer mit derselben Gruppe eine Gewöhnung der Tiere, die die Leistungsfähigkeit beeinflußt. H. Senger. 2610.

3-64/10-0204 McBride, G.; Brisbane, Univ. of Queensland. Social behaviour of domestic animals. II. Effect of the peck order on poultry productivity. **(Das Sozialverhalten der Haustiere 2. Mitt. Der Einfluß der Hackordnung auf die Leistung beim Geflügel.)** Animal Product. **6** (1964) Nr. 1. S. 1-7. — 2 Abb., 17 Lit. 1. Mitt. vgl. LZ. Abt. III **7** (1962) Nr. 8. S. 1600. Höherer Rang in der Hackordnung sichert dem Bessergestellten Vorrechte am Futtertrog, beim Aufsuchen des Nestes u. a. m. Über die Beziehungen, die zwischen Rangstellung und Eimasse (Eigewicht und -anzahl) bestehen, sollten Versuche mit 2 Gruppen von Hennen a) bei Batteriehaltung, b) bei Bodenhaltung auf Tiefstreu Auskunft geben. Die Streitlust der Hennen wurde in Zweikämpfen auf 6 Plätzen ermittelt und nach 10 Graden bewertet. Die Legeleistung der im Febr. eingestallten Hennen wurde bis zum 31. Okt. überprüft. Zwischen der Leistung der gekäfigten Hennen und ihrer Ranghöhe bestanden keine Beziehungen, und die zwischen Eigröße und -anzahl waren gering; bei den Hennen auf Tiefstreu war diese Korrelation zwischen Eigröße, Eianzahl und Eimasse hochsignifikant, aber nicht gradlinig. Die rangtieferen Hennen brachten die geringere Eimasse. Da nach Abplanalp (vgl. Poultry Sci. **36** [1957] S. 226.) zwischen Eigröße und -anzahl eine positive Beziehung zur Umwelt und eine negative genetische besteht (gute Legehennen legen kleine Eier), scheint die Leistung der streitlustigen, im Rang höheren Hennen vornehmlich genetisch bedingt zu sein, die der tieferstehenden durch die Umwelt, d. h. die Rangordnung. Ungenügende Futteraufnahme und schlechtere Futterverwertung dürften die Folge der Unterdrückung sein. Das ist bei der Aufstellung von Selektionsindices zu beachten. Auswahl nach der Eigröße führt demnach zu einer Bevorzugung der streitlustigen Hennen, und die hier erörterten Umwelteinflüsse machen sich nur bei einer kleinen Gruppe, den rangtiefen Tieren, bemerkbar. C. Engelmann. 2610.

3-64/10-0205 *Baeumer, Erich.* **Das „dumme" Huhn.** Verhalten d. Haushuhns. Stuttgart: Franckh. 1964. (88 S. m. Abb.) 8° = Kosmos-Bibliothek. Bd. 242. (ZA 273, Bd. 242)

L. MASSNAHMEN ZUR FÖRDERUNG DER TIERZUCHT

3-64/10-0206 Palmedo, H. **Beratungsmethoden und Beratungshilfsmittel im Dienste des Fachberaters.** Tierzüchter **16** (1964) Nr. 1. S. 11-12. 2667.

3-64/10-0207 Ytterborn, Gustav. **Beratungswesen in der schwedischen Landwirtschaft.** Ausbild. Berat. Land- u. Hauswirtsch. **17** (1964) Nr. 5. S. 103-107. — 4 Abb. 2667.

SPEZIELLE GROSSTIERZUCHT

A. ALLGEMEINES

3-64/10-0208 Kern. **Stand und Zukunft der italienischen Tierzucht.** Tierzüchter **15** (1963) Nr. 23. S. 865.
In Italien sind noch ca. 30% der Bevölkerung in der Landwirtschaft beschäftigt. Die tierische Produktion hatte im Gegensatz zu allen übrigen landwirtsch. Erzeugnissen in den letzten Jahren eine geringe Zunahme zu verzeichnen. Dabei war ein Rückgang der Rinder-, Kuh- und Schafbestände zu verzeichnen. Der Schweine- und Geflügelbestand hat zugenommen. Die derzeitige Leistungsfähigkeit der Tierzucht insgesamt bez. der Bestreitung des Nahrungsbedarfs liegt unter dem Niveau von vor 25 Jahren. In der Rinderzucht ist es notwendig, Hochleistungstiere einzusetzen. Bisher wurden 5,6% der Kühe auf Milchleistung geprüft, auf Fleischleistung 2% der Tiere. Bei den übrigen

Tiergattungen geht die Vergrößerung und Verbesserung der Zuchten sowie die Steigerung der rel. Leistungen langsamer. Intensivierung der Leistungskontrolle und Einrichtung eines nationalen Herdbuches sollen die Schweinezucht verbessern, zur Verbesserung der Geflügelbestände tragen die Zuchtverbände bei. 1962 wurden noch 136000 t Rindfleisch, und 375000 t Schweinefleisch importiert. Die Gesamt-Milchproduktion betrug 9,74 Mill. t.
Herbert Winkler. 3001.

3-64/10-0209 Penzig, H. **Einige Gedanken über industriemäßige Produktionsmethoden in der Viehwirtschaft.** Tierzucht **18** (1964) Nr. 2. S. 70-71.
Bei der Einführung industriemäßiger Produktionsmethoden in die Landwirtschaft werden typische industrielle Produktionsmerkmale wie die Spezialisierung, Kooperation, Mechanisierung u. a. übernommen, wobei die spez. landwirtsch. Produktionsbedingungen, z. B. die Unterbrechung des Arbeitsprozesses durch die Wachstumszeit der Pflanzen und Tiere, bestehenbleiben. Voraussetzungen für die Einführung industriemäßiger Produktionsmethoden in die Viehwirtschaft sind konzentrierte Viehbestände, Tiere mit annähernd gleichen Leistungen und Ansprüchen an die Fütterung, Haltung und Pflege sowie komplexe Stallanlagen. Bei Milchkühen sind Bestände von mindestens 200, bei Mastschweinen von mindestens 2000 und bei Sauen von 200-300 Tieren notwendig. Um spezialisiert zu produzieren, ist in der Rinder- und Schweinehaltung eine Trennung in Produktionsbereiche erforderlich, wobei teilweise zwischenbetriebliche Einrichtungen mit kooperativen Beziehungen zu errichten sind. K. Pilz. 3001.

B. PFERDE

3-64/10-0210 Gric, V. Konnozavodstvo Švecii. **(Die Pferdezucht in Schweden.)** Konevodstvo i konnyj sport, Moskva **33(108)** (1963) Nr. 7. S. 25-30. — 7 Abb., 2 Tab.
Die Traberzucht hat in Schweden rein sportliche Bedeutung. Es gibt ca. 6000 Traber, die hauptsächlich in Farmbetrieben (3-5 Traber) und einigen Dutzend kleinen privaten Gestüten stehen. Staatliche Gestüte gibt es nicht. Es werden Amerikanische Traber gezüchtet; in den letzten 10 Jahren werden zwecks Kräftigung der Konstitution und Erhöhung der Schnelligkeit Orlowtraber und Russische Traber aus der UdSSR sowie Hengste aus Frankreich importiert. Neben den Trabern werden auch Pferde der Nordschwedischen Rasse gezüchtet. In Schweden gibt es 29 Rennbahnen, auf denen die mit 1,5-2 Jahren dorthin kommenden Jungtiere eingefahren und trainiert werden.
B. Schenk. 3015.

3-64/10-0211 Popov, B. Rysistoe konnozavodstvo Niderlandov. **(Die Traberzucht in den Niederlanden.)** Konevodstvo i konnyj sport, Moskva **33(108)** (1963) Nr. 5. S. 38-40; Nr. 6. S. 34-37. — 6 Abb., 1 Tab.
Zu Beginn der 2. Hälfte des 19. Jh. führten nur einzelne interessierte Züchter Traber zur Verbesserung der Trabaktion der bodenständigen Pferde nach Holland ein. Erst 1879 wurde die Niederländische Gesellschaft für Pferderennen gegründet, deren Ziel die Entwicklung der Traberzucht war. Ende des 19. Jh. wurden die friesischen Pferde durch die Kreuzung mit Orlowhengsten (darunter „Tabor II") verbessert; gleichzeitig wurden amer. und später auch franz. Traber importiert. Nach dem 2. Weltkrieg erhielt die Traberzucht einen neuen Aufschwung, und es wurden höhere Anforderungen an die Schnelligkeit gestellt. Jetzt werden jährl. 400-450 Traberstuten gedeckt, die 240 bis 260 Fohlen bringen. In den letzten 15-20 Jahren werden bevorzugt franz. Traber importiert. Der gewünschte Trabertyp soll kräftig und muskulös, mittelgroß, mit trockenen Extremitäten, schnell, ausdauernd und gutartig sein. In Holland gibt es nur private Gestüte, 20 Rennbahnen und mehrere

Trainingsstationen, in denen die Jungtiere auf Vertragsbasis trainiert werden. Die Schnelligkeit der holländischen Traber (Dreijährige) ist seit 1945 von 1.29,8 auf 1.21,4 (1960) gestiegen. B. Schenk. 3015.

3-64/10-0212 Sattarzade, R. Karabachskaja poroda lošadej. **(Die Karabachische Pferderasse.)** Konevodstvo i konnyj sport, Moskva **33** **(108)** (1963) Nr. 7. S. 13-14. — 2 Abb., 2 Tab.
Seit 1948 wird in der Aserbaidshanischen SSR die Zuchtarbeit zur Verbesserung der Karabachischen Rasse durchgeführt, wobei sowohl die Reinzucht als auch die Kreuzung mit Arabern vorgesehen ist. Die Karabachischen Pferde reagieren stark auf verbesserte Fütterungs- und Haltungsbedingungen; so stieg z. B. die Widerristhöhe der Stuten von 138,5 auf 144 cm. Bei den Kreuzungstieren aus Arabern × Karabachische Rasse stieg die Größe bes. stark an; mit 2 Jahren hatten sie schon die 3jährigen reinrassigen Karabachischen Pferde überflügelt. Die verbesserten Karabachischen Pferde (durch Kreuzung mit Arabern) nehmen in bezug auf Größe und Entwicklung eine Zwischenstellung zwischen den F_1-Tieren und den reinrassigen Karabachischen Pferden ein. Durch die zielgerichtete Aufzucht konnte auch die Schnelligkeit der Kreuzungstiere — bes. von F_1 — bedeutend erhöht werden (reinrassige 3jährige Karabachische Pferde benötigen für 2400 m 3.27 Min., Kreuzungstiere aus Arabern × Karabachische (F_1-Tiere) 3.09,6 Min.). B. Schenk. 3185.

3-64/10-0213 Samovolov, V. Lavinskij konnyj zavod. **(Das Gestüt von Lawa.)** Konevodstvo i konnyj sport, Moskva **33(108)** (1963) Nr. 10. S. 11 bis 15. — 3 Abb., 5 Tab.
Das Gestüt Lawa im Gebiet Uljanowsk mit einer Gesamtfläche von 17000 ha wurde 1933 mit Traberpferden des ehemaligen Gestüts „Wolna Rewoljuzii" gegründet und später durch Traberstuten aus anderen Gestüten ergänzt. Der Selektionsplan sieht die Aufzucht von Russischen Trabern für das Inland und den Export vor. Die Zuchtarbeit wird mit 4 Linien durchgeführt. Um Exterieur und Typ der Fohlen zu verbessern, sind eine sorgfältige Zuchtarbeit mit längerer Verwendung der gleichen Zuchthengste, eine bessere Fütterung von Stuten und Fohlen und eine verbesserte Aufzucht erforderlich. B. Schenk. 3235.

3-64/10-0214 Kaštanov, L. O mežporodnych skreščivanijach lošadej. **(Über die Kreuzung von Pferderassen.)** Konevodstvo i konnyj sport, Moskva **33(108)** (1963) Nr. 9. S. 12-18.; Nr. 10. S. 17-22. — 9 Abb., 5 Tab.
Seit 1959 werden in den Gestüten und Pferdezuchtfarmen der UdSSR Pferderassen gekreuzt, und zwar 1. Reitpferdrassen untereinander, 2. Reitpferdmit Traberrassen und 3. Traberrassen untereinander. Gr. 1 ist die größte; dabei werden Halbblutrassen, um ihre Leistungsfähigkeit zu erhalten und zu steigern, neben der Reinzucht wiederholt mit Englischem Vollblut gekreuzt (Englisches Vollblut × Budjonnyrasse, Englisches Vollblut × Donrasse, Englisches Vollblut × Trakehner, Englisches Vollblut × Achaltekiner) bzw. Trakehner mit Budjonnypferden, Araber mit Budjonnypferden, Donpferden und Trakehnern und Englisches Vollblut mit Arabern. In Gr. 2 wurde Englisches Vollblut mit Orlow- und Russischen Trabern gekreuzt, um gute Springpferde und schnelle Traber zu erhalten, und in Gr. 3 kreuzte man Amerikanische Traber mit Orlowtrabern und Russischen Trabern. Die Ergebnisse der einzelnen Kreuzungsvarianten werden detailliert erläutert. B. Schenk. 3306.

3-64/10-0215 Busse, H.; Berlin, Humboldt-Univ., Inst. für Tierzucht und Tierernähr. **Betrachtungen zur Fruchtbarkeit einer sächsisch-anhaltinischen Kaltblutpferdezucht (VEG Storkau, Krs. Weißenfels).** Arch. Tierzucht 7 (1964) Nr. 5. S. 367-397. — 2 Abb., 5 Tab., 10 Lit. Zus. in Russ., Engl. — nach Zus.

Es wurde das Fruchtbarkeitsgeschehen bei 94 Kaltblutstuten in der Zeitspanne von 1921-63 untersucht. Die Tiere waren ⌀ 6,55 Jahre in Zuchtbenutzung und brachten in dieser Zeit 3,8 Fohlen. Von den geborenen Fohlen waren 45,9% Hengst- und 54,1% Stutfohlen. Bei 357 insgesamt geborenen Fohlen lag die durchschnittl. Trächtigkeitsdauer bei 333,9 Tagen. 1,6% aller Geburten waren Zwillingsgeburten, die nach 308,6 Tagen erfolgten. 20 Stuten (21,2%) des untersuchten Bestandes verfohlten insgesamt 24 mal. Die Aborte ereigneten sich nach ⌀ 246,2 Trächtigkeitstagen. Als bes. fruchtbare Stuten wurden 35 Tiere (37,2%) des untersuchten Bestandes herausgestellt. Diese Stuten waren 9,77 Jahre in Zuchtbenutzung. Sie brachten in dieser Zeit 6,65 Fohlen, von denen 44,2% Hengst- und 55,8% Stutfohlen waren. Nach dem Abfohlen brauchte die in der Fortpflanzung an der Spitze stehende Gruppe ⌀ 52,12 Tage bis zur erneuten Konzeption, während im Durchschnitt sämtlicher Stuten hierfür 56,08 Tage erforderlich waren. Eine familiengebundene Fruchtbarkeit in bestimmten Stutenfamilien war nachweisbar, ebenso wie sich die Neigung zu Aborten etwas stärker abzeichnete. Bez. der Verteilung der Güstjahre wurden 4 Güstzeittypen festgestellt, eine familiäre Übereinstimmung war jedoch nicht eindeutig nachzuweisen. 3310.

3-64/10-0216 Magyar meneskönyv. (Ungarisches Gestütbuch.) Budapest: V., Szep Utca 1962. (1963 A 1027)

C. RINDER

3-64/10-0217 Melisov, D. Počemu v sovchose „Peremoga" deševoe moloko? **(Billige Milcherzeugung im Sowchos „Peremogo".)** Moločnoe i mjasnoe skotovodstvo, Moskva **9** (1964) Nr. 4. S. 38-41. — 5 Tab.

Im Sowchos werden 1460 Milchkühe gehalten. Die Selbstkosten je 1 dt Milch betrugen im Jahre 1963 Rbl. 6,73, während der Aufkaufpreis ca. Rbl. 10 beträgt. Die Futterkosten werden durch den verstärkten Einsatz von Maissilage und Grünfutter (Luzerne, Sudangras u. a.) gering gehalten. Eine Silagevorratswirtschaft macht die ausreichende Versorgung der Herde mit Saftfutter das ganze Jahr hindurch möglich. Durch die Einführung der Laufstallhaltung wurde eine erhebliche Steigerung der Arbeitsproduktivität erzielt. Je Kuh und Jahr werden bei Laufstallhaltung 96,8 AKh (3,01 AKh) verausgabt, während bei der noch im Betrieb existierenden Anbindehaltung 199,3 AKh benötigt wurden (je dt Milch = 6,04 AKh). Die Milchleistung betrug 1963 je Kuh 2641 kg. Der Futteraufwand war im Laufstall nicht höher als bei der Anbindehaltung. Für die Milchgewinnung werden Tandem-Melkstände vorgezogen, da in diesen die Tiere weniger beim Melken beunruhigt werden als im FGM und außerdem der Arbeitsrhythmus nicht durch Problemkühe gestört werden kann. Auf die bes. Bedeutung der Arbeit mit den Menschen bei der Einführung des neuen Haltungssystems wird hingewiesen.

H. Schwiderski/Dummerstorf. 3410.

3-64/10-0218 Gehle, H. S. J. The Brahman beef breed. **(Die Brahman-Fleischrasse.)** Farming South Africa **38** (1963) Nr. 11. S. 6-7. 9. 11. — 10 Abb., 4 Lit.

Die Rasse Brahman entstand in den Südstaaten der USA in den Jahren 1854-1924 durch Importe von 266 Bullen und 22 weibl. Tieren verschiedener Zebutypen. 6 Typen (Rassengruppen) umfassen in Indien mehr als 30 Rassen. Von diesen waren folgende an den Importen beteiligt: Guzerat (Kankrej), Nellore (Ongole), Gir und Krishna Valley. Die Sahiwal und Sindhi hatten geringe Bedeutung. Auf die getrennte Erhaltung der Rassen wurde kein Wert gelegt, man bemühte sich, ihre positiven Eigenschaften zu kombinieren. Vf. gibt eine Beschreibung der genannten Rassen und schildert den historischen Verlauf der Importe und der Rassenbildung der Brahman in den USA. Zeitlich fast parallel erfolgten Importe nach Brasilien. 1960 gab es in den USA 300000 eingetragene Tiere. Die Standardfarben sind grau und rot. Die Einführung der Rasse nach Südafrika begann 1954 mit Importen aus Texas. 1961 hatte die Südafrikanische Herdbuchgesellschaft über 40 Mitglieder, von denen 240 Bullen und 387 Kühe eingetragen waren. In den USA und anderen Ländern gingen aus den Brahman bereits „neue" Rassen hervor: Santa Gertrudis, Beefmaster, Breford und Brangus. K. Damm. 3490.

3-64/10-0219 Anonym. Kokontrollen 1962/63. **(Milchleistungsprüfungen in Schweden 1962/63.)** Svensk Husdjursskötsel **1964** Nr. 4. S. 113-114. — 4 Tab.
Die Zahl der Kontrollbetriebe und der kontrollierten Kühe in Schweden ist zurückgegangen. Innerhalb der Gesamtkontrolle zeigt sich eine Verschiebung zu Gunsten der offiziellen Kontrolle. Die Kontrolldichte schwankt in den Landesteilen zwischen 66,2 und 9,4%. Der Leistungsstand des Vorjahres wurde etwa gehalten. Die 3 zahlenmäßig stärksten Rassen brachten in der offiziellen Kontrolle folgende Ergebnisse: Rotbunte (SRB) 4535 kg Milch mit 4,13% und 188 kg Fett, Schwarzbunte (SLB) 5029-3,98-200 und Hornlose (SKB) 3453 — 4,37 — 151. Die zahlenmäßig schwach vertretenen Kreuzungen, Jersey, Ayrshire und das Rotvieh liegen in der Fettmengenleistung höher als die 3 aufgeführten Rassen. Die höchsten durchschnittl. Milchleistungen wurden in den Bezirken Halland und Malmöhus mit über 5000 kg erreicht. Im Rahmen der Umstellung des Kontrollsystems ist die Zahl der Kontrollassistenten erheblich zurückgegangen. J. K. Hinrichsen. 3520.

3-64/10-0220 Pilsinger, H. **Jahresbericht über die Milchleistungsprüfung in Niederösterreich.** Jber. Arb.-Gemeinsch. niederösterr. Tierzuchtverb. **1962/63** 34 S.
Die Milchleistungsprüfung wird in 89 Kontrollbezirken in 2400 Betrieben durchgeführt und umfaßt 17755 Kühe (6,8% des Kuhbestandes). Bei steigender Kuhzahl ist die durchschnittl. Leistung von 1951-1962/63 von 2874 kg Milch mit 4,01% Fett auf 3426-4,13 angestiegen. 62% der Kontrollkühe waren Fleckvieh, 21,2% Braunvieh. Die Leistungen werden von der Futterwüchsigkeit der Betriebe wesentlich stärker als von der Rassenzugehörigkeit der Kontrollkühe beeinflußt. In 965 von 2400 Betrieben wird noch mit der Hand und in 1088 mit Standeimern mechanisch gemolken; in 877 (36,5%) nur 2mal tägl. E. Höpler. 3520.

3-64/10-0221 Arzumanjan, E. A. Forma vymeni i produktivnost' korov. **(Die Euterform und ihre Beziehung zur Leistung der Kühe.)** Moločnoe i mjasnoe skotovodstvo, Moskva **9** (1964) Nr. 5. S. 20-21. — 3 Abb., 1 Tab.
Bei einer Euterbonitur, die nach dem 5-Noten-System an 201 Kühen durchgeführt wurde, zeigte sich, daß die Hälfte der Kühe die Noten 4 und 5 erhalten konnte, also über normal geformte Euter verfügte, obwohl im Betrieb keine Selektion nach der Euterform betrieben wird. Vf. schlägt für die objektive Beurteilung der Euterform einen Koeffizienten vor, der sich aus dem Produkt von Euterumfang × Eutertiefe ergibt. Um Beziehungen zwischen Eutergröße und Leistung der Kühe zu finden, wurden die Eutermaße 1-1,5 Std. vor dem Melken festgestellt. Sie standen zur Leistung der Kühe in einer Beziehung von $r = 0{,}498$. Zwischen Eutergröße und Lgw. wurde keine Beziehung festgestellt. H. Schwiderski/Dummerstorf. 3542.

3-64/10-0222 Arzumanjan, E. A. und Legošin, G. P. Sekretornaja dejatel'nost' otdel'nych dolej vymeni korov. **(Die sekretorische Tätigkeit der einzelnen Euterviertel bei Kühen.)** Životnovodstvo, Moskva **26** (1964) Nr. 3. S. 84-86. — 2 Abb., 1 Tab.
Vff. führten einen Versuch zur Klärung der Sekretionstätigkeit und der Milchzusammensetzung in den verschiedenen Euterviertelu durch. Als Versuchs-

material dienten Erstlingskühe der Schwarzbunt-Rasse. Festgestellt wurden der Fett-, Eiweiß-, Laktose- und Trockenmasse-Gehalt der Milch aus den einzelnen Eutervierteln. Der höchste rel. Unterschied, welcher in der Milchzusammensetzung zwischen den einzelnen Eutervierteln registriert werden konnte, betrug 4,68%. Die höchsten abs. Unterschiede zwischen dem höchsten und dem niedrigsten Gehalt der Milchinhaltsstoffe in der Milch der einzelnen Viertel betrugen bei Milchfett 0,07%, bei Eiweiß 0,01%, bei Laktose 0,02% und bei Tr.-Subst. 0,06%. Statistisch gesicherte Unterschiede zwischen den Vorder- und Hintervierteln konnten nur beim Fettgehalt festgestellt werden. Die anteilige Milchleistung der Vorder- und Hinterviertel betrug 45,3 und 54,7%, der rechten und linken Viertel entspr. 50,05 und 49,95%. Im Verlauf der Laktation verringerte sich der Leistungsunterschied zwischen den Vorder- und Hintervierteln bedeutend und betrug im 10. Laktationsmonat 47,88 und 52,12%. H. Schwiderski/Dummerstorf. 3546.

3-64/10-0223 Guneeva, E. Ispolzovat' tol'ko proverennych bykov. **(Nur erbwertgeprüfte Bullen zur Zucht verwenden!)** Moločnoe i mjasnoe skotovodstvo, Moskva **9** (1964) Nr. 5. S. 45-46.

Im Lett. Inst. für Tierzucht und Veterinärmed. fand eine Beratung im Allunionsmaßstab über die Organisation der Erbwertschätzung der Bullen statt. Von den in den Zuchtherden und bei der KB zum Einsatz kommenden Bullen sind bisher nur ca. 5% erbwertgeprüft. Gute Ansätze für die Organisation der Erbwertprüfung gibt es bisher nur in der Lettischen, der Estnischen und der Litauischen SSR. Es wurde beschlossen, die Erbwertprüfung so zu organisieren, daß für die KB und in Zuchtherden nur noch geprüfte Bullen zum Einsatz kommen. Weiter wird die Methodik der Erbwertprüfung erläutert. Als Mindestqualität für das zur Prüfung des Bullen verwendete Kuhmaterial wird eine Jahresleistung von nicht weniger als 2500 kg Milch verlangt. Die Tiere sollen nach dem sowjetischen Boniturschlüssel zur I. Klasse gehören. Als Mindestwert für eine endgültige Aussage über die Erbeigenschaften eines Bullen werden die Leistungen von mindestens 10 Töchtern gefordert. Bei den Zweinutzungsrassen soll auch die Vererbung der Mastleistung geprüft werden. H. Schwiderski/Dummerstorf. 3550.

3-64/10-0224 Schwarz, E. **Stand und Ergebnisse der Bullenprüfung im Jahre 1963.** Zuchtwahl u. Besam. **1964** Nr. 30. S. 1-3. — 2 Tab.

1963 waren in Bayern 46,6% des Bestandes an deckfähigen Rindern der KB angeschlossen. Die Anzahl der Besamungsbullen hat gegenüber dem Vorjahr beträchtlich zugenommen, da künftig ein Bulle, über dessen Vererbungsleistung noch nichts bekannt ist, mit höchstens 2000 Erstbesamungen (EB) zugelassen werden darf. Eine entspr. ministerielle Entschließung sieht die Aufteilung des Besamungsbullenbestandes in 3 Altersgruppen vor: 1. Jungbullen im Prüfungseinsatz bis zu 1000 EB; 2. Bullen mit vorliegender Kalbinnenbeurteilung und Erlaubnis zur Durchführung weiterer 1000 EB; 3. Altbullen mit nachgewiesener guter Vererbungsleistung. Die Wartezeit der Bullen zwischen dem Prüfungseinsatz und ihrer Wiederverwendung in der KB beträgt ca. 3 Jahre. Die neue Regelung erfordert eine Intensivierung der Bullenprüfung, damit die Besamungsstationen künftig über eine größere Anzahl guter Vererber verfügen können. Zur endgültigen Beurteilung eines Bullen müssen die Einsatzleistungen von 50 Töchtern vorliegen, wozu die Besamung von etwa 300 unter Milchleistungsprüfung stehenden Kühen notwendig ist. Im Jahr 1963 wurden in Bayern 23,3% der EB mit dem Sperma fertiggeprüfter Bullen (D-Bullen), 11,9% mit dem Sperma sog. C-Bullen (Vorliegen von mindestens 20 Töchterleistungen) durchgeführt. Auf die B-Bullen (Nachkommen bereits im Exterieur überprüft) entfielen 21,7% der EB und auf die im Prüfungseinsatz befindlichen Bullen (A-Bullen) 43,7%. Die Durchführung der Fleischleistungsprüfung wurde bei 6 Gruppen abge-

schlossen und soll kapazitätsmäßig erweitert werden. 33% der im Jahre 1963 auf den Absatzveranstaltungen der Fleckviehzuchtverbände aufgetriebenen Jungbullen stammen aus der KB und zu 76% von zuchtwertgeprüften Vätern. Beim Gelbvieh waren es 49,5 bzw. 66,7%. In letzteres soll über TG-Sperma in einem Versuch Rotes Dänisches Milchvieh eingekreuzt werden.
G. Herrmann. 3550.

3-64/10-0225 Kopecký, J. und Žižlavský, J. Výzkum vhodnosti posuzování dědičnosti býků podle užitkovosti potomstva na speciálních stanicích. **(Die Zweckmäßigkeit der Erbwertbeurteilung von Bullen nach der Nachkommenleistung in Spezialstationen.)** Náš Chov **1963** Nr. 12. Beil. S. 85-89. — 7 Abb., 7 Tab. ČSSR/ÚVTI. 3550.

3-64/10-0226 Mel'der, A. Stancija po ispytaniju bykov. **(Eine Bullenprüfstation.)** Moločnoe i mjasnoe skotovodstvo, Moskva **9** (1964) Nr. 4. S. 20-22. — 2 Tab.
Im Jahre 1960 wurde in der Tartuer Versuchswirtschaft des Estn. Inst. für Tierzuchtforsch. eine Bullenprüfstation organisiert. Geprüft werden Bullen der Roten Estnischen Rasse. Es werden bei der Auswahl die Milchleistung, der Fett- und Eiweißgehalt der Milch, die Melkbarkeit, Futterverwertung, Körperform und bes. Charaktereigenschaften der Ahnen in Betracht gezogen. Die weibl. Nachkommen der einzelnen Bullen werden unter gleichen exogenen Bedingungen aufgezogen und im Alter von 15-17 Mon. besamt. Die Futterrationen sind so bemessen, daß das Leistungspotential der Tiere nach Möglichkeit voll ausgenutzt werden kann. So gaben z. B. 28 Töchter des Bullen „Eske“ in den ersten 300 Tagen der 1. Laktation 3861 kg Milch mit 4,10% Fett und 3,73% Milcheiweiß. Insgesamt wurden von der Station bisher 15 Bullen geprüft, davon wurden 8 als Leistungsverbesserer anerkannt. Weitere 3 Stationen wurden in anderen Versuchswirtschaften des Institutes für die Prüfung von Bullen der Schwarzbunten Rasse geschaffen.
H. Schwiderski/Dummerstorf. 3550.

3-64/10-0227 Syč, N. Ocenivaem bykov po polusestram. **(Erbwertschätzung von Bullen nach den Leistungen der Halbschwestern.)** Moločnoe i mjasnoe skotovodstvo, Moskva **9** (1964) Nr. 4. S. 23. — 1 Tab.
Da die ersten Nachkommen der von den Besamungsstationen aufgestellten Jungbullen oft unzureichend aufgezogen oder z. T. nicht zur Zucht verwendet werden, zum anderen die Milchkontrolle nicht in allen Betrieben durchgeführt wird, ist sowohl der TM-Vergleich als auch der Stallgefährtinnenvergleich vielfach nicht möglich. Erfolgt keine Erbwertprüfung der zur KB eingesetzten Bullen, so geht damit die Bedeutung dieser Methode als Mittel zur Leistungssteigerung verloren. Deshalb wird vorgeschlagen, den Erbwert der Bullen nach den Leistungen der Halbschwestern vorläufig zu bestimmen. Eine Gegenüberstellung dieser Methode zum Stallgefährtinnen-Vergleich an Hand der Vererbungsleistungen von 22 Bullen ergab, daß bis zu 20-25% der Tiere bei dieser Methode mit Sicherheit schon im Alter von 2-3 Jahren als schlechte Vererber erkannt werden können, während 30-35% sich als Leistungsverbesserer herausstellen. Beim Stallgefährtinnenvergleich wurden ähnliche Ergebnisse gefunden. H. Schwiderski/Dummerstorf. 3550.

3-64/10-0228 Wilson, L. L., Dinkel, C. A., Ray, D. E. und Minyard, J. A. Beef cattle selection indexes involving conformation and weight. **(Selektionsindices für Fleischrinder, welche die Körperbeschaffenheit und das Gewicht einschließen.)** J. Animal Sci. **22** (1963) Nr. 4. S. 1086-1090. — 5 Tab., 15 Lit.
Der Zweck der Untersuchungen bestand darin, die genetischen und phänotypischen Parameter für folgende Merkmale einzuschätzen: Absatzgewicht, Körperbeschaffenheit am Beginn und Ende der Mast, tägl. Zunahmen nach

dem Absetzen und Mastendgewicht. Diese Werte wurden in Selektionsindices eingearbeitet, welche für vergleichbare Populationen verwendet werden sollen. Die Daten wurden an 473 Hereford-Bullenkälbern in 17 Privatbetrieben ermittelt. Die Kälber stammten von 56 Bullen, zu jeder Bullennachzuchtgruppe gehörten ∅ 5,6 Tiere. Die Fütterung wird beschrieben, das Vermarktungsgewicht der 4 Jahrgänge (1959/62) war ∅ 985 lb./Tier. Jedes Tier wurde am Beginn und Ende der Mastperiode von 4-7 Richtern hinsichtlich der Körperbeschaffenheit beurteilt. Die für h^2 errechneten Werte der einzelnen Merkmale stimmten mit früheren Untersuchungen überein. Zwischen Absatzgewicht und Körperbeschaffenheit bei Mastende wurde eine negative genetische Korrelation von −0,39 ermittelt. Die genetischen und phänotypischen Korrelationen zwischen Absatzgewicht und tägl. Zunahme und zwischen Körperbeschaffenheit bei Mastende und tägl. Zunahme waren gering und positiv. Die Körperbeschaffenheit am Mastende hatte die geringste, die tägl. Zunahme die größte Bedeutung für den durch die Selektion erreichbaren genetischen Fortschritt. Die tägl. Zunahme ist daher bei der Entwicklung solcher Indices unbedingt zu verwenden. K. Damm. 3560.

3-64/10-0229 Al'tšuler, V. E., Makovskij, V. I. und Bobkov, V. V. Ėffektivnost' ocenki korov po udoju i žirnomoločnosti po raznomu čislu laktacii. **(Die Wirksamkeit der Bewertung von Kühen hinsichtlich Milchmenge und Milchfettgehalt bei unterschiedlicher Zahl von Laktationen.)** Sb. naučn. tr. Ivanovsk. s.-ch. in-ta **1962** Nr. 19. S. 101-107. — Aus: Referativnyj žurnal Moskva. Životnovodstvo, veterinarija **1963** Nr. 15. 58. 41. S. 5.

In den Zuchtbetrieben „Sarja“ (Bez. Iwanow) und „Karawajewo“ (Bez. Kostroma) wurde eine sehr geringe Korrelation zwischen dem Milchertrag (E) der Kühe und dem ihrer Töchter ermittelt (r = 0,0-0,1). Für den Fettgehalt (FG) der Milch war die Korrelation bedeutend höher. Wenn man bei Müttern und Töchtern den FG nur einer Laktation verglich, betrug r = 0,33 (untersucht an 185 Töchter-Mütter-Paaren des Zuchtbetriebes „Karawajewo“), beim Vergleich von 2 Laktationen betrug r = 0,42 (bei 150 Paaren), und bei 5 Laktationen betrug r = 0,46 (bei 85 Paaren). Bei 2 aufeinander folgenden Laktationen schwankte r des E von 0,4-0,6; bei Errechnung der Korrelation zwischen dem Mittel aus den Laktationen der einen und der anderen Paargruppe erhöhte sich r auf 0,66-0,73. Die Kennzahlen der Wiederholbarkeit von 2 aufeinander folgenden Laktationen im E schwankten von 0,34-0,6; in den Fällen, wo die Wiederholbarkeit des E von weiter auseinander liegenden Laktationen (z.B. 1. und 5. oder 1. und 6.) geprüft wurde, verringerten sich die Koeffizienten der Wiederholbarkeit des E auf 0,28. Dagegen wurden Unterschiede im FG der Milch mit solchen Tendenzen nicht festgestellt: Die Wiederholbarkeit hält sich sowohl bei aufeinanderfolgenden als auch bei voneinander weiter entfernten Laktationen auf einem gleich hohen Stande (ca. 0,5). 3560.

3-64/10-0230 Oertzen, H. U. v. **Zur Erblichkeit der Dauerleistungen der Milchkuh.** Tierzüchter **15** (1963) Nr. 23. S. 862-863. 3578.

3-64/10-0231 Mason, I. L. Symptoms of muscular hypertrophy in heterozygous steers. **(Symptome der Muskelhypertrophie bei heterozygoten Ochsen.)** Animal Product. **5** (1963) Nr. 1. S. 57-65. — 1 Abb., 3 Tab., 15 Lit.

Die typischen Merkmale der Muskelhypertrophie (Doppellendigkeit) schließen neben der außergewöhnlichen Muskelentwicklung eine Verringerung bes. der subcutanen Fettablagerung, eine dünnere Haut und feinere Knochen ein. Bei allen Autoren herrscht darüber Übereinstimmung, daß das Merkmal an ein einzelnes Gen gekoppelt ist, über die Dominanz bzw. Rezessivität des Merkmals besteht keine einheitliche Ansicht. Im Rahmen einer Bullennachzuchtprüfung männl. Tiere, welche von 4 Friesian-Bullen abstammten, wurden 10 Nachkommen eines Bullen geprüft, von dem bekannt wurde, daß er den Faktor für Doppellendigkeit besaß. Es werden die Durchschnittswerte von 40 Einzelmerkmalen der Schlachtkörper für die 4 Gruppen angegeben. 15 davon sind bes. typisch für die Doppellendigkeit. So zeichneten sich die Nachkommen des betr. Bullen durch ein höheres Geburtsgewicht, geringeres Gewicht der Haut und der Leber, geringeres Gewicht der Klauen und der Röhrbeine, niedrigeren Fettanteil und höheren Fleischanteil über der 10. Rippe gegenüber den restlichen 3 Gruppen aus. Die Variation der Merkmale war in allen Nachzuchtgruppen ähnlich groß. Daher kann ein Einzelmerkmal nicht zur Bestimmung der Hypertrophie herangezogen werden. Es wird der Nachweis für die Homozygotie des geprüften Bullen für den Faktor „Hypertrophie" geführt. K. Damm. 3595.

3-64/10-0232 Gorjašin, V. A., Efimov, A. E. und Prochorenko, P. N. Produktivnost' pomesej černo-pestroj i džersejskoj porod. **(Die Leistungen von Kreuzungskühen aus der Kreuzung Jersey × Schwarzbunte Rasse.)** Životnovodstvo, Moskva **26** (1964) Nr. 3. S. 78-81. – 5 Tab.
Vff. berichten über weitere Ergebnisse der Jersey-Kreuzung im Leningrader Gebiet. Nachdem in den vergangenen Jahren hauptsächlich F_1-Kühe laktierten, liegen jetzt die Ergebnisse der ersten Rückkreuzung vor, die zu einem Teil über F_1-Kühe, zum anderen über F_1-Bullen durchgeführt wurde. Durch die Rückkreuzung gelang es, die hauptsächlichsten Exterieurmängel zu liquidieren. Der Fettgehalt wurde durch die Rückkreuzung um ca. 0,10% gesenkt, was jedoch durch die höhere Milchleistung, die die Rückkreuzungen zum Vergleich mit den F_1-Tieren erbrachten, ausgeglichen werden konnte. Bemerkenswert ist, daß der Fettgehalt der Rückkreuzungstöchter in keiner Beziehung zu demjenigen der F_1-Mütter steht, sondern in der Nähe des Mittelwertes der Herde liegt. Bei einigen R_1-Töchtern war eine bedeutende Steigerung des Milchfettgehaltes gegenüber den F_1-Müttern zu verzeichnen. Diejenigen R_1-Kühe, welche von F_1-Bullen abstammten, näherten sich in ihren äußeren Merkmalen mehr der Schwarzbunten Rasse, der Milchfettgehalt war jedoch ebenfalls erhöht und betrug über 4%.
H. Schwiderski/Dummerstorf. 3606.

3-64/10-0233 Armour, J., Lee, R. P. und Ross, J. G. Observations on a cross breeding experiment with cattle in Nigeria. **(Beobachtungen im Rahmen eines Kreuzungsversuches mit Rindern in Nigeria.)** Trop. Agric. **38** (1961) Nr. 4. S. 319-323. – 2 Abb., 1 Tab., 9 Lit.
Der Einfluß Friesischer Rinder auf die Zebuzuchten in Nigeria wurde von Vff. als vorteilhaft für die Züchtung eines wirtschaftlichen Milchrindes mit hohen Leistungen herausgestellt. Welche Kreuzungsgeneration die günstigsten Auswirkungen zeigt, sollen weitere Untersuchungen zeigen.
D. Stolzenburg. 3606.

3-64/10-0234 Aehnelt, E., Hahn, J. und Dittmar, J. **Möglichkeiten und Grenzen einer Beurteilung der Fruchtbarkeit bei Zuchtbullen.** Tierzüchter **15** (1963) Nr. 15. S. 539-541.
Der klinischen Untersuchung der Geschlechtsorgane sowie der Prüfung des Paarungsvermögens muß nach Ansicht der Vff. in Zukunft bei Zuchtbullen noch größere Bedeutung beigemessen werden. Ferner sollten die Mindestanforderungen an die Spermabeschaffenheit erhöht und eine Belastungsprüfung für Bullen ausgearbeitet werden. Zur Verwirklichung dieser Forderungen wird die Einrichtung zentraler, mit fahrbaren Laboratorien ausgestatteter Bullenprüfstellen empfohlen. Da der Abstammung der Vatertiere aus langlebigen, fruchtbaren und leistungsstarken Kuhfamilien in der Rinderzucht eine bes. Bedeutung zukommt, wird weiterhin die Einführung einer spez. Nachkommenprüfung der Zuchtbullen auf Gesundheit und Fruchtbarkeit erwogen. W. Schäfer. 3610.

3-64/10-0235 Jacob, W. K. **Die Frühträchtigkeitsuntersuchung beim Rind — ein Mittel zur Produktionssteigerung.** Mh. Veterinärmed. **19** (1964) Nr. 4. S. 137-139. — 7 Lit.

Es wird die Frühträchtigkeitsdiagnose vor dem 42. Tage nach der Besamung oder Bedeckung als Methode zur Verbesserung der Fruchtbarkeitslage (Verkürzung der Zwischenkalbezeiten, frühes Abkalben der Färsen, frühzeitiges Erkennen von Fortpflanzungsstörungen) empfohlen. Bei Färsen ist eine sichere Diagnose oft schon in der 5. Woche nach der Belegung möglich. Mit zunehmendem Alter der Kuh und mit zunehmender Anzahl der Abkalbungen verschiebt sich die Sicherheitsgrenze der Frühträchtigkeitsuntersuchung auf den 42. Tag zu. Bes. wertvoll ist die Frühträchtigkeitsuntersuchung zur Feststellung des Ausbleibens der Trächtigkeit vor Ende des 2. Brunstzyklus. Einmal, weil bei der Untersuchung zwischen dem 36. und 42. Tage die Tiere nicht selten im Prooestrus oder Oestrus angetroffen werden und dann noch besamt werden können, und zum anderen, weil krankhafte Zustände an den Geschlechtsorganen frühzeitig erkannt und behandelt werden können oder bei Unheilbarkeit unnötige, aussichtslose Besamungen unterbleiben. Bei Feststellung von Nichtträchtigkeit sollte die rectale Untersuchung mit der vaginalen gekoppelt werden, um genauere Angaben über das Zyklusstadium oder krankhafte Sekretbefunde machen zu können.

J. Wollrab. 3612.

3-64/10-0236 Pobrić, F. und Ilančić, D. Kretanje težina crno-šare (frizijske) teladi pri otdelenju na nekim poljoprivrednim dobrima NRBiH pod uticajem različitih faktora. **(Die Geburtsgewichte der schwarzbunten [friesischen] Kälber auf einigen landwirtschaftlichen Gütern der VR Bosnien und Herzegovina unter dem Einfluß verschiedener Faktoren.)** Veterinaria [Sarajevo] **12** (1963) Nr. 1. S. 45-50. — 1 Abb., 2 Tab., 8 Lit. Zus. in Engl.

Das Geburtsgewicht der schwarzbunten (friesischen) Kälber betrug 33,42 $\pm$ 0,16 kg, die männl. Tiere waren um 1,08 $\pm$ 0,32 kg schwerer als die weibl. Das Kälbergewicht bei der 1. Geburt der Kühe erreichte 31,44 kg, bei der 2. Geburt 33,43 kg und bei der dritten 36,27 kg. Die schwersten Kälber fielen in den Mon. Febr.-Mai, die leichtesten im Zeitraum Aug.-Nov. Es wurden Unterschiede in den Kälbergewichten zwischen einzelnen Gütern und zwischen den Nachkommen bestimmter Bullen festgestellt.

D. Ilančić. 3614.

3-64/10-0237 Eibl, K. **Die künstliche Besamung (KB), eine Erkenntnisquelle für die Zucht auf Fruchtbarkeit und Leistung.** Tierzüchter **15** (1963) Nr. 14. S. 505-508. — 5 Abb.

Der Einsatz der KB verhindert die Verbreitung von Deckseuchen und bringt neue Erkenntnisse hinsichtlich des Begattungs- und Befruchtungsvermögens der Bullen. Als Folge davon haben die meisten Züchtervereinigungen ihre Garantiebestimmungen für die Absatzveranstaltungen verändert. Bullen mit unterdurchschnittlichen Befruchtungsquoten werden aus ökonomischen Gründen von den Besamungsorganisationen gemerzt, was sich günstig auf das Fruchtbarkeitsgeschehen in den der KB angeschlossenen Rinderbeständen auswirkt. Die züchterischen Vorteile der KB liegen nicht allein in der zahlenmäßig starken Ausnutzung der Vatertiere, sondern vor allem in der Möglichkeit, durch Erzeugung großer Nachkommenzahlen und gezielte Paarungen eine wirkungsvolle Zuchtarbeit, bes. in Verbindung mit der Bullenprüfung, zu betreiben. An Hand eines Zahlenbeispieles des Fleckviehzuchtverbandes Ansbach wird erläutert, daß die Nachkommen der KB-geprüften Stammbullen in Typ, Form, Euter und Einsatzleistung besser als diejenigen der Herdbuch- und Prüfungsbullen waren. In Neustadt/Aisch kehrte bisher nur jeder 7. Bulle nach erfolgreich abgeschlossener Zuchtwertprüfung als

Stammbulle in die Station zurück. Er bleibt dort im Durchschnitt 2-3 Jahre im Einsatz. Wegen Exterieur- und Entwicklungsmängeln bei der Nachzucht wurde ein größerer Prozentsatz an Prüfungsbullen als auf Grund mangelnder Leistungsvererbung ausgeschieden. Ein Vergleich der Einsatzleistungen der Töchter von über 200 Bullen mit deren Mütterleistungen ergab keine Beziehungen hinsichtlich der Höhe der Milchmengen- und Fettprozentleistung. Vf. schlußfolgert daraus, daß bei der Auswahl der Bullen oftmals eine Überbewertung der Mutterleistung auf Kosten von Typ, Form und Euter erfolgt. G. Herrmann. 3618.

3-64/10-0238 Rostovcev, N. F. und Švarc, V. E. Sravnitel'naja ocenka različnych metodov kastracii byčkov. **(Eine vergleichende Beurteilung der verschiedenen Kastrationsmethoden von Jungbullen.)** Životnovodstvo, Moskva **26** (1964) Nr. 3. S. 32-37. — 4 Tab.

Um genaue Vorstellungen über die Brauchbarkeit der verschiedenen Kastrationsmethoden zu erhalten, wurden 4 Bullengruppen zur Mast aufgestellt: Gruppe I nichtkastrierte Bullen; II kastrierte, und zwar im Alter von 2,5 Mon. nach der Methode von Baiburtzjan; III kastrierte, im Alter von 2,5 Mon. nach der traditionellen Methode und IV kastrierte, im Alter von 6 Mon. nach der traditionellen Methode. Die Tiere wurden bis zum Alter von 18 Mon. im Laufstall gehalten. Die höchsten Zunahmen und die beste Futterverwertung zeigten die nichtkastrierten Bullen. Mit Abstand folgten die nach der Methode von Baiburtzjan und die im Alter von 6 Mon. kastrierten Bullen. Die nach der traditionellen Methode im Alter von 2,5 Mon. kastrierten Bullen zeigten die schlechtesten Zunahmen und die schlechteste Futterverwertung. Weiter folgt ein ausführlicher Bericht über die Schlachtkörperqualität, wobei die nichtkastrierten Bullen wiederum am besten abschnitten. Die chem. Analyse zeigte, daß das Fleisch der nichtkastrierten Bullen den höchsten Protein- und einen bedeutend geringeren Fettgehalt aufwies als das der Kastraten. Deshalb wird empfohlen, Bullen, die nur bis zu einem Alter von 12 bis 18 Mon. gemästet werden sollen, nicht zu kastrieren. Ist eine Kastration wegen Weidegang erforderlich, so soll sie erst nach dem 6. Lebensmonat vorgenommen werden. H. Schwiderski/Dummerstorf. 3620.

3-64/10-0239 Möhlmann, H. **Die Bedeutung der Kolostralmilch für die Aufzucht der Kälber.** Tierzucht **18** (1964) Nr. 4. S. 178-180. 3634.

3-64/10-0240 Hladík, V. Vliv krmného egalizovaného mléka na zdraví telat. **(Einfluß der Verfütterung egalisierter Milch auf die Gesundheit von Kälbern.)** Náš Chov **1963** Nr. 10. S. 359-361. — 2 Abb., 3 Tab.

Aus einer eingehenden Analyse von Versuchsergebnissen und aus Beobachtungen in der Praxis geht hervor, daß bei Kälberaufzucht mit auf 2% Fettgehalt eingestellter (egalisierter) Futtermilch unter Zusatz des Vit.- und Antibiotica-Präparates „Galacid" die Verluste im Vergleich zur Aufzucht mit Vollmilch von 3-5% auf nicht ganz 1% sanken. Die Ursache dieser günstigen gesundheitlichen Wirkung der neuen Aufzuchtmethode kann bes. in der Pasteurisierung und sog. Egalisierung der Milch, in einer vorteilhaften Wirkung des Galacids und in einer günstigen Einwirkung beider auf die Tätigkeit der Verdauungsorgane gefunden werden. Bei der Aufzucht mit 2%-Futtermilch ist eine regelmäßige Lieferung dieser Milch in den erforderlichen Mengen gesichert, während bei der Aufzucht mit Vollmilch die Mengen derselben von der Planerfüllung abhängen. Von den im Galacid enthaltenen Wirkstoffen sind anzuführen: Vit. A, B, C, D, E und K_3, ferner Chlortetracyklin, Furazolidon, Natriumsalizylat u. a. Die egalisierte Futtermilch verursacht gemeinsam mit dem Zusatz von Galacid eine gesteigerte Aufnahme pflanzlicher Futtermittel, wodurch die Entwicklung der Verdauungsorgane des Kalbes beschleunigt wird. ČSSR/ÚVTI. 3634.

3-64/10-0241 Czakó, József. **Untersuchungen über die vollmilchsparende Kälberaufzucht.** Jb. Arbeitsgemeinsch. Fütterungsberat. 4 (1961/62, hrsg. 1963) S. 104-109. — 1 Abb., 2 Tab. Zus. in Russ., Engl. — nach Zus.
Auf Grund der durchgeführten Fütterungs- und Stoffwechselversuche kann festgestellt werden, daß während der Milchfütterungsperiode die Verabreichung von 6-7 kg Milchfett zur Aufzucht der Kälber von mittelgroßen Rassen ohne nachteilige Auswirkung genügt. Für Betriebe mit unzureichender Qualität des Beifutters und solche, wo ausgezeichnetes Kälberheu und ein eiweißreiches Kraftfuttergemisch zur Verfügung stehen, werden entspr. Milchmengen empfohlen. 3634.

3-64/10-0242 Kunffy, Z. **Kälber- und Jungviehaufzucht in der Volksrepublik Ungarn.** Jb. Arbeitsgemeinsch. Fütterungsberat. 4 (1961/62, hrsg. 1963) S. 119-123. — 3 Abb. Zus. in Russ., Engl. — nach Zus.
Insgesamt werden für die Aufzucht eines Kalbes folgende Futtermengen veranschlagt: Kolostralmilch 70 kg, Vollmilch (2% Fett) 200 kg, Magermilch (+Kälberstarter) 400 kg, Jungviehaufzuchtkonzentrat 70 kg, Luzerneheu beliebige Aufnahme. Im Alter von 5 Mon. sollen die Kälber ein Lgw. von 150 kg haben. 3634.

3-64/10-0243 Stunz. **Die Kälberaufzucht im sozialistischen landwirtschaftlichen Großbetrieb.** Wiss.-techn. Fortschr. Landwirtsch. 4 (1963) Nr. 11. S. 487-490. — 3 Abb., 1 Tab., 4 Lit.
Durch eine getrennte Aufzucht der Kälber in Aufzuchtstationen werden im sozialist. Großbetrieb Voraussetzungen für die Tbc- und Brucellose-Bekämpfung geschaffen. Außerdem wird eine Steigerung der Arbeitsproduktivität erreicht. Eine Verminderung der üblichen Milchmengen von 200 kg 2%iger Vollmilch und 500 kg Magermilch ist nicht zu empfehlen. Das Tränken erfolgt nach der üblichen Methode. Ein Verfahren zur Dicklegung der Milch mit Essig- bzw. Salzsäure wird beschrieben. Während der Milchperiode sollten 80 kg Kraftfutter und 55 kg Heu eingesetzt werden. Bei einem Gewicht von 260 kg kann auf eine weitere Kraftfuttergabe verzichtet werden. Kälber lassen sich ab 5. Lebensmonat ohne Gesundheits- und Entwicklungsstörung mit gutem Erfolg auf bes. Kälberweiden aufziehen. Für 7-8 Kälber wird 1 ha Weide benötigt. Herbert Winkler. 3634.

3-64/10-0244 Koriath, G., Franz, H. und Tönse, H. **Die Jungrinderaufzucht im sozialistischen Großbetrieb.** Wiss.-techn. Fortschr. Landwirtsch. 4 (1963) Nr. 11. S. 481-483. — 1 Abb., 4 Tab.
An 3 Beispielen wird nachgewiesen, wie nachteilig sich eine schlechte Jungrinderaufzucht auf die spätere Milchleistung auswirkt. Außerdem treten bei diesen Kühen zunehmend Fruchtbarkeitsstörungen auf. Für die Aufzucht von Färsen, die mit 32 Mon. abkalben, werden ca. 20-30% weniger Futter gebraucht als für solche Tiere, die ein Erstkalbealter von 39 Mon. haben. Durch die unterschiedliche Wachstumsintensität der Jungrinder in den einzelnen Altersgruppen kann man durch gute Fütterung, Haltung und Betreuung die Färsenaufzucht rentabel gestalten. Für die Reproduktion des Kuhbestandes werden bei einer Merzungsquote von 20% je 100 Kühe 30 Kälber benötigt, für die erweiterte Reproduktion sind für je 10 Kühe 15 Kälber aufzuziehen. Am Beispiel der LPG Klien und Mödlich wird die Fütterung des weibl. Jungviehs bis zum Abkalben aufgezeigt. Die Entlohnung nach dem Endprodukt ist auch in der Jungrinderaufzucht die zweckmäßigste Entlohnung. Die wichtigsten Gesichtspunkte der Jungviehaufzucht werden in 7 Punkten zusammengefaßt. Herbert Winkler. 3636.

3-64/10-0245 Berestov, V. A. und Vedin, V. M. Kačestvennaja nedostatočnost' kormov, kak pričina roždenija teljat urodov. **(Die qualitative Unzulänglichkeit der Futtermittel als Ursache der Geburt von mißgebildeten**

Kälbern.) Uč. zap. Kazansk. vet. in-ta **86** (1962) S. 255-260. — Aus: Referativnyj žurnal Moskva. Životnovodstvo, veterinarija **1963** Nr. 17. 58. 28. S. 4.
Im Jahre 1953 wurden in einer der Kollektivwirtschaften der ASSR der Mari 8 Mißgeburten von Kälbern registriert. Bei Untersuchung der Rationen der tragenden Kühe stellte sich heraus, daß im Futter nur $^1/_3$ des verd. E., kaum die Hälfte des Ca und noch nicht $^1/_{18}$ des Carotins enthalten waren, die erforderlich sind, um den Tagesbedarf der Kuh zu decken. 3638.

3-64/10-0246 Berner. **Fütterung und Haltung der Mastkälber nach der Geburt.** Tierzüchter **15** (1963) Nr. 17. S. 631-632. — 1 Abb., 1 Tab.
Die Verabfolgung der Kolostralmilch, die Haltung und pünktliche Fütterung der Kälber sind von wesentlicher Bedeutung, um eine gesunde Aufzucht unter Vermeidung von Durchfällen zu erreichen. Für den Notfall wird ein Rezept für eine Ersatzkolostralmilch gegeben. Eine Unzahl Stressfaktoren bewirken bes. bei Transporten kleiner Kälber in ihrer Einwirkung auf das Nerven- und Verdauungssystem, daß auch die gesündesten Tiere unterwegs Durchfall bekommen können. Aus diesem Grunde werden eingehende Fütterungsanweisungen für solche Tiere gegeben. Nach einer 8stündigen Ruhepause sollte man für 1-2 Mahlzeiten mit Dextrose gesüßten Kamillentee, schwarzen Tee oder abgekochtes Wasser reichen. H. Senger. 3652.

3-64/10-0247 Bondarevskij, I. V čem sekret i est' lion? **(Worin besteht das Geheimnis und gibt es überhaupt ein Geheimnis?)** Moločnoe i mjasnoe skotovodstvo, Moskva **9** (1964) Nr. 5. S. 6-11. — 5 Abb., 1 Tab.
Es wird über die Erfahrungen des Simnownikowsker Sowchos (Gebiet Rostow) bei der Mast von Jungrindern der Kalmüken-Rasse berichtet.
H. Schwiderski/Dummerstorf. 3652.

3-64/10-0248 Čertenkov, V. Mjasnoe skotovodstvo v Priamuré. **(Rindermast im Amur-Gebiet.)** Moločnoe i mjasnoe skotovodstvo, Moskva **9** (1964) Nr. 5. S. 15-17. — 4 Abb.
Im Amur-Gebiet gibt es weite Flächen natürlichen Grünlandes, wodurch günstige Bedingungen für die Rindermast gegeben sind. Es wurden 48 spez. Rindermastfarmen organisiert, wo z. Z. 5580 „simmentalisierte" Kühe und Färsen, 460 Zuchttiere der Fleischrassen und 2740 Kreuzungstiere gehalten werden. Zur Kreuzung werden hauptsächlich Hereford-Bullen und Bullen des Kasachischen Weißköpfigen Rindes eingesetzt. Die Hereford wurden z. T. aus Kanada eingeführt und sollen mit dem Fleckvieh des Amur-Gebietes gekreuzt werden, um eine gut an das dortige Klima angepaßte Mastrasse zu schaffen. Um einen gewissen Blutanteil des bodenständigen Fleckviehs zu erhalten, soll nur bis zur 2. bzw. 3. Generation gekreuzt werden, um dann die Kreuzungstiere in sich weiterzuzüchten.
H. Schwiderski/Dummerstorf. 3652.

3-64/10-0249 Walker, M. I. **Gesamtnährstoffe in der Milch und ihr Einfluß auf Milchpreis, Kontrolle und Zucht.** Tierzüchter **15** (1963) Nr. 17. S. 630-631.
Vf. gibt eine Information über die Änderung der Bezahlung der Milch nach ihrer Zusammensetzung in England. Seit 1961 stellen sich die Molkereien auf die erforderliche Änderung der Prüfung der Milch ein. Dem Milchpreis nach Grad A, B, C 1 und C 2 liegt ein bestimmter Schwankungsbereich an Gesamttrockenmasse und an fettfreien Bestandteilen (SNF) zu Grunde. Das Forschungsinst. in Reading hat eine neue Prüfungsmethode im Versuch, einen Infrarot-Milchprüfer (IRMA), mit dem man in ca. 1 Min. spektral den Fett-, Eiweiß- und Laktosegehalt bestimmen kann. Genetische Untersuchungen an 7000 Töchtern von KB-Bullen ergaben, daß die Selektion auf Fett zu einer erblichen Verbesserung der Gesamttrockensubstanzmenge führt. Es besteht eine starke positive Korrelation zwischen Fettgehalt und SNF.
H. Senger. 3662.

3-64/10-0250 Dürrwaechter. **Ein Versäumnis der deutschen Tierzucht?** Tierzüchter **15** (1963) Nr. 19. S. 706-707. — 2 Abb.
Die Arbeit stellt eine Entgegnung zu 2 in der westdeutschen landwirtsch. Presse erschienenenAufsätzen: „Milchpreisberechnung und tierzüchterische Bestrebungen — gegen die Interessen der Milcherzeuger?" und „Fettreiche Milch wirtschaftlich sinnvoll?" dar. Vf. widerlegt zunächst die in den genannten Arbeiten vertretene Ansicht, daß man nur Kühe mit hohem Fettgehalt gezüchtet hat und weist nach, daß durch Auswahl bes. leistungsfähiger Kuhstämme sowohl der Fettgehalt als auch die Milchmengenleistung züchterisch bearbeitet wurden. Folgende Schlußfolgerungen werden gezogen: Es war richtig, daß man den Marktanforderungen nach einem hohen Fettgehalt der Milch von züchterischer Seite rechtzeitig nachgekommen ist. An Hand von statistischen Angaben aus der Milchwirtschaft Bayerns und der BRD wird nachgewiesen, daß sowohl Molkereien (einschl. Käsereien) als auch Bauern durch fettreiche Milch finanzielle Vorteile verbuchen können. Fettreiche Milch läßt sich außerdem besser käsen, sie enthält im Durchschnitt auch mehr Eiweiß und Trockensubstanz. Gewisse aromabildende Milchsäurebakterien sind zudem an Fettsäuren gebunden, ein für die Käsequalität wesentlicher Tatbestand. Die Frage des Milchpreises wird diskutiert. Nach Berechnungen des Vf. hat der Bauer auch im Käsereigebiet bei Mehrerzeugung von 0,5% Fett eine Mehreinnahme von 1,5-1,0 Pfennig pro kg Milch. Vf. meint abschließend, daß wirtschaftliche Impulse für eine Änderung der Zuchtrichtung nicht vorhanden sind. Nach Witt erhöht sich der Leistungsanteil je 1 kg Milch bei einer Steigerung des Fettgehaltes von 3,5% auf 4% nur um 25 StE. Im Grundfutter kosten diese 25 StE 1,0 und im Kraftfutter 1,5 Pfennige. — Auch ist die körperliche Beanspruchung einer Kuh mit hohen Leistungen sehr viel größer, wenn zur Erzeugung einer gleich hohen Fettmenge ungleich mehr niedrigprozentige Milch erzeugt werden muß. Die Lebensdauer unserer Kühe — ein maßgeblicher Faktor für die Rentabilität — hängt aber in ausschlaggebendem Maße von der körperlichen Beanspruchung ab.

E. Kieslinger. 3662.

3-64/10-0251 Wilke, A. **Erste Vergleichsprüfung zwischen British Friesians und Deutschen schwarzbunten Niederungsrindern in erster Laktation.** Tierzucht **18** (1964) Nr. 2. S. 75-78. — 7 Abb., 6 Tab.
Die British Friesian stehen im Typ zwischen den Kanadischen Holstein-Friesian und den west- und ostfriesischen Schwarzbunten. Sie zeigen gegenüber dem Deutschen Schwarzbunten Rind bei einem etwas größeren Rahmen eine stärkere Betonung der Milchleistung, der Euterqualität und des Adels. Im VE Lehr- und Versuchsgut Berge, Krs. Nauen, wurden 14 importierte British Friesian und 14 Vergleichstiere des Deutschen Schwarzbunten Rindes im Rahmen des Färsentests einer Vergleichsprüfung unterzogen. Im Laktationsverlauf wurden die Tiere 4wöchentl. gewogen, 3mal gemessen und auf Melkbarkeit untersucht. Die Milchmenge wurde 2mal wöchentl., die Milchinhaltsstoffe wurden 14tägig ermittelt. 4 Färsen jeder Gruppe standen 100 Tage in Einzelfütterung zur Ermittlung des Grundfutterverzehrs. Die Friesian zeigten die höheren Gewichtszunahmen und trotz niedrigeren Abkalbealters die höheren Milchmengen- und Milchfettleistungen. Auch hinsichtlich der Melkbarkeit zeigten sich die Friesian überlegen. Der Leistungsvorsprung blieb auch nach Umrechnung auf 500 kg Lgw. erhalten. Die Reaktionsfähigkeit des Deutschen Schwarzbunten Rindes bedarf einer Verbesserung.

H. Kleiber. 3662.

3-64/10-0252 Pavel, J. und Svozil, B. Vliv různé dojivostí krav červenostrakatého plemene na složení mléka. **(Einfluß der Milchleistungshöhe bei Kühen des Rotfleckviehs auf die Zusammensetzung der Milch.)** Živočišná Výroba **8(36)** (1963) Nr. 9. S. 505-522. — 4 Abb., 11 Tab., 4 Lit. Zus. in Russ., Dtsch.

Bei der Bewertung der Laktationen von insgesamt 26 Milchkühen mit unterschiedlichen Leistungen von 2500 kg bis über 5500 kg Milch wurde festgestellt, daß die Höhe der Milchleistung in der Mehrzahl der Fälle den Gehalt an Tr.-Subst., fettfreier Tr.-Subst. und Fett in der Milch statistisch nachweisbar beeinflußte. Demgegenüber war der Einfluß der Leistungshöhe auf den Eiweißgehalt in der Mehrzahl der Fälle und auf den Milchzuckergehalt in allen Fällen nicht signifikant. In der 1. Hälfte der Laktationsperioden ergab sich ein signifikanter Einfluß auf den Milchfettgehalt, ein bedingt signifikanter auf die Tr.-Subst. und die fettfreie Tr.-Subst. und ein nicht signifikanter auf den Gehalt an Milcheiweiß, Milchzucker und Milchasche. Bei den 2. Laktationshälften zeigte sich der Einfluß der Milchleistungshöhe als bedingt signifikant auf Tr.-Subst. und fettfreie Tr.-Subst., während er bei allen übrigen Kennziffern nicht signifikant war. Bei gegenseitigem Vergleich beider Laktationsperioden-Hälften von Kühen verschiedener Milchleistung erwiesen sich die Unterschiede hinsichtlich Milcheiweiß, Milchzucker und Milchasche als signifikant, bez. Milchfett als bedingt signifikant und hinsichtlich Tr.-Subst.-Gehalt als meist nicht signifikant. ČSSR/ÚVTI. 3662.

3-64/10-0253 Mäkelä, Aarne; Helsinki, Univ. Parturient and metabolic disturbances in the cow and their influence upon milk production. **(Geburts- und Stoffwechselstörungen bei Kühen und deren Einfluß auf die Milchleistung.)** Maataloustieteellinen Aikakauskirja [J. sci. agric. Soc. Finland] **35** (1963) Nr. 4. S. 143-164. — 8 Abb., 24 Lit.

Im Zusammenhang mit der Kalbung treten das Verhalten der Nachgeburt, schweres Kalben, Zwillingsgeburten, die Geburt eines toten Kalbes und das Verkalben als häufige Störungen auf. Hinzu kommen Störungen des Stoffwechsels, wie Milchfieber, Weidetetanie und Acetonämie (Ketosis), die gewöhnlich kurz nach dem Abkalben auftreten. Das vorliegende Material ist eine Auswertung der Zuchtunterlagen der Universitätsfarm Viik. Die Ayrshire-Herde umfaßt ca. 70 Kühe. Seit 1947 wurde die tägl. Milchleistung je Kuh ermittelt. Der Einfluß der o. a. Störungen und Erkrankungen auf die Milchleistung, bes. in der Phase des Ansteigens der Laktationskurve, wird untersucht. Das Verhalten der Nachgeburt wurde in 10,8% aller Abkalbefälle festgestellt. 3,1% der Geburten waren Schwergeburten, Färsen waren davon häufiger betroffen als Kühe. 1,6% der Geburten waren Zwillingsgeburten, 2,0% Totgeburten. Die Trächtigkeitsdauer betrug ⌀ 279 Tage (272-298). Das Kälbergewicht bei Einlingen betrug ⌀ 31 kg (19-39), Zwillinge wogen zusammen 61 kg (55-73). Verkalbungen (weniger als 270 Tage Trächtigkeit) traten bei 1,5% der Geburten auf. Nicht enthalten sind darin die sog. Frühaborte. Nach 5,3% der Geburten, gehäuft in der Stallfutterperiode, trat Milchfieber auf. Nur einmal war eine Färse betroffen. Die Leistungen der erkrankten Kühe lagen im oder über dem Durchschnitt ihrer Gefährten (Durchschnittsleistungen). Von 1946-59 trat nach 4,3% der Geburten Weidetetanie und nach 3,4% Ketosis auf. Im Gegensatz zur Weidetetanie und zum Milchfieber werden von letzterer Erkrankung vor allem jüngere Kühe betroffen. Der Einfluß der Störungen und Erkrankungen auf die Milchleistung und den Laktationsverlauf wird dargestellt. Die Wiederholbarkeit der Störungen wurde berechnet. K. Damm. 3662.

3-64/10-0254 Lindhé, Bengt. Skall vi köpa tunga kalvar för köttproduktionen? **(Sollen wir schwere Kälber für die Fleischproduktion kaufen?)** Svensk Husdjursskötsel **1964** Nr. 3. S. 83-84. — 2 Abb., 2 Tab.

Die Angaben darüber, ob das Geburtsgewicht einen Einfluß auf das spätere Wachstum hat, sind widersprechend. Die Gegenüberstellung der Gewichte mit 18 Tagen und mit 21 Mon. von Kreuzungskälbern, deren Väter Schwedische Schwarz- und Rotbunte, Rote Dänen, Aberdeen-Angus, Hereford und Charollais waren, zeigt, daß die Charollais-Kreuzungen mit den bei weitem höchsten Anfangsgewichten nicht das schnellste Wachstum haben. Die Schwarzbunt-Kreuzungen hatten durchschnittl. um 10 g höhere Tageszunahmen als die Charollais-Kreuzungen. Aberdeen-Angus-Kreuzungen hatten die niedrigsten Anfangsgewichte, trotzdem aber höhere Zunahmen als die zu Anfang schwereren Rotbunt-Kreuzungen. Bei der Gegenüberstellung der Gewichtsangaben von Nachkommen auf Mastleistung geprüfter Besamungsbullen ergeben sich nur sehr niedrige Regressionswerte. Einem um 1 kg höheren Gewicht mit 10 Tagen entsprechen um 0,1-0,8 g höhere Tageszunahmen. Die Feststellung, daß in Versuchsstationen gewonnene Werte nicht mit den in praktischen Betrieben gemachten Erfahrungen übereinstimmen, erklärt sich vielleicht durch die in den Betrieben gegebenen härteren Umweltbedingungen. J. K. Hinrichsen. 3664.

3-64/10-0255 Šomanskij, T. S. Vlijanie raznych sposobov mociona bykovproizvoditelej na ich fiziologičeskoe sostojanie. Soobšč. I. **(Der Einfluß verschiedener Arten der Bewegung auf den physiologischen Zustand der Zuchtbullen. 1. Mitt.)** Naučn. tr. Kievsk. opytn. st. životnovodstva **9** (1963) S. 78-85. — Aus: Referativnyj žurnal Moskva. Životnovodstvo, veterinarija **1963** Nr. 24. 58. 113. S. 15.
Die zwangsweise Bewegung der Zuchtbullen im „Karussell" übte auf die Atmungs- und Kreislauforgane eine stärkere Wirkung aus als eine Bewegung im Gespann und bei ganztägiger Haltung im Einzelauslauf. Die Motionsverfahren beeinflußten die Veränderungen in der Zusammensetzung des Blutes unwesentlich. Die Wachstumsintensität der Hufe war bei Tieren, die im Karussell trainiert wurden, höher. 3676.

3-64/10-0256 Anonym. **Durch richtiges Handmelken mehr und bessere Milch.** Tierzucht **18** (1964) Nr. 4. S. 188-189. 3677.

3-64/10-0257 Anonym. Pravila mašinnogo doenija korov. **(Regeln des Maschinenmelkens.)** Moločnoe i mjasnoe skotovodstvo, Moskva **9** (1964) Nr. 5. S. 53-56. — 3 Abb., 1 Tab.
Die physiol. Grundlagen der Milchbildung und des Milchejektionsreflexes werden erläutert. Als Latenzzeit für den Milchejektionsreflex werden 30-45 Sek. angegeben. Bes. Bedeutung wird der Qualifikation des Melkpersonals und dem ruhigen Umgang mit den Tieren zugemessen. Es folgt eine Aufzählung der in der SU produzierten Melkmaschinentypen und Melkaggregate. Als zweckmäßigste Anrüstmethode wird die warme Euterwäsche (40-45 °C) empfohlen. Es ist darauf zu achten, daß die Zeit zwischen dem Anrüsten und dem Ansetzen der Melkzeuge nicht mehr als 1 Min. beträgt. Mastitiskranke Tiere sind mit der Hand zu melken. Das Handnachmelken wird abgelehnt, weil die Tiere dadurch zu einer unvollständigen Milchhergabe beim Maschinenmelken erzogen werden. H. Schwiderski/Dummerstorf. 3677.

3-64/10-0258 Langelüddecke, H. und Kloth, H.; Bernburg, Hochschule für Landwirtsch., Inst. für Mechanisier. **Einfluß höherer Pulszahlen auf die Melkgeschwindigkeit.** Tierzucht **18** (1964) Nr. 4. S. 190-192. — 4 Tab., 14 Lit. — nach Zus.
Es wird über Melkversuche an 12 Kühen des Schwarzbunten Niederungsviehs berichtet, die mit den Melkmaschinen M 55 und M 59 und den Pulszahlen 45; 60 und 75 während einer 24tägigen Versuchsperiode gemolken wurden. Mit Hilfe der Varianzanalyse ließen sich hinsichtlich der Melkgeschwindigkeit signifikante Unterschiede zwischen den Melkmaschinen und den Pulszahlen 45 und 60 feststellen. 3677.

3-64/10-0259 Scharner, E. **Hygiene der Lebensmittel tierischer Herkunft. Untersuchungen und Eutergesundheit bei der Anwendung von Melkmaschinen.** Leipzig, Inst. Lebensmittelhyg. Veterinärmed. Fak. Karl-Marx-Univ. Leipzig Plan-Nr.: 2154 29/3-09/2. 27 S. Abschlußber. (18/3.1964). — 14 S. Anlagen.

Ein schädigender Einfluß der Melkmaschine auf die Eutergesundheit wurde nicht festgestellt. Lediglich in 1 Betrieb konnte in der 1. Woche nach dem Einsatz eine Blaufärbung der äußeren Haut der Zitzen beobachtet werden, die nach einer Woche wieder verging. — Von den 61 untersuchten Rindern hatten nur 12 annähernd ein „ideales Melkmaschineneuter". 3677.

3-64/10-0260 Neundorf, R.; Leipzig, Karl-Marx-Univ., Ambulator. und Geburtshilfl. Tierklin. **Zum gegenwärtigen Stand des Mastitisproblems.** Mh. Veterinärmed. **18** (1963) Sonderh. Nr. 1. S. 25-28.
Ohne Berücksichtigung der weiteren Schäden werden allein die durch die subklinischen und chronischen Mastitiden entstandenen effektiven Milchverluste mit ∅ 25% angegeben. Das bedeutet, daß wir — auf unser Gebiet und das durchschnittl. Jahresaufkommen der letzten 5 Jahre bezogen — jährl. ca. 1,5 Mill. Liter Milch hätten mehr erzeugen können. Die Gesamthäufigkeit der Mastitiden beträgt im internationalen Durchschnitt 17-20%, was auch für das Gebiet der DDR zutreffen könnte. Generell ist festzuhalten, daß international die Gesamthäufigkeit der Mastitiden zugenommen hat. Auf Grund der Praxisuntersuchungen des Institutes treten die Mastitiden nach Häufigkeit und Spezifität etwa wie folgt auf: Galtstreptokokken ca. 30%, Mischinfektionen 25%, Staphylokokken 17%, *C. pyogenes* 11%, *E. coli* 8%, sonstige Erreger 9%. — Die derzeit stark verbreitete Antibioticatherapie der chron. Mastitiden wird vom Vf. kritisch beleuchtet und auf Schwierigkeiten aufmerksam gemacht. Es wird ferner darauf hingewiesen, daß bis zum heutigen Tage noch nicht exakt geklärt ist, wodurch eine Mastitis überhaupt entsteht. Das Krankheitssyndrom Mastitis basiert nach den heutigen Erkenntnissen auf einem ausgedehnten und äußerst vielseitigen Komplex, der sich im einzelnen aus den Faktoren Umwelt und Erbhygiene zusammensetzt. Als außerordentlich wichtige ätiologische Faktoren werden bes. angeführt: 1. einseitige und Mangelfütterung, 2. Verdauungsstörungen, 3. Störungen der Genitalfunktionen im weitesten Sinne und 4. Melkmaschinen.
H.-J. Kuller. 3680.

3-64/10-0261 Jakimčuk, I. Preduprеždenie i lečenie mastitov u korov. **(Verhütung und Heilung von Mastitiden bei Kühen.)** Moločnoe i mjasnoe skotovodstvo, Moskva **9** (1964) Nr. 4. S. 32-35. — 1 Tab.
Als häufige Ursachen für Eutererkrankungen werden unsachmäßiges Maschinenmelken, Unterkühlung des Euters infolge Zugluft oder ungenügend wärmeisolierter Standflächen, Verletzung der Regeln der Stallhygiene, aber auch plötzliche Veränderungen der Futterration — sowohl mengen- als auch qualitätsmäßig — und die Fütterung verdorbener Futtermittel u. a. genannt. Auf die Bedeutung der rechtzeitigen Erkennung der Mastitiden wird hingewiesen und die Methode für den Bromthymolblau- und Rosolsäuretest angegeben. Erkrankte Tiere sind zu isolieren, ihre Milch muß je nach Form der Erkrankung entweder sterilisiert oder ganz vernichtet werden. Weiter folgt ein Überblick über die praktischen Heilmethoden.
H. Schwiderski/Dummerstorf. 3680.

3-64/10-0262 Schaetz, F. **Einige Gedanken und Diskussionsgrundlagen zur Bekämpfung der Rinderbrucellose.** Tierzucht **18** (1964) Nr. 4. S. 184-187.
3680.

3-64/10-0263 Weiland, G. **Maßnahmen zur Verminderung von Lungenwurmschäden beim Rind.** Tierzucht **18** (1964) Nr. 3. S. 149-151. — 1 Tab. — nach Zus.
Der Lungenwurm des Rindes verursacht in vielen Weidebetrieben bedeutende Schäden. Auf einem Kolloquium in Paulinenaue berieten Landwirte und Tierärzte über vorbeugende Maßnahmen. Aus dem Lebenszyklus des Lungenwurms lassen sich einige weidetechnische Maßnahmen ableiten, durch die

ein starker Befall verhindert werden kann. Die Herde der erstmals weidenden Rinder ist sorgfältig von den anderen Herden zu trennen. Die gefährdete Herde darf höchstens 7 Tage auf derselben Koppel verbleiben, weil inzwischen die am ersten Beweidungstag ausgeschiedenen Larven des Lungenwurmes invasionsfähig geworden sind. Die verlassene Koppel darf erst nach etwa 40 Tagen wieder beweidet werden, weil erst dann die meisten Larven abgestorben sind. Diese Forderungen können am besten auf Mähweiden mit mindestens 12 Koppeln erfüllt werden. Das Portionsweideverfahren ist zu empfehlen. Den Triftwegen und den Tränkeeinrichtungen kommt bes. Bedeutung zu. 3680.

3-64/10-0264 Gdovin, T. und Michna, A. K frekvenci chorob nutně porážaných teliat. **(Krankheitshäufigkeiten bei notgeschlachteten Kälbern.)** Veterinární Med. **8(36)** (1963) Nr. 5. S. 285-290. — 1 Abb., 3 Tab., 1 Lit. Zus. in Russ., Dtsch.
Auf Grund der Übersichten, die sich auf Befunde aus 20 Schlachthäusern in 6 Bezirken der ČSSR beziehen, verfolgte man das Vorkommen von Krankheiten bei 30576 Kälbern, die in den Jahren 1959-62 notgeschlachtet wurden. Die häufigste Ursache der Notschlachtung bildete die Gastroenteritis (31,73%), dann folgten Bronchopneumonie (21,60%), Omphalophlebitis und Polyarthritis (16,96%), Kachexie (9,83%), Rachitis (2,72%), Tbc (2,47%), Peritonitis (0,86%), Pyoseptikämie (0,32%), Hydrämie (0,15%) und verschiedene andere Krankheiten (10,12%). Das Auftreten dieser Krankheiten blieb in den einzelnen Beobachtungsjahren annähernd auf derselben Höhe, bei der Omphalophlebitis zeigte sich eine Zunahme, was für eine Verschlechterung der Behandlung neugeborener Kälber zeugte, während der Anteil der festgestellten Kachexie im Jahre 1962 zurückging. Die öfter vorkommenden Krankheiten weisen auf die Notwendigkeit hin, die Präventivfürsorge in den Zuchten zu erhöhen und auch die Forschung entspr. zu organisieren. ČSSR/ÚVTI. 3680.

3-64/10-0265 *Brunies, Axel.* **Probleme der Mastitisdiagnose und -prophylaxe, insbesondere die Bedeutung der Superphosphatausstreu in Rinderställen für die Bekämpfung der Mastitiden.** Diss. Veterinärmed. Fak. Berlin. 1963. (118 S.) 8°. (Diss. 9705)
3-64/10-0266 *Davidson, F. A.* **Measuring the breeding value of dairy sires by the records of their first few advanced registry daughters.** Urbana: Univ. of Illinois. 1925. (S. 545–566.) 8° = Bulletin, Agricultural experiment station. Univ. Illinois No. 270. (SR 257, 270)
3-64/10-0267 *Dvořáček, Miroslav, Kopecký, Josef* u. a. **Nové poznatky z chovu skotu v zahraničí.** (Neue Erkenntnisse in der Rinderzucht im Ausland.) Praha: Státní zemědělské naklad. 1963. (181 S.) 8°. (1964 A 379)
3-64/10-0268 *Freter, Claus-Otto.* **Untersuchungen über die Erblichkeit der Euter- und Zitzenmerkmale beim Schwarzbunten Rind in der dritten Laktation.** Diss. Veterinärmed. Fak. Hannover. 1963. (42 S.) 8°. (Diss. 9671)
3-64/10-0269 *Kahn, Uriel.* **Rinderrassen und Rindviehzucht in Israel.** Diss. Veterinärmed. Fak. Bern. 1962. (28 S.) 8°. (Diss. 9621)
3-64/10-0270 *Popescu-Vifor, St.* **Organizarea si tehnica selectiei la taurine.** (Die Organisation der züchterischen Arbeit bei Rindern.) București: Edit. agro-silvică. 1963. (127 S.) 8°. (DA 1699)
3-64/10-0271 *Ribback, Georg.* **Ätiologie und Häufigkeit der Kälberverluste in einem Praxisbereich.** Diss. Veterinärmed. Fak. Leipzig 1963. (86 S.) 4°. (Diss. 9612)
3-64/10-0272 **Időszerü kérdések a szarvasmarhatenyésztés köréből.** (Aktuelle Fragen aus dem Gebiet der Rinderzucht.) Budapest: Mezögaz. kiadó. 1963. (275 S.) 8°. (1964 A 71)
3-64/10-0273 **Research work with monozygotic cattle twins. Proceedings of the 7th Study Meeting, Stockholm, 7-11 June 1960.** Roma: Europ. ass. for animal production. 1961. (189 S.) 8° = European Association for Animal Production. Publication. No. 9. (1964 A 283)
3-64/10-0274 **Zvyšování plodnosti skotu.** (Die Erhöhung der Fruchtbarkeit der Rinder.) Praha. 1963. (20 S.) 8°. (SR 2716, 36)
3-64/10-0275 **Skupinový odchov telat.** (Gruppenweise Kälberaufzucht.) Praha. 1963. (23 S.) 8° = Metodiky pro zavádění výsledku výzkumu do praxe Nr. 40. (SR 2716, 40)

D. SCHWEINE

3-64/10-0276 Schöbl, Ch.; Frankfurt, Tierzuchtinspektion. **Die praktische Zuchtarbeit in der Schweinezucht und ihre Ergebnisse in zwei sozialistischen Großbetrieben der Sowjetunion. 1. Mitt.** Tierzucht **17** (1963) Nr. 11. S. 514 bis 519. — 5 Abb.

Vf. beschreibt die Arbeit des Zuchtsowchos „Nikonowskoje“, in dem im Jahre 1961 mit 342 Sauen 6900 Ferkel nach dem periodischen Abferkelsystem aufgezogen wurden. Der Sauenbestand ist in Gruppen zu je 30-40 Sauen aufgeteilt, die hinsichtlich des Pflegepersonals und des Stallraumes abgeschlossene Einheiten darstellen. 4-5 Gruppen werden durch einen Brigadier betreut, der für Buchführung, Kennzeichnung, Gewichtsermittlungen und ordnungsgemäßen Arbeitsablauf verantwortlich ist. Ein Schweinemeister ist für den gesamten Schweinebestand des Betriebes verantwortlich. Die Aufzucht ist in den Mon. Mai, Juni, Juli und im Nov., Dez., Jan. konzentriert. Das Nichteinordnen der Tiere in den Rhythmus ihrer Gruppe wird als Konstitutionsschwäche gewertet, die Tiere werden gemerzt. Nur so ist eine Wurffolge von 2,0 zu erreichen. Die Haltung im Sommer findet in Hütten statt. Eber werden in Herden gehalten, da ein Bewegen jedes einzelnen Tieres undurchführbar ist. Gefüttert wird an bes. eingerichteten Futterplätzen. Vorteile sind, daß die Ferkel nicht mit dem Sauenfutter zusammenkommen, die Sauen nicht in den Buchten abkoten und Brunst sowie Krankheiten besser erkannt werden. Die Zufütterung erfolgt am Anfang der 2. Lebenswoche mit geschälter gekochter Gerste mit Milch. Dieses Futter wird tägl. 3mal frisch angerührt für 15 Min. den Tieren angeboten. Das Absetzen der Sauen erfolgt mit 8 Wochen, der Ferkelwurf verbleibt bis zum Alter von 4 Mon. in der Ferkelbucht. Werner Schlegel. 3710.

3-64/10-0277 Solarz, J. Niektóre cechy rodzin zrzeszonych a rozmiary chowu przyzagrodowego w spółdzielniach produkcyjmych. **(Einige Merkmale der Familienstruktur und der Umfang der Tierhaltung in den individuellen Hauswirtschaften von Produktionsgenossenschaften.)** Zagadnienia Ekon. rolnej **1963** Nr. 1. S. 165-167. — 3 Tab.
Der Artikel stellt die Ergebnisse von Untersuchungen dar, die im Jahre 1960 in 20 Produktionsgenossenschaften der Wojewodschaft Szczecin durchgeführt wurden. In den Untersuchungen wurden 256 Familien erfaßt. Untersucht wurde die Abhängigkeit der individuellen Viehhaltung (GV im Jahresablauf) von solchen Merkmalen der Familien wie Anzahl der Familienmitglieder, Anzahl der Arbeitsfähigen der Familie, Dauer der Zugehörigkeit zur Genossenschaft sowie Herkunft, Alter und Ausbildung des Haupternährers der Familie. Auf Grund des angegebenen Materials konnte festgestellt werden, daß 1. die Anzahl und die reichliche Verfügbarkeit von Arbeitskräften in wesentlicher Weise auf den Umfang der Viehhaltung einwirken, es 2. Wechselbeziehungen zwischen der Zeitspanne der Zugehörigkeit zur Genossenschaft und der Anzahl der aufgezogenen Schweine gibt; 3. Herkunft, Alter und Ausbildung des Familienoberhauptes keinen wesentlichen Einfluß auf den Umfang der Viehhaltung ausüben. PRL/CBR. 3710.

3-64/10-0278 Englisch, H. G.; Ruhlsdorf, VVB Tierzucht, Forschungsstelle für Schweinezucht und -halt. **Die Bedeutung und Durchführung der betrieblichen Mast- und Schlachtleistungskontrolle in Schweinezucht- und Läuferlieferbetrieben.** Tierzucht 17 (1963) Nr. 11. S. 511-514. — 1 Tab.
Vf. schlägt für Schweinezuchtbetriebe und Läuferlieferbetriebe eine betriebliche Prüfungsmethode vor, um in den Zuchtbetrieben alle 1. Würfe und in den Läuferlieferbetrieben die Zuchtherde überprüfen zu können. Jeweils 4 Tiere eines Wurfes, 2 Börge und 2 Sauen, werden in Gruppen nach den betrieblichen Möglichkeiten gefüttert, wobei der Eiweiß- und Mineralstoffbedarf den Fütterungstabellen entspr. beachtet werden muß. Die Futtermittel werden während der Mastzeit summiert und in Gesamtnährstoff umgerechnet. Die Zunahme je Lebenstag wird ermittelt. Eine an 140 DVL mittels Trend errechnete vorläufige Korrekturtabelle für die wichtigsten Kriterien der Schlachtleistung ermöglicht es, die Schweine einer Prüfungsgruppe beim Durchschnittsgewicht von 110 kg zu schlachten und die Werte

der Einzeltiere auf 110 kg umzurechnen. Die Schlachtung soll in MPA oder anderen Instituten stattfinden. Werner Schlegel. 3820.

3-64/10-0279 Turek, F. und Lobmaier, G. **Beziehungen zwischen Mast- und Schlachteigenschaften und Ausschlachtungsbefunden von Schweinen.** Bodenkultur [Wien], Ausg. A **14** (1963) Nr. 3. S. 261-278. — 4 Abb., 6 Tab.

100 willkürlich aus Prüfgruppen der Prüfanstalt Schwechat herausgegriffene Edelschweine wurden vollständig zerlegt und die dabei gefundenen Werte darauf geprüft, wieweit sich aus den einzelnen Mast- und Schlachtprüfungsergebnissen die tatsächlichen Verhältnisse am Schlachtkörper schätzen lassen. Das Gewichtsverhältnis M. long. dorsi zur darüber liegenden Fettfläche erwies sich dabei als zuverlässigster Maßstab zur Erfassung des Schlachtwertes. 90 kg schwere Sauen haben durchschnittl. um 250 g schwerere Schlögel mit Stelze als Kastraten und, zum Teil durch stärkere Fettauflage erklärbare, höhere Karreegewichte mit um 214 g weniger Fleisch. Die Korrelationen zwischen dem in der Prüfanstalt routinemäßig festgestellten Fleisch-Fettverhältnis und dem durch gründlichste Trennung von Fleisch und Fett festgestellten „wahren“ Fleisch-Fettverhältnis wurden für Kastraten mit 0,71, für Sauen mit 0,80 errechnet. Im Zusammenhang mit der Überlegung, daß phänotypische Korrelationen nicht konstant bleiben, wird die praktische Anwendbarkeit der Ergebnisse diskutiert. E. Höpler. 3825.

3-64/10-0280 Vergleichende Untersuchungen über die Schlachtleistung bei unterschiedlichem Schlachthofgewicht zur Aufstellung einer Korrekturtabelle. Ruhlsdorf, VVB Tierzucht Forschungsstelle für Schweinezucht u. -halt. mit Spezialschule Ruhlsdorf Plan-Nr.: 440017-3-13/2. Abschlußber. (11/3. 1964).

Es wurden insgesamt 445 Schweine der Rassen DVL und DE bei unterschiedlichem Schlachthofgewicht (nach 36stündiger Nüchterung) in den Grenzen von 90-127 kg ausgeschlachtet. Es ist das Verhalten der Schlachtmerkmale (innere Schlachtlänge, Kotelettmuskelfläche, Schinkengewicht, Schinkenfettauflage, Speckdicke, Speckgewicht und Fettgehalt des Schweines) in Abhängigkeit vom Schlachtkaltgewicht (Gewicht bei beiden gekühlten Hälften) untersucht worden. Zum Ausgleich der Variation erfolgte die Trendberechnung nach Baranow. Die Werte der Schlachtmerkmale wurden auf 86 kg Schlachtkaltgewicht = 110 kg Schlachthofgewicht bezogen. Diese Korrekturtabelle erlaubt die Umrechnung der Schlachtmerkmale auf die verschiedenen Schlachtgewichte. Die Anwendungsmöglichkeiten bei der Betriebsmast- und Schlachtkontrolle, in der staatlichen MLP und bei Schlachtschauen werden aufgezeigt. 3825.

3-64/10-0281 Elsley, F. W. H. Studies of growth and development in the young pig. Part I. The carcass composition at 56 days of age of pigs reared along different growth curves. **(Untersuchungen über Wachstum und Entwicklung junger Schweine. 1. Mitt. Die Schlachtkörperzusammensetzung bei 56 Tage alten, in verschiedener Entwicklungsintensität aufgezogenen Ferkeln.)** J. agric. Sci. **61** (1963) Nr. 2. S. 233-241. — 2 Abb., 9 Tab., 18 Lit.

Vf. vergleicht die Schlachtkörperzusammensetzung von 56 Tage alten Ferkeln, die früh (bei 10 lb.) abgesetzt und nach vorausbestimmter Wachstumsintensität 30; 40 bzw. 50 lb. schwer waren, mit 50 lb. schweren Saugferkeln. Im Gewicht der Teilstücke (Schinken, Schulter, Nacken, Becken, Lende) bestanden zwischen den früh abgesetzten und den Saugferkeln keine Differenzen. Die Differenz in den Teilstückgewichten zwischen den 3 früh abgesetzten Ferkelgruppen entspricht der unterschiedlichen Entwicklung mit fortschreitendem Lgw. Die zerlegten Teilstücke der 50 lb. schweren früh abgesetzten Ferkel enthielten 0,5% weniger Knochen, 1,5% weniger Fleisch und 1,7% mehr Fett als die Schlachtkörper der gleichalten und gleichschweren Saugferkel. Die Teilstücke der 30 lb. schweren früh abgesetzten Ferkel enthielten 1,4% mehr Knochen, 2,7% mehr Fleisch und 5,3% weniger Fett als die der 40 lb. schweren Ferkel und 2,6% mehr Knochen, 5,2% mehr Fleisch und 8,8% weniger Fett als die der 50 lb. schweren Ferkel. Proben von Unterhautfett wurden auf Fettgehalt und Jodzahl analysiert. A. Schaaf. 3825.

3-64/10-0282 Elsley, F. W. H. Studies of growth and development in the young pig. Part II. A comparison of the performance to 200 lb. of pigs reared along different growth curves to 56 days of age. **(Untersuchungen über Wachstum und Entwicklung junger Schweine. 2. Mitt. Ein Vergleich der Leistung bis 200 lb. zwischen Schweinen, die bis 56 Tage in verschiedener Wachstumsintensität aufgezogen wurden.)** J. agric. Sci. **61** (1963) Nr. 2. S. 243-250. — 3 Abb., 9 Tab., 11 Lit.

20 Blocks zu je 4 Wurfgeschwistern (3 früh abgesetzte Ferkel, im Alter von 56 Tagen 50; 40 bzw. 30 lb. schwer, und 1 Saugferkel, 50 lb. bei 56 Tagen) wurden unter Standardbedingungen von 56 Tagen bis 200 lb. individuell gefüttert und in Zunahme, Futterverwertung und Schlachtkörperzusammensetzung verglichen. Die mit 56 Tagen 50 lb. schweren Tiere unterschieden sich in Zunahme und Futterverwertung nicht. Die bei 56 Tagen 30; 40 bzw. 50 lb. schweren früh abgesetzten Ferkel erreichten 200 lb. mit 169,8; 176,8 bzw. 182,7 Tagen bei einer Futterverwertung von 3,3; 3,2 bzw. 3,1. Zwischen den Saugferkeln und den mit 56 Tagen gleichschweren, früh abgesetzten Ferkeln bestand in der Schlachtkörperzusammensetzung bei 200 lb. kein Unterschied. Eine Erhöhung des 56-Tage-Gewichtes der früh abgesetzten Ferkel von 30 auf 50 lb. verminderte den Fleischanteil und erhöhte den Fettanteil signifikant. A. Schaaf. 3825.

3-64/10-0283 Skårman, Sven. Differences between the sexes as to proportions of lean meat and fat in pigs. **(Unterschiede zwischen den Geschlechtern bezüglich der Proportionen von Magerfleisch und Fett bei Schweinen.)** Kungl. Lantbrukshögskolans Ann. **28** (1962) S. 149-164. — 1 Abb., 5 Tab., 26 Lit.

Die Untersuchungen wurden in Ergänzung zu angeführten früheren Versuchen mit 817 reinrassigen Landrasse- bzw. Yorkshire- sowie Kreuzungsschweinen (Landrasse × Yorkshire) vorgenommen. Ermittelt wurden: Fläche des M. long. dorsi, Dicke der Seite (lt. Angaben auf Abb.), Fleischgehalt der Seite, Speckstärke, Schlachtkörperlänge u. a. Die weibl. Tiere erwiesen sich als länger als die kastrierten männl.; außerdem besaßen sie dünneren Speck, höheren Fleischanteil und größere Fläche des M. long. dorsi. Diese Differenzen waren hoch gesichert. Zwischen den reinrassigen und Kreuzungstieren konnten in dieser Beziehung keine Unterschiede festgestellt werden. R. Kürbs. 3825.

3-64/10-0284 Elson, C. E., Fuller, W. A., Kline, E. A. und Hazel, L. N. Effect of age on the growth of porcine muscle. **(Einfluß des Alters auf das Muskelwachstum beim Schwein.)** J. Animal Sci. **22** (1963) Nr. 4. S. 946 bis 952. — 6 Abb., 7 Tab., 17 Lit.

An 32 Kreuzungsschweinen aus 8 Würfen wurden die Einflüsse des Alters auf die Muskelentwicklung geprüft. Alle Tiere wurden ad libitum gefüttert und von den Wurfgeschwistern je 1 Tier in 45tägigem Abstand geschlachtet. Das durchschnittl. Schlachtgewicht betrug bei einem Alter von 45 Tagen 34 lb., von 90 Tagen 86 lb., von 135 Tagen 148 lb. und von 180 Tagen 216 lb. Unmittelbar nach dem Schlachten wurden Proben zwischen der 10. und 11. Rippe von M. long. dorsi, M. psoas major, M. semimembranosus und M. semitendinosus entnommen. Für die Merkmale Muskelfläche, intramuskuläre Fetteinlagerung, Jodzahl des intramuskulären Fettes, Muskelwassergehalt und Proteingehalt wurden signifikante Alterseinflüsse nachgewiesen. Von seiten der Abstammung der Tiere lagen signifikante Unterschiede bez. Jodzahl, Fett-, Protein- und Wassergehalt vor. Methodisch wurden die Wachstumskurven in verschiedenen Gleichungen geprüft. Insgesamt sind 3 Perioden des Wachstums erkennbar: die 1. Periode mit einem intensiven Muskelwachstum von der Geburt bis ca. zum 80. Lebenstag, die 2. Periode des Überganges vom 80.-120. Lebenstag und die 3. Periode der Mast vom 120. Tag bis zur Schlachtung. Natürlich ist die Muskelentwicklung nicht allein eine Funktion des Alters, sondern auch andere Faktoren (Ernährungsniveau, Lage und Aktion des Muskels, Gewicht, Geschlecht, Haltung und erbliche Veranlagung) üben entspr. Einflüsse aus. In diesem Versuch wurden jedoch alle diese Faktoren fixiert und nur Gewicht und Erblichkeit untersucht. Mit zunehmendem Alter nahm das Muskelflächenwachstum ab, wobei der M. long. dorsi noch die größte Zunahme zeigte. Die intramuskuläre Fetteinlagerung erhöhte sich ebenfalls von Geburt bis etwa zum 20. Lebenstag, verringerte sich jedoch bis zum 80. Lebenstag und nahm dann in der 2. und 3. Periode erneut sichtlich zu, wobei sich die größte Einlagerung im M. semitendinosus abzeichnete. Während der ersten 90 Lebenstage wird der Muskelwassergehalt stark reduziert, um sich dann nur noch wenig zu vermindern. Demgegenüber nimmt der Proteingehalt der Muskeln in der 1. Periode bis zu ca. 120 Tagen stark zu, um dann bei ansteigendem Fettgehalt leicht abzunehmen. O. Siegl. 3825.

3-64/10-0285 Staun, Henning; Kopenhagen, Nat. Res. Inst. of Animal Husbandry. Various factors affecting number and size of muscle fibers in the pig. **(Zahl und Größe der Muskelfasern beeinflussende Faktoren beim Schwein.)** Acta Agric. scand. 8 (1963) Nr. 3. S. 293-322. — 11 Abb., 6 Tab., 54 Lit.

Bei Schweinen der Dänischen Landrasse wurden im M. long. dorsi die Zahl der Muskelfasern bestimmt und ihr Durchmesser gemessen. Proben der gleichen Muskelart wurden zum Vergleich auch von Schweinen der Rassen Piétrain, Duroc Jersey, Yorkshire, Deutsches Veredeltes Landschwein und Deutsches Weißes Edelschwein getestet. Darüber hinaus konnte in einem weiteren Versuch der Durchmesser der Fasern auch von anderen Muskeln untersucht werden. Weiterhin hat der Autor den Einfluß verschiedener physiol. Faktoren auf Zahl und Durchmesser der Muskelfasern studiert. Folgende Hauptresultate werden mitgeteilt: Zahl und Durchmesser der Muskelfasern differierten bei Schweinen unterschiedlicher Rassenzugehörigkeit. Der Muskelfaserdurchmesser war von Alter und Gewicht der Tiere abhängig, während die Zahl der Muskelfasern während der Wachstumsperiode offensichtlich unbeeinflußt blieb. Wurden die Tiere bei einem Lgw. von 90 kg geschlachtet, so ergab sich zwischen weibl., männl. Tieren und Kastraten derselben Rasse keine signifikante Differenz bez. Zahl und Durchmesser der Muskelfasern. Zahl und Durchmesser der Fasern sind in den verschiedenen Muskeln desselben Schweines unterschiedlich. Die beiden Merkmale werden auch durch die Fütterung beeinflußt. Proteinmangel in der Futterration hatte eine Abnahme des Muskelfaserdurchmessers zur Folge. Ebenso führten intensive Fütterung bzw. die Verwendung eines Futters mit niedrigem biol. Wert zur Abnahme des Durchmessers der Muskelfasern. Zwischen dem Durchmesser der Muskelfasern sowie der Zahl der Fasern pro cm² und verschiedenen Merkmalen der Fleischwüchsigkeit wurden statistisch signifikante Korrelationen nachgewiesen. O. Siegl. 3825.

3-64/10-0286 Ollivier, L. und Mesle, L. Résultats d'un contrôle de descendance portant sur la qualité de la viande chez le porc. **(Ergebnisse einer Nachkommenschaftsprüfung auf Fleischqualität beim Schwein.)** Ann. Zootechnie **12** (1963) Nr. 3. S. 173-179. — 4 Tab., 7 Lit.

Von 346♂ und 480♀ Schweinen, die zwischen 1957 und 1961 als Nachkommen von 141♂ die Mastprüfungsanstalt Jouy-en-Josas passierten, wurden 24 Std.

nach der Schlachtung (bei ca. 100 kg Lgw.) an mehreren Muskeln der rechten Schinken der pH-Wert gemessen und die Schinken in verschiedenen Stadien des Herstellungsprozesses von „Pariser Schinken“ gewogen. Die für insgesamt 8 Merkmale nach Geschlechtern getrennt geschätzten Heritabilitäten und einige genetische Korrelationen führen Vff. zu dem Schluß, daß die Zusammensetzung des Schinkens (Fleisch-, Fett- und Knochenanteil) durch Selektion wirksam verändert werden kann, daß aber die Qualität des Muskelgewebes selbst (sein Rendement) durch Selektion nach Ertrag an fertigem Schinken kaum verbessert wird. A. Schaaf. 3827.

3-64/10-0287 Lužkov, M. A.; Askanija-Nowa, Gebiet Cherson, Ukrain. Iwanow-Forsch.-Inst. für Tierzucht der Steppengebiete. Trechporodnoe skreščivanie svinej na juge Ukrainy. **(Die Dreirassenkreuzung von Schweinen im Süden der Ukraine.)** Svinovodstvo, Moskva **17** (1963) Nr. 7. S. 33-34. — 2 Abb., 2 Tab.
In „Askanija-Nowa“ wurden folgende Kreuzungen durchgeführt: Ukrainische Weiße Steppenrasse × Ukrainische Weiße Steppenrasse (I), Ukrainische Weiße Steppenrasse × Ukrainische Bunte Steppenrasse (II), Ukrainische Weiße Steppenrasse × Große Weiße Rasse (III), Ukrainische Weiße Steppenrasse × Ukrainische Bunte Steppenrasse × Große Weiße Rasse (IV), Ukrainische Weiße Steppenrasse × Große Weiße Rasse × Ukrainische Bunte Steppenrasse (V), Ukrainische Bunte Steppenrasse × Ukrainische Bunte Steppenrasse (VI), Ukrainische Bunte Steppenrasse × Ukrainische Weiße Steppenrasse (VII), Ukrainische Bunte Steppenrasse × Ukrainische Weiße Steppenrasse × Große Weiße Rasse (VIII), Ukrainische Bunte Steppenrasse × Ukrainische Weiße Steppenrasse × Große Weiße Rasse (IX), Ukrainische Bunte Steppenrasse × Große Weiße Rasse × Ukrainische Weiße Steppenrasse (X). Dabei betrug die Wurfgröße 9,8; 10,5; 10,8; 11,5; 11,1; 9,7;9,8; 10,1; 11,0 und 10,7 Ferkel; das Geburtsgewicht eines Ferkels lag bei 1,1; 1,2; 1,17; 1,29; 1,3; 1,13; 1,19; 1,2; 1,25 und 1,27 kg, das Absatzgewicht pro Ferkel bei ∅ 15,6; 16,3; 16,2; 16,6; 17,4; 15,4; 16,2; 16,1; 16,9 und 17,2 kg. Das zeigt, daß die Fruchtbarkeit der Sauen, die Großfrüchtigkeit und die Wachstumsintensität der Ferkel bei der Dreirassenkreuzung höher sind als bei der Zweirassenkreuzung und der Reinzucht. Dabei lagen die Kennziffern etwas höher, wenn Sauen der Ukrainischen Weißen Steppenrasse als Ausgangsmaterial dienten. Ein Mastversuch brachte die gleichen Ergebnisse.
B. Schenk. 3906.

3-64/10-0288 Amrachov, A. M.; Kirowabad, Aserbaidshan. Forsch.-Inst. für Tierzucht. Otkormočnye kačestva pomesej trechporodnogo skreščivanija. **(Die Masteigenschaften von Kreuzungstieren aus drei Rassen.)** Svinovodstvo, Moskva **17** (1963) Nr. 7. S. 35-36. — 3 Tab.
Im Sowchos „Klenowo-Tschegodajewo“ (Gebiet Moskau) wurden Kreuzungssauen aus Große Weiße Rasse × Große Schwarze Rasse von Landrasse-Ebern gedeckt. Bei der Intensivfleischmast der Ferkel von 90 Tagen an wurden folgende Ergebnisse erzielt: Das Alter bei Erreichung des Schlachtgewichts von 90 kg betrug 205 (Große Weiße), 216 (Große Schwarze), 182 (Kreuzungstiere aus 3 Rassen) und 196 Tage (Landrasse); die Tagesdurchschnittszunahmen während der Mast lagen entspr. bei 575, 534, 684 und 594 g, während pro 1 kg Zunahme 3,98; 4,38; 3,60 und 3,81 FE benötigt wurden. Kontrollschlachtungen bei einem Gewicht von 61 und 91,6 kg ergaben, daß die Schlachtkörperlänge 88; 86; 90 und 90 cm und die Länge der Baconhälften 73; 71; 74 und 74 cm betrug. Die durchschnittl. Rückenspeckdicke lag bei 3,1; 4,0; 3,0 und 2,9 cm, die Fläche des Muskelauges bei 26; 24; 32 und 31 cm². In bezug auf die abs. Fleischausbeute lagen die Kreuzungstiere am höchsten; außerdem waren die Selbstkosten pro 1 dt Zunahme bei ihnen am niedrigsten.
B. Schenk. 3906.

3-64/10-0289 Veličko, L. F. Sravnenie produktivnosti pomesej v uslovijach raznogo urovnja belkovogo pitanija. **(Vergleich der Leistung von Kreuzungstieren bei unterschiedlichem Eiweißgehalt des Futters.)** Životnovodstvo, Moskva **25** (1963) Nr. 8. S. 59-61. — 2 Tab.

Reinrassige Ferkel der Großen Weißen Rasse (I) sowie Kreuzungsferkel aus Mirgoroder × Große Weiße (II) und Pridneprowsker × Große Weiße (III) wurden mit 15 Tagen in je 2 gleiche Gruppen (gleiches Geschlecht, gleiche Anzahl) eingeteilt, von denen Gr. A die normale Futterration und Gr. B mehr Magermilch und damit 25% mehr verd. E. als Gr. A erhielt. Mit 80-82 Tagen wurden 6 Kontrollmastgruppen mit je 14 Tieren gebildet, wobei die B-Gruppen bei gleichem Gesamtnährwert der Ration 25% mehr Eiweiß erhielten. Bei den Saugferkeln bewirkte die Erhöhung des Eiweißgehaltes des Futters in allen Gruppen ein intensiveres Wachstum (Lgw. mit 2 Mon.: IA — 13,9; IB — 14,6; IIA — 14,3; IIB — 17,7; IIIA — 14,0; IIIB — 15,6 kg), das sich bei den Kreuzungsferkeln noch stärker auswirkte. Bei der Kontrollmast machte sich die Heterosis sehr stark bemerkbar (Tagesdurchschnittszunahmen IA — 518 g; IIA — 554 g und IIIA — 556 g; Alter mit 100 kg Lgw. IA — 244 Tage; IIA — 223 Tage; IIIA — 228 Tage), während die Erhöhung des Eiweißgehaltes des Futters die Heterosis nicht verstärkte und sich auch bei I nicht auswirkte. Die Schlachtausbeute war bei allen Gruppen gleich, wobei die B-Gruppen eine weniger intensive Fettablagerung aufwiesen. Die Verdauungskoeffizienten sowie die Koeffizienten der N-Ausnutzung waren in allen A- und B-Gruppen fast gleich. B. Schenk. 3906.

3-64/10-0290 Škurupij, P. Ja.; Poltawa, Forsch.-Inst. für Schweinezucht. Vozrastnye izmenenija sostava tuš i krovi u čistoporodnych i pomesnych svinej. **(Die altersbedingten Veränderungen in der Zusammensetzung der Schlachtkörper und des Blutes bei reinrassigen Schweinen und bei Kreuzungstieren.)** Životnovodstvo, Moskva **25** (1963) Nr. 8. S. 61-63. — 1 Abb., 2 Tab.

3 Gruppen von je 11 Läufern im Alter von 2 Mon. und mit einem Lgw. von 18,5-19 kg (I — Kontrollgruppe, Große Weiße Rasse; II — Große Weiße Rasse × Ukrainische Weiße Steppenrasse; III — Große Weiße Rasse × Mirgoroder Rasse) wurden unter den gleichen Fütterungs- und Haltungsbedingungen gehalten. Dabei wiesen II (11,3%) und III (10,7%) höhere Tagesdurchschnittszunahmen und einen niedrigeren Futteraufwand (0,6 und 0,3 FE/kg Zunahme weniger) auf als I. Mit steigendem Alter nimmt bei allen Gruppen der Gesamteiweißgehalt im Blut zu, wobei bei II in allen Altersperioden und bei III mit 4-6 Mon. ein höherer Globulingehalt (mit 4 Mon. II — 71,0; III — 72,2; I — 68,1) als bei I auftrat. Ebenfalls bei allen Gruppen war eine allmähliche Reduzierung der Knochen- und Fleischausbeute der Schlachtkörper und eine Steigerung des Fettgehalts zu verzeichnen. Dabei war bei II und III der Prozentsatz der Knochenausbeute niedriger als bei I; in bezug auf die Fleischausbeute im Schlachtkörper lag II hinter I, während zwischen III und I kein signifikanter Unterschied bestand. Bei der Fettausbeute lagen II und III (mit 2 und 4 Mon.) vor I. B. Schenk. 3906.

3-64/10-0291 Smidt, D. **Möglichkeiten der Brunstdiagnose beim Schwein.** Dtsch. tierärztl. Wschr. **70** (1963) Nr. 18. S. 517-522. — 20 Abb., 8 Lit.

Bei der Durchführung der künstlichen Besamung beim Schwein bereitet die exakte Brunstdiagnose und somit die Ermittlung des optimalen Besamungszeitpunktes noch erhebliche Schwierigkeiten. Nach einer kurzen Schilderung des Brunstablaufes und der Brunstsymptome werden die Möglichkeiten der Brunstdiagnose unter Berücksichtigung eigener Erfahrungen aufgezeigt. Das sicherste Hilfsmittel zur Erkennung der Rausche ist das Abprobieren mit einem Eber. Für die Feststellung des Duldungsreflexes ohne Vatertier sind die den Duldungsreflex auslösenden Schlüsselreize nachzuahmen. Die entspr. Möglichkeiten werden beschrieben. Wichtig ist, daß die Brunstfeststellung niemals am Trog erfolgen darf, da die Muttertiere durch das Fressen derartig abgelenkt sind, daß sie auch stehen, ohne brünstig zu sein. J. Wollrab. 3908.

3-64/10-0292 Sidorova, L. M.; Askanija-Nowa, Gebiet Cherson, Ukrain. Iwanow-Forsch.Inst. für Tierzucht der Steppengebiete. Vlijanie tipa kormlenija na plodovitost' matok. **(Der Einfluß des Fütterungstyps auf die Fruchtbarkeit von Sauen.)** Svinovodstvo, Moskva **17** (1963) Nr. 6. S. 34.
9 reinrassige Sauen der Ukrainischen Weißen Steppenrasse im Alter von 10 Mon. erhielten bis zum Abferkeln 80% Kraftfutter (Gersten-, Mais- und Haferschrot, Weizenkleie, Sonnenblumenkuchen) und 20% Rauh-, Grün- und Saftfutter (I) bzw. 40% Kraftfutter und 60% Rauh-, Grün- und Saftfutter (II). Beide Gruppen erhielten zusätzlich Magermilch. Die Wurfgröße betrug ⌀ 11 Ferkel, das Geburtsgewicht 1,4 kg und das Absatzgewicht 16,2 kg. Dabei lag die Wurfgröße bei I um 0,5 Ferkel unter dem Durchschnitt; das Geburtsgewicht der Ferkel betrug 1,32 kg und das Absatzgewicht 16,1 kg, während bei II die Wurfgröße um 0,37 über dem Durchschnitt lag und das Geburtsgewicht 1,46 kg und das Absatzgewicht 16,3 kg betrugen. Bei der Paarung verwandter Tiere war bei I ebenfalls eine Senkung aller dieser Kennziffern zu verzeichnen, während bei der Paarung nicht verwandter Tiere die Wurfgröße 0,8 Ferkel höher lag als bei II; Geburtsgewicht und Absatzgewicht der Ferkel waren jedoch auch in dieser Variante bei II größer. B. Schenk. 3910.

3-64/10-0293 Rymań, M. A.; Dubrowizy, Gebiet Moskau, Unions-Inst. für Tierzuchtforsch. Vlijanie smešannogo semeni na oplodotvorjaemost' i plodovitost' matok. **(Der Einfluß von gemischtem Sperma auf Befruchtung und Fruchtbarkeit der Sauen.)** Svinovodstvo, Moskva **17** (1963) Nr. 7. S. 37 bis 38. — 3 Tab.
Beim Mischen der Ejakulate von Ebern verschiedener Rassen müssen diese vorher verdünnt werden, da das Sperma dann eine höhere Aktivität und längere Lebensdauer der Spermien aufweist. Bei Besamungsversuchen mit unvermischtem Sperma wurden 74% der Sauen befruchtet, während es bei gemischtem Sperma von Ebern aus 2 oder 3 Rassen 94% waren; die Wurfgröße betrug entspr. 10 Ferkel (davon 7,4% tot oder unterentwickelt) und 13,5 Ferkel (davon 1,1% tot). B. Schenk. 3910.

3-64/10-0294 Schmidt, W. **Schweinemast mit Automaten- und Trogfütterung (Versuche mit einem Universalautomaten).** Jb. Arbeitsgemeinsch. Fütterungsberat. 4 (1961/62, hrsg. 1963) S. 297-303. — 3 Abb. Zus. in Russ., Engl. — nach Zus.
Der beschriebene Automat eignet sich für den Einbau in Altbauten und für die Zwischennutzung in Kaltställen durch Schweine, für Umbauten und für Neubauten. Alle in der Schweinefütterung üblichen Futtermittel lassen sich mit diesem Automaten trocken oder feuchtkrümelig verfüttern. Das Nachrutschen und restlose Leerfressen ist gesichert. In einem Versuch mit Naßschnitzeln als Grundfutter konnte ein Mehrverbrauch bei der Automatengruppe nicht festgestellt werden. Die Futterverluste blieben unter 1%. Beide Gruppen hatten etwa die gleiche Zunahme. Der Arbeitsaufwand für die Fütterung betrug je Schwein und Tag: bei Fütterung aus Trögen 2mal tägl. 0,55 AKmin, bei Fütterung aus Automaten 2mal wöchentl. 0,20 AKmin. Auch kleine Schweine lassen sich aus dem beschriebenen Automaten füttern. Durch den Einsatz des Automaten läßt sich die Stallkapazität um ca. 100% erhöhen. 3954.

3-64/10-0295 Brjušinina, E. D.; Poltawa, Forsch.-Inst. für Schweinezucht. Gruppovoe soderžanie podsosnych svinomatok. **(Die Gruppenhaltung**

der säugenden Sauen.) Svinovodstvo, Moskva **17** (1963) Nr. 7. S. 15-17. — 1 Abb., 2 Tab.

Bei einem Versuch im Kolchos „Lenin" (Gebiet Poltawa) hielt man Kontrollsauen der Großen Weißen Rasse mit ihren Ferkeln in Buchten für je 2 Sauen, wobei die Freßplätze für die Ferkel in den Sauenbuchten angelegt wurden. Die Versuchstiere standen in Buchten zu je 8; 6; 4 und 2 Sauen, wobei gesonderte Freßplätze für je 14 und 6 Würfe mit angebauten Ausläufen eingerichtet wurden. Bei gleichem Futteraufwand je 1 kg Zunahme (4,3 FE) wogen die Versuchsferkel mit 2 Mon. 0,7 kg mehr als die Kontrollferkel; außerdem waren sie lebhafter und kräftiger. Auch der Ferkelabgang in der Versuchsgruppe lag um 2,6% niedriger. Außerdem sanken der Arbeitsaufwand und die Menge der benötigten Baustoffe, und die Arbeitsproduktivität der Schweinepflegerinnen stieg bedeutend an. B. Schenk. 3978.

3-64/10-0296 Batyrov, N. Opyt gruppovogo soderžanija podsosnych svinomatok. **(Erfahrungen mit der Gruppenhaltung säugender Sauen.)** Kolchozno-sovchoznoe proizvodstvo Tadžikistana, Dušanbe **17** (1963) Nr. 5. S. 29-31. — 1 Abb.

1957 wurde im Rayon Kuibyschew im Kolchos „Dsershinski" mit Erfolg zum erstenmal die Gruppenhaltung ferkelführender Sauen angewendet. Auf Grund der dabei gesammelten guten Erfahrungen ging man 1962 auch im Kolchos „Karl Marx" zu dieser Haltungsform über und errichtete dafür ein Sommerlager. Es bestand aus je 2 nebeneinander liegenden Buchten von 5 × 8 m (40 m²), die durch einen 2 m breiten Gang von den 2 gegenüberliegenden Buchten getrennt wurden. An den Stirnseiten der Buchten wurden Freßplätze angelegt, auf die die Ferkel durch Schlupflöcher gelangten. Die Sauen blieben nach dem Abferkeln 6-9 Tage in Einzelbuchten, dann wurden je 2 Sauen mit Ferkeln bis zu 12-15 Tagen in Doppelbuchten und danach im Sommerlager in den Buchten für je 8-10 säugende Sauen mit Ferkeln untergebracht. Die Tiere wurden stets nach dem Füttern, wenn sie ruhig waren, zum erstenmal zusammengebracht. Die Beifütterung der Ferkel (Futter mit Antibiotica und Spurenelementen) erfolgte, wenn die Sauen im Auslauf waren, in dem sich auch die Ferkel 3-4 Std. tägl. mit den Sauen aufhielten. Sie wurden mit 45-50 Tagen abgesetzt. Bei dieser Gruppenaufzucht der Ferkel wurden die Selbstkosten bedeutend gesenkt, die Beifütterung der Ferkel erleichtert und der Arbeitsaufwand reduziert. B. Schenk. 3978.

3-64/10-0297 Ernst, W. **Möglichkeiten der Steigerung der Ferkelproduktion durch kombinierte Abferkelstände und deren Desinfektion.** Mh. Veterinärmed. **19** (1964) Nr. 4. S. 143-147.

Es wird ein kombinierter Abferkelstand mit Ferkelaufzuchtbucht beschrieben. Die Veränderungen der Größenverhältnisse der Grundflächen des Abferkelstandes, der Ferkel- und der Aufzuchtbucht lassen sich mit wenigen Handgriffen ohne Werkzeuge in kürzester Zeit bewältigen. (Gesamtfläche 5,76 m²). Die Anfertigung der Buchten in Montagebauweise bei Serienfertigung der Bauteile, die im Stall mit Steckbolzen zu den Buchten zusammengefügt werden, ermöglicht eine leichte Demontage und damit schnelle prophylaktische Imprägnierung und Desinfektion im Tauchverfahren in einer fahrbaren Desinfektionswanne. H. Busse. 3978.

3-64/10-0298 Šatalov, V. K. Vyraščivanie plemennogo molodnjaka v letnich lagerjach. **(Die Aufzucht von Zuchtferkeln in Sommerlagern.)** Svinovodstvo, Moskva **17** (1963) Nr. 6. S. 15-18. — 4 Abb.

Im Zuchtbetrieb „Primalkinski" (Kabardino-Balkarische ASSR) werden seit 1957 auch die über 2 Mon. alten Zuchtferkel das ganze Jahr über in Sommerlagern aufgezogen, deren Hütten aus Brettern errichtet werden und eine Wärmedämmung aus Stroh erhalten; sie werden entspr. den Altersklassen der Tiere in mehrere umzäunte Sektionen eingeteilt. Die Tiere haben freien Auslauf, erhalten die Trockenfuttermischungen aus Futterautomaten und haben ständig Zugang zum Wasser. Dabei kann 1 AK bis zu 900 Tiere betreuen, deren Durchschnittsgewicht mit 4 Mon. 41 kg beträgt. An kalten Tagen wühlen sich die Tiere in das Stroh ein. Bei dieser Haltungsform steigt die Arbeitsproduktivität der Schweinepfleger stark an, und es werden gesunde und anpassungsfähige Schweine aufgezogen. B. Schenk. 3979.

3-64/10-0299 Dannenberg, H. D. und Wesche, W. D.; Potsdam, Veterin.-Untersuchungs- und Tiergesundheitsamt. **Zur Prophylaxe von Magen-Darm-Erkrankungen in großen Schweinebeständen.** Tierzucht 18 (1964) Nr. 4. S. 181-183. — nach Zus.
Die Steigerung der Produktivität der Schweinehaltung in den sozialist. Großbetrieben ist ohne die weitgehende Verhütung von Erkrankungen und Verlusten nicht möglich. Da etwa die Hälfte der Schweineverluste durch Magendarmerkrankungen sowohl infektiöser als auch fütterungsbedingter Art verursacht wird, müssen Fütterungshygiene wie auch Seuchenprophylaxe weiter verbessert werden. Zu ersterer erscheinen die verstärkte Beachtung der Verfütterung einwandfreier Futtermittel sowie der Fütterungstechnik, die Intensivierung der Futtermittelprüfung und eine verbesserte Versorgung mit Eiweiß und Vit. A, vor allem in der Aufzucht, notwendig, zu letzterer neben der Verhütung der Einschleppung von Seuchenerregern die Unterbrechung der Infektionsketten im Bestand selbst. 3985.

3-64/10-0300 Truijen, W. T. Kreupele en verlambde varkens. **(Lahme und gelähmte Schweine.)** Tijdschr. Diergeneeskunde 88 (1963) Nr. 20. S. 1271 bis 1293. — 63 Lit.
Für den Praktiker wird eine Übersicht über die beim Schwein auftretenden Lahmheiten und Lähmungen und ihre Therapie, Prophylaxe und Differentialdiagnose gegeben. W. Wittig. 3985.

3-64/10-0301 Anonym. Self-feeding promotes vice. **(Selbstfütterung fördert Untugenden.)** Pig Farming 12 (1964) Nr. 2. S. 38-39. — 4 Abb.
In einer Reihe von Schweineherden ist das Schwanzabbeißen ein ernsthaftes Problem geworden. Die Benutzung von Futterautomaten soll es begünstigen. Auf der Farm von Edward Farr in Beccles werden seit 5 Jahren Untersuchungen durchgeführt, die zeigen, daß durch Fütterung der Schweine, einschließlich der Ferkel, vom Fußboden aus die Untugend des Schwanzabbeißens, welche früher bei Automatenfütterung in diesem Betrieb sehr stark ausgeprägt war, vermieden wird. Im Alter von 12-14 Wochen trat diese Untugend hauptsächlich auf. Die Haltung und Fütterung der Tiere sowie die Betriebsweise und die benutzten Schweinerassen und -kreuzungen sind erwähnt. R. Kürbs. 3985.

3-64/10-0302 *Kudrjavcev, Petr Nikolaevič, Koziner, Aleksandr Borisovič* und *Knjazev, Kronid Ivanovič.* **Metodika kontrol'nogo otkorma podsvinkov.** (Methoden der Mastleistungsprüfung bei Schweinen.) Moskva: Onti viža. 1962. (22 S.) 8°. (DA 1697)
3-64/10-0303 *Plesnivy, K.* **Příručka pro ošetřovatele prasat.** (Handbuch für Schweinewärter.) Praha: Státní zemědělské naklad. 1963. (226 S.) 8°. (1964 A 332)
3-64/10-0304 *Rusu, Simion:* **Organizarea si tehnica selecţiei la porcine.** (Die Organisation der züchterischen Arbeit bei Schweinen.) Bucureşti: Edit. agro-silvică. 1963. (61 S.) 8°. (DA 1700)
3-64/10-0305 *Scholz, Hubert.* **Beziehungen zwischen Rumpflänge, Zahl der Rippen und Wirbel sowie Fleischleistung beim Schwein.** Diss. Veterinärmed. Fak. Leipzig. 1963. (83 S.) 4°. (Diss. 9596)
3-64/10-0306 *Wilke, W.* **Erfahrungen über die Großgruppenhaltung von Mastschweinen in der LPG „Otto Grotewohl" Knoblauch, Krs. Nauen.** Genshagen: Inst. für Landwirtsch. 1963. (26 S.) 8° = Einführung des wissenschaftlich-technischen Fortschritts in der Landwirtschaft des Bezirkes Potsdam Nr. 8/1963. (DA 1728)
3-64/10-0307 *Zebrowski, Zbigniew.* **Zmiany składu tuszy w zaleznosci od wieku u swin pulawskich, wielich białych i ich mieszancow.** (Abhängigkeit der Schlachthälftenzusammensetzung vom Alter bei Puławy-Schweinen, der Großen Weißen Rasse sowie deren Mischlingen.)

Kraków. 1962. (132 S.) 4° = Instytut zootechniki. Wydawnictwa własne Nr. 144. (1963 B 235)

3-64/10-0308 Ėstonskaja vislouchnaja poroda svinej. (Das Estnische Schlappohrige Schwein.) Tartu: Min. sel'sk. choz. Ėston. SSR. 1960. (10 S.) 8°. (DA 1695)

3-64/10-0309 Mastprüfungsanstalten. Den Haag: 1964. (4 S.) 4° = Veröffentlichungen. D 109. (SR 1213, 109)

3-64/10-0310 Metodičeskie rekomendacii po sostavleniju planov raboty s plemennymi svińjami s primeneniem kontrol'nogo otkorma. (Methodische Empfehlungen für die Aufstellung von Arbeitsplänen für die Arbeit mit Zuchtschweinen unter Anwendung der Mastleistungsprüfung.) Moskva: Onti viža. 1962. (30 S.) 8°. (DA 1696)

3-64/10-0311 Problemy otkorma i kontrolja mjasnoj produktivnosti svinej. (Probleme der Mast- und Fleischleistungsprüfung bei Schweinen.) Warszawa: Państw. wyd. rolnicze i leśne. 1962. (137 S.) 8° = Zeszyty problemowe postepow nauk rolniczych Nr. 32 a. (1964 A 142)

E. SCHAFE

3-64/10-0312 Große, F. **Einige Probleme über die zwischengenossenschaftliche Schafhaltung „VI. Parteitag“ Sitz: Blievenstorf.** Tierzucht **18** (1964) Nr. 2. S. 86-89. — 2 Tab.

Ausgehend von der Entwicklung der Schafbestände im Bez. Schwerin, die eine negative Tendenz aufweist, wird die Notwendigkeit des Zusammenschlusses mehrerer LPG zum Aufbau von Schafherden aufgezeigt. Vf. schildert die Verhältnisse, unter denen die im Juni 1963 gegründete zwischengenossenschaftliche Schafhaltung „VI. Parteitag“, an der 6 Gemeinden mit unterschiedlichen Anbauverhältnissen und einer LN von insgesamt 5000 ha beteiligt sind, die Schafhaltung betreibt. Die zwischengenossenschaftliche Schafhaltung ist eine juristisch selbständige Person und besitzt ein eigenes Statut. Es werden 2 Mutterherden zu je 200 Mutterschafen und 3 Hammelherden mit je 300 Tieren gehalten. Der Durchschnittsbestand beträgt 1500-1600 Tiere. Bei der Planung des Winterfutters werden 120 Stallfuttertage zugrunde gelegt. Die Menge des zu liefernden Winterfutters durch die LPG richtet sich nach der Größe der LN. Es wird die Frühjahrslammung im März/April durchgeführt. Die Vorteile dieser Lammzeit gegenüber der Winterlammung werden angeführt. Die 5 Herden werden von 6 Personen betreut. Ein Oberschäfer organisiert den gesamten Schäfereiablauf und leitet die übrigen Betreuer der Schafe an. Er ist dem Vorstand der zwischengenossenschaftlichen Einrichtung verantwortlich. Höchstes Organ der zwischengenossenschaftlichen Einrichtung ist der Schäfereiausschuß. Aus seinen Reihen werden die Revisionskommission und der Schäfereivorstand gewählt. Neben den unmittelbaren Aufgaben der Produktion von Wolle und Schaffleisch soll die zwischengenossenschaftliche Schafhaltung „VI. Parteitag“, Sitz Blievenstorf, bei der Bildung gleicher Einrichtungen als Beispiel dienen und für den Aufbau der Schafhaltung im Bez. Schwerin jährl. eine komplette Herde zur Verfügung stellen. E. Brauns. 4010.

3-64/10-0313 Turok, V. I.; Lwow, Forsch.-Inst. für Ackerbau und Tierzucht der Westl. Bezirke der Ukrain. SSR. Charakteristika grubošerstnych ovec porody cakel'. **(Die Charakteristik der rauhwolligen Zackelschafe.)** Ovcevodstvo, Moskva **9** (1963) Nr. 6. S. 16-17. — 1 Abb.

In den westlichen Gebieten der Ukraine und den Karpatengebieten wird das Zackelschaf gezüchtet. Vf. gibt eine Beschreibung des Körperbaues und der Leistungseigenschaften der Rasse. K. Witt. 4080.

3-64/10-0314 Lysenko, V. S. Tadžikskaja poroda ovec. **(Die Tadshikische Schafrasse.)** Kolchozno-sovchoznoe proizvodstvo Tadžikistana, Dušanbe **17** (1963) Nr. 4. S. 28-32. — 3 Abb., 1 Tab.

Die Tadshikische Schafrasse wurde durch die Kreuzung von Hissar-Lincolnmuttern mit Saradsha-Hissarböcken und der nachfolgenden Züchtung der Kreuzungstiere der 1. Generation „in sich“ geschaffen. Die Tiere dieser Rasse vereinigen die gute Fleisch-Fettleistung der Hissarschafe und die gute Wollleistung der Saradshaer Schafe in sich. Das durchschnittl. Gewicht der Böcke beträgt bei der Geburt 5,5 kg, beim Absetzen 45 kg und im Erwachsenenalter 131 kg; das Gewicht der Muttern ist entspr. 5,2 kg, 42 kg und 75 kg. Die Tiere sind sehr frühreif und gut für die Weidemast geeignet. Der Schlachtertrag an Fleisch und Fett beträgt bei erwachsenen Schafen 60,2-61,8%, bei Jungtieren im Alter von 6-7 Mon. 58,5%. Die Böcke bringen ∅ 4,2 kg Wolle, die Muttern 2,9 kg. Die Wolle ist halbgrob und besitzt einen Lüsterglanz. Pro 100 Muttern werden 100-115 Lämmer geboren. Seit 1958 werden die Fettschwanzschafe einer Reihe von Betrieben mit Zuchtböcken der neuen Tadshikischen Rasse gedeckt. Dadurch wurden die Fleischleistung, die Wollproduktivität und die Wollqualität der Fettschwanzschafe bedeutend erhöht. K. Witt. 4090.

3-64/10-0315 Nozdračev, I. F.; Nowosibirsk, Sibir. Inst. für Tierzuchtforsch. Novaja krasnojarskaja poroda tonkorunnych ovec. **(Die neue Krasnojarsker Feinwollschafrasse.)** Ovcevodstvo, Moskva **9** (1963) Nr. 6. S. 3-8. — 7 Abb., 4 Tab.

Die Schafe der Krasnojarsker Rasse unterteilen sich in 2 Typen: den Chakassischen Typ der Woll-Fleischrichtung und den Utschumer Typ der Fleisch-Wollrichtung. Das Lgw. ist bei den Utschumer Schafen größer und beträgt im Durchschnitt bei den Böcken 109,6 kg und bei den Muttern 61,0 kg. Die Böcke des Chakassischen Typs wiegen ∅ 95,3 kg und die Muttern 56,9 kg. Die Tiere des Utschumer Typs haben ausgesprochene Fleischformen, sind frühreifer und haben höhere Schlachterträge an Fleisch und Fett. Die Tiere des Chakassischen Typs haben dagegen eine höhere Wollproduktivität, sie beträgt bei den Böcken ∅ 10,6 kg und bei den Muttern 5,2 kg. Die Tiere des Utschumer Typs bringen entspr. 8,5 und 4,5 kg Wolle. Wege zur Vervollkommnung der Rassengruppen werden besprochen. K. Witt. 4090.

3-64/10-0316 Kogan-Berman, M. Ja. Puti sozdanija novoj bazy cigajskogo ovcevodstva v Kasachskoj SSR. **(Wege zur Schaffung einer neuen Basis zur Zucht von Zigaja-Schafen in der Kasachischen SSR.)** Životnovodstvo, Moskva **25** (1963) Nr. 6. S. 14-19. — 2 Abb., 2 Tab.

Da die Zigaja-Schafzucht für Kasachstan neu ist, muß hier eine ganz neue Basis für diese Rasse geschaffen werden. Die Einfuhr reinrassiger Zigajaschafe in großem Umfang ist nicht möglich, deshalb sollen daneben bodenständige Kreuzungstiere (grobwollig × feinwollig) mit Zigajaböcken gekreuzt werden. B. Schenk. 4090.

3-64/10-0317 Toščev, V. K.; Irkutsk, Landwirtsch. Inst. Priangarskie merinosy. **(Die Priangara-Merinos.)** Ovcevodstvo, Moskva **9** (1963) Nr. 7. S. 20-21. — 1 Tab.

Für die Steigerung der Wollproduktion im Gebiet von Irkutsk ist eine schnelle Umwandlung der rauhwolligen Schafe in halbfein- und feinwollige Schafe notwendig. In einem Sowchos des Irkutsker Gebietes wurden zunächst die rauhwolligen Burjatschafe mit Precos-Böcken gekreuzt. Die Nachkommen dieser Kreuzung hatten eine Wolleistung von 2,1 kg im Gegensatz zu 1,5 kg bei den rauhwolligen Schafen, und der Anteil an feiner Wolle betrug 2,8%. Diese 1. Etappe der Umbildung der Rauhwollschafe durch Precos-Schafe war durch das Fehlen einer ordentlichen Zuchtarbeit gekennzeichnet. In der 2. Etappe, die 1955 begann, wurden die Precos-Rauhwollmischlinge mit Böcken der Altai-Rasse gekreuzt. Die dreirassigen Schafe hatten 1962 eine Wolleistung von 4,5 kg, die Muttern wogen 50-55 kg, die Böcke 80-100 kg. Die Mehrheit der Tiere trug 60er und 64er Wolle, ca. 10% hatten 70er Wolle. Tiere mit 70er Wolle wiesen jedoch eine schwächere Konstitution und einen feinen Knochenbau auf und sollten daher selektiert werden. Die dreirassigen Tiere passen sich gut an die Bedingungen der Priangarsteppe an. K. Witt. 4090.

3-64/10-0318 Èrman, È. M. und Junusov, M. I. Ulučšat' kačestvo Turkmenskogo karakulja. **(Verbesserung der Qualität des Turkmenischen Karakulschafes.)** Kolchozno-sovchoznoe proizvodstvo Turkmenistana, Aščhabad **7** (1963). Nr. 6. S. 14-19. — 3 Tab. 4090.

3-64/10-0319 Liebenberg, O. und Göhler, H.; Leipzig, Karl-Marx-Univ., Inst. für Tierzucht und Milchwirtsch. **Ein Beitrag zur Nachkommenschaftsprüfung bei Merinofleischschafen.** Arch. Tierzucht **7** (1964) Nr. 6. S. 465–485. — 2 Abb., 15 Tab., 6 Lit. Zus. in Russ., Engl. — nach Zus.

Für die planmäßige züchterische Weiterentwicklung der Merinofleischschafzucht ist es wichtig, solche Vatertiere einzusetzen, deren beste Leistungen sicher vererbt werden. Zur Schätzung des Erbwertes dient die Nachkommenschaftsprüfung. Sie ist aber nur dann sinnvoll, wenn sie beide Nutzungsrichtungen des Merinofleischschafes berücksichtigt. Im o. a. Inst. sind Nachkommen von 3 Stammböcken getestet worden. Aus der Entwicklung der Körpermaße der Nachkommen sind die Unterschiede im Körperbautyp der Väter nicht genau, sondern nur in der Tendenz zu erkennen. Die Gruppe mit den großrahmigen Tieren zeigt den besten Nährstoffverbrauch je 1 kg Lgw.-Zuwachs und die höchsten tägl. Zunahmen. Ihre Körperentwicklung vollzieht sich im Gegensatz zu den beiden anderen Gruppen während der Säugezeit langsamer. Diese Gruppe hat während des Prüfungszeitraumes je 1 kg Zunahme um 8,6% weniger verd. Rohprotein und kStE verbraucht als die Gruppe mit der schlechtesten Futterverwertung. Die Wollerträge der 3 Gruppen ergeben keine signifikanten Unterschiede. Die Wollfeinheit variiert innerhalb der Gruppen recht stark und weist signifikante Unterschiede zum Gruppenmittel auf. Bei der Zerlegung der Schlachtkörper lassen einige Teilstückgewichte signifikante Unterschiede erkennen. Bez. der Fetteinlagerung zeigt sich eine große individuelle Variation. Hohe korrelative Beziehungen bestehen zwischen dem Depotfettanteil und wertvollen Schlachtkörperteilstücken. Die Gruppe mit den besten durchschnittl. tägl. Zunahmen weist die größte Depotfettmenge auf. 4117.

3-64/10-0320 Diomidova, N. A. und Panfilova, E. P. Otbor baranovproizvoditelej v rannem vozraste. **(Die Auswahl der Zuchtböcke in frühem Alter.)** Ovcevodstvo, Moskva **9** (1963) Nr. 8. S. 24-26. — 1 Tab.

Es wurde die Möglichkeit der Auswahl der Zuchtböcke im frühesten Alter nach histol. Auswertung von Hautschnitten geprüft. Dabei wurden das Verhältnis der Sekundär- zu den Primärfollikeln und die Zahl der Primärfollikel pro 1 mm² Hautfläche berücksichtigt. Die Hautproben wurden 2-3 Tage nach der Geburt der Bocklämmer entnommen und untersucht. Bei einem Vergleich der Auswahl der Böcke in frühem Alter nach der zootechnischen Beurteilung und der Hautbeurteilung wurde festgestellt, daß die letztere etwas genauer ist. Diese Methode gestattet, 2- bis 3mal weniger Böcke bis zum Alter von 1-1,5 Jahren aufzuziehen. Die Selektion auf Grund der histol. Befunde ist kein Ersatz der bestehenden Beurteilungsmethode, sondern nur ein Zusatz. Eine Überprüfung des Verfahrens an größerem Tiermaterial ist notwendig. K. Witt. 4125.

3-64/10-0321 Šarafutdinov, F. Rost i razvitie karakul'skich jagnjat različnych smuškovych tipov i klassov ot roždenija do ot-ema. **(Das Wachstum und die Entwicklung der Karakul-Lämmer verschiedener Felltypen und -klassen von der Geburt bis zum Absetzen.)** S. ch. Uzbekistana **1962** Nr. 8. S. 60-62. — Aus: Referativnyj žurnal Moskva. Životnovodstvo, veterinarija **1963** Nr. 4. 58. 168. S. 19.

Zur Verbesserung der Rassenqualität wird empfohlen, in der Züchtungsarbeit Tiere mit Fellen vom Jackett-Typ zu verwenden. 4125.

3-64/10-0322 Rametov, T., Chamdamov, Š. und Zakirov, M. D. Nekotorye osobennosti nasledovanija serebristogo sura pri raznorodnom po okraske sparivanii. **(Einige Besonderheiten bei der Vererbung der hellgrauen Färbung bei heterogener Paarung.)** Ovcevodstvo, Moskva **10** (1964) Nr. 1. S. 27-29. — 2 Tab.
Seit 1960 wird im Buchara-Gebiet durch Anpaarung mit Sur-Karakuls die Zucht grauer Karakuls betrieben. Vff. verfolgen Kreuzungsvarianten zwischen grauen und schwarzen Karakuls über einen Zeitraum von 2 Jahren.
M. Giske/Dummerstorf. 4152.

3-64/10-0323 Bazarov, Š. Vlijanie vozrasta matki na živoj ves jagnjat. **(Der Einfluß des Alters der Muttern auf das Lebendgewicht der Lämmer.)** Tr. N.-i. in-ta životnovodstva, UzSSR **1962** Nr. 8. S. 67-75. — Aus: Referativnyj žurnal Moskva. Životnovodstvo, veterinarija **1963** Nr. 4. 58. 165. S. 19.
Die Überlegenheit der Lämmer von 3- bis 5jährigen Schafen in Wachstum und Entwicklung gegenüber solchen aus Erstlammungen und alten Schafen wurde in allen Altersstufen von der Geburt bis zum Alter von 1,5 Jahren beobachtet. Demzufolge haben zur Reproduktion des Viehbestandes Schafe im Alter von 3-5 Jahren den größten Wert. 4162.

3-64/10-0324 Sliwa, Z. und Kozal, E. Krzyżowanie owiec jako główny cynnik w udoskonaleniu ich produkcyjności. **(Die Kreuzung bei Schafen als Hauptfaktor für die Verbesserung ihrer Leistungsfähigkeit.)** Nowe Rolnictwo **12** (1963) Nr. 15. S. 37-39. — 5 Tab. PRL/CBR. 4164.

3-64/10-0325 Semenov, S. I.; Stawropol, Unions-Forsch.-Inst. für Schaf- und Ziegenzucht. Lučše ispol'zovat' baranov liskinskoj porodnoj gruppy dlja sozdanija krossbrednogo ovcevodstva. **(Die bessere Ausnutzung von Schafböcken der Liskier Rassengruppe für die Kreuzungszucht.)** Ovcevodstvo, Moskva **9** (1963) Nr. 7. S. 17-19. — 2 Tab.
Zur Beschleunigung der Kreuzungszucht wird empfohlen, die wertvollen Böcke der Liskier Rassengruppe in verstärktem Maße einzusetzen, die Bestände dieser Böcke zu vergrößern und ihre Aufzucht zu verbessern.
K. Witt. 4164.

3-64/10-0326 Baškatov, V. A., Jaroščuk, S. K. und Sujarov, V. F. Intensivnyj otkorm jagnjat. **(Intensive Lämmermast.)** Životnovodstvo, Moskva **26** (1964) Nr. 3. S. 37-42. — 6 Abb., 3 Tab.
Vff. führten einen Kreuzungsversuch mit Muttern der Rassen Precos und Sowjetisches Merinoschaf und Böcken der Rassen Romney-Marsh, Nordkaukasisches Fleischwollschaf und Precos durch. Von jeder Kreuzungsvariante wurden je 8 Nachkommen auf Mastfähigkeit geprüft. Das höchste Geburts- wie auch das höchste Absatzgewicht zeigten die Lämmer aus der Paarung Nordkaukasisches Fleischwollschaf × Precos. Die niedrigsten Zunahmen waren bei den Lämmern zu verzeichnen, die von den Sowjetischen Merinos abstammten. Die reinrassigen Precos nahmen eine Zwischenstellung ein. Es wird eine Beschreibung der Fütterung und Haltung der Mastlämmer in der Milchperiode sowie nach dem Absetzen gegeben. Hauptsächlich kam Maissilage zum Einsatz. Nach der 5monatigen Milchperiode wurden die Lämmer 75 Tage lang intensiv gemästet und erreichten ein Endgewicht von 50,1 kg (Nordkaukasisches Fleischwollschaf × Sowjetisches Merinoschaf). Es folgen ausführliche Angaben über die Woll- und Schlachtkörperqualitäten der einzelnen Kreuzungsgruppen. H. Schwiderski/Dummerstorf. 4164.

3-64/10-0327 Belevickij, G. S. und Kuksova, R. I.; Dubrowizy, Gebiet Moskau, Unions-Inst. für Tierzuchtforsch. Progesteron i SŽK kak stimuljatory polovoj ochoty u ovec. **(Progesteron und PMS als Stimulatoren der Brunst bei Schafen.)** Ovcevodstvo, Moskva **9** (1963) Nr. 8. S. 26-27. — 2 Tab.

Die Behandlung der Muttern mit Progesteron und PMS erhöhte die Fruchtbarkeit und verkürzte die Deck- und Ablammtermine. Die Brunst kann in der normalen Decksaison bei 80-85% der behandelten Muttern im Laufe von 6 Tagen hervorgerufen werden. Nach der 1. Besamung wurden 65-70% der besamten Muttern befruchtet. Über die Ergebnisse eines Versuches zur Feststellung der günstigsten Dosishöhe und Applikationsform beider Hormone bei Fleischwollschafen wird berichtet. K. Witt. 4166.

3-64/10-0328 Zal'cman, A. A.; Tadshik. Forsch.-Inst. für Landwirtsch. Soveršenstvovanie gruppovogo metoda primenenija SŽK v karakulevodstve. **(Die Vervollkommnung der Gruppenmethode der Anwendung von PMS in der Karakulschafzucht.)** Ovcevodstvo, Moskva **9** (1963) Nr. 7. S. 25-27. – 3 Tab.

Bei der Anwendung der sog. Frontalmethode wird allen Schafen unabhängig vom Stadium der Geschlechtszyklus PMS injiziert und am folgenden Tag mit der Auswahl der brünstigen Muttern und der Besamung begonnen. Diese Methode ist wenig effektiv und führt zu einem hohen Verbrauch des Präparates. Die Gruppenmethode hat theoretisch gerechtfertigte Termine der Injektion von PMS im Vorbrunststadium zur Grundlage. Die Schafe werden vor dem Paaren abhängig vom Stadium des Geschlechtszyklus in 5-6 Gruppen eingeteilt, und am 15. Tag nach der Bildung der Gruppen wird PMS injiziert. Am 16. Tag erfolgt dann die Besamung der Schafe. Die Anwendung von PMS in der Zeit der Brunst trägt nicht zur Erhöhung des Mehrgeburtenanteils bei. Bei der Gruppenmethode können unter Anwendung von 1200 E PMS 160-165 Lämmer pro 100 Muttern gewonnen werden (Frontalmethode 110-112 Lämmer). Das Verfahren bedarf einer weiteren Prüfung in der Praxis. K. Witt. 4166.

3-64/10-0329 Shimizu, Hirokazu, Sato, Masami und Takeuchi, Saburo. On the out-seasonal production of lambs. II. Further experiments on the hormonal induction of fertility in the anoestrous ewes, and changes of oestrogen concentrations in the blood plasma of thus treated ewes, compared with those of oestrous cycle in breeding season. **(Zur zusätzlichen Erzeugung von Lämmern. 2. Mitt. Weitere Versuche über die hormonelle Auslösung der Fortpflanzung bei anoestrischen Mutterschafen. Die Veränderungen des Oestrogengehaltes im Blutplasma behandelter Mutterschafe im Vergleich zu Tieren im Brunstzyklus während der Paarungszeit.)** Tohoku J. agric. Res. **13** (1962) Nr. 2. S. 119-134. – 3 Abb., 3 Tab., 47 Lit. Orig.: engl. 1. Mitt. vgl. LZ. Abt. III **6** (1961) Nr. 2. S. 263.

Es werden 3 Versuche mit 2 Varianten der hormonellen Behandlung beschrieben. Die Intensität des Brunstverhaltens der Tiere wird trotz einer sich über 3-5 Tage erstreckenden Progesteronbehandlung als unzureichend bezeichnet. Zweierlei Arten Veränderungen im Oestrogengehalt waren in Übereinstimmung mit der Progesteronbehandlung festzustellen: Bei einer Dosis von 75 mg Progesteron während 3 Tagen stieg der Oestrogenspiegel 12-24 oder 48 Std. an und nahm noch einmal 72 Std. nach der PMS-Behandlung zu. Bei einer Dosis von 125 mg Progesteron, 5 Tage lang, waren außer einem geringfügigen Anstieg nach 24 Std. kaum Veränderungen des Oestrogenspiegels zu verzeichnen. Die höhere Oestrogendosis hatte bei kombinierter Behandlung 12-48 Std. nach PMS-Inkjektion jedoch eine gleiche Wirkung wie die Brunst in der natürlichen Paarungszeit. Auch hier waren die Anzeichen der Brunst nur schwach, obwohl bei allen Muttertieren eine Ovulation nachgewiesen werden konnte. Bei Einzelbehandlung blieb der Oestrogenspiegel unverändert auf einem niedrigen Wert. Die Oestrogenbestimmungen im Blutplasma 24 Std. nach der PMS-Injektion ergaben in wenigen positiven Fällen Werte von 2,3 0,44 μg/l, in der Mehrzahl der Fälle lag der Oestrogengehalt jedoch unter 0,44 μg/l. Die positiven Befunde brachten keine deutliche Beziehung zwischen der Art der Behandlung oder der Brunstintensität zum Nachweis. H. Busse. 4166.

3-64/10-0330 Lamond, D. R., Wells, K. E. und Miller, S. J. Study of a breeding problem in Merino ewes in Central Queensland. **(Untersuchungen über Züchtungsprobleme bei Merinomutterschafen in Mittelqueensland.)** Austral. veterin. J. **39** (1963) Nr. 8. S. 295-298. — 1 Abb., 2 Tab., 17 Lit.

Bei Ablammung im Herbst würde im Gegensatz zur derzeit praktizierten Frühjahrslammung den Muttern mit fortschreitender Trächtigkeit und während der Laktation reichlich Grünfutter zur Verfügung stehen, die Lämmersterblichkeit wäre geringer, und die Neugeborenen hätten günstigere Entwicklungsbedingungen. Die Untersuchungen sollten die Fortpflanzungsbereitschaft von Mutterschafen in den Frühjahrsmonaten exakt klären. Folgende Ergebnisse sind zu berichten: 1. Mit Progesteron konnte die Brunst im Sept. besser als im Okt. unterdrückt werden. 2. Die Länge des Anoestrus wies bei den Muttertieren erhebliche Unterschiede auf. 3. Wurde eine Gruppe von Mutterschafen ohne Böcke, die andere Gruppe für jeweils 18 Tage mit Böcken und anschließend 12-13 Tage ohne Böcke gehalten, war in den Eierstocksfunktionen ein deutlicher Effekt durch die Zuführung der Böcke zu beobachten. H. Busse. 4166.

3-64/10-0331 Kovnerev, I. P.; Jaroslawl, Versuchsstat. für Tierzucht. Povyšenie mnogoplodija romanovskich ovec — rezerv uveličenija proizvodstva baraniny. **(Die Erhöhung der Mehrlingsträchtigkeit von Romanowschafen — eine Reserve zur Steigerung der Schaffleischerzeugung.)** Životnovodstvo, Moskva **25** (1963) Nr. 7. S. 50-54. — 2 Abb., 2 Tab.

Die Mehrlingsträchtigkeit der Romanowschafe ist ein altes Rassenmerkmal; in guten Betrieben erhält man beim Ablammen von 100 Muttern 250-370 Lämmer. Dabei weisen Tiere, die von mehrlingsträchtigen Muttern abstammen und einer höheren Klasse (z. B. Elite) angehören, eine höhere Fruchtbarkeit und Milchleistung auf; die Mehrlingsträchtigkeit steigt mit zunehmendem Alter noch an. Von großem Einfluß auf die Mehrlingsträchtigkeit sind auch der Ernährungszustand in der Deck- und Trächtigkeitsperiode sowie der Entwicklungszustand (Körperbau und Lgw.) der Muttern. Jungtiere aus Mehrlingswürfen, die von Ammenmuttern gesäugt werden, entwickeln sich bedeutend intensiver als Einzellämmer. Wenn die Leistung der Romanowschafe erhöht werden soll, muß also die Selektion der besten Muttern nach Mehrlingsträchtigkeit unter Berücksichtigung der Großfrüchtigkeit und Milchleistung mit der Auswahl der besten Jungtiere aus Mehrlingswürfen und sehr guten Fütterungs- und Haltungsbedingungen kombiniert werden. B. Schenk. 4168.

3-64/10-0332 Cresswell, E., Thomson, W., Gill., J. C. und Ash, R. W. A preliminary trial of a variant of the Bert Kelly method for the production of „teaser rams", and an exploratory experiment on its possible value for increasing meat production. **(Der vorläufige Versuch einer Modifikation der Bert-Kelly-Methode zur Herstellung von Suchböcken und ein Testversuch über deren evtl. Bedeutung für die Steigerung der Fleischproduktion.)** Empire J. exp. Agric. **32** (1964) Nr. 125. S. 55-59. — 14 Lit.

Es steht die modifizierte Bert-Kelly-Methode zur Diskussion. Die bisherigen chirurgischen Methoden der Vasektomie und die neue Operationstechnik werden einander gegenübergestellt. Bei der letzteren wird die Cauda epididymidis ohne Anästhesie entfernt. Auf diese Weise operierte Lammböcke fungierten mit 6 Mon. als Suchböcke. Ob es hierbei zu keinerlei Passage von Spermatozoen kommt, wurde nicht nachgeprüft. Ein Gewichtsunterschied von fast ∅ 6,5 lb. im Lgw. zugunsten der Kelly-Methode konnte statistisch nicht gesichert werden. Zwischen den Schlachtgewichten einer in üblicher Weise kastrierten Gruppe Bocklämmer und einer nach der Kelly-Methode operierten lagen keine signifikanten Differenzen vor. H. Busse. 4180.

3-64/10-0333 Dolling, C. H. S., Moore, R. W. und Sheaffe, P. H. G. Early weaning of Merino lambs in drought. **(Frühes Absetzen von Merinolämmern bei Trockenheit.)** Austral. veterin. J. **39** (1939) Nr. 6. S. 236-240. — 1 Abb., 4 Tab., 4 Lit.
Fast 1000 Merinolämmer wurden während einer Trockenperiode im Gewicht von ∅ 21 lb. abgesetzt und mit Luzerneheu in einer Menge, die 4 lb. Stw pro Woche entspricht, gefüttert. 2,2% der Lämmer starben; die übrigen nahmen annähernd 16 lb. Lgw. in 18 Wochen zu. Bei noch früher abgesetzten Lämmern waren die Verluste höher. Es wird gefolgert, daß junge Merinolämmer direkt mit Luzerneheu abgesetzt und mit diesem Futter längere Zeit unter einfachen Bedingungen gehalten werden können.
W. Wittig. 4196.

3-64/10-0334 Sapargaliev, G. S.; Süd-Kasachstaner Staatl. Landwirtsch. Versuchsstat. Produktivnost' tonkorunnych ovec različnych konstitucional'nych tipov. **(Die Leistung feinwolliger Schafe verschiedener Konstitutionstypen.)** Životnovodstvo, Moskva **25** (1963) Nr. 7. S. 55-57. — 1 Tab.
Um den Zusammenhang zwischen der Faltenbildung feinwolliger Schafe der neuen Rasse „Südkasachische Merinos" und ihrer Fleisch- und Wollleistung sowie den wirtschaftlichen Nutzeffekt der Züchtung von Schafen verschiedener Hautfaltungstypen in Südkasachstan zu untersuchen, sind 1955-57 Versuche mit 4-4,5 Mon. alten Böcken der erwähnten Rasse vorgenommen worden. Die Ergebnisse zeigen, daß die Merinoschafe mit normaler Hautfaltung für die Bedingungen Südkasachstans am besten geeignet sind.
B. Schenk. 4222.

3-64/10-0335 Pak, V. F.; Dubrowizy, Gebiet Moskau, Unions-Inst. für Tierzuchtforsch. Kačestvo šersti cigajskich ovec v Kazachstane. **(Die Qualität der Wolle der Zigaja-Schafe in Kasachstan.)** Ovcevodstvo, Moskva **9** (1963) Nr. 7. S. 35-36. — 4 Tab.
Auf der Grundlage der angestellten Untersuchungen wurde festgestellt, daß die nach Kasachstan gebrachten Zigaja-Schafe sich gut an die rauhen klimatischen Bedingungen anpassen und eine hohe Wolleistung haben. Pro Tier wurden 1962 im Durchschnitt 3,6 kg Wolle geschoren. Das Rendement betrug ∅ 56,5-59,1%. Die Wolle war sehr ausgeglichen, die Kräuselung normal, und die Feinheit entsprach den industriellen Anforderungen.
K. Witt. 4222.

3-64/10-0336 Pereedenko, Z. V. Šerst' karakul'skich ovec raličnych šerstno-konstitucional'nych tipov. **(Die Wolle der Karakulschafe verschiedener Woll-Konstitutionstypen.)** Ovcevodstvo, Moskva **9** (1963) Nr. 7. S. 22-24. — 4 Tab.
Zur Verbesserung der Fellqualität ist es notwendig, bei der Auswahl der Muttern Konstitutionstyp, Klasse, Länge, Feinheit und Kräuselung der Wolle zu berücksichtigen. Die Auswahl nach hoher Wollproduktivität führt zur Vergrößerung der Anzahl an Tieren mit grober Konstitution und zur erhöhten Produktion von grobgekräuselten Karakulfellen. Lämmer mit bester Fellqualität erhält man von Muttern, die eine Wollänge von 8-13 cm haben. Wolle, die länger als 13 cm ist, ist unausgeglichen. Muttern mit sehr kurzer Wolle (3-4,5 cm) und sehr langer Wolle bringen Lämmer mit schlechter Fellqualität (grobe Kräuselung). Muttern mit einer Wolleistung über 2,25 kg bringen ca. 40% Lämmer der Klasse III und Ausschuß und 30% Lämmer mit grober Kräuselung. K. Witt. 4222.

3-64/10-0337 Potapov, V.; Kasach. Inst. für Karakulschafzucht. Vlijanie mnogoplodija na kačestvo karakulja. **(Der Einfluß der Mehrlingsgeburten auf die Qualität der Karakulfelle.)** Ovcevodstvo, Moskva **9** (1963) Nr. 8. S. 21 bis 23.

Bei einer hohen Fruchtbarkeit der Muttern (pro 100 Muttern bis zu 170 Lämmer), die durch Behandlung mit PMS erreicht wird, können Karakulfelle gewonnen werden, die in Sortierung und Qualität den Fellen der Lämmer bei natürlicher Fruchtbarkeit der Muttern nicht nachstehen. Eine Verschlechterung der Karakulfelle wird bei Drillings- und Vierlingslämmern beobachtet, Qualität und Sortierung der Felle sinken stark bei Fünflings- und Sechslingslämmern, die aber insgesamt nicht mehr als nur 1% ausmachen. Das Absinken der Sortierung der Felle bei Mehrlingsgeburten wird durch die Verbesserung des Sortenverhältnisses ausgeglichen, d. h., es erhöht sich der Anteil der wertvollen Jackettsorten, und der Anteil der weniger wertvollen dicken und gerippten Sorten verringert sich. Mit der Vergrößerung der Zahl der Lämmer im Wurf verändern sich die Eigenschaften der Felle: Es verringern sich Fläche und Gewicht der Felle, es verfeinern sich die Haut und die Kräuselung der Wolle. Dabei wird eine gewisse Veredelung der Felle beobachtet, was bes. bei der Anwendung von PMS bei Muttern des groben Konstitutionstypes mit grober Kräuselung der Wolle berücksichtigt werden muß.
K. Witt. 4222.

3-64/10-0338 Ivanov, V.; Dubrowizy, Gebiet Moskau, Unions-Inst. für Tierzuchtforsch. Karakul' na 34-m Leningradskom meždunarodnom pušnom aukcione. **(Karakulfelle auf der 34. Internationalen Rauchwarenauktion in Leningrad.)** Ovcevodstvo, Moskva **9** (1963) Nr. 6. S. 37-38.
Die Nachfrage nach Karakulfellen war sehr gut, die Preise lagen höher als in vergangenen Jahren. Dies gilt vor allem für die schwarzen Karakulfelle. Leichte und feine Felle aller Farben waren am meisten gefragt. Die ausländischen Käufer, die in großer Zahl die Auktion besuchten, bezahlten für diese 5- bis 6mal mehr als für schwarze Karakulfelle mittlerer Qualität. Kleine Felle wurden um 25-30% billiger verkauft als Karakulfelle von normaler Größe. Die Hauptabnehmer waren England und Westdeutschland. Die Sowjetunion verkauft etwa 70-75% aller Felle im Rohzustand und 25 bis 30% bearbeitete und gefärbte Felle. K. Witt. 4222.

3-64/10-0339 Šijanov, I. E.; Stawropol, Landwirtsch. Inst. Moločnaja produktivnost' ovec i vozmožnosti ispol'zovanija ovec'ego moloka dlja pitanija. **(Die Milchleistung der Schafe und die Möglichkeiten der Verwendung der Schafmilch für die Ernährung.)** Ovcevodstvo, Moskva **9** (1963) Nr. 7. S. 12-14. — 3 Tab.
Die Prüfung der Milchleistung der Schafe der Nord-Kaukasischen Fleischwollrasse und der Stawropoler Rasse ergab, daß die Nordkaukasischen Schafe mehr Milch gaben als die Stawropoler, wobei die Leistung der Tiere beider Rassen mit Zwillingslämmern wiederum höher war als die der Schafe mit einem Lamm. Die Tagesmilchleistung lag im Durchschnitt für den 1. Laktationsmonat bei den Nord-Kaukasischen Fleischwollschafen mit 1 Lamm bei 1460 g, mit 2 Lämmern bei 2240 g und bei den Stawropoler Schafen mit 1 Lamm bei 1305 g, mit 2 Lämmern bei 1799 g. Es wurde festgestellt, daß die Milchleistung im Verlauf der Laktationsmonate sinkt; wenn sie im 1. Monat 100% beträgt, so sinkt sie im 2. Monat auf 64%, im 3. Monat auf 45% und im 4. Monat auf 32%. K. Witt. 4226.

3-64/10-0340 Ibraev, N. O sistemach zimnego soderžanija ovec na Jugo-Vostoke Kazachstana. **(Über die Systeme der Winterhaltung der Schafe im Südosten Kasachstans.)** Ovcevodstvo, Moskva **9** (1963) Nr. 7. S. 7-10. — 5 Tab.
Bei der bisher üblichen ganzjährigen Weidehaltung der Feinwollschafe in Kasachstan ohne jegliche Zufütterung wurden sehr niedrige Leistungen erzielt (im Durchschnitt der Jahre 2,4 kg Wolle pro Tier und 87 aufgezogene Lämmer pro 100 Muttern). An Hand von Untersuchungen wird festgestellt, daß in allen Fällen eine Kraftfutterzufütterung im Winter notwendig ist.

Bei versuchsmäßiger Halbstallhaltung wurden im Jahre 1961 4,3 kg Wolle pro Tier erzeugt und 105 Lämmer pro 100 Muttern aufgezogen, bei der Stallhaltung im gleichen Jahr 4,0 kg Wolle und 110 Lämmer pro 100 Muttern. Die ökonomischen Berechnungen zeigten, daß die Aufwände bei den neuen Haltungsmethoden höher sind, jedoch durch die höheren Produktionsergebnisse wesentlich höhere Reinerträge gewonnen werden. K. Witt. 4271.

3-64/10-0341 Selionov, I. Sovmestnoe soderžanie jarok s matkami v odnoj otare. **(Die gemeinsame Haltung von weiblichen Zuchtlämmern und Muttern in einer Herde.)** Ovcevodstvo, Moskva **9** (1963) Nr. 8. S. 8-10. – 1 Tab.

Um das Kümmern und Verenden der Lämmer nach dem Absetzen zu verhindern, wurden die weibl. Lämmer bis zum Alter von 6,5 Mon. bei den Muttern gelassen. 1. Mon. vor dem Decken der Muttern wurden die Lämmer aus der Mutterherde herausgenommen, um die Laktation der Muttern zu beenden. In der Deckperiode wurden tägl. die gedeckten Muttern wieder in die Lämmerherde gebracht, so daß am Ende der Deckperiode Lämmer und Muttern wieder in einer Herde vereinigt waren. Die Böcke wurden zum Decken nicht in die gemischte Herde gelassen, da die Gefahr bestand, daß bes. gut entwickelte Lämmer gedeckt würden. Im Winter wurden die schwächsten Muttern und Lämmer aus der Hauptherde herausgenommen, sie erhielten eine Kraftfutterzufütterung und weideten auf näher gelegenen Weiden. Nach Wiederherstellung des normalen Zustandes der Tiere wurden sie wieder in die Hauptherde zurückgebracht. In der Hauptherde wurden 700-750 Muttern und 250-300 Lämmer gehalten. Die Jährlinge wurden endgültig nach der Schnur aus der Mutterherde herausgenommen, zu einer selbständigen Herde formiert und zum Decken vorbereitet. Alle Jährlinge hatten in der Deckperiode einen überdurchschnittlichen Ernährungszustand, ein gutes Exterieur und eine feste Konstitution. Das Gewicht der Jährlinge war um 3 kg und der Wollertrag um 1,3 kg höher als bei ihren Altersgenossen, die nach der üblichen Methode aufgezogen wurden. Die Lämmersterblichkeit ging von 8,7% auf 2,4% zurück. Das längere Säugen der Lämmer wirkte sich nicht negativ auf den Ernährungszustand der Muttern aus. Durch die neue Aufzuchtmethode der weibl. Lämmer werden Arbeitskräfte und Mittel eingespart und die Produktivität der Tiere erhöht. K. Witt. 4271.

3-64/10-0342 *Derlogea, Veturia* und *Popescu, Constantin*. **Organizarea si tehnica selectiei la ovine.** (Die Organisation der züchterischen Arbeit bei Schafen.) București: Edit. agro-silvică. 1963. (130 S.) 8°. (DA 1704)

3-64/10-0343 *Tanev, I., Chinkovski, C.* und *Solomonov, Ch.* **Metodi i uslovija za sŭzdavane na polutŭnkorunno.** (Methoden und Voraussetzungen für die Schaffung einer Zucht von halbfeinwolligen Schafen in den westlichen Gebieten Bulgariens.) Sofija: BAN. 1963. (104 S. m. 14 Abb., 48 Tab. u. 17 Lit. (NRB/ZSNTI)

SPEZIELLE KLEINTIERZUCHT

B. ZIEGEN

3-64/10-0344 Berger, Lore. **Über die Aufnahme verschieden temperierten Wassers durch Ziegen bei Änderung der Umwelttemperatur.** Diss. Berlin **1963** 61 S.

Bei Umgebungstemperaturen von 15 °C und 17,5 °C bevorzugten die Ziegen signifikant 37 °C-Wasser. Sie tranken niemals 2 °C-Wasser, wenn gleichzeitig höher temperiertes Wasser angeboten wurde. Eine Gewöhnung an niedrige Wassertemperaturen nach kurzzeitigen Akklimatisationsversuchen mit kaltem Wasser war nicht festzustellen. Wurde nur 2 °C-Wasser angeboten, war die aufgenommene Wassermenge geringer. Das Auswahlvermögen beschränkte sich auf Wassertemperaturdifferenzen von über 10 grd. Bei Erhöhung der Umgebungstemperatur gingen die Ziegen zur Aufnahme kühleren

Wassers über; außerdem stieg der Wasserverzehr an. Bei 25 °C-Umgebungstemperatur wurden 30 °C- und 37 °C-Wasser, bei 35 °C-Umgebungstemperatur 30 °C- und 20 °C-Wasser bevorzugt. L. Berger. 4578.

C. GEFLÜGEL

3-64/10-0345 Patzschke, D. **Aus der Geflügelwirtschaft sozialistischer Länder. Teil 1. Polen.** Garten- u. Kleintierzucht, Ausg. B **3** (1964) Nr. 5. S. 4. — 3 Abb.

Die Geflügelhaltung ist stark spezialisiert. Die Herdbuchzucht wird in den Staatsgütern betrieben. 40 Großherdbuchzuchten mit je 100 Stämmen werden errichtet, 6 davon dienen der Erzeugung von Masthybriden. Die Passerkontrollen werden in 3 Prüfstationen durchgeführt. Die Leistungen der Zuchttiere werden in der Zentralstelle Balice bei Krakow ausgewertet. Die Herdbuchzuchten versorgen die Vermehrungszuchten, die mindestens 100 Tiere halten, mit Tiermaterial. Die in den Bruteierlieferbetrieben erzeugten Eier werden in staatl. Brütereien erbrütet. 30-60 Betriebe versorgen eine Brüterei, die Brutkapazität beträgt 100000-300000 Eiplätze. Die Legehennenhaltung und die Erzeugung von Broilern erfolgt in Kleinbetrieben. Es werden ∅ 50-200 Legehennen und 500-3000 Broiler je Mastdurchgang gehalten. Die Betriebe erhalten auf Vertragsbasis vom Staat vollwertiges Futter, für Broiler gibt es nur Pellets. Um den saisonhaften Charakter der Geflügelfleischproduktion zu mindern, werden z. Z. Großbetriebe für Broiler gebaut. Bedeutung hat die Gänsemast. Vom Schlachthof aufgekaufte Gössel werden in Boxen zu je 50-60 Tieren auf Lattenrosten gemästet. Solch eine Anlage kann je Mastdurchgang 400000 Gänse mästen. Polen exportiert zum überwiegenden Teil Geflügelfleisch. H. Sommerfeld. 4601.

Hühner

3-64/10-0346 Saakjan, S. G. Mjasnye cypljata v Armenii. **(Fleischküken in Armenien.)** Pticevodstvo, Moskva **1964** Nr. 3. S. 20-21. — 3 Abb., 2 Tab. 4608.

3-64/10-0347 Kušner, Ch. F., Kopylovskaja, G. Ja., Serebrjakov, A. S., Gorodkova, N. E. und Afonina, A. V. Ėffektivnost' reciproknoj periodičeskoj selekcii v pitcevodstve. **(Wirksamkeit der reziproken periodischen Selektion in der Geflügelzucht.)** Tr. In-ta genet. AN SSSR **1962** Nr. 29. S. 282-289. — Aus: Referativnyj žurnal Moskva. Životnovodstvo, veterinarija **1963** Nr. 13. 58. 30. S. 5.

Als beste Methode zur Prüfung der Eltern-Paare bezeichnen Vff. die Methode der reziproken periodischen Selektion, die erstmalig zur Selektion von Pflanzen in einer Arbeit von Comestock, Robinson und Charvey **1949** empfohlen wurde. Der Hauptvorteil der Anwendung dieser Methode beim Geflügel liegt in der Prüfung der Eltern-Paare auf die Kombinationsfähigkeit der Eigenschaften der Roten Hühner und Linien-Hybriden. Die Wirksamkeit dieser Methode beim Geflügel studierten Vff. in den Sowchosen „Kutschino“ und „Ptitschnoje“. Die Legeleistung der Versuchshennen lag um 15-20 Eier höher als bei den Kontrollhennen. 4655.

3-64/10-0348 Morris, J. A.; Werribee, Victoria, Poultry Res. Centre. Continuous selection for egg production using short-term records. **(Die ständige Selektion auf Eiproduktion auf der Basis der Kurzleistung.)** Austral. J. agric. Res. **14** (1963) Nr. 6. S. 909-925. — 3 Abb., 8 Tab., 26 Lit.

Eine geschlossene Leghorn-Herde wurde seit 1947 durch Selektion nach Eizahl vom 1. Ei bis zum 31. Mai (Kurzleistung) auf hohe Eiproduktion gezüchtet. Die Selektion brachte jährl. eine Erhöhung der Legeleistung um 3 Eier für die Kurzperiode. Die Gesamtlegeleistung bis zur 72. Lebenswoche stieg nur in den ersten Jahren und blieb dann konstant, was auf ein Zurückbleiben der Leistung im 2. Abschnitt der Legeperiode zurückzuführen ist. Die genetische Korrelation zwischen Kurzleistung bis 31. 5. und Restleistung ab 1. 6. nimmt bei fortlaufender Selektion nach Kurzleistung ab. Es besteht die Möglichkeit, daß diese genetische Korrelation negativ wird. Der Heritabilitätskoeffizient für die Kurzleistung betrug im Durchschnitt aller Jahre 0,23 und wurde nicht durch die Selektion beeinflußt. Dsgl. wurde die anfängliche Selektionsdifferenz nicht durch die natürliche Selektion verändert. H. Pingel. 4655.

3-64/10-0349 Bohren, B. B. und McKean, H. E. Relaxed selection in a closed flock of White Leghorns. **(Gelockerte Selektion in einer geschlossenen Herde Weißer Leghorn.)** Genetics **49** (1964) Nr. 2. S. 279-284. — 2 Tab., 8 Lit.

Vff. analysierten Daten aus 5 stichprobenartig erzeugten Generationen von je 125 Junghennen und 10 Hähnen aus einer Herde Weißer Leghorn, die nach hohen Legeprozenten bis 1. 1. (Kurztest bis ca. 10 Mon.) selektiert worden war und ein Plateau erreicht hatte. Weitere Selektionsmerkmale in dieser Herde waren Eigröße und Lebensfähigkeit. Die untersuchten Merkmale waren: Prozent aufgestallter Junghennen, Alter bei 50%iger Legeleistung, Eizahl je Küken, je aufgestallter Henne und je Hennentag, Sterblichkeit und durchschnittl. Eigewicht. Es konnte kein Unterschied zwischen den Generationen (Einfluß der nachlassenden Selektion) gefunden werden. A. Schaaf. 4655.

3-64/10-0350 Vogt, H. **Sieben Jahre Boden- und Batteriehaltung in der kalifornischen Stichproben-Leistungsprüfung.** Dtsch. Geflügelwirtsch. **16** (1964) Nr. 12. S. 180-182.

Vf. gibt einen Bericht von E. A. Johnson über die 14. kalifornische Stichprobenleistungsprüfung bei Hühnern in Modesto wieder, der einen Vergleich von 330 Prüfungsgruppen mit annähernd 2600 auf Einstreu und 1300 auf Draht gehaltenen Junghennen, jeweils über eine Legeperiode von ca. 13 Mon., beinhaltet. Danach hatten in jedem der 7 Jahre die auf dem Boden gehaltenen Hennen eine höhere Legeleistung als die Käfighennen (⌀ 276 bzw. 249 Eier). Eine Varianzanalyse zeigte signifikante Unterschiede zwischen den Prüfungsgruppen innerhalb einer Haltungsform und zwischen beiden Haltungsformen, aber keine Herkunft-Haltungsform-Interaktionen. Die Verluste und die Eigewichte waren bei den Käfighennen geringfügig höher (10,2% bzw. 8,9%; 58,3 g bzw. 58,0 g), die Eier mit Blutflecken zahlreicher als bei den Bodenhennen (8,5% bzw. 5,8%). A. Schaaf. 4656.

3-64/10-0351 Löhle, Klaus und Bock, Margot; Jena, Friedrich-Schiller-Univ., Inst. für Tierzucht. **Untersuchungen über die Legeleistung und Zuchtverwendung der in der Hühnerleistungsprüfungsanstalt Altenberga geprüften Hennen und ihrer Vollschwestern.** Arch. Geflügelzucht Kleintierkunde **13** (1964) Nr. 4/5. S. 237–250. — 10 Tab., 20 Lit. Zus. in Russ., Engl. — nach Zus.

Es erfolgte eine Auswertung der Leistungsergebnisse und Herdbuchunterlagen aus den Bezirken Erfurt und Gera der in der Prüfungsanstalt Altenberga/Kahla kontrollierten Hennen und der ihrer Vollschwestern im Zuchtbetrieb sowie der Tiere des Vorbuches. Im Durchschnitt von 7 Jahren legten die Prüfungshennen der Rasse Weiße Leghorn 203,6 Eier je Tier. Ihre Vollschwestern im Betrieb des Züchters brachten eine Leistung von 184,5 Eiern je Henne, das sind 90,6% der Leistung der Prüfungshennen. Die Hennenverluste (%) waren in der Hühnerleistungsprüfungsanstalt (HPA) trotz höherer Leistungen geringer als bei Vorbuchtieren. Von den in der HPA geprüften und in das Eliteleistungsbuch eingetragenen Hennen wurden 81,9% vom Züchter in die Stämme gestellt; von den im Betrieb verbliebenen EL-Vollschwestern kamen nur 43,4% in die Stämme. Die Schlupfergebnisse der Weißen Leghorn, die in der HPA geprüft und im 2. Jahr vom Züchter in die Stämme gestellt wurden, sind denen der Vollschwestern annähernd gleich gewesen. Von den HPA-Hennen (EL), die zur Zucht verwendet wurden, sind je Henne 11,6 Hähne beringt und 6,7 Hähne gekört worden. Die EL-Vollschwestern hatten etwa die doppelte Zahl beringter und gekörter Hähne. 4656.

3-64/10-0352 Mérat, Ph. Proportion des sexes (sex-ratio) chez les volailles. II. Différences entre souches et entre familles. **(Das Geschlechtsverhältnis beim Geflügel. 2. Mitt. Unterschiede zwischen Stämmen und Familien.)** Ann. Zootechnie **12** (1963) Nr. 2. S. 105-123. — 6 Tab., 26 Lit. Zus. in Engl. 1. Mitt. vgl. Ann. Zootechnie **11** (1962) Nr. 3. S. 225.
Das Geschlechtsverhältnis im Alter von 8 Wochen wurde bei 172000 Herdbuchküken verschiedener Zuchtstämme und Rassen untersucht. Zur Feststellung der Unterschiede zwischen den Stämmen, Jahren und Familien wurde das vorliegende Material im χ^2-Test geprüft. Die Geschlechtsbestimmung erfolgte mit 10 Wochen und wurde in einigen Zweifelsfällen mit 6 Mon. noch einmal nachgeholt. Zwischen den Stämmen und zwischen den Jahren innerhalb der Stämme lagen hochsignifikante Unterschiede vor ($P < 0,01$ bzw. $P < 0,03$). Eine Deutung der vorhandenen Differenzen ist in Anbetracht der Vielzahl einwirkender Faktoren schwierig. Innerhalb der Stämme und Jahre wurde die Variabilität zwischen Halbbrüdern und Halbschwestern bzw. zwischen Vollgeschwistern nachgeprüft. H. Busse. 4660.

3-64/10-0353 Reta, G., Bohren, B. B. und Moses, H. E. Sire and dam effects on hemagglutination titers in avian eggs following inoculation with Newcastle disease virus. **(Väterliche und mütterliche Einflüsse auf die Blutgerinnungstiter von Vogeleiern nach Injektion von Newcastle-Disease-Virus.)** Poultry Sci. **42** (1963) Nr. 5. S. 1182-1187. — 1 Abb., 2 Tab., 9 Lit.
Geflügelpest-Virus wurde 10 Tage bebrüteten Hühnerembryonen in den Allantois-Sack injiziert. Die Dosis von 0,1 cm³ enthielt 10^4 Embryo-Letal-Einheiten. 18 Std. nach der Injektion wurden 0,2 cm³ Allantois-Flüssigkeit entzogen. Die Bruteier stammten von 22 Hennen und 5 Hähnen, die gegen Geflügelpest 2mal vacciniert waren. Zur Injektion wurde der Stamm B_1 benutzt. Varianzanalytisch wurde festgestellt, daß sowohl väterliche als auch mütterliche Einflüsse auf die Blutgerinnungstiter derartig behandelter Embryonen bestehen. Der väterliche Einfluß war noch etwas stärker als der mütterliche. Von den Variationen der Blutgerinnungstiter zwischen den einzelnen Eiern wurden 77% als erblich verursacht abgeschätzt.
W. Sommerfeld. 4660.

3-64/10-0354 Querner, H. und Tüller, R. **Empfiehlt sich der Einsatz von Starterfutter in der Kükenaufzucht?** Dtsch. Geflügelwirtsch. **16** (1964) Nr. 9. S. 125-128. — 2 Abb., 7 Tab.
Neben dem Küken-Alleinfutter wird die Verabreichung von Küken-Starterfutter in der Kükenaufzucht empfohlen. Das Starterfutter enthält höhere Wirkstoffzusätze und mehr Rohprotein, es soll das Wachstum und die Entwicklung der Jungtiere fördern. In der Lehr- und Versuchsanstalt Krefeld-Großhüttendorf wurde ein Versuch mit 800 Küken durchgeführt. Gr. II erhielt Starterfutter (Rohproteingehalt 24,7%) in der 1.-2. Lebenswoche, Gr. III in der 1.-4. Woche, Gr. IV in der 1. -8. Woche, anschließend stets Alleinfutter (Rohproteingehalt 20,9%), die Kontrollgruppe (Gr. I) nur Alleinfutter. Das Starterfutter verbesserte nicht das Wachstum und beeinflußte nicht die gleichmäßige Entwicklung der Küken. Gr. II zeigte den niedrigsten Futterverbrauch (1868,2 g) und die beste Rohverwertung (96,6%). Wurde bei den 4 Gruppen der Rohproteinverbrauch und der Energieaufwand gemessen, so zeigte sich, daß der Energieaufwand bei allen Gruppen gleich war und auch maßgebend für die Futteraufnahme war. Bei ansteigender Eiweiß-

gabe wurde das Rohprotein schlechter ausgenutzt. Auf die Schnelligkeit und Gleichförmigkeit des Wachstums der Junghennen wirkte sich das Starterfutter nicht aus. Gr. II-IV erreichten 7 Tage eher als Gr. I eine 10%ige Legeleistung. Eine 50%ige Legeleistung hatten alle Gruppen zum gleichen Zeitpunkt. Die Legeleistung, das durchschnittl. Eigewicht, die durchschnittl. Eimasse, der Futterverbrauch je kg Eimasse zeigten geringfügige Unterschiede, die nicht auf die abweichende Kükenfütterung zurückgeführt werden können. Vff. halten ein Starterfutter bei unbefriedigenden Schlupfergebnissen und schlechten Aufzuchtverhältnissen für angebracht. H. Sommerfeld. 4667.

3-64/10-0355 Bletner, J. K. **Versuchsergebnisse zur Junghennenaufzucht.** Dtsch. Geflügelwirtsch. **16** (1964) Nr. 10. S. 149-151. — 1 Tab.
Auf Grund zahlreicher Untersuchungsergebnisse über die Aufzucht von Legehennen bei „ad libitum- bzw. restriktiver Fütterung" vertritt Vf. die Meinung, daß im Auslauf aufgezogene Hennen i. allg. bessere Leistungen aufweisen als intensiv aufgezogene Tiere. Die Legeleistung schwerer Tiere kann erhöht werden, wenn die Nährstoffaufnahme während der Aufzuchtperiode begrenzt wurde. Bei Leghorntypen konnte allerdings keine eindeutige Aussage gemacht werden. Verzögerungen der Legereife von weniger als 8 Tagen beeinflußten die späteren Leistungsergebnisse nicht signifikant. Verzögerungen zwischen 8 und 21 Tagen erbrachten höhere Eizahlen und -gewichte sowie höhere Aufzuchtverluste oder geringere Mortalität während der nachfolgenden Legeperiode. Wurde die Legereife mehr als 21 Tage verzögert, reagierten schwere Tiere mit höherer Leistung; bei Leghorntypen war jedoch kein Einfluß zu beobachten. K. Löhle. 4667.

3-64/10-0356 Elinbaum, Ju. I. Planirovanie na pticefabrikach. **(Die Planung in den Geflügelfabriken.)** Pticevodstvo, Moskva **1963** Nr. 7. S. 21 bis 25. — 3 Abb., 3 Tab.
Es werden die grundsätzlichen Berechnungen für die Organisation und Planung in Geflügelfabriken mit spezialisierter Eierproduktion am Beispeil einer Anlage für 100000 Legehennen dargelegt. Die Größe der Zuchtherde sollte 10-12% des Bestandes nicht überschreiten, so daß für die Produktionsherde noch 90-88% verbleiben. In der Glebowsker Geflügelfabrik beträgt die Zuchtherde auf Grund einer hohen Leistung (105 Küken pro Henne) nur 6%. Für die Auffüllung der Legehennenbestände werden Junghennen im Verhältnis 1,5:1 aufgezogen, d. h. für je 1000 Legehennen müssen 1500 Junghennen vorhanden sein. Es ist anzustreben, das Verhältnis auf 1,4-1,3 zu senken. Bei der Aufzucht der Junghennen wird mit 2-3% Verlusten und 18-19% Merzung gerechnet, so daß die Abt. Auslaufhaltung 1875 Stück 60 Tage alte Junghennen aufstallen muß, was wiederum bedeutet, daß bei effektiv 40% weibl. Jungtieren 4700 Eintagsküken vorhanden sein müssen. Für je 1000 Legehennen müssen 4700 Eintagsküken gebrütet werden. Bei 12000 Zuchttieren müssen 13300 Hennenplätze vorhanden sein, denn man rechnet mit einer 90%igen Platzausnutzung. Dazu kommen 6% für Reinigung, Reparatur usw. Ähnliche Berechnungen werden für alle anderen Altersgruppen durchgeführt. Abschließend werden Angaben über Tierplätze, Stallfläche, und Produktionskapazität bei verschiedenen Betriebsgrößen gemacht.
W. Bonitz. 4667.

3-64/10-0357 Markman, V. S.; Moskau, Landwirtsch. Timirjasew-Akad. O specializacii pticefabrik. **(Über die Spezialisierung der Geflügelfabriken.)** Pticevodstvo, Moskva **1963** Nr. 7. S. 16-20. — 3 Abb., 2 Tab.
Auf Grund ökonomischer Untersuchungen der in 2 Gruppen (nach dem Baujahr — bis 1958 und danach) unterteilten Geflügelfabriken des Moskauer Gebietes wird festgestellt, daß, je höher die Spezialisierung in der Eierproduktion ist, desto höher die Rentabilität und Arbeitsproduktivität und um so geringer die Kosten und der Futterverbrauch sind. Von bes. Wichtigkeit

dabei ist die Senkung des Umtriebskoeffizienten von gegenwärtig 1,5-1,8 auf 1,1-1,2, was gleichzeitig eine Erhöhung der Legehennenbestände um 20 bis 25% ermöglicht. Der ökonomische Nutzeffekt des verkürzten Umtriebes drückt sich im Reingewinn pro 1000 Stck. Legehennen aus, welcher in der Glebowsker Geflügelfabrik Rbl. 8100 gegenüber Rbl. 1600-6700 in Fabriken mit längerem Umtrieb betrug. Einen wichtigen Platz bei der Spezialisierung der Geflügelfabriken nimmt die Frage der Feldwirtschaft sowie der anderen untergeordneten Produktionszweige ein. Aus der Praxis hat sich ergeben, daß für je 100000 Stck. Legehennen 250 ha Ackerfläche vorhanden sein müssen. Für die optimale Größe der Rindviehhaltung in den Geflügelfabriken liegen keine ökonomischen Berechnungen vor, was aber für die Festlegung der Produktionskapazität und Abstimmung der einzelnen Zweige unbedingt erforderlich ist. W. Bonitz. 4667.

3-64/10-0358 Marčik, V. F. und Belov, L. M. Fabrika na 3 milliona brojlerov v god. **(Eine Fabrik für 3 Millionen Broiler im Jahr.)** Pticevodstvo, Moskva **1963** Nr. 7. S. 28-29.
Im Versuchsgut des Ukrain. Forsch.-Inst. für Geflügelzucht hat eine große Broilerfabrik die Arbeit aufgenommen. Sie besitzt eine Vermehrungsherde, Broilermastställe zu je 20000 Tieren, Brut-, Schlachtabteilung, Abfallverarbeitung, Mischfutterwerk und Kesselhaus. Jeder Maststall ist längs in zwei Hälften geteilt. Die Schlachtabteilung hat eine tägl. Kapazität von 10000 Tieren. In der Abfallabteilung wird aus den nichtverwertbaren Teilen Tierkörpermehl hergestellt. Das Mischfutterwerk produziert pro Schicht 80 t Futter. Gegenwärtig besteht die Vermehrungsherde aus 12000 New-Hampshire-Hennen, die mit Sussex-Hähnen verpaart sind. Die gesamte Vermehrungsherde wird 2mal im Jahr vollständig erneuert. Es wird angestrebt, daß 1 AK statt 20000, wie bisher, 30000 Broiler betreuen kann.
W. Bonitz. 4667.

3-64/10-0359 Schramm, R.; Berlin, Humboldt-Univ., Inst. für Geflügel- und Pelztierzucht. **Untersuchungen über den Blutaufbau und die Leistungen der Hühnerherdbuchzuchten der leichten Wirtschaftsrassen in den VEG und LPG der Tierzuchtinspektionsbezirke Cottbus, Frankfurt/Oder und Potsdam.** Arch. Geflügelzucht u. Kleintierkunde **13** (1964) Nr. 4/5. S. 211–236. — 4 Abb., 3 Tab., 29 Lit. Zus. in Russ., Engl. — nach Zus.
Aus 7 Herdbuchzuchten für Weiße Leghorn wurden einzelne Probanden auf bedeutende Farmen Hollands und Amerikas herkunftsmäßig zurückgeführt. Zuchthähne wurden aus allen Bezirken der DDR und Westdeutschlands beschafft. Die Hennen stammten z. T. aus den 1945 noch erhaltenen Beständen, z. T. aus den neuen Herdbuchbetrieben. Inzucht- und Verwandtschaftskoeffizienten bedeutender Probanden wurden errechnet, die zwischen $F_x = 0$ und 0,1473 bzw. $R_{xy} = 0{,}3156$ und 0 lagen. Ein Einfluß auf die Nachkommenleistungen wurde nicht ermittelt. 5 Hahnen- und 6 Hennenlinien sowie Hennenfamilien für jede Zucht wurden entwickelt. Auf die Bedeutung einer gesunden leistungsstabilen Hennengrundlage wird hingewiesen. Der Erbwert der Hähne wurde durch den Töchter-Mütter-Vergleich nach der Regressionsmethode ermittelt und signifikante Unterschiede festgestellt. Die durchschnittl. Legeleistung von 25 Hahnentöchtergruppen mit 2131 Hennen lag bei $\bar{x} = 188 \pm 2{,}60$ Eiern. Der Leistungsvergleich der Zuchtbetriebe zeigte deutliche Überlegenheit der Töchter von Hähnen der LPG Wensickendorf mit 38 Töchtergruppen von 446 Hennen. Der Durchschnitt dieser Töchter lag bei $\bar{x} = 222 \pm 2{,}36$ Eiern. 4668.

3-64/10-0360 Kníže, B. und Knížetová, R. **Zur Frage des Embryonal- und Postembryonalwachstums der Hybriden der Kontrastrassen von Hühnern.** Acta Univ. Carolinae [Praha], biol. **1963** Nr. 1. S. 75-83. — 3 Abb., 8 Tab., 13 Lit. Zus. in Tschech.

Die reziproken Kreuzungen der F_1-Kreuzungstiere aus den Kontrastrassen New Hampshire und Bantam stimmen im embryonalen Wachstum mit denen der entspr. Mutterrassen überein. Das Gewicht der Hybridenembryonen in der zweiten Hälfte der Inkubation und das Gewicht der Eintagsküken hängen in erster Linie von der Eigröße ab. Zwischen den reziproken Kombinationen wurde beim Schlüpfen ein hochsignifikanter Unterschied zugunsten der Gruppe ♂ Bantam × ♀ New Hampshire festgestellt. Während des postembryonalen Wachstums gleichen sich die Gewichtsunterschiede bes. bei den Junghennen allmählich aus. In der Reifezeit übertreffen die von den kleinen Bantammüttern abstammenden Hennen infolge des Einflusses der Patroklinität die reziproke Kombination. Bei den Hybridhähnen kommt der Einfluß der Patroklinität auf das Wachstum nicht zum Vorschein. Aus den Besonderheiten der Wachstumsintensität hybrider Junghennen und -hähne kann man auf eine teilweise Gebundenheit des Wachstums als Merkmal an das Geschlecht schließen. Bei den Ausgangsrassen und auch bei den Hybriden entspricht der Muskelfadendiameter in bedeutendem Maße dem Lgw. der Tiere. ČSSR/ÚVTI. 4669.

3-64/10-0361 Ruhland, H. **Hinweise zur sachgemäßen Brut.** Tierzucht 18 (1964) Nr. 1. S. 40-42.
Hohe Brutergebnisse sind abhängig von der Qualität der Bruteier und von der techn. Durchführung der Brut. Eine hohe Bruteiqualität wird durch gutes Tiermaterial und einen hohen Befruchtungsprozentsatz der Eier erreicht. Eine vollwertige Ernährung und einwandfreie Haltung der Elterntiere (tägl. Gesamtlichtgabe nicht über 12-14 Std.) garantieren Eier mit guten Schlupfergebnissen. Auswahl und Lagerung der Bruteier müssen sorgfältig erfolgen. Als Lagerungsbedingungen für die Zeit zwischen Eiablage und Brutbeginn empfiehlt sich eine Temperatur von 10-12 °C und eine rel. Luftfeuchtigkeit von 60-70%. Als Vorbereitungsmaßnahmen für den Brutvorgang sind die Brutplanung, die Prüfung der Apparate und die techn. Einrichtungen zur Messung und Regulierung der Brutfaktoren durchzuführen. Eine ganzjährige Brut garantiert eine kontinuierliche Frischeier- und Fleischversorgung. E. Lippmann. 4676.

3-64/10-0362 Berger, R. **Probleme der Geflügelfütterung.** Geflügelhof [Zollikofen-Bern] 26 (1963) Nr. 44. S. 783-787. — 1 Tab.
Die auszugsweise Wiedergabe eines Vortrages umfaßt die Ansichten des Vf. zu einigen neuen Fragen der Geflügelfütterung. Das erhöhte züchterische Leistungspotential moderner Legehybriden mit geringem Körpergewicht verlangt energiereiches Futter. Die Kleien und Nachmehle sind in den Hintergrund getreten, damit wurde der natürliche Vit.-B-Gehalt der Futtermischungen verringert. Vf. verlangt reichliche Vitaminierung, um Stressfaktoren vorbeugend entgegenzutreten. Haltung, Hygiene und Fütterung sollen so eingerichtet werden, daß auf dauernde Verwendung von Antibiotica verzichtet werden kann. Die sonst auf 365 Tage verteilte Antibioticamenge sollte im Bedarfsfalle gezielt verwendet werden. Die Vit.-A-Gabe im Geflügel-Alleinfutter soll nach Ansicht des Vf. 15000 IE/kg betragen. Nach Legebeginn soll die Ernährung der Junghennen energiereicher als bisher gestaltet werden, um volle Gewichtsentwicklung zu garantieren. Die Futterverschwendung wird vom Vf. als häufig anzutreffende Nachlässigkeit bezeichnet. Für schweizerische Verhältnisse soll die kombinierte Fütterung mit Legemehl und Körnern preislich günstiger sein als die Alleinfütterung. Verabreichung von Pellets wird nur bei zu geringer Futteraufnahme empfohlen, nicht als ständige Futterform. H. Sommerfeld. 4681.

3-64/10-0363 Querner, Hartmut. **Richtiges Futter und richtige Fütterung in der Hühnerhaltung.** Dtsch. Geflügelwirtsch. 16 (1964) Nr. 22. S. 342 bis 343. — 1 Abb., 2 Tab. 4681.

3-64/10-0364 Verbesserung der Schlupffähigkeit im Herbst und Winter zur kontinuierlichen Belieferung der Intensivhaltungen durch Zugabe verschiedener Vitamine. Jena, Inst. Tierernähr. Friedrich-Schiller-Univ. Jena Plan-Nr. : 17-0500 1-28. Abschlußber. (24/2. 1964).

In der LPG „Ernst Thälmann“ in Sömmerda wurde im Winter 1961 ein Versuch an 500 Weißen-Leghorn-Hennen zur Prüfung einer zusätzlichen Gabe von 4 μg Vit. B_{12}/kg Futter auf Futterverzehr, Legeleistung, Brutergebnisse und Entwicklung der Nachkommen geprüft. Eine Verbesserung des Futterverzehrs, der Legeleistung und der Brutergebnisse konnte nicht beobachtet werden. Zwei mit je 200 Hennenküken durchgeführte Aufzuchtversuche zeigten höhere Lebendmassezunahmen. Die Futterverwertung war nur in einem Fall der Kontrolle überlegen. Zur nochmaligen Überprüfung der Ergebnisse wurde in der LPG Rittersgrün/Erzgebirge im Herbst 1961 ein Versuch mit 72 Legeenten in ähnlicher Fragestellung durchgeführt. Dem Entenfutter war neben 20 μg Vit. B_{12} noch 5000 IE Vit. A/kg Trockenfutter zugegeben. Eine günstige Beeinflussung des Futterverzehrs, der Legeleistung, der Futterverwertung und der Schlupfergebnisse konnte nicht festgestellt werden. In den Aufzuchtversuchen hatten die Nachkommen der Versuchstiere eine höhere Lebendmassezunahme und bessere Futterverwertung. Die Aufzuchtverluste lagen während der Versuche in den Versuchsgruppen jeweils niedriger. 4681.

3-64/10-0365 Lepešenkov, V. F.; Ukrain. Landwirtsch. Akad. Vlijanie vitamina B_{12} na produktivnost' kur i vyvodimost' molodnjaka. **(Die Wirkung von Vitamin B_{12} auf die Legeleistung und das Schlupfergebnis bei Hühnern.)** Pticevodstvo, Moskva **1963** Nr. 8. S. 12-13. — 2 Tab.

An 1000 Legehennen und 100 Hähnen, aus denen 4 Versuchsgruppen gebildet wurden, hat Vf. die Wirkung von Vit. B_{12} in Verbindung mit Antibiotica und Mineralstoffen untersucht. In den Futterrationen sämtlicher Gruppen wurde tierisches Eiweiß durch Leinschrot ersetzt. Der Gehalt an verd. Protein betrug 17,4% in den ersten 3 und 18,5% in der 4. (Kontroll-) Gruppe. Die einzelnen Gruppen erhielten tägl. Zugaben (pro Tier und Tag) von: Gr. I 5 μg Vit. B_{12}, Gr. II 4 μg Vit. B_{12} + 0,5 g Biomycin; Gr. III wie Gr. II + 1 mg Chlorkobalt; Gr. IV: Ration nach den Normen des Unions-Forsch.-Inst. für Geflügelzucht. In der Versuchsperiode — 60 Tage — betrug die Legeleistung: Gr. I — 30,1; Gr. II — 33,0; Gr. III — 34,1; Kontrolle — 32,6 Stck. Eier pro Henne. Der Gehalt an Vit. B_{12} in den Bruteiern betrug entspr.: 31,3; 37,0; 38,4; 24,4 μg und das Schlupfergebnis 88,7%; 92,0%; 93,0% und 81,3% von den befruchteten Eiern. W. Bonitz. 4688.

3-64/10-0366 Glick, Bruce. Aspirin tested in broiler studies. **(Versuche mit Aspirin bei der Mast.)** Mississippi Farm Res. **26** (1963) Nr. 11. S. 2.

Die Applikation von Aspirin in einer Menge von 0,6% des verabreichten Futters wirkt sich nachteilig auf die Gewichtszunahme aus, was bei einer Menge von 0,3% nicht der Fall ist. Die Körpertemperatur von Küken, die 0,15 bis 0,60% der Futtermenge Aspirin erhielten und 20 Min. lang Temperaturen von 110 °F ausgesetzt wurden, liegt beträchtlich niedriger als bei den Kontrolltieren. Normale Körpertemperaturen werden nicht beeinflußt. Die periodische Verfütterung von Aspirin unter kontrollierten Umweltbedingungen sollte untersucht werden. I. Montag. 4690.

3-64/10-0367 Wegner, R.-M. **Moderne Eierzeugung — aus englischer Sicht.** Tierzüchter **15** (1963) Nr. 22. S. 818-819.

Schlupfdatum und Legebeginn beeinflussen die Legeleistung und somit die Höhe des Einkommens aus der Eiererzeugung. Am wirtschaftlichsten erwiesen sich im Febr. geschlüpfte Hennen, während im Juli geschlüpfte Tiere am schlechtesten abschnitten. Körpergewicht, Eigewicht und Eizahl entscheiden über die Rentabilität der Hennenhaltung. Nicht die Lichtintensität, sondern die Lichtmenge in Form eines Beleuchtungsprogrammes, beeinflussen die Legeleistung günstig. Nach engl. Erfahrungen ist die Käfighaltung mit einer Besatzdicht von 6-8 Hennen/Käfig die Haltungsart der Zukunft. Fütterungsversuche ergaben, daß durch Erhöhung des Rohproteingehaltes im Futter das Eigewicht (von 56,4 auf 57,4 g), der Anteil an großen Eiern (von 15,4 auf 20,2%) und die Futterverwertung gesteigert werden können. Zur Bekämpfung der sog. Käfigmüdigkeit von Legehennen wird den Junghennen schon ab der 18. Lebenswoche Legehennenfutter an Stelle von Junghennenfutter verabreicht. Ca-Gehalte bis 5% und ein optimaler P-Gehalt bis 0,6% im Legehennenfutter wirken sich günstig auf Schalendicke und Legeleistung aus. E. Lippmann. 4700.

3-64/10-0368 Okamoto, Seikan, Goto, Ichiro, und Koga, Osamu. The effect of jet plane sounds on the economical performances in female chickens. **(Die Wirkung des Schalles von Düsenflugzeugen auf wirtschaftliche Leistungsmerkmale bei Hennen.)** Sci. Bull. Fac. Agric., Kyushu Univ. **20** (1963) Nr. 4. S. 341-351. — 15 Tab., 4 Lit.
Mit einer Spezialeinrichtung wurde der Schall von Düsenflugzeugen mit einer Intensität von 110-120 Phon 72- bis 166mal am Tag erzeugt. Hennenküken der Rassen Weiße Leghorn und New Hampshire wogen im Alter von 10 Wochen bei Aufzucht mit Schall 916 bzw. 1137 g und bei Aufzucht ohne Schall 908 bzw. 1176 g. Die Futterverwertung wurde nicht durch den Schall beeinflußt. Einzelne Hennen aus der Gruppe, die ab 16. Lebenswoche dem Schall ausgesetzt wurden, hatten eine verzögerte Geschlechtsreife. Weiße Leghorn scheinen in der Reaktion auf Schalleinwirkung empfindlicher zu sein als New Hampshire. Setzte die Schallbehandlung erst nach der Legereife ein, wurde das Eigewicht etwas verringert. Auf das Vorkommen von weichschaligen Eiern und Blutflecken in den Eiern hatte der Schall keinen Einfluß. H. Pingel. 4700.

3-64/10-0369 Reinstein, J. Koszty produkcij jaj w gospodarstwach chłopskich. **(Die Produktionskosten für Eier in bäuerlichen Betrieben.)** Zagadnienia Ekon. rolnej **1963** Nr. 1. S. 133-146. — 18 Tab.
Gestützt aus Unterlagen aus 97 Betrieben, die durch eine Umfrage ergänzt wurden, hat Vf. Daten zusammengestellt, die den Hühnerbesatz sowie die Eierproduktion im Jahre 1960/61 betreffen. Daraus ergibt sich, daß die Nettoproduktion bei der Hühnerhaltung im Vergleich zu Rinder- und Schweinehaltung die rel. höchsten Reinerträge in der tierischen Produktion ermöglicht. Gegenstand der Untersuchungen waren Betriebe, deren Hühnerbesatz über dem Landesdurchschnitt liegt, deshalb können in Durchschnittsbetrieben die Produktionskosten auch höher liegen. PRL/CBR. 4700.

3-64/10-0370 Anonym. **Untersuchung der Eiqualität.** Geflügelhof [Zollikofen-Bern] **27** (1964) Nr. 18. S. 324-325. — 4 Abb. 4700.

3-64/10-0371 MacIntyre, T. M., Chancey, H. W. R. und Gardiner, E. E. Effect of dietary energy and calcium level on egg production and egg quality. **(Die Wirkung des Gehaltes an Energie und Calcium im Futter auf die Legeleistung und Eiqualität.)** Canad. J. Animal Sci. **43** (1963) Nr. 2. S. 337-343. — 3 Tab., 10 Lit.
In Versuchen an Weißen-Leghorn-Hennen wurde die Wirkung des Energie- und Ca-Gehaltes im Futter auf Legeleistung und Eiqualität geprüft, wobei der Energiegehalt des Futters zwischen 1074 kcal/lb. und 1288 kcal/lb. und der Ca- Gehalt zwischen 2,25% und 3,95% lag. Es erwies sich in diesem Versuch die Futtermischung mit 3,95% Ca für die Legeleistung den Mischungen mit 3,00% bzw. 2,25% als überlegen. In einem weiteren Versuch zeigte sich bei höherem Futterverbrauch kein Unterschied in der Legeleistung zwischen Futtermischungen mit einem Ca-Gehalt zwischen 1% und 6%. Diese Tatsache

ist schwer zu erklären, läßt sich nach Angabe der Vff. aber auf den höheren Futterverbrauch zurückführen. Für hohe Legeleistung wird ein Ca-Bedarf von 4 g je Tier und Tag angegeben. G. Göbel. 4700.

3-64/10-0372 Adams, J. L. und Skinner, J. L. Effects of management, strain and truck shipment on albumen quality of eggs. **(Einflüsse von Haltung, Herkunft und Lastkraftwagenversand auf die Eiweißqualität von Eiern.)** Poultry Sci. **42** (1963) Nr. 5. S. 1076-1081. — 1 Abb., 4 Tab., 4 Lit.
6 Hennen-Stämme in 5 Stallsystemen der Geflügelhaltungen der Univ. Nebraska lieferten 10 Tage lang Eier für die Untersuchung des Einflusses des Transports auf die Eiqualität. Der Transport erfolgte in Kisten 100 Meilen auf LKW ohne Kühlung, dann 1200 Meilen im gekühlten Eiertransport-Sattelschlepper. Die innere Eiweißqualität wurde in Haugh-Einheiten gemessen. Signifikante Einflüsse von Herkunft und Haltung wurden vor dem Transport festgestellt. Die dabei auftretenden Differenzen zeigten keinen Einfluß auf die Qualitätsabnahme während des Transports. Die Kistenlage im Eiertransporter hatte signifikanten Einfluß auf die Qualitätsabnahme während des Transports. Geringste Abnahme brachte die Unterbringung im vorderen Zentrum des Transporters, größte Abnahme im unteren Hinterende. Die Untersuchungen sollten mit verbesserter Meßausrüstung weitergeführt werden. W. Sommerfeld. 4700.

3-64/10-0373 Blommaert, M. und Steenis, G. Praktijkproeven betreffende verbetering van de dooierkleur door toevoeging van o-carotenoid concentraten aan het voeder van leghennen. **(Praxisversuche zur Verbesserung der Dotterfarbe durch Verabreichung von O-Carotenoid-Konzentraten im Futter von Legehennen.)** Vlaams diergeneeskund. Tijdschr. **32** (1963) Nr. 11. S. 306-317. — 4 Tab., 10 Lit. Zus. in Engl., Franz., Dtsch.
Auf dem belgischen Markt werden Eier mit ausgesprochenen orangefarbigem Dotter bevorzugt gekauft. Zur Erzielung dieser Dotterfarbe werden 3 Präparate in praktischen Versuchen in 4 Gruppen von je 20 Leghorn-Hennen der Varietät Kimber geprüft: 1. Plantengeel Nr. 25 Sanico, Carophyll 10 Roche und stabilisierter Luzerneextrakt der Fa. Probione S. A. Das Plantengeel hat keinerlei Einfluß auf die Dotterfarbe. Das Carophyll 10 wirkt sich besser auf die Farbsättigung des Dotters aus, da es dem Dotter mehr rote Farbtöne verleiht als der Luzerneextrakt. Es ist notwendig, daß zur Verbesserung des Eierabsatzes im In- und Ausland der Farbton des Dotters von gelb nach orange durch eine geeignete Kombination von gelben und roten Oxycarotinoiden erzielt wird. E. Tempel. 4700.

3-64/10-0374 Poppe, S., Moldenhauer, H. und Meier, H.; Rostock, Univ., Inst. für Tierernähr. und Landwirtsch. Chem. **Über den Einfluß gereinigter und synthetischer Carotinoide auf die Dotterpigmentierung von Hühnereiern.** Arch. Geflügelzucht Kleintierkunde **13** (1964) Nr. 4/5. S. 251–257. — 1 Abb., 2 Tab., 12 Lit. Zus. in Russ., Engl. — nach Zus.
In einem Versuch mit Legehennen wurde der Einfluß von Carotin, Xanthophyll und einem synthetischen Carotinoid (β-Apo-8'-carotinal) auf die Dotterpigmentierung geprüft. Carotin hatte dabei keinen Einfluß auf die Färbung der Dotter. Die günstigsten Dotterfarbwerte wurden bei hohen Gaben von β-Apo-8'-carotinal (50 mg/kg) erreicht. Es wird vorgeschlagen, zur Beurteilung der pigmentierenden Wirkung von Grünmehlzusätzen neben dem Carotingehalt auch den Xanthophyllgehalt zu berücksichtigen. 4700.

3-64/10-0375 Anonym. **Grundlegendes zur Haltung im 1000- und Mehr-Hennen-Betriebe.** Geflügelhof [Zollikofen-Bern] **27** (1964) Nr. 11. S. 181. 183-184.
Nur durch eine Verbesserung und Verbilligung der landwirtsch. Geflügelhaltung kann eine rationelle Produktion erreicht werden. Hohe Investitionen

für die Isolierung und mechanische Belüftung der Ställe sind gerechtfertigt. Bewährt haben sich neben den Kettenband-Fütterungsanlagen bes. die Rohrfütterungsanlagen, die sich spez. bei großen und mehrstöckigen Ställen als vorteilhaft erwiesen. Neben der Durchlaufrinnentränke findet die aus Amerika kommende Teller- oder Rundtränke Verwendung. Die Beschaffenheit und Belüftung der Kotgrube ist von Bedeutung. Trotz der arbeitstechnischen Vorteile der Abroll-Sammel- und Familiennester werden in der Praxis die Zellennester bevorzugt. Zur Verabreichung von Medikamenten über das Trinkwasser haben sich wegen ihrer einfachen und zuverlässigen Bedienung die Medikamenten-Mischbehälter aus Plastik bewährt.
E. Lippmann. 4706.

3-64/10-0376 Duben, Z. Veterinární opatření v intenzivních velkochovech. **(Tierärztliche Maßnahmen in intensiven Großhaltungen.)** Drůbežnictví [Praha] **11** (1963) Nr. 11. S. 196-171. — 1 Tab.
In der 1. Woche erhalten die Tiere ausreichend Vitamine durch Zusatz von Hydrosol AD 3 (gleichzeitig Präventivmittel gegen die Coccidiose) und evtl. auch Vitamine der B-Gruppe. In der 2. Woche erhalten die Tiere 2 Tage lang die B 1 Vaccine im Wasser, dazu werden Vitamine der B-Gruppe oder Tocopherol und je nach Bedarf abwechselnd Cholesol, Kupfervitriol (0,25%), Hypermangan (1 g/10 l Wasser) zugesetzt. In der 3. Woche erhöhen wir im Futtergemisch das Nitrafurazon oder verabreichen 3 Tage lang im Futter das Sulfanimidin, und einige Tage setzen wir B- und K-Vitamine zu. Diese präventiven Maßnahmen gegen die Coccidiose wiederholen wir in der sechsten neunten, zwölften und evtl. fünfzehnten Woche, und in der 4., 7., 10. und evtl. 13. Woche verabreichen wir Vitamine der Gruppen B und K. Das Hydrosol AD 3 erhalten die Küken weiterhin jeden Monat. Die Vitaminzusätze richten sich nach den Sektionsbefunden und nach Untersuchungsergebnissen der abgestorbenen Embryonen. Systematisch kontrollieren wir das evtl. Vorkommen von Salmonellen, und ggf. verabreichen wir einmal in 2 Mon. 4-6 Tage lang Furazolidon. ČSSR/ÚVTI. 4706.

3-64/10-0377 Spyrka, M. Porovnanie ekonomickej efektívnosti chovu nosníc v klietkách a na hlbokej podstielke. **(Vergleich des ökonomischen Nutzeffektes der Käfig- und Tiefstreuhaltung von Legehennen.)** Drůbežnictví [Praha] **11** (1963) Nr. 11. S. 162-163. — 2 Tab.
Bei der Käfighaltung entfielen auf 1 AK 5184 Hennen, bei der Tiefstreuhaltung nur 1626 Hennen. Die Arbeitsproduktivität ist bei der Käfighaltung viel höher, da die Erzeugung von 1 Ei nur 0,35 min erfordert, auf Tiefstreu dagegen 1,22 min. Die Selbstkosten von einem Ei und der Rentabilitätsmaßstab bei der Tiefstreuhaltung waren günstiger, vor allem infolge eines höheren Legedurchschnittes, weil die auf 1 Fütterungstag je Henne umgerechneten Kosten bei der Käfighaltung nur geringfügig höher sind. ČSSR/ÚVTI. 4707.

3-64/10-0378 Hattenhauer, H. **Zur Frage der Roststallhaltung von Hühnern.** Tierzucht **18** (1964) Nr. 2. S. 107-109.
Die zunehmende Verknappung von Einstreumaterial zwingt dazu, künftig in stärkerem Umfang als bisher die Rosthaltung beim Geflügel einzuführen. Vf. beschreibt die Vor- und Nachteile dieser Haltungsart und verweist dabei vorzugsweise auf die Ergebnisse amer. Literatur. Die mitgeteilten praktischen Erfahrungen sind vielfach recht widersprechend, lassen aber erkennen, daß Erfolge nur bei sinnvollem Zusammenwirken vieler Faktoren möglich sind. Es wurde betont, daß höhere Tierbesätze nicht allein an die Haltungsweise des Roststalles gebunden sind, sondern auch bei entspr. Voraussetzungen im Tiefstreustall möglich sind. Komplexe Untersuchungen in größeren Produktionseinheiten unter Berücksichtigung betriebs- und arbeitsökonomischer Probleme sind erforderlich. K. Löhle. 4707.

3-64/10-0379 Bibik, E. A. Soderžanie kur-nesušek v širokogabaritnych ptičnikach. **(Die Haltung von Legehennen in Breitfrontställen.)** Pticevodstvo, Moskva **1963** Nr. 7. S. 38-40. – 1 Abb., 1 Tab.

Im Geflügelzuchtsowchos „Jushny" (Krim) wird die Hälfte der Legehennenbestände (130000 Tiere) in 13 Breitfrontställen gehalten. In diesen Ställen sind die meisten Arbeitsgänge mechanisiert; es wird teilweise mit der Programmierung gearbeitet. Pro AK werden schon 21000 Legehennen betreut und mehr als 3 Mill. Stück Eier im Jahr erzeugt. Ein Mangel in den Ställen war bisher die geringe Freßlänge (4 Futterketten = 8 cm Freßlänge pro Legehenne), was durch zusätzlichen Einbau von 2 Futterketten behoben wurde. Dem Sowchos gelang es in kurzer Zeit, die Eierproduktion zu verdoppeln und die Selbstkosten um 15% zu senken. W. Bonitz. 4707.

3-64/10-0380 Ursíny, J. Prečo a kedy treba chránit hydinu pred škrkavkami. **(Warum und wann das Geflügel gegen Spulwürmer zu schützen ist.)** Drůbežnictví [Praha] **11** (1963) Nr. 11. S. 171-172. – 1 Abb.

Askaridieneier unterliegen der Wirkung der Dürre und der Sonnenstrahlen, aber die mit Gras bewachsenen Ausläufe bleiben selbst nach dem Umpflügen weiterhin ein Verseuchungsherd. Um die Resistenz der Küken gegen den Askaridienbefall zu verstärken, empfiehlt es sich, Vit. A, D_3, B_2 und E zu verabreichen. Die 3-4 Wochen alten Küken sind gegen die Spulwürmer bes. anfällig. Sie müssen in sorgfältig gereinigten und desinfizierten Räumen gehalten werden. Die alte Streu muß entfernt werden, und evtl. wird auch die obere Erdschicht beseitigt. ČSSR/ÚVTI. 4710.

3-64/10-0381 Siegmann, O. **Untersuchungen über den Gesundheitszustand der Tiere in Geflügelzuchtbetrieben unter besonderer Berücksichtigung der Leukose und konstitutioneller Gesichtspunkte.** Arch. Geflügelkunde **27** (1963) Nr. 4. S. 265-294; Nr. 5. S. 348-387. – 16 Abb., 25 Tab., 140 Lit. Zus. in Engl.

Im Verlauf von 3 Jahren wurden von insgesamt 5250 Abgängen aus Geflügelzuchtbetrieben die Abgangsursachen ermittelt. Mit Hilfe von Hand- und Maschinenlochkarten werden die Auswertungen vorgenommen. Es konnte festgestellt werden, daß die Infektions- und bes. die Invasionskrankheiten nur während der Jugendentwicklungen der Hühner eine Rolle spielen. In den weiteren Entwicklungsstadien nehmen diese Krankheitsursachen stark ab und betragen im 3. Lebensjahr nur noch 10% der Gesamtabgänge. Die Häufigkeit der Abgangsursache sowie der Nebenbefunde wurde tabellarisch festgehalten und die Zusammenhänge zwischen dem Alter der Tiere und bestimmten Krankheiten biometrisch ausgewertet. Bei den Leukoseanalysen konnte festgestellt werden, daß die nodöse und diffuse Stammzellenleukose vorherrscht. Beziehungen zwischen dem Ansteigen der Leukosefälle in den Herbstmonaten und der Beteiligung des Hormonhaushaltes bei der Krankheitsmanifestation konnten hergestellt werden. Weiterhin wurden die Einflüsse verschiedener Krankheiten, der Fütterung und parasitärer Schäden auf die Leukose analysiert. Vorschläge zur Bekämpfung der Leukose werden unterbreitet. M. Richter. 4710.

3-64/10-0382 Gerriets, E. **Die Übertragung von Infektionserregern durch Geflügeltränken.** Dtsch. Geflügelwirtsch. **15** (1963) Nr. 45. S. 619-622. – 10 Abb., 9 Tab.

Die Hygiene der Tränkwasserversorgung ist nach Ansicht des Vf. durch Verwendung von Durchlauftränken (beschrieben wird System Damsdorf) gewährleistet. Folgende Versuche wurden durchgeführt: 1. Eintagsküken wurden 0,5 cm^3 eines hochpathogenen Stammes von B. S. pullorum im Futter, im stehenden und im fließenden Wasser verabreicht. Das infizierte stehende Tränkwasser wurde nach 3,6 und 24 Std. entfernt. Die Kükenverluste lagen bei der fließenden Tränke am niedrigsten, 4 und 16%, bei stehender Tränke schwankten sie zwischen 16 und 40%, beim Futter zwischen 24 und 64%. 2. Hennen wurde ein Stamm Newcastle-Disease-Virus mit einem Infektionstiter von 10^8 in einer Durchlauftränke verabreicht, die Erneuerungszeit des Wassers war auf 15 min eingestellt. Die Kontrollgruppe erhielt das infizierte Wasser 24 Std. lang in stehender Tränke. Die Sterblichkeit in der Kontrollgruppe betrug in 4 Versuchen 100%. Bei den Versuchsgruppen wurde in 2 Fällen die Infektion verhindert und in 2 Fällen stark verzögert. Innerhalb der normalen Inkubationszeit erkrankten 2 Hennen, die anderen Hennen wurden sekundär infiziert. H. Sommerfeld. 4710.

Enten

3-64/10-0383 Rudolph, W.; Nauendorf, Inst. für Geflügelwirtsch. Merbitz. **Einige aktuelle Probleme der Entenzucht und -mast.** Arch. Geflügelzucht Kleintierkunde **13** (1964) Nr. 4/5. S. 259–268. — 1 Tab., 41 Lit. Zus. in Russ., Engl. — nach Zus.
Vf. befaßt sich mit einigen bedeutsamen wiss. und prak tischen Gesichtspunkten der Entenhaltung. Eine der wichtigsten Aufgaben stellt die Verbesserung der Futterverwertung dar. Ein Problem in Hinsicht auf eine kontinuierlichere Entenkükenproduktion ist die Steigerung der Legeleistung der Zuchtherden. Ein Zuchtprogramm für Enten sollte nunmehr erarbeitet werden. Einige Fragen der Haltung werden diskutiert. 4965.

3-64/10-0384 Ash, W. J. und Nothers, P. Sex difference in economic traits of Long Island White Peking market ducklings. **(Geschlechtsbedingte Unterschiede in den wirtschaftlichen Merkmalen von Mastenten bei Weißen Peking von Long Island.)** Nature [London] **201** (1964) Nr. 4919. S. 571 bis 572. — 4 Tab., 9 Lit.
In Eastport (Long Island) liefen 1960-62 fünf Untersuchungen mit insgesamt 2433 Mastenten über Körperentwicklung, Futterverwertung und Fettanlagerung. Auch die wöchentl. Veränderungen im Fettgehalt zwischen 1. und 8. Woche wurden untersucht. Die Zunahmen von Erpeln und Enten liefen in den ersten 6 Wochen parallel. Mit 7 Wochen waren die Erpel größer und mit 8 Wochen waren sie 0,5 lb. schwerer als die Enten. Die Futterverwertung, gemessen an dem Futteraufwand je Einheit Lebendgewichtszunahme, war bei den Enten von der 7. Woche an verschlechtert. In der 8. Woche verbrauchten sie 7,44 lb. Futter je 1 lb. Körpergewebeproduktion gegenüber 5,32 lb. bei den Erpeln. Die Fettanlagerung im Schlachtalter war bei den Enten höher, in den untersuchten Körperteilen betrug sie 32,1% gegenüber 30,4% bei den Erpeln. Vf. schlägt vor, die kleineren Enten eher zu schlachten und damit der Nachfrage der Gaststätten zu entsprechen und die größeren Erpel erst mit 8 Wochen für die Versorgung der Hausverbraucher zu schlachten.
W. Sommerfeld. 5020.

3-64/10-0385 Huška, J. Deset let kaprokachního hospodářství na přirozném třecím rybníku. **(Zehn Jahre Entenzucht auf einem natürlichen Karpfenlaichteich.)** Českoslov. Rybářství **1963** Nr. 8. S. 115-116. — 3 Abb., 1 Tab.
Es werden die Methoden und Ergebnisse der Entenzucht auf dem 6 ha großen Karpfenlaichteich Hamry des Staatl. Fischereibetiebes Benevov beschrieben. Zur Aufstallung der Zuchtenten dienen einfache, aus Latten und Solomit hergestellte Entenhütten am Ufer. Die Enten bleiben auch während des Laichens der Karpfen auf dem Teiche, ohne Schaden anzurichten. Außer den Zuchtenten werden unterhalb des Teiches auch Entenküken aufgezogen, welche ebenfalls freien Zutritt zum Wasser haben. Über Winter werden die Enten auf einem Bach gehalten. 1952, zu Beginn der kombinierten Karpfen-Entenzucht, wurden 14,76 dt Karpfenbrut, d. h. 2,33 dt/ha Teichfläche, abgefischt.

1962 waren es 10,09 dt/ha. Diese Steigerung der Produktion ist hauptsächlich der Ausnutzung des bei der Fütterung der Enten abfallenden Futters durch die Karpfen zuzuschreiben. ČSSR/ÚVTI. 5025.

3-64/10-0386 Meyer, W. **Rundwurmerkrankungen bei Enten.** Garten u. Kleintierzucht, Ausg. B **3** (1964) Nr. 11. S. 7. 5030.

Truthühner

3-64/10-0387 Aristov, V. P. Mestnye černye indejki. **(Bodenständige schwarze Puten.)** Pticevodstvo, Moskva **1964** Nr. 3. S. 24-25. — 2 Abb., 1 Tab. 5065.

3-64/10-0388 Marčenko, P. I. Rabota s matočnym stadom indeek. **(Die Arbeit mit einer Puten-Mutterherde.)** Pticevodstvo, Moskva **1963** Nr. 10. S. 22-23. — 2 Tab. 5090.

3-64/10-0389 McDonogh, S., Mescal, A. und Ward, S. Summary of breeding work in 1960 at the Turkey Breeding Unit, Athenry Agricultural School. **(Zusammenfassung der Zuchtarbeit des Jahres 1960 an der Putenbrutanstalt der Landwirtschaftsschule Athenry.)** J. Dep. Agric. [Dublin] **59** S. 38-45. — 3 Tab. 5090.

3-64/10-0390 Kalkreuth, Charlotte. **Praktische Hinweise und Erfahrungen zur Brut der Puteneier und Aufzucht der Putenküken.** Tierzucht **18** (1964) Nr. 4. S. 217-219. — 4 Abb. 5096.

3-64/10-0391 *Broeking, Annegret.* **Über Längenwuchs und nervöse Störungen erblicher Natur bei Weißen Leghorn.** Diss. Veterinärmed. Fak. Berlin. 1963. (41 S.) 8°. (Diss. 9670)

D. KANINCHEN

3-64/10-0392 Koetter, U.; Gießen, Justus-Liebig-Univ., Inst. für Tierzucht und Haustiergenetik; Celle, Bundesforsch.-Anst. für Kleintierzucht. **Untersuchungen über die Beziehungen zwischen Wollertrag und Wollqualität bei Angorakaninchen.** Arch. Geflügelzucht Kleintierkunde **13** (1964) Nr. 4/5. S. 269–288. — 7 Tab., 21 Lit. Zus. in Russ., Engl. — nach Zus.

In 150 Vliesproben (450 Körperstellenproben) von Angorakaninchen verschiedener Herkunft und Leistungsstufe wurde untersucht wieweit die außergewöhnliche Wollertragssteigerung um 100% in den letzten 15 Jahren mit Änderungen der qualitativen Eigenschaften der erzeugten Wolle verbunden ist. In diesem Zusammenhang wurden die Einflüsse des Geschlechts auf die technol. Daten sowie die wichtigsten Zusammenhänge zwischen den Qualitätseigenschaften untersucht. Soweit das vorliegende Material Schlüsse zuläßt, sind bei den auf hohen Wollertrag gezüchteten Angorakaninchen keine Veränderungen in den wertbestimmenden Merkmalen festzustellen, zumindest nicht solche, die sich bei der textilen Verarbeitung bemerkbar machen können oder geeignet sind, die Qualität fertiger Angorakleidung herabzusetzen. 5720.

E. PELZTIERE

3-64/10-0393 Belugina, O. P., Orlov, A. F. und Pavlov, M. K. Vlijanie testosterona na uskorenie rosta samok norok. **(Der Einfluß von Testosteron auf die Beschleunigung des Wachstums von Nerzfähen.)** Tr. Vses. s.-ch. in-ta zaočn. obrazovanija **1962** Nr. 10. S. 59-65. — Aus: Referativnyj žurnal Moskva. Životnovodstvo, veterinarija **1963** Nr. 16.58.175. S. 24.

1960 wurden 44 Tiere der Rassen Standard, Amerikanische Palomino, Finnischer Topaz und Royal-Pastell ausgewählt (♂ und ♀) und mit Methyltestosteron behandelt. Das Hormon wurde dem Futter in einer Menge von 2, 5,5 und 10 mg zugesetzt. 5♀ wurden kastriert, die einen bekamen Methyltestosteron und die anderen nicht. Die kastrierten ♀, die kein Methyltestosteron erhielten, waren größer, ihre Felle waren 11% größer als die der Kontrolltiere. Bei den anderen weibl. Versuchstieren waren die Felle 10 bis 11,5% größer als bei der Kontrolle. Bei den ♀, denen Methyltestosteron verabreicht wurde, betrug das Gewicht der Eierstöcke 7-10 mg, bei der Kontrolle 32-72 mg. Folglich rief das in den angeführten Dosen verabreichte Methyltestosteron eine „biologische Kastration" hervor. Nach Meinung der Autoren waren die Methyltestosterondosen zu hoch. Die optimale Methyltestosterondosis und die Methoden zu seiner Verfütterung müssen noch ermittelt werden. 5302.

3-64/10-0394 Davis, G. **Die Rolle der Antibiotika im Nerzfutter.** Dtsch. Pelztierzüchter **38** (1964) Nr. 4. S. 64-65. 5302.

3-64/10-0395 Wilson, H. C. Aleutian disease. A review of a disease of mink showing a plasma-cell infiltration of organs. **(Aleutenkrankheit. Überblick über eine durch Plasmazellinfiltrate in den Organen gekennzeichnete Nerzkrankheit.)** Veterin. Rec. **75** (1963) Nr. 39. S. 991-996. — 34 Lit.
Die Aleutenkrankheit befällt vorwiegend Nerze, die im Aleutengen homozygot sind, ist aber auch bei anderen Farbtypen und Standardnerzen zu beobachten. Klinisch sind Gewichtsverlust trotz noch vorhandenem Appetit, vermehrte Wasseraufnahme und Beimengung unverdauter Futterbestandteile im gelegentlich teerfarbigen Kot sowie Tendenzen zu Haemorrhagien festzustellen. Der Tod tritt unter Erscheinungen der Lethargie und Kachexie ein. Bestände, in denen die Aleutenkrankheit auftritt, neigen zu Sterilität der Fähen und hohen Welpenverlusten in den ersten Lebenstagen. Eine erfolgreiche spez. Behandlungsmöglichkeit ist nicht bekannt. Die bisherigen Untersuchungsergebnisse weisen auf eine Virus-bedingte Ursache hin.
H. Zimmermann. 5302.

3-64/10-0396 Hartung, J. und Fritzsch, W. **Aujeszkysche Krankheit bei Nerz und Fuchs.** Mh. Veterinärmed. **19** (1964) Nr. 11. S. 422-427. 5302.

3-64/10-0397 Galancev, V. P. Adaptacija sercevo-sudynnoï systemy nutrij do napivvodnogo sposobu žyttja. **(Anpassung des Herzgefäßsystems der Nutrias an teilweise Wasserhaltung.)** Dopovidi Akademiï nauk Ukraïnskoï RSR, Kyïv **1964** Nr. 3. S. 387-389. — 1 Abb., 8 Lit. Orig.: ukrain., Ausz.: russ., engl. 5310.

3-64/10-0398 Szuman, J. **Polnische Forschungen über die Haltung von Sumpfbibern in Trockengehegen.** Dtsch. Pelztierzüchter **38** (1964) Nr. 1. S. 8-11. — 11 Lit.
Bei vergleichenden Versuchen der Haltung von Sumpfbibern in Hoch- und Betonbodengehegen ohne Badewasser hat sich ein günstiger Einfluß der Hochgehegehaltung auf Gewicht und Größenentwicklung der Tiere gezeigt. Blutuntersuchungen haben bei den in Hochgehegen ohne Badebecken untergebrachten Sumpfbibern höhere Erythrocytenzahlen ergeben als bei aus halbfreien Haltungsbedingungen und aus Bassingehegen stammenden Tieren. Werden Sumpfbiber in Käfigen ohne Trinkwasser aufgezogen, treten starke Gewichtszunahmen auf, so daß die im Herbst gepelzten 13 Mon. alten Tiere ⌀ 9,7 kg gewogen haben. Doch haben sich diese Tiere als zuchtuntauglich erwiesen, da keine Metze geworfen hat. Daher ist vor einer planlosen Einführung der Trockenkäfige zu warnen. H. Zimmermann. 5310.

3-64/10-0399 Grau, Juan. **Die wilde Chinchilla — heute.** Dtsch. Pelztierzüchter **38** (1964) Nr. 5. S. 90-93. — 7 Abb. 5318.

3-64/10-0400 Schmidt, Fritz. **Gedanken um die Zukunft unserer Chinchillazucht.** Dtsch. Pelztierzüchter **38** (1964) Nr. 5. S. 88-90. — 1 Abb. 5318.

3-64/10-0401 Clarke, John D. W. **Jungtiersterblichkeit in der Chinchillazucht.** Dtsch. Pelztierzüchter **37** (1963) Nr. 11. S. 209-211.; Nr. 12. S. 229 bis 231.
Für die Chinchillazucht Kanadas wird ein durchschnittl. Jungtierverlust von 42,5% angegeben. Zu diesen hohen Todesfällen kommen noch die wirtschaftlichen Schäden, die durch Pelzfressen, Fellbruch und Sappern entstehen. Um die Jungtierverluste zu senken, sind zum Werfen mit Heu gefüllte Nestkästen in die Gehege zu stellen, damit die Jungtiere warm liegen. Besitzt das Weibchen nicht genug Milch, ist sofort für zusätzliche Nahrung für die Jungtiere zu sorgen. Als Futter für den Gesamtbestand und vor allem für die Weibchen empfiehlt sich Grünfutter, zu dem im Herbst noch Apfelzweige gegeben werden. Weiterhin werden Pellets, Vitaminzusätze und reines Brunnenwasser verabfolgt. Ständig steht in den Käfigen weißes Steinsalz zur Verfügung. Totgeburten können dadurch hervorgerufen werden, daß die Weibchen in zu kleinen Gehegen gehalten werden. Kränkliche und kümmernde Tiere sind rechtzeitig aus dem Bestand auszumerzen. Zuchtuntauglich sind auch Tiere, die nur durch bes. Pflege oder Medikamente gesund erhalten werden können. Die Raumtemperaturen sind niedrig zu halten, um den Bestand widerstandsfähig zu erhalten. Solange Chinchilla trocken untergebracht sind, können sie viel Kälte ertragen. Vom Vf. werden die Tiere in ungeheizten Schuppen aufgezogen, in denen manchmal Temperaturen von 0-5 °C, die gelegentlich auch auf −15 °C fallen, herrschen. Hierbei ergeben sich Vorteile einer besseren Fellentwicklung, späteren Fellreife, Entwicklung eines dickeren Leders und geringerer Neigung zum Fellbruch. Es entsteht ein vorteilhafter Jahresablauf: Wurf im Frühjahr, Entwicklung des Sommerpelzes, Wurf im Herbst, Entwicklung und Reifen des Winterpelzes im Dez. Im Frühjahr bei Beginn der warmen Jahreszeit anfallende Würfe weisen nur wenige Abgänge auf. Ein bes. Vorteil der kalten Haltungsweise ist, daß zuchtuntaugliche Tiere den Anforderungen nicht gewachsen sind und rechtzeitig ausgeschieden werden können, so daß in kurzer Zeit ein widerstandsfähiger Zuchtstamm entwickelt wird, der sich zuverlässig fortpflanzt und geringe Jungtierverluste aufweist. H. Zimmermann. 5318.

G. BIENEN

3-64/10-0402 Haragsimová, L., Veselý, V. und Haragsim, O. Mezinárodní symposium vědeckých včelařských pracovníků. **(Internationales Symposium von Wissenschaftlern aus dem Gebiet der Bienenzucht.)** Včelařství **16(97)** (1963) Nr. 10. S. 147-150. — 1 Abb. ČSSR/ÚVTI. 5402.
3-64/10-0403 Janoštik, L. **Die Bienenzucht in der ČSSR.** Garten u. Kleintierzucht, Ausg. C **2** (1963) Nr. 15. S. 8-9. — 9 Abb.
1962 wurden in der ČSSR 126325 Bienenzüchter und 913890 Bienenvölker gezählt. Etwa 100000 sind Kleinimker mit höchstens 10 Völkern. Sie sind im Tschechoslowakischen Imkerverband organisiert. Die 1240 Sparten sind in 108 Kreis- und 10 Bezirksfachkommissionen zusammengefaßt. In den im folgenden aufgeführten 8 Fachausschüssen arbeiten Vertreter der Wissenschaft und der Praxis eng zusammen. 1. Schulung. Sie nimmt einen breiten Raum ein. 2. Bienenweide (1962) wurden 70000 Völker zur Bestäubung landwirtsch. Kulturen eingesetzt). 3. Zucht (Einrichtung von Zuchtleitbetrieben zur Züchtung einer bodenständigen Biene). 4. Rationalisierung (Standardisierung eines Rähmchenmaßes von 37 × 30 cm und Entwicklung einer Standardbeute). 5. Bienenkrankheiten. (Faulbrut und Milbenseuche sind meldepflichtig. Zur Bekämpfung der Milbe hat sich das von Svoboda entwickelte Präparat BEF gut bewährt). 6. Sozialistische Imkereien (werden ausgebaut) 7. Volkserforschung. 8. Medizinische Anwendung der Bienenprodukte (Weiselfuttersaft für medizinische und kosmetische Präparate, Bienengift). G. Droege. 5406.

3-64/10-0404 Wendt. **Die Bienenzucht in der Tschechoslowakei.** Westf. Bienenztg. **76** (1963) Nr. 8. S. 236-237.
Die Bienenzucht der ČSSR steht auf beachtlicher praktischer und theoretischer Höhe und kann auf eine lange Tradition zurückblicken. Der bedeutende Pädagoge und evangelische Theologe J. Amos Comenius (1592-1670) bewirkte durch sein Vorbild, daß Jahrhunderte hindurch Theologen und Pädagogen eine führende Rolle in der Bienenzucht spielten. Es werden z. Z. ca. 900000 Bienenvölker von ca. 100000 Imkern betreut; knapp 20% hauptamtlich im sozialistischen Sektor. Der Durchschnittsertrag liegt bei 7 kg Honig je Volk und Jahr. Die Bestäubungsleistung wird auf 750 Mill. Kčs geschätzt. Das Forschungsinstitut Dol arbeitet eng mit Ministerium und Imkerorganisation zusammen. Von staatlicher Seite erfährt die Bienenzucht großzügige Förderung. Eine imkerliche Grundausbildung wird in allgemeinbildenden und berufsbildenden Schulen sowie an der Universität vermittelt. Es gibt deshalb kaum einen Erwachsenen in der ČSSR, der nicht an einem Lehrgang über Bienenzucht teilgenommen hat. G. Droege. 5406.

3-64/10-0405 Hillyard, T. N. und Crane, E. Import of package bees into Britain in 1963. **(Die Einfuhr von Paketbienen nach England im Jahre 1963.)** Bee Wld. **45** (1964) Nr. 1. A. 14-18.
Von Apr.-Juli 1963 wurden aus einigen Südstaaten der USA Paketbienen nach England eingeführt. Die Gesamtzahl der 1-1,5 kg schweren Pakete aus Holz und Gaze belief sich auf 4000. Für den Transport wurden ∅ 36 Std. benötigt. Die Kosten eines 1,5 kg schweren Paketes betrugen bei der Ankunft in England £ 5. Weitere Unkosten entstanden beim Versand zum Empfänger. Die Bienen waren entweder ohne Nahrung verschickt worden oder ihnen stand Zucker in Musselinbeuteln bzw. Zuckerlösung in Gefäßen zur Verfügung. Die Bienenverluste waren gering. Weisel scheinen den Transport weniger gut zu überstehen als Arbeitsbienen. Einige Weisel kamen tot an, einige wurden später drohnenbrütig, insgesamt 3%. Die Einfuhr von Paketbienen dürfte zunehmen, wenn a) sich die Kosten noch senken, b) dafür bes. geeignete Zuchtstämme benutzt werden, c) ein gewisses Gleichgewicht zwischen Nachfrage — jeweils vor allem vom vorangegangenen Winter abhängig — und Angebot entstanden ist. R. Bährmann/Tälermühle. 5406.

3-64/10-0406 Smith, F. G. Beekeeping in Western Australia. **(Die Bienenzucht in Westaustralien.)** Bee Wld. **45** (1964) Nr. 1. S. 19-31. — 2 Abb., 14 Lit.
Die ersten Honigbienen kamen 1864 nach Westaustralien. Heute gibt es ca. 700 Imker, davon besitzen 250 weniger als 5 Völker, ca. 290 zwischen 5 und 50 Völkern und weitere 79 bewirtschaften zwischen 51 und 175 Völkern. 74 Imker besitzen 200 und mehr Völker. Die Gesamtzahl der Völker belief sich 1962 auf 41623. Je mehr Völker ein Imker besitzt, um so mehr erntet er in der Regel, da Imker mit vielen Völkern vom Wandern mehr Gebrauch machen als Kleinimker. Am beliebtesten ist die Italienerbiene. Daneben besteht einiges Interesse an kaukasischen Bienen. Die amer. Faulbrut ist die wichtigste Bienenkrankheit. Sie ist meldepflichtig. Eine Untersuchung aus seuchenhygienischen Gründen wird jährl. bei 10% der Völker durchgeführt. Die Milbenseuche ist unbekannt. Die Nosemaseuche kann im Frühjahr zu Völkerverlusten führen. Langstroth-Beuten mit 8 und 10 Waben je Zarge sind verbreitet. Pro Beute werden normalerweise 2-3 Zargen benutzt. Mit den in Westaustralien gebräuchlichen Schleudern ist 1 AK in der Lage, an einem Tage bis zu 1,5 t Honig zu schleudern. 1962 wurden 3624 t Honig und 43 t Wachs geerntet. Das entspricht einem Wert von £ 251000 (Honig) und £ 16400 (Wachs). Die Durchschnittserträge pro Volk: 192 lb. Honig und 2,3 lb. Wachs. Jährl. werden Honig und Wachs im Werte von ca. $ 250000 exportiert. Weitere Einzelheiten müssen dem Orig. entnommen werden. R. Bährmann/Tälermühle. 5406.

3-64/10-0407 Dröscher, Vitus B. **Sanfte Bienen sind schlampig.** Bienenwelt [Graz] **6** (1964) Nr. 6. S. 141-142.
Vf. bespricht Forschungsergebnisse Rothenbuhlers über das Verhalten der Bienen. Dieser stellte fest, daß es zwei Linien von Bienenvölkern gibt, die sich lediglich in den zwei Verhaltensweisen der Angriffswut und der Sauberkeit unterscheiden. Die friedfertigen Bienen sind unsauber; sie lassen abgestorbene Brut in den Wabenzellen verfaulen. Die aggressiven Bienen befördern jede Larve unmittelbar nach dem Tod ins Freie. Diese beiden Verhaltensweisen gekreuzt, ließen deutlich einen Mendelschen Erbgang erkennen. Es läßt sich daraus folgern, daß in der Erbsubstanz der Bienenchromosomen sich rezessives Gen für das Öffnen der Zellen mit toter Brut und ein anderes rezessives Gen für das Entfernen der toten Brut befindet. Es ist somit unmöglich, nichtstechende Bienen zu züchten, da die Sanftmut in ein und denselben Erbfaktor mit dem Unvermögen gekoppelt ist, den Stock von Krankheitsherden zu säubern. H. Oschmann/Tälermühle. 5425.

3-64/10-0408 Dröscher, Vitus B. **Sanfte Bienen sind schlampig.** Rhein. Bienenztg. **115** (1964) Nr. 2. S. 49-50. 5425.

3-64/10-0409 Autrum, H. und Hamdorf, K. **Der Sauerstoffverbrauch des Bienenauges in Abhängigkeit von der Temperatur bei Belichtung und im Dunkeln.** Z. vergleich. Physiol. **48** (1964) Nr. 3. S. 266-269. — 1 Abb., 1 Tab., 3 Lit. 5425.

3-64/10-0410 Gromisz, M. Zmienność długości jezyczka pszczól w Polsce w zależności od szerokości geograficznej. **(Die Variabilität der Länge des Rüssels der Bienen in Polen in Abhängigkeit von der geographischen Breite.)** Pszczelnicze Zeszyty naukowe **1963** Nr. 1. S. 15-22. — 1 Abb., 1 Tab., 8 Lit.
Bei den Bienen im NO Polens erfolgt eine Reduzierung der Rüssellänge von Süden nach Norden hin. PRL/CBR. 5425.

3-64/10-0411 Heran, H. **Die Bienenantenne, ein vielfältiges Sinnesorgan.** Bienenwelt [Graz] **6** (1964) Nr. 4. S. 78-85. — 8 Abb.
Die Hauptmenge der ca. 90000 Sinneszellen eines Bienenfühlers befindet sich in den äußeren 8 Geißelgliedern. Die Sinneszellen stehen mit unterschiedlich gebauten Sinneshaaren in Verbindung. Aus der Form können keine Schlüsse auf die Funktion der Sinneshaare gezogen werden. Die Bienen nehmen Riechstoffe in ähnlich hoher Konzentration wahr wie der Mensch; im Bereich der blumenartigen Gerüche sind sie etwas, im Hinblick auf den Sterzelduft bedeutend leistungsfähiger als der Mensch. Geruchliche Intensitätsunterschiede werden von beiden Bienenfühlern getrennt erfaßt. Neben den Geruchsrezeptoren tragen die Fühler noch Tastrezeptoren und Rezeptoren, die durch mechanische Verformung der Körperoberfläche erregt werden, weiterhin Organe für das Temperaturempfinden. Auch wird die Eigengeschwindigkeit während des Fluges von Fühlerorganen gemessen. Das im Wendeglied der Fühler gelegene Johnstonsche Organ spielt als Strömungssinnesorgan eine Rolle und registriert Reize, die durch die Geißelbewegung während des Fluges entstehen. R. Bährmann. 5425.

3-64/10-0412 Morse, R. A. Swarm orientation in honeybees. **(Schwarmorientierung bei Honigbienen.)** Gleanings in Bee Cult. **92** (1964) Nr. 3. S. 137 bis 141. — 4 Abb., 4 Lit.
Wird einem Schwarm die Königin entnommen und in einer Entfernung von 1,5-3,0 m in einen Käfig gesetzt, zieht der Schwarm nach 46-245 Min. zu der Königin. Auch kehren die Bienen immer zur Königin zurück, wenn sie dem Schwarm nicht folgen können. Die Schwarmbienen bilden eine Traube um ein Filterpapier, in dem ein Königinnenkopf zerrieben worden ist. Ist ein Schwarm im Umkreis von 60 m zerstreut worden, sammelt er sich sehr schnell um einen Mörser, mit dem einige Köpfe von Königinnen zermörsert

wurden. Kopfdrüsen der Königin scheinen anlockend auf die Schwarmbienen zu wirken. — Noch unklar ist, ob alle Schwarmbienen oder nur die Spurbienen den Schwarm zu seinem neuen Bestimmungsort führen können, sicher ist, daß es die Königin nicht tut. Der Schwarm weiß um die Anwesenheit der Königin. R. Bährmann. 5425.

3-64/10-0413 Schmid, Johannes. **Zur Frage der Störung des Bienengedächtnisses durch Narkosemittel, zugleich ein Beitrag zur Störung der sozialen Bindung durch Narkose.** Z. vergleich. Physiol. **47** (1964) Nr. 6. S. 559-595. — 14 Abb., 5 Tab., 43 Lit.
Vier verschiedene Narkotika wurden verwendet: Lachgas, Äther, Chloroform und CO_2. Narkose hat keine Wirkung auf das Gedächtnis von farb- oder zeitdressierten Bienen. Angaben früherer Autoren über Gedächtnisverlust nach Narkose (bes. Kunstschwärme) werden durch Versuche mit Einzelbienen in Streichholzschachteln bzw. kleinen Schwärmchen von 100 Bienen geklärt. Nach Einzelhaft fliegen Bienen überwiegend in ihren Stock zurück, nach 3 Tagen Haft im Gedränge fliegt nur ein kleiner Teil heim. Das Ortsgedächtnis ist der sozialen Bindung untergeordnet. — Nach der Unterbrechung der Dressur für die Narkose kommt eine gewisse Anzahl von Versuchsbienen nicht mehr zum Futterplatz zurück. Die Ursache dafür ist individuelle Variabilität im Sammelverhalten: Findigkeit und Suchbereitschaft, Einsatz bei einer gegebenen Trachtlage (hier wechselnde Zuckerkonzentration), Aktivität zu Such- und Sammelflügen. Bei einer eben das Sammeln auslösenden Situation tritt als (primitive) Werbung im Stock der „Rumpellauf" auf. M. Biedermann. 5425.

3-64/10-0414 Woyke, J. Rozpoznawanie płci żywych larw pszczelich. **(Die Unterscheidung des Geschlechts lebender Bienenlarven.)** Pszczelnicze Zeszyty naukowe **1963** Nr. 1. S. 23-31. — 3 Abb., 12 Lit. PRL/CBR. 5425.

3-64/10-0415 Zürcher, H. **Verwirrung um die Warmhaltung im Bienenvolk.** Schweiz. Bienen-Ztg. **87** (1964) Nr. 4. S. 170-173.
Vf. weist eingangs darauf hin, daß ein Bienenvolk, welches zufällig oder absichtlich während des Winters und Frühjahrs ohne Wärmeschutz blieb, sehr wohl bis zum Nachsommer erstarken kann. Für Imker, die auf die Ernte des Frühhonigs angewiesen sind, kommt es darauf an, daß das Bienenvolk, wenn es sich von der Wintertemperatur auf Bruttemperatur umstellt, in der Wärmeerhaltung unterstützt wird. H. Oschmann/Tälermühle. 5430.

3-64/10-0416 Pohler, A. **Aus der Physik — für die Bienen.** Bienenwelt [Graz] **6** (1964) Nr. 3. S. 49-54. — 4 Tab.
Vf. macht den Imker mit den verschiedensten Bau- und Isolierstoffen, die für die Bienenzucht von Bedeutung sein können, bekannt. In 1 Tab. werden für verschiedene Bau- und Isolierstoffe mittlere Wärmeleitzahlen und in einer anderen die Wärmedurchgangszahlen angegeben. Für die Konstruktion von Bienenbeuten sind die Kenntnisse phys. Einflüsse auf das Leben der Bienen von großer Bedeutung. Vf. erläutert in Beispielen, was zu Wärmeverlusten in der Bienenwohnung führen kann.
H. Oschmann/Tälermühle. 5435.

3-64/10-0417 Koch, H. G.; Jena, Univ., Meteorol. Inst. **Vom Wert der Waagstockbeobachtungen. 1. Mitt. Die Trachtdiagramme.** Garten- und Kleintierzucht, Ausg. C **3** (1964) Nr. 6. S. 6-7. — 3 Abb.
Es gibt z. Z. 220 Waagstockbeobachter in den 14 Bezirken der DDR und in Berlin. Das Netz ist noch lückenhaft. Es sind nur 16 langjährige Beobachtungsreihen vorhanden. Sie fehlen aus den mittleren und nördl. Bezirken der DDR und aus den Waldtracht-, Mittelgebirgs-, Heide- und Sondertrachtgebieten. Repräsentative Ergebnisse sind erst nach mindestens 10jähriger Beobachtung zu bekommen. Bearbeitung und Ausdeutung der Beobachtun-

gen sind sehr schwer, weil viele Einzelerscheinungen am Bienenvolk und der es beeinflussende Umweltfaktoren mit berücksichtigt werden müssen. Während der Begriff der Endwaagpegelstände von Kottner eingeführt und verwendet wurde, stellt Vf. die Ertragskurve jedes Tages dar, da die äußeren Faktoren auf den Tagesertrag einwirken und tägl. wechseln. Im großen und ganzen ähneln sich die Kurven, ein Zeichen, daß der Witterungseinfluß im Gebiet der DDR überall gleich ist. Im einzelnen gibt es große Unterschiede durch Klimalage und Trachtverhältnisse. Vf. erläutert die Kurven. Früh- und Sommertrachtgebiete sind an Hand der Kurve sofort zu erkennen.

G. Droege. 5435.

3-64/10-0418 Kepeňa, L. Príspevok k plemenárskej biologií včelích trúdov. **(Beitrag zur Züchtungsbiologie der Bienendrohnen.)** Vědecké Práce výzkumného Ústavu včelařského v Dole **1963** Nr. 3. S. 65-76. — 6 Tab., 21 Lit. Zus. in Russ., Engl., Franz., Dtsch.

An Drohnen des Stammes Tatranka wurde festgestellt, daß die Mehrzahl (78,6%) der Drohnen zum erstenmal am 9.-12. Lebenstag ausfliegt. Die Geschlechtsaktivität steigert sich vom 6. Tag an und erreicht das Optimum am 23. Lebenstag. Man muß also mit der Aufzucht der Drohnen 45 Tage vor ihrer Verwendung zur Zucht beginnen. Unter den Verhältnissen von Liptovský Hrádok fliegen an normalen Flugtagen die meisten Drohnen zwischen 11^{00} und 12^{00} aus. Die Hoden der Drohnen verkleinern sich vom ersten Lebenstag an und sind bei 10 Tage alten Drohnen beinahe völlig atrophiert. In den Samenbläschen wurde das erste Sperma bereits am 5. Lebenstag und die max. Menge am 9. Lebenstag vorgefunden. Zur Zucht muß eine max. Anzahl von Drohnengenerationen aufgezogen werden, denn nur die Hälfte der erbrüteten Drohnen lebt bis zur vollen Schwarmzeit. Die Paarung der Königinnen mit Drohnen von einer unbefruchteten Königin ist erfolgreich. Die Verluste an Königinnen bei der Paarung mit Drohnen aus Drohnenvölkern schwanken zwischen 66 und 91%. Die Königinnen wurden sehr bald ausgetauscht, was als Anzeichen einer ungenügenden Befruchtung angesehen werden kann. ČSSR/ÚVTI. 5455.

3-64/10-0419 Zikowsky, Franz. **Warum Zuchtzentralen und nicht Einzelzüchter?** Bienenwelt [Graz] **6** (1964) Nr. 5. S. 103-106. — 3 Abb.

Unter Züchtung versteht Vf. hauptsächlich fortwährendes Sichten innerhalb guten Zuchtmaterials, das möglichst exakt und auf breiter Basis durchgeführt werden muß. Der dazu erforderliche Aufwand kann nicht von einem einzelnen Züchter, sondern nur von Zuchtzentralen bewältigt werden. Ein Beispiel für eine Möglichkeit der Inzucht wird dargestellt.

R. Bährmann/Tälermühle. 5455.

3-64/10-0420 Dreher, K.; Mayen, Landes-Lehr- und Versuchsanst. für Imkerei. **Zur Entwicklung der Bienenkönigin.** Dtsch. Bienenwirtsch. **14** (1963) Nr. 9. S. 236-239.

Vf. schnitt eben verdeckelte Weiselzellen seitlich an und klebte sie mit der Schnittstelle an eine Glasscheibe. Durch ein Fenster in der inneren Tür des Brutschrankes konnte die Königinnenentwicklung ohne Störungen beobachtet werden. In den ersten 24 Std. nach der Verdeckelung, manchmal schon kurz vorher beginnend, spinnt sich die Königinnenlarve ein. Zwischendurch nimmt sie größere Futtermengen aus dem oberen Teil der Zelle auf oder legt kurze Ruhepausen ein, die sich gegen Ende der Spinn-Freßphase verlängern. Dann streckt sich die Larve und stellt sich auf den Kopf, das Hinterleibsende mit erstarrter Exkrementflüssigkeit an die obere Zellwand heftend. Bei verringerter Bruttemperatur dauert die Spinn-Freßphase länger als 24 Std., und der Schlupf verzögert sich. Eine Gefahr des Abrutschens vom Futtersaft bei Erschütterung etc. besteht nicht. Die Larven bewegen sich sehr geschickt in den Zellen. Ist der Futtervorrat nach der Verdeckelung zu gering, wird die Sterblichkeit größer und die geschlüpften Königinnen sind deutlich kleiner und leichter. Die schlüpfenden Königinnen beißen erst einen Schlitz in den Zelldeckel, durch den sie ihren Rüssel strecken und von Arbeitsbienen gefüttert werden. Sie bleiben so noch mindestens 1 Tag in der Zelle, bis sie voll ausgereift und kampffähig sind. Königinnen aus unbelagerten Zellen schlüpfen vor Hunger aus. Steht ihnen Honig zur Verfügung, reifen sie auch außerhalb der Zelle in 1 Tag aus. G. Droege. 5460.

3-64/10-0421 Autsch, B. **Wirtschaftliche Königinnenzucht.** Bienenwelt [Graz] **6** (1964) Nr. 5. S. 106-110. — 1 Abb.
Vf. verwirft die Benutzung eines Anbrütekastens vollständig. Optimale Königinnen können nur entstehen, wenn sie im gleichen Milieu wie die Schwarmköniginnen erzogen werden. Vf. empfiehlt deshalb die Zucht in den in Vorschwarmstimmung befindlichen Pflegevölkern. Abschließend gibt Vf. das von ihm geübte Zuchtverfahren bekannt. In einem in Vorschwarmstimmung befindlichen Volk züchtet er 2-3 Serien. 5 Tage nach dem Ansetzen der Zuchtserie verschult er die gedeckelten Weiselzellen in Weiselschutzkäfige und gibt diese in ein anderes weiselloses Volk. Im Pflegevolk wird daraufhin eine neue Serie angesetzt. Es ist daher möglich, mit einem Pflegevolk 80-90 Königinnen zu erzielen. H. Oschmann/Tälermühle. 5460.

3-64/10-0422 Bareš, M. Chov včelich matek z vajíčka v osiřelci spojený s dochováním matečníků ve včelstvech při matce. **(Aufzucht von Bienenköniginnen aus dem Ei in entweiselten Völkern unter Erhaltung der Weiselzellen in den Völkern bei der Königin.)** Vědecké Práce výzkumného Ústavu včelarského v Dole **1963** Nr. 3. S. 115-139. — 7 Abb., 7 Tab., 29 Lit. Zus. in Russ., Engl., Franz., Dtsch.
In der vorliegenden Arbeit werden die günstigen Ergebnisse einer Überprüfung der alten Methode nach Stachelhausen der Zucht von Bienenköniginnen bei der Königin beschrieben. Die ursprüngliche Methode wurde dabei derart modifiziert, daß das durch 9tägige Isolierung der Königin vorbereitete Zuchtvolk in den ersten Serien nur zur Anlage von Weiselzellen mit den Zuchteiern verwendet wurde. Die Aufzucht der angelegten Weiselzellen erfolgte dann in einigen Nachzuchtvölkern im Brutraum bei der Königin (also keinesfalls im Honigraum), und erst die letzte Serie wurde im entweiselten Volk aufgezogen. Auf jedes Zuchtvolk entfielen max. 10-12 Weiselzellen. Die Ergebnisse mit dieser modifizierten Methode waren befriedigend. Die Ernährung der Weiselzellen war vom Schlüpfen der Maden bis zum Verdeckeln voll gewährleistet. ČSSR/ÚVTI. 5465.

3-64/10-0423 Kačarmazov, D. Pridavane na majki s vosŭčna trŭbica. **(Das Einsetzen von Bienenköniginnen mit Hilfe eines Wachsröhrchens.)** Pčelarstvo, Sofija **9** (1963) Nr. 7. S. 9-10.
Ein gleichmäßig abgehobeltes 15 cm langes Holzstäbchen mit einem Dmr. an einem Ende von 13 mm und am anderen von 10 mm und mit einem leichten kreisförmigen Einschnitt von 8 cm am dünneren Ende wird mit diesem Ende ca. 10 cm tief in ein Gefäß mit kaltem Wasser eingetaucht. In einem anderen Gefäß wird reines Wachs geschmolzen. Das Stäbchen wird aus dem Wasser herausgenommen, mit einem Stück Stoff abgetrocknet, bis zum eingeschnittenen Ende in das geschmolzene Wachs eingetaucht, einmal umgedreht und weiter drehend herausgeholt, kurze Zeit an der Luft getrocknet und danach in kaltes Wasser getaucht. Das Stäbchen wird, nachdem das Wachs erstarrt ist, zum zweiten und dritten Male eingetaucht, bis es die notwendige Stärke eines Wachsstäbchens erlangt. Es wird auch ein Wachsdeckelchen aus einem Stück Wachs von 4/4 cm hergestellt. Die Bienenbeute und das Stäbchen mit der Bienenkönigin werden aromatisiert, und die Bienenkönigin wird mit Hilfe des Wachsstäbchens zu dem Bienenvolk eingesetzt. NRB/ZSNTI. 5465.

3-64/10-0424 Dreher, K.; Mayen, Lehr- und Versuchsanst. für Bienenzucht. **Zur Frage der ausreichenden Drohnenversorgung unserer Belegstellen.** Dtsch. Bienenwirtsch. **14** (1963) Nr. 12. S. 309-312.
Erst mit der Kenntnis der Mehrfachpaarung und dem damit verbundenen hohen Drohnenverbrauch ging man von der bis dahin üblichen Beschickung einer Belegstelle mit einem Vatervolk ab und stellte die Forderung nach mindestens 3 gekörten Vatervölkern. Solche Zuchtvölker sind nur in rel. geringer Zahl vorhanden. Teil- und Mischpaarungen sind aber nur vermeidbar, wenn ein erdrückendes Übergewicht an Zuchtdrohnen vorhanden ist. Vf. weist an vier Vererbungsschemen nach, daß Vatervölker keine gekörten Zuchtvölker zu sein brauchen. Wichtig ist nur, daß die Mutter abs. reinrassig ist und aus einem nachzuchtwürdigen, d. h. gekörten Volk stammt. Alle Vatervölker einer Belegstelle müssen Tochtervölker eines hervorragend nachzuchtwürdigen Volkes sein, ihre Königinnen können beliebig begattet sein. Die Drohnen der Tochtervölker sollen merkmalsmäßig befriedigen. Die von Woyke beobachtete Tatsache, daß bei enger Inzucht aus homozygoten befruchteten Eiern lebensfähige Drohnen entstehen können, ist für die züchterische Praxis zunächst ohne Bedeutung, weil unter normalen Bedingungen diese Drohnen nicht zur Entwicklung kommen. G. Droege. 5470.

3-64/10-0425 Ruttner, F.; Lunz a. See, Österreich, Bundesanst. für Bienenkunde. **Wie baue ich eine Zuchtlinie auf?** Bienenvater [Wien] **85** (1964) Nr. 2. S. 35-45. — 2 Abb.
Vf. definiert die Zuchtbegriffe Linie, Stamm, Rasse. Voraussetzungen für den Aufbau einer Zuchtlinie sind 1. einwandfreie Beherrschung der Königinnenzucht und jederzeit ausreichendes Bienenmaterial, 2. vorbeugende Behandlung der Zuchtvölker mit Fumidil B, um der stärkeren Nosemagefährdung durch erschwerte Lebensbedingungen bei den verschiedenen Zuchtmaßnahmen zu begegnen, 3. Verwendung nur solcher Belegstellen, von denen man brauchbare Resultate erwarten kann. — Um die bei Linienzucht auftretenden unerwünschten Folgen der Inzucht, wie Abschwächung der Anpassungsfähigkeit an veränderte Umweltbedingungen, Verringerung von Lebenskraft und Brutfreudigkeit zu vermeiden, soll die Zucht immer auf einer Gruppe mehrerer Originalmütter aufgebaut werden, die vorher sorgfältig erprobt wurden. Bei drei getrennt geführten Zuchtlinien und jährl. Wechsel der väterlichen Linien wird Inzucht ausgeschlossen. Der Fortschritt der Züchtung hängt von der Schärfe der Zuchtauslese ab. Zahlenmäßig ist das bei der Biene wegen der großen Zahl der möglichen Jungköniginnen leicht, andererseits ist die Leistungsbeurteilung durch die starken Umwelteinflüsse erschwert. Leistungsvergleich unter möglichst gleichen Bedingungen ist wichtig. Die Merkmalsbeurteilung darf nur zur Kontrolle der einwandfreien Paarung und zur Beurteilung der Einheitlichkeit herangezogen werden und nicht Selbstzweck sein. Ergebnis der Züchtung kann immer nur die Hebung des Durchschnitts der Nachkommen über den des Durchschnitts der Elterngeneration sein. G. Droege. 5480.

3-64/10-0426 Matvijenko, A. Zušlechťování včely medonosné s ohledem na bioklimatické podmínky hromadného výběru. **(Die Veredelung der Honigbienen im Hinblick auf die bioklimatischen Bedingungen mittels der Massenauslese.)** Vědecké Práce výzkumného Ústavu včelarského v Dole **1963** Nr. 3. S. 95-113. — 4 Abb., 10 Tab., 30 Lit. Zus. in Russ., Engl., Franz. Dtsch.
Durch zielgerichtete Selektion ist eine ständig hohe Leistung der Bienenvölker erreichbar. Die Honigernte je Bienenvolk kann im Durchschnitt um mindestens 2 kg steigen. Die durch die Massenauslese-Methode erzielten Resultate werden in Spezialkursen über Königinnenzucht, in Vorträgen, Konferenzen der Bienenmeister und in der Fachliteratur propagiert.
ČSSR/ÚVTI. 5480.

3-64/10-0427 Meyerhoff, Grete. **Winterschäden bei Bienenvölkern durch Zucker.** Garten und Kleintierzucht, Ausg. C **3** (1964) Nr. 9. S. 10-11. — 1 Abb. 5485.

3-64/10-0428 Martin, Peter. **Neues über das Schwärmen.** Dtsch. Bienenwirtsch. **14** (1963) Nr. 12. S. 303-305.
Durch einen Vergleich von Vermehrungs- und Wanderschwärmen sollte das Schwarmproblem näher untersucht werden. Wanderschwärme, die in tropischen Gebieten häufig sind, treten immer dann auf, wenn den Völkern ihre Wohnungen durch Störungen irgendwelcher Art (Feuchtigkeit, Rauch, Karbol) nicht mehr zusagen. Die Bienen ziehen dann aus und nehmen einen großen Teil der Futtervorräte mit. Wanderschwärme lassen sich künstlich auslösen. Hungerschwärme gibt es nicht. Beim Vermehrungsschwarm zieht immer der größere Teil des Volkes aus, und zwar um so mehr, je kleiner das Volk ist. Bei 20000-50000 Insassen ca. 66%, bei 5000-10000 ca 80%, bei 2000 fast 90%. Das Signal zum Ausschwärmen ist der Schwirrlauf, der sich vom Flugloch ins Innere der Beute fortpflanzt. Ein Teil der Bienen reagiert nicht auf das Signal. Dieser Teil ist um so größer, je mehr Weiselzellen, Brutwaben und Raum vorhanden sind. Es spielen noch weitere Faktoren eine Rolle, die noch der Erforschung bedürfen. G. Droege. 5492.

3-64/10-0429 Papadopoulo, P. Dealing with the swarm. **(Der Umgang mit dem Schwarm.)** Rhodesia agric. J. **60** (1963) Nr. 4. S. 108-110. — 3 Abb.
Vf. beschreibt den Bau einer Schwarmkiste, die ca. 5 Brutwaben fassen sollte. In Rhodesien ist das Schwarmlocken üblich. Dazu wird die mit einigen bebrüteten Waben und Mittelwänden ausgestattete Kiste auf einen Baum oder ein Dach gestellt. Zieht ein starker Schwarm ein, füllt er meist schnell die Kiste aus und bringt noch in der gleichen Saison eine Ernte. Weiterhin wird das Umwohnen in Magazine sowie auch im Bedarfsfalle das Umschneiden dargestellt. Öfter treten auch aus verschiedenen Gründen aus ihrem Bau ausgezogene Völker auf. Ihre Behandlung ist schwieriger. Auch die Überführung wilder Völker aus Bäumen oder dgl. in Magazine wird erläutert. Dabei ist bes. auf die Königin zu achten. M. Biedermann. 5492

3-64/10-0430 Tuschhoff, O. **Neue Wege zur Schwarmverhütung.** Rhein. Bienenztg. **115** (1964) Nr. 5. S. 139-140. 5492.

3-64/10-0431 Ruttner, Friedrich; Lunz a. See, Niederösterreich, Bundesanst. für Bienenkunde. **Zur Technik und Anwendung der künstlichen Besamung der Bienenkönigin.** Z. Bienenforsch. **7** (1964) Nr. 2. S. 25-34. — 8 Abb., 12 Lit. Zus. in Engl., Franz.
Zunächst wird eine sehr einfache und rasch zu handhabende Fixierung der Königin am Stativ des Besamungsapparates beschrieben. Anschließend werden verschiedene Paarungssysteme besprochen, die zur Erzielung eines hohen Inzuchtgrades verwendbar sind. Die Mutter-Sohn-Paarung ist genetisch eine Selbstbefruchtung und führt schnell zur Homozygotie. In der Praxis ist sie schwer durchzuführen, da die KB der unbegatteten, aber bereits drohnenbrütigen Königin erst nach 8 Wochen erfolgen kann und die Legetätigkeit unbefriedigend ist, weil die Überführung des Spermas in die Spermatheka meistens unterbleibt. Eine Rückkreuzung zu demselben Drohn durch Besamung der Tochter mit dem in der Spermatheka der abgetöteten Mutter befindlichen Samen führt zu gleich hohem Inzuchtgrad, ist aber schwierig durchzuführen. Die Paarung von Königinnen aufeinanderfolgender Generationen mit den Söhnen derselben Königin wird bei höherem Inzuchtgrad wirkungslos. Das einfachste und am häufigsten benutzte Inzuchtschema ist die Bruder-Schwester-Paarung. Mit 4 Generationen kann man in 2 Sommern einen Inzuchtkoeffizienten von 0,60 erreichen. Mit der Tante-Neffe-Paarung ist am

schnellsten und sichersten ein hoher Inzuchtgrad erreichbar. Die Königin wird mit dem Sperma eines Sohnes ihrer vom gleichen Drohn abstammenden Schwester besamt. Sie haben 75% ihres Genbestandes gemeinsam. Diese Methode ist allen anderen überlegen, es darf aber nur ein Drohn für jede Besamung verwendet werden. G. Droege. 5493.

3-64/10-0432 Mel'ničuk, I. A. O kormlenii pčel sacharom. **(Über die Fütterung der Bienen mit Zuckersirup.)** Pčelovodstvo, Moskva **40** (1963) Nr. 8. S. 13-16. — 1 Tab.
Die größten Zuckerverluste (36,3%) entstanden, als die Völker Mitte Juli aufgefüttert wurden; die geringsten Zuckerverluste (15,9%) bei der Auffütterung Anfang Sept. Je später im Herbst die Völker aufgefüttert wurden, desto mehr Futter verbrauchten sie während der Überwinterung. Die Differenz zwischen Winterfutterverbrauch bei einer Auffütterung am 17. 8. und am 5. 9. erreichte 8,4%. Im Frühling entwickelten sich jene Völker am besten. die am 17. 8. aufgefüttert worden waren. Sie zogen um 9,5% mehr Brut auf im Vergleich zu den am 5. 9. aufgefütterten Völkern. Die Zuckerverluste bei der Verarbeitung des Sirups durch die Bienen nahmen mit der Verstärkung seiner Konzentration ab. Für die Verarbeitung eines 60%igen Sirups wurden 23,3% und eines 70%igen Sirups 4,0% vom Zucker verbraucht. Die Völker, welche im Herbst 70%igen Sirup erhielten, verbrauchten im Winter 1,44 kg Sirup mehr. Die Völker, die im Herbst keinen Sirup zu verarbeiten hatten, sondern verdeckelte Honigwaben bekamen, entwickelten sich am besten und zogen 30,4% mehr Brut auf. Die Zugabe von Magermilch und Proteinsäure in den Sirup vergrößerte die Zuckerverluste um 4,9%, stimulierte aber die Bruterzeugung um 19,5-22,5%. Die Zugabe folgender Säuren verringerte die Zuckerverluste: Oxalsäure um 26%, Essigsäure um 16,1%, Weinsteinsäure und Milchsäure etwas weniger. Am zweckmäßigsten erwies sich die Herbstfütterung der Bienenvölker mit 60%igem Zuckersirup, dem pro 1 l 0,3 g Oxal- oder Essigsäure zugefügt wurde.
H. Oschmann/Tälermühle. 5494.

3-64/10-0433 Dreher, K. **Um den Eiweißfutterteig.** Biene **100** (1964) Nr. 3. S. 79-80.
Zahlreiche Imker verfüttern vor allem im Frühjahr Eiweißfutterteige. In der Natur werden dagegen Nektar und Pollen der Biene getrennt geboten, von ihr getrennt gesammelt, getrennt gespeichert und wohlweise nach Bedarf verzehrt. Ältere Bienen haben keine Ammenbienen aber einen hohen Eiweißbedarf. Deshalb ist der Eiweißgehalt im Futterteig für ältere Bienen zu hoch und für Ammenbienen zu niedrig. Nach Wahl tritt bei Zwangsaufnahme von Eiweiß eine Lebensverkürzung der Bienen (wahrscheinlich infolge Eiweißverfgiftung) ein. W. Steche wies darauf hin, daß der Nosemaparasit im Bienendarm nur auskeimt, wenn darin Eiweiß enthalten ist. Starke Bedenken werden gegen das Vorhandensein von Medikamenten im Futterteig geäußert. Die Verfütterung von Eiweißfutterteig wird daher nur für die Zeit zwischen Salweidenblüte und Honigraumöffnung und während der Reizfütterung im Juli/Aug. empfohlen, in der das Bienenvolk viel Brut pflegt.
H. Gepp/Tälermühle. 5494.

3-64/10-0434 Kaškovskij, V. und Šuškov, D. Nužna li medo-pergovaja podkormka? **(Ist es notwendig, an die Bienenvölker eine Honigpollenmischung zu verfüttern?)** Pčelovodstvo, Mockva **40** (1963) Nr. 8. S. 11-13. — 1 Tab.
Versuchsweise wurden 2 Gruppen zu je 10 Bienenvölker gebildet. Jedes Volk hatte 5 kg Honig und 2 Pollenwaben. Nach Verbrauch des Vorrates erhielten alle Völker noch mehr Honig. Während des Frühlings wurde jedem Volk i. allg. 11,5 kg Honig gefüttert. Die Kontrollgruppe bekam keine andere Beifütterung. Die Versuchsvölker wurden während der Periode eines Pollen-

trachtmangels mit Pollenhonigmischung ernährt. Diese Beifütterung hatte keinen bemerkenswerten Einfluß auf die Entwicklung der Völker und auf ihre Leistungen. Zu Beginn der Haupttracht hatte jedes Versuchsvolk ⌀ 4,63 kg Bienen und 20620 Brutzellen; die Kontrollvölker hatten ⌀ 4,65 kg Bienen und 19580 Brutzellen. Die durchschnittl. Leistungen eines Versuchsvolkes waren 64,0 kg Honig und 1,963 kg Wachs, eines Kontrollvolkes 63,4 kg Honig und 1,857 kg Wachs. H. Oschmann/Tälermühle. 5494.

3-64/10-0435 Bulatovic, Spasoje und Konstantinovic, Bogoljub. The role of bees in the pollination of the more important kinds of fruit in Serbia. **(Die Rolle der Bienen bei der Bestäubung der wichtigsten Kulturarten in Serbien.)** Proc. 1. Int. Symposium Pollinat., Medded. **1960** (hrsg. 1962) Nr. 7. S. 167-172. — 3 Tab. 5496.

3-64/10-0436 Kettner, H.; Leipzig, Karl-Marx-Univ., Inst. für Kleintierzucht. **Die Abschätzung der Honigerzeugung in einem größeren Gebiet an Hand der Waagstockergebnisse.** Arch. Geflügelzucht Kleintierkunde **13** (1964) Nr. 4/5. S. 289-293. — 1 Abb., 1 Tab., 9 Lit. Zus. in Russ., Engl. — nach Zus.
An Hand der vierjährigen Waagstockergebnisse der imkerlichen Beobachtungsstellen der DDR wurde eine Methode entwickelt, mit Hilfe der aufgestellten Korrelationslinien unmittelbar eine Abschätzung des je Bienenvolk erzielten durchschnittl. Honigertrages nach den Endwaag- und Sommerpegelständen vornehmen zu können. Die Angaben anderer Autoren und die von der Staatlichen Zentralverwaltung für Statistik hierzu herausgegebenen Werte werden kritisch betrachtet. 5496.

3-64/10-0437 Sachs, H. G.; Stuttgart-Hohenheim, Landesanst. für Bienenkunde. **Vergleich der Honigerträge von Bienenvölkern der Carnica-Rasse bei unterschiedlicher Raumgebung und verschiedener Volksstärke.** Z. Bienenforsch. **7** (1964) Nr. 2. S. 47–52. — 5 Tab., 14 Lit. Zus. in Engl., Franz.
Vf. stellte Vergleichsversuche über die Ertragsleistung raumbeschränkter und frei sich entfaltender Völker, verschieden starker Völker, über den Trokkenzuckerverbrauch bei raumbeschränkten und verschieden starken frei sich entfaltenden Völkern und bei verschiedener Durcharbeitung der Völker an. Er kam zu folgenden Ergebnissen: Die Rentabilität der imkerlichen Arbeit ist nur bei max. starken Völkern gewährleistet. Frei sich entfaltende Völker schneiden wesentlich besser ab. Es wird deshalb das Absperrgitter verworfen. Dabei kann ebenso schwarmfrei gearbeitet werden, wenn nicht die Symptome, sondern die Ursachen des Schwarmtriebes behoben werden. Völker, die durch Versagen der Königin in der Entwicklung zurückbleiben, sollten nicht zum Trachteinsatz kommen, sondern zur Bildung von Ablegern dienen. Die Witterungsempfindlichkeit im Brutgeschäft nimmt mit der Zunahme der Honigvorräte über dem Brutnest ab. Zwischen der abgenommenen Trockenzuckermenge und der Volksstärke einerseits sowie zwischen Honigertrag und abgenommener Trockenzuckermenge andererseits bestehen keine Korrelationen. Mit regelmäßiger Schnelldurchsicht ließen sich die gleichen Ernteergebnisse erzielen wie bei regelmäßiger gründlicher Durcharbeitung.
G. Droege. 5496.

3-64/10-0438 Petkov, V. Ustanovjavane na nektaroproduktivnostta i medoproduktivnostta na zimnata repica. **(Die Feststellung der Nektar- und Honigproduktivität von Winterraps.)** Izvestija na Instituta po ovoštarstvo — Kostinbrod, Sofija **5** (1963) S. 181-187. — 1 Abb., 5 Tab., 5 Lit. Zus. in Russ., Dtsch. 5496.

3-64/10-0439 Lisý, E. Hodnocení opylovací činnosti včel z hlediska národního nospodářství (s přihlédnutím ke statistické metode dr. Bernera). **(Bewertung der Bestäubungstätigkeit der Bienen vom volkswirtschaftlichen Ge-**

sichtspunkt [unter Berücksichtigung der statistischen Methode nach Dr. Berner].) Vědecké Práce výzkumného Ústavu včelarského v Dole **1963** Nr. 3. S. 265-276. — 8 Tab., 20 Lit. Zus. in Russ., Engl., Franz., Dtsch.
Vf. erörtert die Möglichkeiten einer ökonomischen Bewertung der Bestäubungstätigkeit auf Grund der von Berner bearbeiteten und für die Verhältnisse der ČSSR angepaßten statistischen Angaben. Auf Grund langjähriger statistischer Angaben werden zunächst die Durchschnittsmengen an jährl. produzierten Samen und Früchten ermittelt. Die in dt ausgedrückte durchschnittl. Jahresproduktion wird durch Multiplikation mit dem Durchschnittspreis je 1 dt in Geldform ausgedrückt. Aus diesem Geldwert wird der Anteil der Bestäubungstätigkeit der Bienen auf Grund des von den Bienen verursachten Prozentsatzes der Ertragssteigerung berechnet, die als Gewichtserhöhung der Produktion ermittelt wird. Nach dieser Berechnungsmethode beträgt der gesamte jährl. Bestäubungswert in der ČSSR (bei landwirtsch. Feldfrüchten, Waldsamen und Obstgehölzen) 819 86 0 963 Kčs. ČSSR/ÚVTI. 5496.

3-64/10-0440 Emanuilov, I., Velčeva, P., Načev, L. u. a. Proučvanija vŭrchu chimičeskija sŭstav, antibiakterialnite i antitoksični svojstva na pčelnoto mlečice. **(Untersuchungen der chemischen Zusammensetzung der antibakteriellen und antitoxischen Eigenschaften des Bienenfuttersaftes.)** Izvestija Mikrobiologičeskija institut. Bŭlgarska akademija na naukite, Sofija **15** (1963) S. 89-95. — 7 Tab., 8 Lit. Zus. in Russ., Engl. NRB/ZSNTI. 5496.

3-64/10-0441 Marko, Peter, Pech'an, Ivan und Vittek, Jozef. Some phosphorus compounds in royal jelly. **(Einige Phosphorverbindungen in Königinnenfuttersaft.)** Nature [London] **202** (1964) Nr. 4928. S. 188-189. — 1 Abb. 5496.

3-64/10-0442 Dixit, Padmakar K. und Patel, Narayan G. Insulin-like activity in larval foods of the honeybee. **(Insulinähnliche Aktivität in der Nahrung von Honigbienenlarven.)** Nature [London] **202** (1964) Nr. 4928. S. 189-190. — 1 Abb., 17 Lit. 5496.

3-64/10-0443 Vorwohl, G.; Stuttgart-Hohenheim, Landesanst. für Bienenkunde. **Die Messung der elektrischen Leitfähigkeit des Honigs und die Verwendung der Meßwerte zur Sortendiagnose und zum Nachweis von Verfälschungen mit Zuckerfütterungshonig.** Z. Bienenforsch. **7** (1964) Nr. 2. S. 37-47. — 2 Abb., 4 Tab., 7 Lit. Zus. in Engl., Franz.
Vf. setzte die von Gontarski begonnenen Untersuchungen über die elektrische Leitfähigkeit (EL) des Honigs fort. Meßapparatur und Methodik werden beschrieben. Die Messung ist am vorteilhaftesten in einer 20%igen Honiglösung (bezogen auf die Tr.-Subst. des Honigs) bei 20 °C. Honigtauhonige haben eine hohe spez. EL (mindestens 10), helle Blütenhonige, wie Raps, Klee, Robinie, Gamander, eine sehr niedrige (1-3), Heide und Edelkastanie eine mittlere von ca. 7. Zuckerfütterungshonige liegen unter 1. Mischungen ergeben Mittelwerte zwischen den Mischungspartnern. Bei hellen Blütenhonigen sind Zusätze von Zuckerfütterungshonig schwer zu erkennen, weil die Verringerung der EL in den Fehlergrenzen liegt. Honigtauhonig- und Zuckerfütterungshonigzugaben kompensieren sich. Praktische Bedeutung kommt der Methode bei der Unterscheidung von Blüten- und Honigtauhonigen zu. Es müssen eine große Zahl von Messungen an reinen Sortenhonigen gemacht werden, um Vergleichsmaterial zu erhalten. Es dürfte dann möglich sein, annähernd quantitativ kleinere Honigtauanteile und Verfälschungen mit Zuckerfütterungshonigen festzustellen. G. Droege. 5496.

3-64/10-0444 Zalewski, W. Aktywność a-amylazy oraz inwertazy w miodach krajowych. **(Die Aktivität der a-Amylase und Invertase des polnischen Honigs.)** Pszczelnicze Zeszyty naukowe **1963** Nr. 1. S. 40-48. — 1 Abb., 4 Tab., 13 Lit. PRL/CBR. 5496.

3-64/10-0445 Schlaeppi, F. **Ausländischer Honig als möglicher Überträger der bösartigen Faulbrut.** Schweiz. Bienen-Ztg. [N. F.] 87 (1964) Nr. 2. S. 58-63.
Es wird von einem Fall epidemisch auftretender Faulbrut berichtet. Als Ursache wird unsachgemäße Beseitigung überseeischen Importhonigs angesehen, der aus hygienischen Gründen von der amtlichen Lebensmittelkontrolle beanstandet worden war. Bedenken gegen Honigimport aus endemisch verseuchten Ländern erweisen sich damit als überaus gerechtfertigt.
P. Euthin/Tälermühle. 5496.

3-64/10-0446 Perkiewicz, Ernst. **Beuten und Betriebsweisen. 15. Folge.** Dtsch. Bienenwirtsch. 15 (1964) Nr. 1. S. 13-15. — 14. Mitt. vgl. 3-64/09-0419.
Vf. gibt eine Zusammenstellung der Beutentypen. Man unterscheidet nach der Wabenstellung: Hoch- und Breitwabe, nach der Lage zum Flugloch: Längsbau (Kaltbau) und Querbau (Warmbau), nach der Art der Behandlung: Von oben, also nicht stapelfähig, (Oberlader und Magazine) und von hinten, also stapelfähig, (Hinterlader mit und ohne Auszug, Blätterbeuten, Auszugsbeuten, Universalbeuten). Den geringsten Zeitaufwand benötigen die Magazine, danach Blätterstöcke und Auszugsbeuten. Der Honigertrag hängt nicht von einer techn. vollkommenen Beute ab. Die Beute soll warmhaltig und recht groß sein. Es werden 30 Waben empfohlen. Die Beutenwahl erfolgt nach Tracht- und Wetterlage, nach der Größe des aufzubauenden Betriebes und nach Alter und Stärke der Imkerpersönlichkeit.
G. Droege. 5520.

3-64/10-0447 Perkiewicz, Ernst. **Beuten und Betriebsweisen. 16. Folge. Eine hervorragend gut geführte Frühtrachtimkerei.** Dtsch. Bienenwirtsch. 15 (1963) Nr. 2. S. 33-35. — 15. Folge vgl. vorst. Ref.
Vf. beschreibt die Frühtracht-Honigimkerei von Ernst Schubert in Thüringen in 2etagigen Hinterlader-Querbaubeuten mit 12 Rähmchen, liegendes Normalmaß. Im Honigraum sind Dickwaben. Die Völker müssen bei Beginn der Tracht, Obst und Raps, auf der Höhe sein. Durch Reizfütterung im Juli-Aug. gehen die Völker überstark und mit vielen Jungbienen in den Winter. Zu Beginn der Obstblüte erhalten sie je eine bienenbesetzte, gedeckelte Brutwabe und die Bienen einer zweiten Wabe aus Ablegern. Zu Beginn der Rapstracht werden die Völker nochmal mit Bienen aus Ablegern verstärkt. Die geschwächten Ableger entwickeln sich im Laufe des Sommers zu Völkern, die entweder auf dem Stand Verwendung finden, oder verkauft werden. Zu Beginn der Rapstracht wird zunächst eine, später eine zweite Dickwabe in den Brutraum hinter den Baurahmen gehängt. Erst wenn diese mit Honig gefüllt sind kommen sie mit 2 leeren Dickwaben in den Honigraum. Der Brutraum wird mit Mittelwänden erweitert. Nach Trachtschluß Ende Juni wird das Brutnest auf 7 Waben verkleinert. Auf 3-4 Vorbau-Leerrähmchen können die Völker wild bauen. Alle 9 Tage werden sie ausgeschnitten.
G. Droege. 5520.

3-64/10-0448 Perkiewicz, Ernst. **Beuten und Betriebsweisen. 17. Folge.** Dtsch. Bienenwirtsch. 15 (1964) Nr. 3. S. 47-49. — 1 Abb. 16. Folge vgl. vorst. Ref.
Vf. schildert Ernst Schuberts Schwarmbienenzucht in Ostpreußen unter günstigen Trachtverhältnissen. Dieser imkerte in Gerstung Oberladern mit 12 Waben stehendes Gerstungsmaß mit zwei halbhohen Dickwabenhonigräumen. 100 Völker waren in zwei Bienenhäusern untergebracht. In der Nähe des Standes war Bruchwald mit Weiden, Erlen, Faulbaum, eine Winterlindenchaussee sowie große Flächen Weiß-, Rot- Schwedenklee und Luzerne. Zur Vermeidung von Nachschwärmen hängte er das abgeschwärmte Muttervolk in eine leere Beute, die er durch Vereinigen im Frühjahr gewann, und stellte es an eine andere Stelle des Standes. Der Schwarm wurde auf 12 Mittelwänden

in der Muttervolkbeute einlogiert, dem die Flugbienen zuflogen. Bereits nach 5 Tagen konnte der Honigraum mit ausgebauten Dickwaben aufgesetzt werden. Diese Schwärme leisteten erstaunliches. Dem umgehängten Muttervolk wurden nach 6 Tagen alle bis auf eine Weiselzelle entfernt. Nach 25 Tage erfolgte die Nachschau, notfalls sofortige Beweiselung mit einem Jungvolk.

G. Droege. 5520.

3-64/10-0449 Evdokimenko, I. Ul'epod-emnik-transporter. **(Eine Beutenaufzug-Transporteinrichtung.)** Pčelovodstvo, Moskva **40** (1963) Nr. 8. S. 30-31. — 5 Abb.

Vf. beschreibt das von ihm entwickelte Gerät, mit dem man die Beuten bis auf 2,3 m hoch heben kann. Zum Abladen wird ein spez. Ausleger an dem Beutenaufzug angebracht. Das Gerät wiegt 50 kg seine Ladefähigkeit ist 120 kg und die Geschwindigkeit 30 km/h. H. Oschmann/Tälermühle. 5520.

3-64/10-0450 Škrobal, D. Propracování metod chovu včel rozličných úlech. **(Ausarbeitung von Methoden der Bienenhaltung in verschiedenen Beuten.)** Vědecké Práce výzkumného Ústavu včelařskeho v Dole **1963** Nr. 3. S. 157-196. — 13 Abb., 26 Tab., 29 Lit. Zus. in Russ., Engl., Franz., Dtsch.

Am besten bewähren sich Ständerbeuten für Kaltbau mit 2 Kästen (1 Brutraum und 1 Honigraum). Arbeitsmäßig weniger vorteilhaft zeigte sich das System von zwei Aufbauten (1 Brutraum und 2 Honigräume). Lagerbeuten geben niedrige Honigerträge. Von den Ständerbeuten bewährten sich je nach den Standorten die Beuten der Typen Lesan, MU (Mährische Universalbeute) die Beute nach Suk, der Typ Pětiletka und in geringerem Maße der Typ Český Universal. Das direkte Flugloch hat gegenüber dem indirekten (Seitenflugloch) mit Vorraum den Vorteil einer größeren Frequenz und der besseren Lüftung. Beim seitlichen Vorraum wurde dagegen der Schutz gegen Raubüberfälle positiv gewertet. Fluglochfuttergefäße sind leichter zu bedienen als geschlossene. Für Wanderbetrieb eignen sich am besten Ständerbeuten. Zur Ventilation sind bloße, in den seitlichen Vorraum führende Luftlöcher im Fluglochschieber vollkommen ungenügend. Eine entspr. Wärmeisolation der Beuten wird nur durch eine dickwandige Konstruktion gewährleistet. Das beste Material für die Herstellung von Beuten bleibt z. Z. das Holz.

ČSSR/ÚVTI. 5520.

3-64/10-0451 Anonym. **Formblatt 7, 216/62: Zweiwabenkästchen nach Jordan.** Bienenwelt [Graz] **6** (1964) Nr. 5. S. 115. — 2 Abb.

Beschrieben wird ein Zweiwabenkästchen mit Einrichtungen, um die Weiselzelle im Zentrum des Bienenraumes zum Schlupf zu bringen.

H. Oschmann/Tälermühle. 5520.

3-64/10-0452 Meyerhoff, Grete; Hohen Neuendorf, Inst. für Geflügel- und Pelztierzucht der Humboldt-Univ. zu Berlin. **Klärung von Fragen zur Plastfutterdose.** Garten u. Kleintierzucht, Ausg. C **3** (1964) Nr. 3. S. 6-7. — 1 Abb.

Vf. beantwortet einige Fragen aus der Praxis zur Plastfutterdose. Die Dose ist vorzugsweise für Obenfütterung gedacht; sie kann auch für warme Zuckerlösung verwendet werden. Der Deckel muß fest schließen. Hat er sich verzogen, spannt man einen Gummiring eines 1-l-Einmachglases um den Deckelrand. Die Dose paßt in den Honigraum von Norm- und Kuntzschbeute, aber nicht in die Freudensteinbeute. Bei Magazinbeuten wird sie entweder in eine Leerzarge auf die Rähmchen des Überwinterungsraumes oder über das Futterloch im Deckel gestellt. Die für die Dosen verwendeten Plaste sind ungiftig. Die Dosen sind auch zur Honigaufbewahrung zu verwenden, wenn die Gaze durch eine Pappscheibe im Deckel verschlossen wird. Hefen und Pilze entwickeln sich in länger stehenden Zuckerlösungen, und zwar gleichermaßen in Glas, Blech oder Plasten. Die neuen Plastdosen sind in 3-4 Tagen leer, schneller als die sonst üblichen Gefäße. Sie müssen nach jeder Fütterung sorgfältig ausgewachsen werden. Bei dichtschließenden Dosen ist die Räubereigefahr gering, bes. dann, wenn man den „Fußverkehr" durch Trennschiede unterbindet. G. Droege. 5520.

3-64/10-0453 Schmidt, Fr. **Persischer Klee, eine neue Futterpflanze.** Südwestdtsch. Imker **16** (1964) Nr. 4. S. 101.
Vf. berichtet von Anbauversuchen mit Persischem Klee. Er ist nicht winterhart, sondern ein ausgesprochener Sommerklee mit kurzer Vegetationszeit und starkem Nachwuchsvermögen. In der Futterleistung ist er anderen Kleearten ebenbürtig. Vom Vieh wird er gern genommen. Gute N-Düngung, 120-150 kg Rein-N, ist notwendig. Portugiesische Herkünfte haben sich am besten bewährt. Von den Bienen werden die kleinen, purpurroten Blüten stark beflogen. Jedoch hat er keinen hohen Trachtwert, da er mit Beginn der Blüte geschnitten werden muß, wenn man 3-5 Schnitte erzielen will. Die Aussaatmethodik wird mitgeteilt. H. Oschmann/Tälermühle. 5530.

3-64/10-0454 Wieser, G. **Nektar und Honigtau. II.** Bienenpflege **1963** Nr. 6. S. 130-137. — 10 Abb. 1. Mitt. vgl. LZ. Abt. III 8 (1963) Nr. 11. S. 2322.
Alle Honigtauausscheidungen werden von außen her erzwungen und sind Beraubungen der Pflanzen. Nur bei Verletzung fließt durch Wurzeldruck bei einigen Pflanzen der Saft längere Zeit aus (Birke, Weinrebe, Zuckerahorn, Palmen, Agaven etc.) Als natürliche Erschließer kommen in größerem Ausmaß Insekten aus der Ordnung der Rhynchota in Betracht. Vf. nennt einige Vertreter dieser Gruppe, auch solche, die keine Honigtauerzeuger sind, bzw. deren Honigtau von den Bienen verschmäht wird. Vf. geht etwas näher auf die Fichtenquirlschildlaus ein, die von Apr.-Juli regelmäßig Honigtau ausscheidet, der in immer größer werdenden Tropfen aus der Rükkenspalte quillt. Sie erzeugt jährl. nur eine Generation und ist ziemlich unempfindlich. Auch die Schildläuse auf Lebensbaum und Eiche produzieren Honigtau, den die Bienen gern befliegen. G. Droege. 5530.

3-64/10-0455 Wieser, G. **Nektar und Honigtau. III.** Bienenpflege **1963** Nr. 7. S. 155-159. — 1 Abb. 2. Mitt. vgl. vorst. Ref.
Am bedeutungsvollsten für die Blatt- und Nadeltracht sind die Blattläuse (Aphiden) und die Rindenläuse (Lachniden). Beide sind Siebröhrensauger, die einen an der Unterseite der Blattnerven, die anderen an der zarten Rinde jüngerer Zweige. Der Siebröhrensaft fließt durch eigenen Druck in das Nahrungsrohr der Läuse, so daß diese nur zu schlucken brauchen. Während des schnellen Durchlaufs durch das Darmrohr, der durch die Laus nicht verlangsamt werden kann, kann nur ein geringer Teil der Nährstoffe, Eiweiß, Zucker etc., durch die Darmwand diffundieren, alles andere wird ausgeschieden. Der austretende Saft kann bei einigen Arten abgespritzt oder weggeschleudert werden. Die Massenentwicklung der Blattläuse, auf der die Waldhonigernte beruht, hängt von der Zahl der überwinterten Eier, der Vermehrung der Tochtergenerationen, vom Eiweißspiegel der Pflanze und vom Wetter ab, das seinerseits Einfluß auf die natürlichen Feinde der Blattläuse nimmt. Ameisen schützen bes. die Lachniden, tragen sie auch auf andere Bäume und bringen vom Regen herabgespülte Tiere wieder an ihre Nahrungsquellen. G. Droege. 5530.

3-64/10-0456 Altpeter, W. **10 Jahre Haldenaufforstung der Röchling'schen Eisen- und Stahlwerke Völklingen/Saar.** Südwestdtsch. Imker **16** (1964) Nr. 4. S. 102-103. — 6 Abb.
Durch die Anpflanzungen ist für die Imker eine ausgesprochene Tracht geschaffen worden. H. Oschmann/Tälermühle. 5530

3-64/10-0457 Čanyšev, Z. G. Novye preparaty protiv gnil'cov. **(Neue Heilmittel gegen Faulbrut.)** Pčelovodstvo, Moskva **40** (1963) Nr. 9. S. 26–27.

Gegen die bösartige Faulbrut wurden Bicillin in einer Dosierung von 30000 IE, Terramycin 100000 IE oder Furazolidon 0,8 g je Volk verbraucht. Alle Völker genasen. Gute Resultate gegen die gutartige Faulbrut wurden bei Verwendung folgender Präparate erreicht: Furazolin 1 g, Tetracyclin 100000 IE, Streptomycin 500000 IE je Volk. Alle geprüften Heilmittel erwiesen sich als unschädlich für Bienen und Brut. H. Oschmann. 5560.

3-64/10-0458 Wille, H. **Weitere Untersuchungen an wenig bekannten Krankheitsformen der erwachsenen Honigbiene.** Schweiz. Bienen-Ztg. [N. F.] **87** (1964) Nr. 1. S. 18-28. – 4 Tab., 4 Lit.
Es wird über Einzel- und Mischinfektionen berichtet, die von 1961-63 beobachtet worden sind. Bei 33% konnte nur eine einzige Infektion festgestellt werden, bes. zu erwähnen sind: bakterielle Septikämie, Nosema, Rickettsiose, Milbe. Eine bes. Rolle bei Doppelinfektionen spielen: bakterielle Septikämie/Nosema, bakterielle Septikämie/Rickettsiose, Rickettsiose/Nosema. Es kommen auch Infektionen vor, bei denen drei oder mehr Infektionen verschiedener Art zusammentreffen. Sie sind aber zahlenmäßig geringer als Doppelinfektionen. – Die Anwendung von Heilmitteln bleibt vorerst problematisch, da mit ihnen gewöhnlich nur ein Erreger bekämpft wird, andere evtl. aber noch vorhandene Erreger sich u. U. erst dadurch ungehindert vermehren können. R. Bährmann/Tälermühle. 5565.

3-64/10-0459 Fyg, W.; Liebefeld-Bern, Milchwirtsch. Versuchsinst. Anomalies and diseases of the queen honey bee. **(Anomalien und Krankheiten der Honigbienenkönigin.)** Annu. Rev. Entomol. **9** (1964) S. 207-224. – 19 Abb., 87 Lit.
Es werden die bisher bekannten Fakten, die zum großen Teil auf Arbeiten des Vf. beruhen, über Anomalien und Krankheiten der Königin zusammengestellt und diskutiert. – Zunächst werden Anomalien und Mißbildungen besprochen: Zwergköniginnen, Flügeldeformationen, Anomalien der Ovarien und Samenblase, Nichtausbildung der Eileiter. Eine Möglichkeit der Schädigung von Königinnen sind Paarungsstörungen: Zurückbleiben von Samen oder verhärtetem Schleim in den Geschlechtswegen, Steckenbleiben von Begattungsgliedern. – An Krankheiten treten folgende auf: Melanose (in 2 Formen) Athropie der Ovarien sowohl bei jungen als auch bei alten Königinnen, Ovarial-Tumor (selten). Nosema und Amoebe können die Königin befallen. Neben Drohnenbrütigkeit bei nichtbegatteten oder sehr alten Königinnen gibt es auch eine krankhafte Drohnenbrütigkeit aus mehreren Ursachen. Die Tracheenmilbe kommt ebenfalls bei der Königin vor. Schließlich kann noch Septikämie auftreten. – Erwähnt werden erbliche Anomalien, z. B. Albinismus, Cyclopenbienen, Gynander sowie erbliche Eitaubheit.
M. Biedermann. 5565.

3-64/10-0460 Zürcher, H. **Auffütterung mit oder ohne Zutaten.** Schweiz. Bienen-Ztg. [N. F.] **87** (1964) Nr. 2. S. 64-71. – 1 Abb., 17 Lit.
Vorbeugend gegen die Nosemaseuche wirken warme Verpackung (!) und folgende Mischungen von Beigaben zum Zuckerwasser: Zitronenmelisse, Pfefferminze, Kamille, Schafgarbe oder Wermut, Salbei, Lavendel, Thymian, Eichenrinde. Diese Kräutergemische enthalten wertvoile Spurenelemente, die für die Gesunderhaltung der Bienenvölker von Bedeutung sind.
R. Bährmann/Tälermühle. 5565.

3-64/10-0461 Michael, A. S. Ethylene oxide, a fumigant for control of pests and parasites of the honeybee. **(Aethylenoxyd, ein Räuchermittel zur Kontrolle von Krankheiten und Parasiten der Honigbiene.)** Gleanings in Bee Cult. **92** (1964) Nr. 2. S. 102-104. – 4 Tab., 2 Lit.
In den letzten Jahren sind nicht brennbare Darstellungen des Äthylenoxyds in den Handel gekommen. Eine dieser Darstellungen besteht aus Äthylen-

oxyd (10%) und CO_2(90%). Larven und Imagines von *Galleria mellonella* L. sterben nach einer Begasungszeit von 15 Min., nach 30 Min. werden Puppen und Eier abgetötet. 18 Std. begaste Sporen von *Bacillus larvae* (White) waren nicht mehr infektionsfähig. Auch 18 Std. begaste Sporen von *Nosema apis* zeigten danach keine Virulenz mehr.

R. Bährmann/Tälermühle. 5570.

3-64/10-0462 Szmidt, A. Bakterie przeciwko szodnikom pszczól. **(Bakterien gegen Bienenschädlinge.)** Pszczelarstwo **14** (1963) Nr. 7/8. S. 9-10.
Zur Bekämpfung der Bienenmotte (*Galleria mellonella* L.) wurden in jüngster Zeit Präparate verwendet, die aus den Sporen (Dauerform) der Bakterien von *Bacillus thuringiensis* Berliner bestehen. Die Proben gaben positive Ergebnisse (BRD, USA und Frankreich). Es wurde ein Absterben der Larven der Wachsmotte erzielt (80 bis 100%), ohne daß gleichzeitig Vergiftungssymptome der Bienen auftraten. Ähnliche Ergebnisse erzielte man auch an der Landwirtschaftlichen Hochschule in Poznan bei der Bekämpfung der Wachsmotte mit dem Biopräparat Hoechst 2805. Dieses Präparat stützt sich auf Präparate, die Sporen und Toxine von *Bacillus thuringiensis* enthalten. PRL/CBR. 5570.

3-64/10-0463 Meyerhoff, Grete und Seifert, Liselotte. **Die Anwendung von Fumagillin gegen Nosematose.** Garten u. Kleintierzucht, Ausg. C **3** (1964) Nr. 11. S. 3. – 1 Abb. 5570.

3-64/10-0464 Meyerhoff, Grete und Dallmann, H. **Bienenschäden durch giftige Mittelwände.** Garten u. Kleintierzucht, Ausg. C **3** (1964) Nr. 11. S. 9. 5570.

3-64/10-0465 Popov, V., Petkov, V. und Simidčiev, T. Predpazvane na pčelite ot otravjane pri prŭskane na ljucernata s fonition. **(Der Schutz der Bienen vor Vergiftungen beim Spritzen der Luzerne mit Phonithion.)** Selskostopanska nauka, Sofija **2(8)** (1963) Nr. 8. S. 1018-1025. – 4 Tab., 9 Lit. Zus. in Russ., Engl. NRB/ZSNTI. 3570.

3-64/10-0466 Bretschko, Josef. **Steirische Imkerschule 1963.** Bienenwelt [Graz] **6** (1964) Nr. 3. S. 61-68. – 12 Tab.
Der Tatigkeitsbericht 1963 beinhaltet Berichte über verschiedene Versuche, z. B. Einfluß des Schröpfens auf den Ertrag, Auswirkung der Überwinterung in zwei Räumen auf den Honigertrag, Einfluß von Fumidil B und Eiweißfütterung auf Nosemabefall bei künstlicher Infektion sowie auf bereits vorhandenen Befall. Auch wird von der Zucht- und Lehrtätigkeit berichtet. Das Schröpfen wirkt sich bei überstarken Völkern in Hinterbehandlungsbeuten vorteilhaft aus; ein größerer Raum in den Beuten während der Haupttrachtzeit vermag den Ertrag um 192,1% zu steigern; Eiweißfütterung wirkt sich nicht nosemafördernd aus; Fumidilfütterung kann den Nosemabefall verhindern; Vitamine des B-Komplexes fördern die Nosemainfektion, hingegen wirken Vit. A und C hemmend. H. Oschmann/Tälermühle. 5590.

3-64/10-0467 MacGregor, J. L. The nineteenth International Congress of Apimondia. **(Der 19. Internationale Kongreß der Apimondia.)** Scott. Agric. **43** (1964) Nr. 4. S. 202-204.
Bericht über den vom 12.-19. August 1963 in Prag durchgeführten 19. Kongreß. 5590.

3-64/10-0468 Busse, Gertrude. **Ausstellungsbedingungen für die DDR-Bienen-, Lehr- und Leistungsschau.** Garten u. Kleintierzucht, Ausg. C **3** (1964) Nr. 10. S. 3. 5590.

3-64/10-0469 *Böttcher, Friedrich Karl.* **Bienenzucht als Erwerb.** Handbuch für den wirtschaftlich arbeitenden Imker. München: Ehrenwirth. 1963. (231 S. m. 82 Abb.) (1964 A 591)

H. SEIDENRAUPEN

3-64/10-0470 Astaurov, B. L. und Verejskaja, V. N. Biseksual'noe razmnoženie trech posledovatel'nych pokolenij tetraploidnych gibridov domašnego (Bombyx mori L.) i dikogo (B. mandarina Moore) šelkovičnogo červja. **(Bisexuelle Vermehrung tetraploider Hybriden des domestizierten [Bombyx mori L.] und des wilden Seidenspinners [Bombyx mandarina Moore] in 3 aufeinanderfolgenden Generationen.)** Bjulleteń Moskovskogo obščestva ispytatelej prirody [N. S.] **134** (1963) Otdel biologičeskij **68** Nr. 6. S. 111 bis 121. — 1 Abb., 2 Tab., 19 Lit.
Durch „distante" Hybridisierung des domestizierten Seidenspinners *B. mori* mit Rassen des wilden Seidenspinners *B. mandarina* und nachfolgende Erzeugung tetraploider Hybriden mit amphidiploider Struktur (2n *B. mori* + 2n *B. mandarina*) kann die bei Autotetraploidie beobachtete Sterilität tetraploider Männchen teilweise überwunden werden. Rückkreuzungen dieser primären „Amphidiploiden" (1. tetraploide Generation) mit autotetraploiden Weibchen bestimmter 4n-Klone von *B. mori* ergaben relativ zahlreiche R_1-tetraploide Hybriden (2. tetraploide Generation). 18 (= 75%) der R_1-tetraploiden Männchen erwiesen sich als teilweise fruchtbar. Die Raupenausbeute betrug bei deren Anpaarung an diploide Weibchen = 0,08%, an autotetraploide Weibchen = 0,4% und an R_1-Weibchen = 1,7% der Eizahlen. Die Individuen dieser Paarungen repräsentieren die 3. Folgegeneration von Allotetraploiden. Von den tetraploiden Männchen dieser 3. Generation erhielt man durch Paarungen mit gleichen Weibchen und Weibchen von 4 n-Klonen von *B. mori* tetraploide Brut der 4. Generation (die z. Z. der Berichterstattung durch Vff. gerade überwinterte). Der Chromosomenmechanismus der Geschlechsdeterminierung kann auch in der tetraploiden Struktur regulär funktionieren; aus Versuchen ergab sich das Verhältnis 1,00♀ : 0,83 ♂.
H. Rost. 5656.

3-64/10-0471 Ripečkij, R. T.; Zool. Inst. der Akad. der Wiss. der Ukrain. SSR. Minlyvist' formy jadernych poliedriv tutovogo šovkoprjada (Bombyx mori L.) na riznych stadijach jogo rozvytku. **(Die Veränderlichkeit der Form nuklearer Polyeder von Bombyx mori L. in verschiedenen Entwicklungsstadien.)** Dopovidi Akademiï nauk Ukraïnśkoï RSR, Kyïv **1963** Nr. 8. S 1119 bis 1122. — 1 Abb., 2 Tab., 9 Lit. Orig.: ukrain., Ausz.: russ., engl.
Die bei Polyedrien in den Seidenraupen vorkommenden Polyeder haben unterschiedliche Formen; sie können im mikroskopischen Blickfeld sechseckig (Rhombendodekaeder), quadratisch (Würfel) oder dreieckig (Tetraeder) erscheinen. Vf. versucht, durch die Auszählung der Polyeder in den Kernen der Fettkörperzellen die quantitative Beteiligung der verschiedenen Formen zu den Entwicklungsstadien der gelbsüchtigen Seidenraupen in Beziehung zu setzen. Vorherrschend ist die Form des Rhombendodekaeders (90-95,5% je nach Stadium). Die Zahl der Tetraeder überschreitet zwischen dem 2. und 4. Stadium 1% aller befallenen Zellen nicht, erreicht aber am Ende des 5. Stadiums und in der Pränymphe 5-9%. Die Zahl der Würfel bleibt ständig unter 1%.
H. Rost. 5656.

3-64/10-0472 Manunta, C.; Sassari, Univ., Ist. Biol. e Zool. Gen.; Pavia, Univ., Centro di Genetica del C.N.R. Sul comportamento ereditario dell'accumulo di pigmenti carotenoidi nella mucosa intestinale di Bombyx mori. **(Über das erbliche Verhalten der Anhäufung von carotinoiden Pigmenten in der Darmschleimhaut von Bombyx mori.)** Genetica agraria [Pavia] **16** (1963) Nr. 1/4. S. 173-182. — 1 Abb., 3 Tab., 4 Lit. Zus. in Engl.
Es wird das erbliche Verhalten dieser Erscheinung in den F_1- und F_2-Generationen der Kreuzung von Orgosolo (orangegelber Darm, weißes Blut und dominant weiße Kokonfarbe) × Oro Bianco Jucci (weißer Darm, weißes Blut und weißer, leicht gelblich getönter Kokon) untersucht. Aus den Untersu-

chungen geht hervor, daß in der F_1 alle Tiere weißes Blut, weiße Kokons sowie eine orangegelbe Darmschleimhaut aufweisen, während in der F_2 (insgesamt gesehen) eine Aufspaltung von fast genau 3 : 1 sowohl bei der Darmfarbe (gelb: weiß) als auch bei der Kokonfarbe (weiß : gold) eintritt. Das gleiche Verhältnis 3 : 1 gilt auch für die beiden Phänotypen mit gelber und mit weißer Hämolymphe. Vf. kommt auf Grund seiner Untersuchungsergebnisse zu der Annahme, daß die intensive Anhäufung von carotinoiden Pigmenten (Carotin, Xanthophyll) in der Darmschleimhaut von „Orgosolo" von einem mendelnden Genpaar (Am, am) reguliert wird. H. Rost. 5660.

3-64/10-0473 Bastiani, Dino de. Sul grado di correlazione fra alcuni caratteri dei bozzoli del baco da seta. **(Über den Korrelationsgrad zwischen einigen Merkmalen des Seidenspinnerkokons.)** Genetica agraria [Pavia] **16** (1963) Nr. 1/4. S. 123-159. — 59 Abb., 9 Tab., 5 Lit. Zus. in Engl.
Ziel der vorliegenden Arbeit ist die Bestimmung des Korrelationsgrades zwischen bestimmten Kokonmerkmalen, die normalerweise Gegenstand von Selektionsmaßnahmen sind: Kokongewicht (KG), Hüllengewicht (HG), prozentualer Seidenreichtum (SR%), Länge (L) und Titer (T) des haspelbaren Fadens. Die Kombinationen der Korrelationen zwischen diesen Merkmalen werden nur auf die beschränkt, die praktische Auswirkungen haben könnten. Als Material dienten je 4 Familien der beiden italienischen Rassen Giallo TG und Oro 208. Von den 7 Merkmalskombinationen ergeben sich nur für KG : HG und HG : SR% signifikant positive r-Werte, während diese für die anderen Kombinationen der Richtung nach teils positiv (KG : L, HG : L, SR% : L), teils negativ (KG : SR%, T : L), statistisch jedoch nicht gesichert sind.
H. Rost. 5660.

3-64/10-0474 Pop, E., Crișan, M. und Sabĭău, A. Cercetări cu privire la posibilitatea hrănirii viermilor de mătase cu frunze congelate. **(Forschungen bezüglich der Ernährungsmöglichkeit der Seidenraupen mit gefrorenen Blättern.)** Inst. agronom. „Dr. Petru Groza" Cluj, Lucrări științ. **18** (1963) S. 253-259. — 1 Tab. Zus. in Russ., Engl.
Die Versuche wurden im 1. Jahr mit 5 Rassen und in den folgenden 2 Jahren nur mit dem Hybrid Hua 8 × Juan Han durchgeführt. Die erzielten Ergebnisse beweisen die Möglichkeit der Seidenraupenzucht mit gefrorenen Maulbeerblättern, die lange aufbewahrt werden können (im Versuch bis 2 Jahre). Die Raupen, die mit gefrorenen Blättern ernährt werden, wachsen jedoch langsamer, sind nicht so kräftig und das Larvenstadium dauert länger. Die Produktion ist etwas geringer und kostspieliger. V. Velican. 5670.

3-64/10-0475 Kanarev, G. Proučvanija vŭrchu morfologičnite i technologičnite kačestva na paškulite ot mestni i njakoi čuždi bubeni porodi. **(Untersuchungen über die morphologischen und technologischen Eigenschaften der Kokons einheimischer und einiger ausländischer Seidenspinnerrassen.)** Naučni trudove. Visš selskostopanski institut „Vasil Kolarov". Lozaro-gradinarski fakultet, Plovdiv **12** (1962, hrsg. 1963) Nr. 2. S. 273-285. — 7 Abb., 5 Tab., 10 Lit.
Die Form Färbung, Struktur und die Durschnittsgrößen der Kokons, die Durchschnittszahl der Kokons je Kilogramm, das Durchschnittsgewicht eines rohen Kokons, das Durchschnittsgewicht der Seidenhülle, der Durchschnittsseidengehalt eines rohen Kokons und die Ausbeute an Rohseide der Kokons von 21 Rassen mit gelben Kokons (7 einheimischen, 4 italienischen, 2 französischen, 2 polnischen, 2 tschechischen, 1 ungarischen, 2 rumänischen, 1 chinesischen und 1 japanischen) sowie von 9 Rassen mit weißen Kokons (3 einheimischen, 2 italienischen, 2 chinesischen, 1 japanischen und 1 französischen), 18 direkten und reziproken einfachen Hybriden zwischen einigen der erwähnten reinen Rassen und 9 Polyhybriden (4 italienischen, 3 japanischen und 2 einheimischen) wurden untersucht. Einen sehr guten Seiden-

gehalt (16%) und die höchste Ausbeute (33,85%) von den Rassen mit gelben Kokons hatten die Kokons der chinesischen Goldkokonrasse, die niedrigste Ausbeute (27,25%) – die polnische Gelbkokonrasse; von den Rassen mit weißen Kokons zeichnete sich durch den besten Seidengehalt (15,83%) und die höchste Ausbeute (31,30%) die japanische Weißkokonrasse aus; von den einfachen Hybriden hatte die höchste Ausbeute (35,03%) die italienische Gelbkokonrasse × chinesische Goldkokonrasse und die reziproke Hybride; darauf folgte die einheimische Gelbkokonrasse × chinesische Goldkokonrasse (34,60%) und aus den Polyhybriden die japanischen – mit einem Seidengehalt von 19,45% und einer Ausbeute von 43,00%. NRB/ZSNTI. 5672.

TIERERNÄHRUNG

B. CHEMISCHE BESTANDTEILE DES TIERKÖRPERS UND DER FUTTERMITTEL

3-64/10-0476 Kleinwächter, V. Nové poznatky v architektuře bílkovin. **(Neue Wahrnehmungen über die Eiweißstruktur.)** Vesmír **42** (1963) Nr. 6. S. 151-153. – 3 Abb. ČSSR/ÚVTI. 7225.

3-64/10-0477 Morr, C. V. und Kenkar, D. B. On the heterogeneity of β-lactoglobulin. **(Über die Heterogenität von β-Lactoglobulin.)** J. Dairy Sci. **47** (1964) Nr. 3. S. 294-295. – 2 Abb., 10 Lit. 7230.

3-64/10-0478 Scharff, Raymond und Wool, Ira G. Concentration of amino-acids in rat muscle and plasma. **(Konzentration von Aminosäuren in Rattenmuskel und Plasma.)** Nature [London] **202** (1964) Nr. 4932. S. 603 bis 604. – 1 Tab., 8 Lit. 7230.

3-64/10-0479 Chaudhuri, S. B., Baruah, J. N. und Rao, P. R.; Jorhat Assam, Reg. Res. Lab. Amino-acids of nahor seed oilcake. **(Aminosäuren von „Nahor"-Samenölkuchen.)** Current Sci. [Bangalore] **33** (1964) Nr. 1. S. 16. – 1 Tab., 4 Lit.
Vff. untersuchten die in Assam weit verbreitete „Nahor"-Frucht (*Mesua ferrea*). Der nach dem Entfernen des Fettes (75-80%) erhaltene Kuchen ist proteinreich (23%) und enthält 7,6% Albumine, 4,9% Globuline, 2,2% Gluteline und 2,3% Prolamine. Das nach der absteigenden papierchromatographischen Methode qualitativ untersuchte Hydrolysat enthielt folgende Aminosäuren: Cystin, Arginin, Serin, Citrullin, Hydroxyprolin, Prolin, Alanin, Methionin, Phenylalanin, Leucin und Isoleucin. 3 Flecke konnten nicht identifiziert werden. I. Schröder. 7230.

3-64/10-0480 Bigwood, E. J.; Brussels, Belgium, Univ. Nitrogenous constituents and the nutritive value of human and cow's milk and colostrum. **(Stickstoffgehalt und Nährwert von Frauenmilch, Kuhmilch und Kolostrum.)** Wld. Rev. Nutrit. Dietetics **4** (1963) S. 92-116. – 5 Abb., 11 Tab., 37 Lit.
Vf. beschreibt einleitend die Methodik seiner säulenchromatographischen Aminosäurenbestimmung in Milcheiweiß. Es werden folgende Aminosäurengehaltswerte in Frauenmilch (**I**), Kuhmilch (**II**) und I- und II-Kolostrum (**K**) angegeben: Asparaginsäure (Asp.) Glutaminsäure (Glu.) Prolin (Pro.), Glycin (Gly.), Alanin (Ala.), Valin (Val.), Methionin (Met.), Isoleucin (Isol.), Leucin (Leu.), Serin (Ser.), Threonin (Thr.), Tyrosin (Tyr.), Phenylalanin (Phe.), Histidin (His.), Lysin (Lys.), Arginin (Arg.), Cystin (Cys.) und Tryptophan (Try.). Die Angaben erfolgen in Gramm je 100 g koagulierbares Protein und im prozentualen molaren Verhältnis. Von 100 Molekülen des Gemisches entfielen im Durchschnitt auf folgende Aminosäuren nachstehende Werte (erster Wert = **I**, zweiter Wert = **II**) Val. = 5,69; 6,81, Isol. = 5,45; 5,01, Leu. = 9,83; 9,43. Thr. = 5,22; 4,91, Phe. = 3,17; 3,82, Try. = 1,19; 0,74, Met. = 1,69; 2,00. Zum Vergleich sind auch Aminosäurengehaltswerte

von Rindfleisch angegeben (frühere Publikation). Es wird dann die Bestimmungsmethodik von Glucosaminen und Galaktosaminen beschrieben und die Analysenergebnisse werden mitgeteilt. Im Falle von I K wurden Kolostrumproben 24, 48 und 72 Std. nach der Entbindung gewonnen. Alle 18 Aminosäurengehaltswerte wurden ermittelt. Asp., Glu., Pro., Isol., Leu., Lys. steigen mit zunehmender Zeit an. Gly., Ser., Thr., Ala., Arg., Cys. sind im Eiweiß von K reichhaltiger als in dem entsprechenden Milcheiweiß. Val., Met., Tyr., Phe. und Try. sind in K und I-Eiweiß gleich. II K-Eiweiß war reicher als die Milch an Asp., Gly., Ala., Val., Ser., Thr., Arg., Cys. Try. und ärmer an Glu., Pro., Isol.. Leu., Phe. und Ly., H. Bergner. 7230.

3-64/10-0481 Iyer, Jaya G. und Satyanarayan, Y. Copper and manganese contents of a few forage plants of Western India. **(Kupfer- und Mangangehalte einiger Futterpflanzen aus Westindien.)** Current Sci. [Bangalore] **32** (1963) Nr. 11. S. 507-508. — 1 Tab. 7400.

C. UNTERSUCHUNGS- UND VERSUCHSMETHODIK

3-64/10-0482 Millet, M. A., Moore, W. E. und Saeman, J. F. Techniques for quantitative thin layer chromatography. **(Technik für die quantitative Dünnschichtchromatographie.)** Analyt. Chem., annu. Rev. **32** (1964) Nr. 3. S. 491-494. — 2 Abb., 2 Tab. 7450.

3-64/10-0483 Truter, E. V. A simple device for continunous elution in film chromatography. **(Eine einfache Vorrichtung zur kontinuierlichen Elution in der Filmchromatographie.)** J. Chromatogr. [Amsterdam] **14** (1964) Nr. 1. S. 57-61. 7450.

3-64/10-0484 Hjertén, Stellan. Zone electrophoresis in columns of Agarose suspension. **(Zonenelektrophorese in Säulen von Agarosesuspensionen.)** J. Chromatogr. [Amsterdam] **12** (1963) Nr. 4. S. 510-520. — 11 Abb., 23 Lit. 7450.

3-64/10-0485 Borker, Emanuel und Sloman, Katherine G.; White Plains, N. Y., Gen. Food Techn. Center. Food. **(Nahrung.)** Analyt. Chem., annu. Rev. **35** (1963) Nr. 5. S. 62 R-77 R. — 658 Lit.
Es wird eine zusammenfassende Darstellung der analytischen Fortschritte auf dem Gebiet der Lebensmittelchemie gegeben. Sie umfaßt alle den Autoren verfügbaren Arbeiten, die von Oktober 1960 bis Oktober 1962 erschienen sind. F. Weißbach. 7455.

3-64/10-0486 Bennett, Francis O. Water Determination by gas chromatography. **(Wasserbestimmung durch Gaschromatographie.)** Analyt. Chem., annu. Rev. **32** (1964) Nr. 3. S. 684. 7462.

3-64/10-0487 Ruttloff, H., Friese, R. und Täufel, K.; Potsdam-Rehbrücke, Inst. für Ernähr. der Dtsch. Akad. der Wiss. zu Berlin. **Zur biochemischen Differenzierung von Saccharidgemischen unter Einsatz von handelsüblicher Glucoseoxydase und Invertase. 5. Mitt. Analyse von Sondennahrung.** Z. Lebensmittel-Unters. u. -Forsch. **120** (1963) Nr. 6. S. 478-487. — 1 Abb., 9 Tab., 22 Lit. 4. Mitt. vgl. Z. Lebensmittel-Unters. u. -Forsch. **115** (1961) Nr. 2. S. 105.
2 ausgewählte Handelspräparate von Invertase (Invertase „Bayer", Leverkusen, Invertase „Oehme & Baier", Leipzig) invertieren Saccharose unter entsprechenden Bedingungen innerhalb 25-30 Min. vollständig. Zusätzliche Abbauvorgänge an freigesetzter Glucose und Fructose vollziehen sich nicht, aber auch Maltose und Lactose werden in mit den Invertaseproben bebrüteten Lösungen nicht hydrolysiert. Bei der Untersuchung der Carbohydraseaktivitäten sind Maltase und Lactase in beiden Präparaten nicht nachweisbar, jedoch enthält Invertase „Bayer" etwas Melibiase. Die Bestimmung von

Glucose mit der Glucoseoxydase/Peroxydase-Fermentkombination ergibt auch in Gegenwart von Maltose und Lactose nach Hydrolyse mit Invertase gute Ergebnisse; Saccharose allein wird nach Invertasebehandlung mit einem Fehler von max. 5% wiedergefunden, in Gegenwart von Glucose tritt jedoch ein erheblicher Fehler in Erscheinung. Die Bestimmung der Saccharose erfolgt deshalb reduktometrisch mit hinreichender Reproduzierbarkeit. 2 Sondennahrungen werden auf ihren Gehalt an Glucose, Saccharose, Maltose und Lactose analysiert. Die Genauigkeit der Analysenwerte wird gestützt durch die Untersuchung von 2 Modellgemischen aus den 4 Zuckern, die den Mengenverhältnissen der Sondennahrung entsprechen. Zur Kontrolle der Untersuchungen werden Papierchromatogramme (1000 γ-Zucker, Butanol-Pyridin-H_2O (6 : 4 : 3); Färbung mit Diphenylamin/Anilin/Phosphorsäure) angefertigt.
F. Kreienbring. 7485.

3-64/10-0488 Watson, D. und Stevenson, M. E. K.; Melbourne, Australia, Roy. Women's Hospital. The micro-determination of blood glucose. **(Die Mikro-Bestimmung von Blut-Glucose.)** Austral. J. exp. Biol. med. Sci. **41** (1963) Nr. 3. S. 211-220. — 9 Tab., 23 Lit.
Es werden 4 bekannte Verfahren der Blutglucose-Bestimmung (1. Glucoseoxydase/Peroxydase-Methode nach Watson; 2. Kondensationsreaktion mit o-NH_2-Toluol nach Hultman sowie Hyvarinen u. a.; 3. Reaktion von 3,6-Dinitrophthalat mit reduzierenden Mono- und Oligosacchariden nach Momose u. a.; 4. Cu-Reduktionsmethode nach Somogyi/Nelson) auf ihre Reproduzierbarkeit überprüft. Die Standardabweichung des Mittelwertes bei Vorgabe einer Lösung von 100 mg% Glucose beträgt 1,6 (1 und 2), 3,5 (3) bzw. 3,6 (4) mg%. Es wird die Eignung der genannten Verfahren bei Gegenwart von Gerinnungsinhibitoren, Konservierungsmitteln, Halogeniden, Pharmaka, Hämolyse (besondere Enteiweißungsbedingungen), hinsichtlich Spezifität und Empfindlichkeit sowie in verschiedenen Fraktionen von normalem und pathologischem Blut untersucht. Auf Grund der gewonnenen Befunde werden die Methoden 1 und 2 als am besten, 4 hingegen als am wenigsten geeignet angesehen. H. Ruttloff. 7485.

3-64/10-0489 Müller, K.; Hannover, Forsch.-Anst. Büntehof. **Über die quantitative Zucker- und Stärkebestimmung in Pflanzen.** Landwirtsch. Forsch. **16** (1963) Nr. 1. S. 18-28. — 11 Abb., 1 Tab., 12 Lit.
Es wird eine Methode zur Aufbereitung von Proben aus grünem Pflanzenmaterial und zur quantitativen papierchromatographischen Bestimmung der löslichen Zucker beschrieben. Haltbarmachung der Proben und Abscheiden des Chlorophylls erfolgen mit Hilfe der Gefriertrocknung, das Chromatographieren mit Benzol-Butanol-Pyridin-Wasser (3 : 10 : 5 : 4) und das Anfärben mit Anilinphthalat. Für das Verfahren, das sich besonders für Serienuntersuchungen eignen soll und dessen Fehler mit im Mittel $\pm 2{,}5\%$ angegeben wird, werden die technischen Hilfsmittel eingehend beschrieben. Die angegebene Probenaufbereitung soll auch eine (polarimetrische) Stärkebestimmung ermöglichen. F. Weißbach. 7485.

3-64/10-0490 Beer, Janusz Z.; Warszawa-Zeran, Poland, Inst. of Nuclear Res. Quantitative paper radiochromatography using Tollens reagent. II. Ammoniacal silver nitrate reagents containing less than equimolar proportions of ammonia for the oxidation of saccharides on paper chromatograms. **(Quantitative Papier-Radiochromatographie unter Benutzung von Tollens Reagens. 2. Mitt. Ammoniakalische Silbernitrat-Reagentien, die geringere als äquimolare Anteile an Ammoniak zur Oxydation von Sacchariden auf Papierchromatogrammen enthalten.)** J. Chromatogr. [Amsterdam] **11** (1963) Nr. 2. S. 247-252. — 3 Abb., 1 Tab., 6 Lit.
Es wird ein Verfahren zur Reduktion von $AgNO_3$ durch Saccharide zum Zwecke der nachgeschalteten radiometrischen Ausmessung der Flecken als $Ag^{131}J$

angegeben. Glucose, Fructose und Inosit (jeweils 4 × 10^{-2} μMole) werden auf Whatman-Papier entwickelt (n-Butanol-Essigsäure-Wasser 6 :1 :2). Nach dem Trocknen und mehrmaligem Durchziehen der Papiere unter Zwischentrocknen durch eine Reaktionslösung wird auf 50° erwärmt. Das Reagens wird durch Mischen 2er Lösungen hergestellt: a) 1 ml gesättigte $AgNO_3$-Lösung, auf 200 ml mit Aceton aufgefüllt, Zugabe einiger Tropfen Wasser zur Auflösung des Niederschlages. b) 1 ml gesättigte $AgNO_3$-Lösung, Zugabe von ca. 1,6 ml konz. NH_3, auf 197,4 ml mit Aceton aufgefüllt, abermals Zugabe von etwas Wasser. Durch Variation des Mischungsverhältnisses werden insgesamt 13 Abfärbungsreagentien bereitet, die auf ihre Intensität gegenüber den zu testenden Komponenten geprüft werden. Nach den gewonnenen Ergebnissen besitzen die größte Reaktivität solche Lösungen, die einen NH_3-Gehalt von etwa 50% der für die Ausbildung des $[Ag(NH_3)_2]^+$-Komplexes notwendigen Menge aufweisen. H. Ruttloff. 7485.

3-64/10-0491 Griffith, G. ap und Jones, I. H.; Aberystwyth, Welsh Plant Breeding Stat. The normal-acid method for the determination of fibre in roughages. **(Die Normal-Säure-Methode zur Bestimmung der [Roh-]Faser im Rauhfutter.)** J. Sci. Food Agric. **14** (1963) Nr. 6. S. 380-385. — 3 Abb., 6 Tab., 10 Lit.
Unter Normal-Säure-Faser (NAF) wird der org. Rückstand einer 8stündigen Äthanol-Benzin-Extraktion mit nachfolgender Säurehydrolyse (n H_2SO_4) am Rückflußkühler verstanden. Die Korrelation des NAF-Gehaltes zur Tr.-Subst.-Verdaulichkeit ist ebenso eng wie die des Rohfasergehaltes. Methodische Untersuchungen zur Verbesserung und Vereinfachung der Methode ergaben noch eine wesentlich engere Beziehung zwischen NAF-Gehalt und Tr. Subst.-VK, wenn die Hydrolysedauer von 1 auf 3 Std. erhöht wird. Die Methode ist einfacher, besser reproduzierbar und besonders für Routineuntersuchungen geeigneter als die Rohfaserbestimmung. F. Weißbach. 7490.

3-64/10-0492 Morris, A. W. und Riley, J. P. The determination of nitrate in sea water. **(Die Bestimmung von Nitrat in Seewasser.)** Analyt. chim. Acta [Amsterdam] **29** (1963) Nr. 3. S. 272-279. — 7 Tab., 21 Lit. 7495.

3-64/10-0493 Nakai, Tadashi, Tsujigado, Noriko und Akiya, Shichiro; Tokyo, Coll. of Sci. Extractives from muscle meat of Balaenoptera physalus (Linnuaens). **(Extrahierbares von Muskelfleisch von Balaenoptera physalus.)** J. Biochemistry **54** (1963) Nr. 6. S. 541-549. — 4 Abb., 1 Tab., 14 Lit. Orig.: engl.
Es wurden die N-haltigen Nicht-Eiweißverbindungen im Muskelfleisch eines Finwals untersucht. Isoliert wurden Inositol, Kreatin, Methylguanidin, Hypoxanthin, Carnosin und Ophidin, jedoch kein Anserin, Papierchromatographisch konnten Taurin, Kreatinin, β-Alanin. Glutamin, Sarcosin, 2-Methylhistidin und eine Anzahl von freien Aminosäuren nachgewiesen werden. Der vorherrschende N-haltige Bestandteil scheint das Ophidin zu sein, während 0,27% Ophidin (bezogen auf Frischfleisch) nachgewiesen wurden, konnte von Carnosin nur etwa $^1/_{10}$ dieser Menge ermittelt werden.
I. Schröder. 7495.

3-64/10-0494 Barker, Allen V. und Volk, Richard J.; Raleigh, North Carolina State Coll. Determination of ammonium, amide, amino, and nitrate nitrogen in plant extracts by a modified Kjeldahl method. **(Die Bestimmung von Ammonium-, Amid-, Amino- und Nitratstickstoff in Pflanzenextrakten mit Hilfe einer modifizierten Kjeldahlmethode.)** Analyt.Chem. **36** (1964) Nr. 2. S. 439-441. — 3 Tab., 4 Lit.
Die Verbindungen werden in 70%igem Äthanolextrakt folgendermaßen bestimmt. NH_4-N: Der Extrakt wird in einen 100 ml Kjeldahlkolben über-

führt, bis zur Trockne eingeengt, mit der Halbmikrodestillationsapparatur verbunden und der Kolben in ein 90° warmes Wasserbad gebracht, anschließend werden 25 ml H_2O und 5 ml Boratpuffer (pH 10) zugegeben, in die Vorlage 15 ml Borsäure-Indikator-Lösung gebracht und nach Anlegen eines Vakuums wird 30 Min. destilliert. Amid-N: Nach dem Erneuern der Vorlage werden 5 ml 40%-ige KOH-Lösung und 25 ml H_2O in den Kjeldahlkolben gegeben und die Vakuumdestillation für 30 Min. bei 90° fortgesetzt. NO_3-N: Nach erneutem Wechseln der Vorlage werden ein Stück Zn und 25 ml H_2O in den Kolben gebracht und nach der Reduktion (~ 4 Std. bei 90°) das NH_3 destilliert. NH_2-N: Nach Entfernen der Vorlage und des überschüssigen Zn werden 10 ml konzentrierte H_2SO_4 und 0,5 ml Hg-Sulfat-Katalysator (10 g rotes HgO in 100 ml 4 n H_2SO_4) für den Aufschluß in den Kjeldahlkolben gegeben; anschließend wird mit 14 n NaOH annähernd neutralisiert, der Kolben an die Destillationsapparatur angeschlossen und die Lösung mit $NaOH$-$Na_2S_2O_3$ versetzt. Die Vakuumdestillation ist nach 15 Min. bei 90° beendet. Das in allen Fällen in der Vorlage aufgefangene NH_3 wird mit $KH(JO_3)_2$ Standardlösung titriert (3,897 g in H_2O lösen und auf 1 l auffüllen.)
I. Schröder. 7495.

3-64/10-0495 Aschaffenburg, R.; Shinfield, Reading, Nat. Inst. for Res. in Dairying. Protein phenotyping by direct polyacrylamide-gel electrophoresis of whole milk. **(Proteinphenotypisierung durch direkte Polyacrylamidgel-Elektrophorese von ganzer Milch.)** Biochim. biophysica Acta [Amsterdam] **82** (1964) Nr. 1. S. 188-191. — 2 Abb., 12 Lit.
Durch Anwendung elektrophoretischer Verfahren auf geeignete Kuhmilchfraktionen war es möglich, die Existenz genetischer Varianten der Hauptproteinbestandteile nachzuweisen. Vf. beschreibt ausführlich eine Methode zur Identifizierung des β- und des α_s-Caseins mit Hilfe von Polyacrylamidgel. Die Methode gestattet eine Auftrennung der mit 5 Vol. gepufferter Harnstofflösung verdünnten Milch ohne weitere Vorbereitung.
I. Schröder. 7500.

3-64/10-0496 Kreveld, A. van und Verhoog, J. H. A new solubility test for whole-milk powder. **(Ein neuer Löslichkeitstest für Milchpulver.)** Nederl. Melk-en Zuiveltijdschr. **17** (1963) Nr. 3. S. 209-232. — 1 Abb., 20 Tab., 27 Lit. 7500.

3-64/10-0497 Robbins, Frederick M. und Kronman, Martin J.; Natick, Mass., Quartermaster Res. and Engng. Center. A simplified method for preparing α-lactalbumin and β-lactoglobulin from cow's milk. **(Eine vereinfachte Methode zur Herstellung von α-Lactalbumin und β-Lactoglobulin von Kuhmilch.)** Biochim. biophysica Acta [Amsterdam] **82** (1964) Nr. 1. S. 186-188. — 1 Abb., 4 Lit.
Die Unzulänglichkeiten der Methoden von Aschaffenburg-Drewry und Gordon-Ziegler werden kurz diskutiert und durch Modifizierung der letzteren Methode wurde von Vff. ein Verfahren ausgearbeitet, mit dem relativ große Eiweißmengen (25-150 g von 80-400 l Milch) gewonnen werden können. Die Methode wird ausführlich beschrieben. Die Homogenität des mehrmals kristallisierten Proteins wird durch Stärkegelelektrophorese in 0,05 m Formatpuffer bei pH 3,0 geprüft und das Elektropherogramm mit den Ergebnissen der zitierten Vff. verglichen. I. Schröder. 7500.

3-64/10-0498 Sitakara Rao, V. und Tipnis, U. K.; Bhavnagar, Chem. Res. Inst. Protein content of marine algae from Gujarat coast. **(Der Proteingehalt von Seealgen der Gujaratküste.)** Current Sci. [Bangalore] **33** (1964) Nr. 1. S. 16-17. — 1 Tab., 12 Lit.
Die Seealgen wurden nach der Reinigung mit H_2O an der Luft getrocknet und nach der Kjeldahlmethode wurde der N-Gehalt bestimmt. Die 21 un-

tersuchten Proben weisen Rohproteinwerte von 6,62-25,48% auf. Die Ergebnisse zeigen, daß die Algen der Westküste Indiens höhere Proteinwerte aufweisen als jene der Südostküste und daß im allgemeinen *Phaeophyceae* geringere Proteinmengen enthalten als *Chlorophyceae* und *Rhodophyceae*. Die höchsten Proteinwerte wurden in *Ulva fasciata* (25,48%), *Ulva vigida* (22,42%), *Acanthophora muscoides* (21,83%) und *Centroceras clavulatum* (20,12%) gefunden, die daher auch für die Extraktion des Proteins Verwendung finden. I. Schröder. 7500.

3-64/10-0499 Farulla, E., Iacobelli-Tuki, C., Lederer, M. und Salvetti, F. Surface active agents in paper chromatography. **(Oberflächenaktive Agentien in der Papierchromatographie.)** J. Chromatogr. [Amsterdam] **12** (1963) Nr. 2. S. 255-261. — 1 Abb., 9 Tab., 3 Lit. 7505.

3-64/10-0500 Knight, C. S. Preservation of thin-layer chromatograms. **(Die Erhaltung von Dünnschichtchromatogrammen.)** Nature [London] **199** (1963) Nr. 4900. S. 1288. 7505.

3-64/10-0501 Floyd, Norman F., Cammaroti, Mary S. und Lavine Theodore F. The decomposition of DL-methionine sulfoxide in 6 N hydrochloric acid. **(Die Zersetzung von DL-Methioninsulfoxid in 6 n HCl.)** Arch. Biochem. Biophysics **102** (1963) Nr. 3. S. 343-345. — 12 Lit. 7505.

3-64/10-0502 Munier, R. L. und Sarrazin, G.; Paris, Inst. Pasteur Amélioration d'un système solvant à haut pouvoir séparateur permettant l'analyse chromatographique sur papier à deux dimensions des mélanges d'aminoacides de grande mobilité (isoleucine, leucine, méthionine, phénylalanine, tryptophane, tyrosine, valine). **(Modifizierung eines Lösungsmittelsystems mit hohem Auflösungsvermögen. Die 2 dimensionale Papierchromatographie der Aminosäuren mit großer Beweglichkeit [Isoleucin, Leucin, Methionin, Phenylalanin, Tryptophan, Tyrosin, Valin].)** J. Chromatogr. [Amsterdam] **13** (1964) Nr. 1. S. 143-147. — 3 Abb., 11 Lit.

Das Lösungsmittelsystem von Boissonnas wurde modifiziert, gearbeitet wurde mit Whatman No. 4 und 3 Systemen. Verwandt wurde in der 1. Dimension: tert. Amylalkohol-Methyläthylketon-Wasser (6:2:2) oder (4:4:2), in der 2. Dimension: tert. Butanol-Methanol-Wasser (4:5:1). Das verbesserte Auflösungsvermögen des modifizierten Lösungsmittelsystems wird gegenüber dem älteren Verfahren vergleichend dargestellt. I. Schröder. 7505.

3-64/10-0503 Palmore, Karsten H. The use of 2,4-dinitro-l-fluorobenzene in the separation and identification of amino acids from sea water. **(Die Anwendung von 2,4-Dinitro-l-fluorbenzol zur Trennung und Identifizierung von Aminosäuren von Seewasser.)** Acta chem. scand. **17** (1963) Nr. 5. S. 1456 bis 1457. — 10 Lit. 7505.

3-64/10-0504 Gray, D. O., Blake, Jennet, Brown, D. H. und Fowden, L.; London, Great Britain, Westfield Coll.; Univ. Coll. Chromatographic separation of amino acid isomers. **(Chromatographische Trennung von Aminosäureisomeren.)** J. Chromatogr. [Amsterdam] **13** (1964) Nr. 1. S. 276-277. — 1 Tab., 10 Lit.

Vff. trennen papierchromatographisch (Whatman 3 MM) mit Hilfe der oberen Phase des Lösungsmittelgemisches tert. Amylalkohol-Essigsäure-Wasser (20:1:20) eine Anzahl von natürlich vorkommenden Aminosäureisomeren. Die ^{R}Leucin-Werte sowie die Trennungszeiten werden angegeben. Getrennt werden: die beiden Formen von β-Methyl-L-asparaginsäure und β-Hydroxy-DL-asparaginsäure, γ-Methyl-DL-glutaminsäure und Allo-γ-methyl-DL-glutaminsäure, L-Isoleucin und D-Alloisoleucin, cis-α-(Methylcyclopropyl) glycin und trans-α-(Methylcyclopropyl)glycin, 4-Hydroxy-L-prolin und Allo-

4-hydroxy-D-prolin, DL-Valin und DL-Norvalin, L-Isoleucin, L-Leucin und L-Norleucin, Homoisoleucin, Homoleucin und Homonorleucin.
I. Schröder. 7505.

3-64/10-0505 Pohloudek-Fabini, R. und Fürtig, W.; Greifswald, Ernst-Moritz-Arndt-Univ., Pharmaz. Inst. **Papierchromatographischer Nachweis von Aminosäuren mit Dehydroascorbinsäure.** J. Chromatogr. [Amsterdam] **13** (1964) Nr. 1. S. 139-142. – 1 Abb., 2 Tab., 5 Lit.
Wäßrige Dehydroascorbinsäure reagiert mit Aminosäuren unter Bildung eines rosaroten Farbstoffes. Die nach der Chromatographie (Butanol-Essigsäure-Wasser [4:1:1]) getrockneten Chromatogramme werden mit Dehydroascorbinsäure besprüht und 5 Min. bei 100° erneut getrocknet. Während Prolin und Oxyprolin von etwa 25 μg an nachweisbar sind, liegt die Nachweisbarkeitsgrenze bei den übrigen Aminosäuren bei 2 μg. Eine quantitative Auswertung der Chromatogramme ist nicht möglich, da der eluierte Farbstoff instabil ist und keine reproduzierbaren Werte ergibt. Stabilisierungsversuche führten zu keinem Erfolg. I. Schröder. 7505.

3-64/10-0506 Potts, T. J.; St. Louis, Ralston Purina Co. Colorimetric determination of urea in feeds. **(Colorimetrische Bestimmung von Harnstoff in Futtermitteln.)** J. Assoc. off. agric. Chemists **46** (1963) Nr. 2. S. 303-306. – 2 Tab., 4 Lit.
Es wird über die Auswertung einer Gemeinschaftsuntersuchung zwischen 9 Laboratorien zur Harnstoffbestimmung nach der colorimetrischen Methode mit p-Dimethylaminobenzaldehyd (**DMAB**) als Farbreagens und der offiziellen AOAC-Methode an 3 z. T. harnstoffhaltigen Getreideproben berichtet. Im Mittel wurde der enthaltene Harnstoff nach beiden Methoden sehr genau wiedergefunden; die DMAB-Methode ließ jedoch nach der statistischen Auswertung in einem Falle eine etwas geringere Streuung erkennen, woraus auf ihre Überlegenheit geschlossen wird. F. Weißbach. 7510.

3-64/10-0507 Robertson, J. G. und Butler, G. W.; Palmerston North, New Zealand, D.S.I.R., Plant Chem. Div. The detection of amides on paper chromatograms. **(Der Nachweis von Amiden auf Papierchromatogrammen.)** J. Chromatogr. [Amsterdam] **13** (1964) Nr. 1. S. 262. – 4 Lit.
Unter Verwendung des colorimetrischen Testes von Soloway und Lipschitz entwickelten Vf. ein Verfahren zum Nachweis von Amiden. An Reagenzien werden benötigt: eine gesättigte Lösung von Hydroxylaminhydrochlorid in Methanol (**I**) und eine von Fe(III)-Chloridhexahydrat (1%) in Äthanol (**II**). Nach dem Chromatographieren wird das Papier mit (**I**) unter gleichzeitigem Trocknen des Reagenzes auf dem Papier in heißem Luftstrom besprüht. Anschließend erfolgt eine Trocknung bei 100° 20 Min. und danach wird das Papier leicht mit (**II**) besprüht. Es entsteht ein roter Farbstoff, der über mehrere Std. stabil ist. Mögliche Störungen werden diskutiert.
I. Schröder. 7510.

3-64/10-0508 Johke, Tetsu; Chiba, Nat. Inst. of Animal Ind.; Tokyo Univ., Fac. of Med. Acid-soluble nucleotides of colostrum, milk, and mammary gland. **(Säurelösliche Nucleotide in Colostrum, Milch und Milchdrüsen.)** J. Biochemistry [Tokyo] **54** (1963) Nr. 5. S. 388-397. – 10 Abb., 3 Tab., 33 Lit. Orig. engl.
Die säurelöslichen Nucleotide in Colostrum und Milch von Kühen, Ziegen und Stuten sowie in Frauenmilch werden untersucht, desgleichen wird die zum gleichen Zeitpunkt bestehende Nucleotidzusammensetzung in Milch und Milchdrüsen von Ziegen bestimmt. Zur Extraktion der Nucleotide wird die eiskalte Milch (bzw. die homogenisierten Milchdrüsen) mit der 2.5-fachen Menge 10%iger Trichloressigsäure vermischt, das Protein abzentrifugiert und noch einmal extrahiert. Durch Schütteln mit 5-7 Teilen Äther im Schei-

detrichter wird die Trichloressigsäure aus der Lösung entfernt. Die erhaltene Lösung der säurelöslichen Nucleotide ist mehrere Monate bei −20 °haltbar. Die Auftrennung der Nucleotide erfolgt bei 5° in einer Dowex 1×8 Säule (200-400 mesh, 1.6 ×30 cm, Formiatform) durch Gradientenelution mit Ameisensäure und Ameisensäure-Ammoniumformiatlösungen verschiedener Konzentrationen. Die Extinktionen der 10 ml-Fraktionen werden bei 260 mμ gemessen. Die Identifizierung der in den Fraktionen enthaltenen Komponenten erfolgt papierchromatographisch durch Vergleich mit authentischen Proben. Von den 4 untersuchten Arten hat Ziegenmilch den höchsten und Menschenmilch den niedrigsten Nucleotidgehalt. Die Nucleotidzusammensetzung ist für jede Art spezifisch. Im frühen Lactationsstadium ist der Nucleotidgehalt am höchsten. F. Kreienbring. 7510.

3-64/10-0509 Vries, B. de und Jurriens, G. **Trennung von Lipiden mittels Dünnschicht-Chromatographie auf mit Silbernitrat imprägniertem Kieselgel.** Fette, Seifen, Anstrichmittel **65** (1963) Nr. 9. S. 725-727. — 6 Abb., 13 Lit. 7515.

3-64/10-0510 Renkonen, O., Renkonen, O.-V. und Hirvisalo, E. L. Fractionation of serum triglycerides on a silicic acid-silver nitrate column. **(Fraktionierung von Serumtriglyceriden an einer Kieselsäure-Silbernitrat-Säule.)** Acta chem. scand. **17** (1963) Nr. 5. S. 1465-1466. — 1 Abb., 1 Tab., 7 Lit. 7520.

3-64/10-0511 Roos, J. B. (unter Mitarb. von Versnel, A. und Werdmuller, Geziena A.) **Die gaschromatographische Bestimmung der niederen Fettsäuren von Milchfett und deren Anwendung zum Nachweis von Fremdfetten.** Kieler milchwirtsch. Forsch.-Ber. **15** (1963) Nr. 6. S. 515-526.
Zum Nachweis von Fremdfetten in Butterfett war es bisher üblich, gewisse Verhältniszahlen von Fettsäuren als Charakteristikum für die Reinheit heranzuziehen. Basierend auf einem umfangreichen, statistisch ausgewerteten Untersuchungsmaterial wird eine neue verläßlichere Methode vorgeschlagen, die nicht mehr den Quotient als „konstantes" Kennzeichen, sondern eine lineare Kombination zweier Fettsäuregehalte als „adaequate" Kennzahl verwendet. Die Methode wird an dem Beispiel des Nachweises von Cocos in Butterfett erläutert. H. Steger/Dummerstorf. 7520.

3-64/10-0512 Ulit'ko, V. Ju., Korobko, M. I. und Čertov, V. M.; Ukrain. Landwirtsch. Akad., Inst. für Physikal. Chem. der Akad. der Wiss. der Ukrain. SSR. Bagatorazove vykorystannja kolonky sylikagelju z nastupnoju jogo regeneracijeju dlja chromatografičnogo analizu letkych žyrnych kyslot. **(Wiederholte Benutzung einer Silikagelsäule mit nachfolgender Regenerierung zur chromatographischen Analyse von flüchtigen Fettsäuren.)** Ukraïnśkyj biochimičnyj žurnal, Kyïv **35** (1963) Nr. 4. S. 606-614. — 4 Tab., 6 Lit. Orig.: ukrain., Ausz.: russ., engl.
Vf. beschreibt ein Verfahren zur Trennung der flüchtigen Fettsäuren des Panseninhalts von Wiederkäuern durch Säulenchromatographie an Silikagel, wobei mit einer Säulenfüllung etwa 20-30 Analysen durchgeführt werden können. Anschließend kann das benutzte Silikagel regeneriert und erneut zur Trennung verwendet werden. Es wird eine Möglichkeit zur chromatographischen Bestimmung der aus nur 1,5 bis 2 ml Pansensaft-Destillat erhaltenen Fettsäuren aufgezeigt. U. Zelck. 7520.

3-64/10-0513 Fenner, H. und Elliot, J. M.; Amherst, Univ. of Mass. Quantitative method for determining the steam volatile fatty acids in rumen fluid by gas chromatography. **(Quantitative gaschromatographische Methode zur Bestimmung der wasserdampf-flüchtigen Fettsäuren im Pansensaft.)** J. Animal Sci. **22** (1963) Nr. 3. S. 624-627. — 2 Abb., 1 Tab., 2 Lit.

Es wird eine gut reproduzierbar arbeitende Methode beschrieben, die an über 1000 Pansenproben während mehr als 3 Jahren erprobt wurde. Zunächst wird durch Destillation im Wasserbad die Gesamtmenge flüchtiger Säuren durch Titration gegen 0,1 n-NaOH ermittelt. Zur weiteren Verarbeitung gelangt eine einer 35 ml 0,1-n-Gesamtsäure adäquate Menge des Destillates. Ein Zusatz von 0,5 ml 0,5 n-NaOH verhindert einen Säureverlust während des anschließenden Einengungsprozesses, der über mehrere Stufen erfolgt. Die verwendete Gaschromatographieapparatur und das Verfahren werden eingehend beschrieben. Für die Fettsäurenbestimmung in unbekannten Proben muß mittels eines Standardgemisches noch ein Korrekturfaktor ermittelt werden (Beispiel angeführt). Bei Testgemischen werden 97,76% der eingegebenen Fettsäuren wiedergefunden. Es können bei einer Parallelbestimmung 12 Proben/Tag analysiert werden. H. H. Budzier. 7540.

3-64/10-0514 Owen, E. C. An anomaly in the reaction of vitamin A with antimony trichloride. **(Eine Unregelmäßigkeit in der Reaktion von Vitamin A mit Antimontrichlorid.)** Biochem. J. 88 (1963) Nr. 3. S. 64P. — 16 Lit. 7562.

3-64/10-0515 Način, L. Izpolzuvane na droždi za opredeljane na njakoi vitamini ot grupata „B". **(Die Verwendung von Hefen für die Bestimmung einiger Vitamine der B-Gruppe.)** Izvestija na Mikrobiologičeskija institut. Bŭlgarska akademija na naukite, Sofija **15** (1963) S. 43-52. — 7 Tab., 4 Lit. Zus. in Russ., Engl. NRB/ZSNTI. 7568.

3-64/10-0516 Načev, L., Geševa, R. und Mutafčieva, S. Bŭrza metodika za kačestveno i količestveno opredeljane na vitamin B_{12}, biosinteziran ot aktinomiceti vŭrchu tvŭrda chranitelna sreda. **(Eine Schnellmethode für die qualitative und quantitative Bestimmung von Vitamin B_{12}, das von Actinomyceten auf hartem Nährboden biosynthetisiert wurde.)** Izvestija na Mikrobiologičeskija institut. Bŭlgarska akademija na naukite, Sofija **15** (1963) S. 33-42. — 1 Abb., 4 Tab., 15 Lit. Zus. in Russ., Engl. NRB/ZSNTI. 7568.

3-64/10-0517 Appel, Walter. **Über Proteinasenhemmkörper. IV. Feinreinigung eines Trypsin-Inhibitors mittels Gelfiltration an Sephadex.** Hoppe-Seyler's Z. physiol. Chem. **330** (1963) Nr. 4/6. S. 193-197. 7580.

3-64/10-0518 Ghiron, Camillo A., Brower, Linda M. und Spikes, John D. Disc electrophoresis of irradiated trypsin; a preliminary report. **(Scheibenelektrophorese von bestrahltem Trypsin: ein einleitender Bericht.)** Proc. Utah Acad. Sci., Arts, Letters **40** (1962/63, hrsg. 1963) Nr. 1. S. 113-114. 7580.

3-64/10-0519 Milstone, J. H., Oulianoff, N. und Milstone, V. K. Outstanding characteristics of thrombokinase isolated from bovine plasma. **(Hauptmerkmale der aus Rinderplasma isolierten Thrombokinase.)** J. gen. Physiol. **47** (1963) Nr. 2. S. 315-327. — 6 Abb., 1 Tab., 46 Lit.

Es wurde die chemische Eigenschaft, die Stabilität und die Aktivität der aus Rinderplasma isolierten Thrombokinase untersucht. 7580.

3-64/10-0520 Guilbault, G. G. und Kramer, D. N.; Edgewood Arsenal, Md., U. S. Army Chem. Res. Fluorometric determination of lipase, acylase, alpha- and gamma-chymotrypsin and inhibitors of these enzymes. **(Fluorometrische Bestimmung von Lipase, Acylase, α- und γ-Chymotrypsin und Inhibitoren dieser Enzyme.)** Analyt. Chem. **36** (1964) Nr. 2. S. 409-412. — 1 Abb., 6 Tab., 10 Lit.

Vff. bestimmen Steapsin-, Schweinepankreas- und Weizenkeimlipase, Acylase und Chymotrypsin in Gegenwart anderer Esterasen. Die Methode beruht auf der Hydrolyse von Fluoreszeinestern, die keine Fluoreszenz aufweisen, und auf der Messung der Fluoreszenz des freigesetzten Fluoreszeins.

Es besteht eine Korrelation zwischen der Fluoreszenz und der Enzymaktivität. Es wird der Einfluß der Substratkonzentration, des pH-Wertes und der Temperatur bestimmt. Die Herstellung der Substratlösung ist rel. einfach und wird ausführlich beschrieben. Die Analyse ist in 3-5 Min. durchführbar. Die Standardabweichung beträgt bei 0,0125-0,250 mg/ml Weizenkeim- oder Steapsinlipase, bei 0,006-0,100 mg/ml Acylase, bei 0,0025-0,050 mg/ml Schweinepankreaslipase und bei 0,167-1,300 mg/ml α- oder γ-Chymotrypsin $\pm$ 1,5-2%. I. Schröder. 7580.

3-64 10-0521 Oakey, R. E., Stitch, S. R. und Eccles, Sheila S. The application of partition chromatography to the separation and characterisation of oestrogens by isotope dilution. **(Die Anwendung der Verteilungschromatographie zur Trennung und Charakterisierung von Oestrogenen durch Isotopenverdünnung.)** J. Chromatogr. [Amsterdam] **11** (1963) Nr. 3. S. 355 bis 363. — 3 Abb., 24 Lit. 7595.

3-64 10-0522 Nishikaze, O., Abraham, R. und Staudinger, Hj.; Gießen, Justus-Liebig-Univ., Physiol.-Chem. Inst. **Dünnschichtchromatografische Fractionierung und Bestimmung der Harncorticosteroide.** J. Biochemistry [Tokyo] **54** (1963) Nr. 5. S. 427-431. — 2 Abb., 4 Tab., 3 Lit. Orig. dtsch.
Frischer Harn wird auf pH 4,5 eingestellt und nach Versetzen mit β-Glucuronidase und Arylsulfatase bei 37° gegen das 3-fache Volumen Methylenchlorid dialysiert. Das Dialysat wird mit 0,5 n NaOH und Wasser gewaschen und das Lösungsmittel unter N_2 abgedampft. Die 2dimensionale Dünnschichtchromatographie erfolgt auf Kieselgel G „Merck" (Platten 20 × 20 cm, 25 g Kieselgel + 60 ml H_2O unter Anwendung von Chloroform-Aceton (75:35, v:v) und Chloroform-Aceton-Eisessig 80:5:20, v:v). Das Auftragen der Harncorticosteroide muß unter Ausschluß von Tageslicht und die Entwicklung der Chromatogramme im Dunkeln erfolgen. Es wird mit Tetrazolblaulösung angefärbt, dabei werden im wesentlichen 5 Fraktionen erhalten. Nach dem Abkratzen der Schicht und Extraktion mit Benzol wird die Extinktion der Lösung bei 570 mμ gemessen und die Menge der einzelnen Fraktionen unter Anwendung von Desoxycorticosteron als Bezugssubstanz bestimmt. Untersuchungsergebnisse an normalen und pathologischen Harnen werden mitgeteilt. Für die Reproduzierbarkeit der Analysen ergibt sich eine Streuung von 5-10%, Recoverywerte für bekannte Corticosteroidmengen liegen bei über 80%. F. Kreienbring. 7595.

3-64/10-0523 Morgan, M. E. und Pereira, R. L.; Connecticut, Univ., Agric. Exp. Stat. Identity of the grassy aroma constituents of green forages. **(Die Identität der Bestandteile des Grasaromas von Grünfutter.)** J. Dairy Sci. **46** (1963) Nr. 12. A. 1420-1422. — 1 Abb., 4 Lit.
Aus konzentrierten wäßrigen Suspensionen von frischgeschnittener Luzerne, frischem Klee und verschiedenen Gräsern werden über geeignete und genau beschriebene Gefrier- und Destillationsvorgänge die flüchtigen Bestandteile isoliert und gaschromatographisch untersucht. Es ergeben sich für Luzerne 6 verschiedene Substanzen, von denen 4 grasigen Geruch haben. Es handelt sich nach Vergleichschromatogrammen um n-Hexanal, cis-3-Hexenal, trans-2-Hexenal, n-Hexanol und trans-2-Hexenol. In den anderen Grünfutterstoffen treten die gleichen Substanzen auf, wobei das trans-2-Hexenal bei allen untersuchten Proben die Hauptkomponente darstellt. Durch eine Reihe verschiedener Reaktionen, Papier- und Dünnschichtchromatographie und Bestimmung der Absorptionsmaxima werden die Analysenergebnisse gefestigt. In Testversuchen wird ermittelt, daß weniger als 0,1 ppm des trans-2-Hexenals bzw. cis-3-Hexenols der Milch einen grasigen Futtergeruch erteilen. G. Sternkopf. 7610.

3-64/10-0524 Mitchell, Lloyd C. Sensitivity tests for 22 different chlorinated organic pesticides by paper chromatography. **(Empfindlichkeitsteste für 22 verschiedene chlorierte organische Schädlingsbekämpfungsmittel mit Hilfe der Papierchromatographie.)** J. Assoc. off. agric. Chemists **46** (1963) Nr. 6. S. 988-992. – 1 Tab., 11 Lit.
Auf der Grundlage der von Mills u. a. (vgl. J. Assoc. off. agric. Chemists **46** [1963] S. 186.) gegebenen Zusammenstellung chlorierter org. Schädlingsbekämpfungsmittel werden für diese Substanzen das papierchromatographische System, die Rf-Werte und die Nachweisgrenzen, unterteilt in sichtbar, wahrnehmbar und kaum wahrnehmbar, mit dem Silbernitrat-2-Phenoxyäthanol-Reagens angegeben. Genaue Vorschriften zur Papierchromatographie und zum Nachweis werden mitgeteilt. G. Sternkopf. 7610.

3-64/10-0525 Moghissi, A. **Dünnschichtionophorese anorganischer Stoffe bei Nieder- und Hochspannung unter Verwendung von Radionukliden.** Analyt. chim. Acta [Amsterdam] **30** (1964) Nr. 1. S. 91-95. – 4 Abb., 2 Tab., 11 Lit. Zus. in Engl., Franz. 7620.

3-64/10-0526 Leuven, H. C. E. van und Gouverneur, P. Manometric precision determination of carbon and hydrogen in milligram amounts of organic material. **(Manometrische Präzisionsbestimmung von Kohlenstoff und Wasserstoff in Milligrammengen von organischem Material.)** Analyt. chim. Acta [Amsterdam] **30** (1964) Nr. 4. S. 328-334. 7620.

3-64/10-0527 Samachson, Joseph und Lederer, Hilda; Hines, Ill., Veterans Adm. Hospital; New York, Montefiore Hospital. The removal of Sr^{85} and Ca^{45} from bone in vitro. **(Die Ausscheidung von ^{85}Sr und ^{45}Ca aus Knochen in vitro.)** Arch. Biochem. Biophysics **103** (1963) Nr. 2. S. 168-174. – 7 Tab., 16 Lit.
Vff. untersuchten den Zeit- und Temperatureinfluß auf die Ausscheidung von Radioisotopen aus Knochen, die ^{45}Ca und ^{85}Sr unter verschiedenen Bedingungen in vitro aufgenommen haben. Zur Untersuchung wurden Knochenpulver (unbehandelt), anorg. Knochenpulver und veraschte Knochen zunächst mit ^{45}Ca- bzw. ^{85}Sr-Lösung behandelt und anschließend die Menge des austauschbaren Ca bzw. Sr in Abhängigkeit von der Zeit durch Behandlung mit verschiedenen Pufferlösungen bestimmt. Die Menge des austauschbaren Ca und Sr, sowie das $^{45}Ca/^{85}Sr$-Verhältnis werden in Tabellen zusammengestellt und die Ergebnisse diskutiert. Vff. kommen zu der Ansicht, daß der Haupteffekt beim Austausch der org. Matrix der Knochen zuzuschreiben ist. Innerhalb von 72 Std. diffundieren die Radioisotope durch diese hindurch oder werden durch die org. Matrix selbst fester gebunden und damit dem Austausch entzogen. Vff. neigen mehr zur ersteren Ansicht, schließen aber die zweite nicht aus. In geringerem Maße tritt auch ein Austausch durch die Hydrationsschicht auf, wobei auch Na- und Mg-Ionen gegen Ca und Sr ausgetauscht werden können. Eine echte Rekristallisation wurde nicht beobachtet, wird aber nach anderen Versuchen von Dallemagne für möglich gehalten. K. Krawielitzki. 7630.

3-64/10-0528 Dewar, W. A., McDonald, P. und Whittenbury, R.; Edinburgh, School of Agric. The hydrolysis of grass hemicelluloses during ensilage. **(Die Hydrolyse von Gras-Hemicellulosen während der Silierung.)** J. Sci. Food Agric. **14** (1963) Nr. 6. S. 411-417. – 2 Abb., 3 Tab., 19 Lit.
Laboruntersuchungen über die Ursachen und beeinflussenden Faktoren des Hemicelluloseabbaus während der Silierung wurden durchgeführt. Enzymextrakte aus 3 Grasarten setzten aus einem Hemicellulosepräparat die größte Menge an reduzierenden Zuckern frei, wenn der pH-Wert 6 betrug; das Temperaturoptimum lag je nach Herkunft des Extraktes zwischen 30 und 43°. Merkliche Zuckermengen wurden auch erzielt, wenn die Hemicellulose einer

90tägigen Säurehydrolyse bei pH 4 unterworfen wurde. Wachstumsversuche verschiedener Milchsäurebakterienstämme auf Hemicellulose schlugen fehl. F. Weißbach. 7700.

3-64/10-0529 Minson, D. J. und Lancaster, R. J.; Hamilton, Ruakura Animal Res. Stat. The effect of oven temperature on the error in estimating the dry matter content of silage. **(Der Einfluß der Trocknungstemperatur auf den Fehler bei der Bestimmung des Trockensubstanzgehaltes von Silage.)** New Zealand J. agric. Res. **6** (1963) Nr. 1/2. S. 140-146. — 3 Abb., 2 Tab., 5 Lit.

Vergleichende Bestimmungen des Tr.-Subst.-Gehaltes von 15 Silageproben unterschiedlicher Qualität nach der Toluol-Destillationsmethode und der üblichen Trocknung bei 40,70 und 100° zeigten, daß bei der höchsten Trocknungstemperatur bis zu 16% Verlust an flüchtigen Stoffen auftreten. Bei geringerer Trocknungstemperatur verminderten sich diese Trocknungsverluste deutlich. Bei allen Temperaturen können jedoch erhebliche Fehler auftreten. F. Weißbach. 7700.

3-64/10-0530 Kirchmeier, O.; Weihenstephan, Milchwirtsch. Inst. der TH München. **Eine Methode zur papierchromatographischen Qualitätsbeurteilung von Silagen.** Z. Tierphysiol., Tierernähr. Futtermittelkunde **18** (1963) Nr. 2. S. 111-114. — 2 Abb., 1 Tab., 7 Lit.

Es wird eine papierchromatographische Methode zur qualitativen Bestimmung niederer Fettsäuren in Silagen beschrieben. Dabei werden die Säuren durch Ätherextraktion aus dem angesäuerten Silagepreßsaft isoliert, in NH_3 aufgenommen, in Butanol/Ammoniak chromatographiert und mit Ninhydrin angefärbt. Die Methode soll sich besonders für Serienuntersuchung zur Verfolgung des Gärungsverlaufes eignen. F. Weißbach. 7715.

3-64/10-0531 Lewandowski, Lesław und Bak, Tadeusz. Metoda ilościowego określania pleśniaków w paszach treściwych. **(Methode zur quantitativen Bestimmung von Schimmelpilzen im Kraftfutter.)** Zeszyty naukowe wyższej Szkoły rolniczej Wrocławiu, Zootechn. **10** (1963) Nr. 45. S. 187-196. — 12 Lit. Zus. in Russ., Engl. PRL/CBR. 7720.

3-64/10-0532 Mäckel, H. G.; Hamburg, Staatsinst. für Angew. Bot. **Über aktuelle Probleme der Futtermittelmikroskopie.** Landwirtsch. Forsch. **16** (1963) Nr. 1. S. 42-50.

Es werden die Möglichkeiten und Grenzen der Futtermittelmikroskopie im Vergleich zur chemischen Futtermittelanalytik zusammenfassend besprochen. Die Stärke der Futtermittelmikroskopie liegt in der Identifikation der Futtermittelarten, ihre Schwäche in der quantitativen Bestimmung der Einzelkomponenten von Mischfuttermitteln. Es fehlt noch an Verfahren zur genauen Bestimmung der Mengenanteile spezifischer Futtermittelarten, wie das z. B. bei der Trockenhefe bereits möglich ist. Die Grenzen der Methode liegen besonders bei der Trennung einzelner Produkte, die vom gleichen Rohstoff herrühren z. B. Weizenschrot, feine Weizenkleie und Weizenfuttermehl oder Luzernegrünmehl und Luzerneheumehl. Im weiteren werden spezielle Probleme der einzelnen Futtermittelgruppen abgehandelt. F. Weißbach. 7730.

3-64/10-0533 Huss, W.; Stuttgart-Hohenheim, Württemberg. Landesversuchsanst. für Landwirtsch. Chem. **Die Anwendung des polarisierten Lichts in der Futtermittelmikroskopie. 3. Mitt. Verfahren zur Identifizierung kristallisierter Futterbestandteile.** Landwirtsch. Forsch. **16** (1963) Nr. 2. S. 180-190. — 2. Mitt. vgl. LZ. Abt. III 7 (1962) Nr. 5. S. 1025.

Vf. überträgt die von Kristalographen und Mineralogen ausgearbeiteten polarisationsoptischen Untersuchungsverfahren zur Identifizierung von kristallisierten Futterbestandteilen auf die praktische Futtermitteluntersuchung.

Beschrieben werden 1. Kristallmorphologische Mikromethoden. Die Anwendbarkeit dieser Verfahren, bei denen Winkelmessungen zur Bestimmung der Kristallart führen, ist bei der Futtermitteluntersuchung nur begrenzt möglich, weil hier meist unregelmäßig begrenzte Kristallfragmente oder -komplexe vorliegen. Wichtiger können Feststellungen über Tracht und Habitus der Kristalle sein (ob prismatisch, tafelig, blättrig usw.); einige Spurenelementzusätze (z. B. Cu-Sulfat, Viehsalz und Mg-Sulfat) haben unverkennbare Kristallformen. 2. Polarisations- und Interferenz-Mikromethoden lassen sich aus den gleichen Gründen nur in begrenztem Umfang anwenden. Das trifft für die Stärke der Doppelbrechung, die Messung des Winkels der Auslöschungsschiefe und die Messung der optischen Aktivität zu. Bei Objekten mit 15-20 μ, allenfalls 7-10 μ Korndurchmesser, gestatten die indirekten Untersuchungsmethoden Aussagen darüber, ob optisch einachsige oder zweiachsige Kristalle mit positivem oder negativem optischen Charakter vorliegen. $MgSO_4$, $CuSO_4$, $ZnSO_4$ u. a. lassen sich dadurch nachweisen. 3. Die Bestimmung der Lichtbrechung nach der Einbettungsmethode ist praktisch am wichtigsten. Die Bestimmung der Brechungsindices nach dieser Methode ist unabhängig von der Entwicklung der Kristallform. Durch Anwendung des Phasenkontrastverfahrens gelingt es, durch „optische Anfärbung" einzelne Substanzen innerhalb eines Mischpräparates herauszufinden. C. Engelmann. 7730.

3-64/10-0534 Huss, W.; Stuttgart-Hohenheim, Württemberg. Landesversuchsanst. für Landwirtsch. Chem. **Die Anwendung des polarisierten Lichts in der Futtermittelmikroskopie. 4. Mitt. Hinweise für die praktische Durchführung kristalloptischer Untersuchungen.** Landwirtsch. Forsch. **16** (1963) Nr. 2. S. 190-198. — 1 Abb., 10 Lit. 3. Mitt. vgl. vorst. Ref.
Vf. behandelt die einzelnen Untersuchungsgänge und beschreibt die notwendigen Apparaturen und ihre Bedienung, unter Berücksichtigung der jeweiligen Fragestellung (1. Beschaffenheit der gesuchten Kristallart, 2. Beschaffenheit der zu identifizierenden Kristallart als Ausgangspunkt). C. Engelmann. 7730.

3-64/10-0535 Kirchgessner, M. und Friesecke, H.; Weihenstephan, Inst. für Tierernähr. der TH München. **Zur Weiterentwicklung des 3teiligen DLG-Heubewertungsschlüssels.** Wirtschaftseigene Futter **9** (1963) Nr. 3. S. 242-246. — 1 Abb., 1 Tab., 17 Lit.
Eine Überprüfung der Aussagekraft des dreiteiligen DLG-Heubewertungsschlüssels anhand der Korrelationsrechnung ergab folgende Hinweise bezüglich einer Weiterentwicklung: Aus dem Rohproteingehalt kann mit hoher Genauigkeit der Gehalt an verdaulichem Eiweiß berechnet und der an P geschätzt werden. Der Rohfasergehalt läßt den Stärkewertgehalt abschätzen, obwohl die Genauigkeit bisher nicht befriedigen kann. Auf die Bestimmung des P-Gehaltes kann wegen seiner Korrelation zum Rohproteingehalt verzichtet werden, auf die Bestimmung des Ca-Gehaltes wegen seiner praktisch nur geringeren Bedeutung als wertbegrenzender Faktor. F. Weißbach. 7740.

3-64/10-0536 Woznica, J. Zbadanie przydatności królika, jako zwierzęcia laboratoryjnego do masowego określania współczynnika strawności prostych i złożonych dawek pokarmowych. **(Die Eignung des Kaninchens für Untersuchungen im Laboratorium zur Massenbestimmung des Verdauungskoeffizienten von einfachen und zusammengesetzten Futtergaben.)** Rocniki Nauk rolniczych, Ser. B **82** (1963) Nr. 3. S. 483-505. — 10 Abb., 3 Tab., 27 Lit.
Die an Kaninchen und Schafen durchgeführten Untersuchungen zeigten, daß Kaninchen für Ernährungsforschungen verwendet werden können. Die bei Kaninchen erzielten Ergebnisse können in bezug auf andere Tiere nur zur Orientierung dienen. Die VK bei Kaninchen können jedoch nicht direkt für die Futterbewertung bei Schafen und umgekehrt verwendet werden. Die

VK verwandter Futtermittel und Futterbestandteile, die bei Kaninchen und Schafen bestimmt wurden, zeigen untereinander eine Abhängigkeit. Kaninchen sind empfindlicher gegenüber der Futterqualität als Schafe. Die blattreichen Weidepflanzen entsprechen den Kaninchen besser als Futter wie Getreidestroh und Grasheu. Eine erhöhte Dosis Saftfutter wirkt sich auf den erhöhten Verbrauch und die Verdaulichkeit der gesamten Futterration und somit auf die Verdaulichkeit des enthaltenen Trockenfutters positiv aus. Die Nährstoffe der Topinamburblätter wurden von den Kaninchen in höherem Grade verdaut als von den Schafen. Die Kaninchen zeigten im allgemeinen geringere Verdauungsfähigkeiten der Nährstoffverbindungen in den untersuchten Futterrationen. Die größten Unterschiede gab es in der Rohfaser, die die Kaninchen bedeutend schlechter als die Schafe verdauten. Größte Übereinstimmung wurde aber bei der Verdauung des Gesamteiweißes gefunden. PRL/CBR. 7751.

3-64/10-0537 Aboul-Khair, S. A., Crooks, J. und Macgregor, A. G.; Aberdeen, Univ. A technique for urine collection in the female rat for investigating iodine metabolism. **(Eine Harnsammelmethode für weibliche Ratten zur Untersuchung des Jodstoffwechsels.)** Nature [London] **201** (1964) Nr. 4923. S. 1032-1034. — 1 Abb., 3 Tab., 14 Lit.
Vff. beschreiben eine einfache Methode zur sauberen Harngewinnung von ♀ Ratten. Der Harn wird in der Harnblase für 5 Std. angestaut, indem die Harnleitermündung abgebunden wird. Die entspr. Technik wird beschrieben. Vff. weisen nach, daß eine Nierenschädigung nicht eintritt. Nach dieser Methodik gewonnener Harn hatte einen Jodgehalt von 3,98 μg/ml. Wurde der Harn dagegen bei der Vergleichsgruppe ohne Harnleiterunterbindung gesammelt, so enthielt er 11,98 μg Jod pro ml. Vff. führen diesen signifikant höheren Wert auf Verunreinigungen aus dem Kot und Futter zurück. Dementsprechend empfehlen Vff. für Jodstoffwechseluntersuchungen ihre Methodik zur Harngewinnung zu verwenden. H. Bergner. 7755.

3-64/10-0538 Blakely, R. M. Note on an apparatus for the collection of turkeys feces. **(Bemerkung über eine Apparatur zur Sammlung von Truthahn-Faeces.)** Canad. J. Animal Sci. **43** (1963) Nr. 2. S. 386-388. — 1 Abb.
Es wird eine neue Methode zur Sammlung von Geflügelexkrementen beschrieben. Durch geeignete Nylonringe bzw. -einsätze werden Polyäthylenbeutel in der Kloake der Tiere befestigt, die eine quantitative Sammlung des Kotes beim Geflügel gestatten, wobei vermieden wird, daß der Kot mit Futterresten und Federn in Berührung kommt. Verschiedene Versuche haben gezeigt, daß die Tiere ohne Schwierigkeiten an diese Form der Haltung gewöhnt werden können. Um zu verhindern, daß die Einsätze von den Tieren angepickt werden, ist es möglich, je nach Gefiederfarbe weiße oder schwarze Einsätze zu verwenden. G. Göbel. 7755.

3-64/10-0539 Piatkowski, B. und Jung, H. **Eine verbesserte Anlage zur Durchführung von Stoffwechseluntersuchungen an wachsenden Schweinen beiderlei Geschlechts.** Arch. Tierernähr. **14** (1964) Nr. 1. S. 7-12. — 7 Abb. Zus. in Russ., Engl.
Vff. beschreiben Maße und Funktion einer Stoffwechselanlage für Versuche mit wachsenden Schweinen. Die Stoffwechselanlage besteht aus einer stationären Stoffwechselboxe und einem beweglichen Stoffwechselkasten. Der Vorteil des Stoffwechselkastens liegt darin, daß er für Tiere beiderlei Geschlechts geeignet ist und im Masseabschnitt von 20-110 kg mit dem Tier „mitwächst", ohne daß zusätzliche Teile abmontiert oder neu eingesetzt werden müssen. H. Bergner. 7755.

3-64/10-0540 Beacom, S. E. und Thompson, J. L.; Swift Current, Saskatchewan, Exp. Farm. Note on a battery-type digestion-metabolism unit

for sheep. **(Mitteilung über eine Anlage für Verdauungs- und Stoffwechselversuche für Schafe.)** Canad. J. Animal Sci. **43** (1963) Nr. 2. S. 390-392. – 2 Abb.
In jeder Einheit können 8 Schafe im Stoffwechselversuch gehalten werden. Als Maße werden 15 ft, 8 inch × 4 ft 9 inch angegeben (ca. 145 × 480 cm). Die Anlage erhöht die Versuchsgenauigkeit, senkt den Arbeitsaufwand und trägt den Gewohnheiten der Tiere verstärkt Rechnung. Konstruktionszeichnungen können bei Vff. angefordert werden. B. Piatkowski. 7755.

3-64/10-0541 Tilley, J. M. A. und Terry, R. A.; Hurley, Berks., Grassland Res Inst. A two-stage technique for the in vitro digestion of forage crops. **(Ein Zweistufen-Verfahren für die in vitro-Verdauung von Futterstoffen.)** J. Brit. Grassland Soc. **18** (1963) Nr. 2. S. 104-111. – 2 Abb., 3 Tab., 35 Lit.
Nach der beschriebenen Methode werden die Proben (0,5 g) zuerst unter Lichtabschluß bei 38° mit Pansenflüssigkeit anaerob in Dialysesäckchen unter kontrollierten Bedingungen verdaut. Anschließend wird dann dieselbe Probe noch einer peptischen Verdauung unterworfen. Ein Vergleich der mit diesem Zweistufen-Verfahren ermittelten Verdaulichkeitswerte für die Tr-Subst.. von 130 Proben verschiedener Gräser sowie 18 Luzerne- und Kleeproben erbrachte mit den bekannten in vivo-Verdaulichkeitswerten eine signifikante enge Korrelation. Die abgeleitete Regressionsgleichung ($Y = \%$ in vivo Verdaulichkeit der Tr.-Subst.; $X = \%$ in vitro Verdaulichkeit der Tr.-Subst.) lautet $Y = 0{,}99\,X - 1{,}01 \pm 2{,}31$. Die Streuung zwischen den Parallelen eines Versuches beträgt $\pm$ 0,66, zwischen zwei Wiederholungen $\pm$ 1,18. Dieses Zweistufen-Verfahren eignet sich besonders für die Testung von Pflanzenmaterial (Blätter, Stengel u. a.) durch Pflanzenzüchter im Hinblick auf seine Nutzung als Futterstoff. H. H. Budzier. 7755.

3-64/10-0542 Gacula jun., M. C., Madamba, J. C., Gerpacio, A. L., Calo, L. L. und Garcia, G. V. The use of chromic oxide in ruminat digestion studies with special reference to grab sampling technique. **(Die Verwendung von Chromoxid in Verdauungsversuchen mit Wiederkäuern unter besonderer Berücksichtigung der Greifprobentechnik.)** Philippine Agriculturist **46** (1962) Nr. 7. S. 539-550. – 2 Abb., 7 Tab., 29 Lit.
In 2 Versuchen an Ochsen zeigte sich, daß zwischen konventioneller und Indikator-Methode keine Differenzen in den Ergebnissen auftraten, wenn die Proben vom Sammelkot (früh und abends) während 7 Tagen entnommen wurden. Bei zufälligen Greifproben ergaben sich niedrigere VK als bei Proben aus gesammeltem Kot. Eine Variation in Cr_2O_3-Conc. innerhalb von 24 Std. wurde festgestellt, die Conc. war um 6^{00} Uhr am niedrigsten. Es ergab sich eine lineare Beziehung zwischen VK und wiedergefundenem Cr_2O_3 (bei Wiederauffinden von 95% Cr_2O_3 sinkt die Verdaulichkeit um 2%). Bei Versuchen über 4-7 Tage und tägl. Probenahmen um 6^{00} und 16^{00} Uhr werden vergleichbare Werte erreicht. B. Piatkowski. 7760.

3-64/10-0543 Spioch, M. und Rozmus, J. Nowa metoda oznaczania przemiany materii u zwierząt w dowolnych warunkach doświadczalnych. **(Ein neues Verfahren zur Bestimmung des Stoffwechsels bei Tieren unter beliebigen Versuchsbedingungen.)** Acta physiol. polon. **14** (1963) Nr. 6. S. 679 bis 688. – 2 Abb., 2 Tab., 7 Lit. PRL/CBR. 7785.

3-64/10-0544 Chaskin, V. V. Pribor dlja issledovanija gazoobmena u melkich životnych. **(Gerät für die Untersuchung des Gasaustausches bei kleinen Tieren.)** Fiziologičeskij žurnal SSSR imeni I. M. Sečenova, Moskva-Leningrad **49** (1963) Nr. 9. S. 1120-1121. – 1 Abb., 2 Lit. 7802.

3-64/10-0545 Young, B. A. und Webster, M. E. D.; Armidale, New South Wales, Univ. of New England. A technique for the estimation of energy expenditure in sheep. **(Eine Technik für die Bestimmung der Energie-**

abgabe beim Schaf.) Austral. J. agric. Res. **14** (1963) Nr. 6. S. 867-873. — 5 Abb., 6 Lit.
Eingehend beschrieben wird der Bau und das Einsetzen einer Trachealkanüle mit Anschluß an eine Gasuhr und ein O_2-Meßgerät zur Bestimmung des O_2-Verbrauchs unter den verschiedenartigsten Umweltbedingungen. Entsprechend fistelierte Schafe standen monatelang für Versuchszwecke zur Verfügung. L. Hoffmann. 7819.

3-64/10-0546 Blaxter, K. L. und Joyce, J. P.; Ayr, Hannah Dairy Res. Inst. The accuracy and ease with which measurements of respiratory metabolism can be made with tracheostomized sheep. **(Die Genauigkeit und der Aufwand bei Gasstoffwechselmessungen an Schafen unter Verwendung einer Trachealkanüle.)** Brit. J. Nutrit. **17** (1963) Nr. 4. S. 523-537. — 4 Abb., 5 Tab., 11 Lit.
Zur Entwicklung einer Methode für das Studium der Umwelteinflüsse auf den Stoffwechsel der Schafe wurde die Messung des Lungengaswechsels mit Hilfe einer Trachealkanüle auf ihre Sicherheit für die Ableitung der Wärmeproduktion durch vergleichende Untersuchungen mit der Respirationskammertechnik geprüft. Dazu dienten 8 Versuchstiere im Alter von 4 Jahren. Die ausgeatmete Luft wurde in Perioden von 30′ in „Douglas bags" gesammelt, das Gasvolumen mittels nasser Gasuhr bestimmt und die Konzentration an CO_2, CH_4 und O_2 gasanalytisch bestimmt. Die Gaswechselmessungen nach der Trachea-Technik (I) führten im Vergleich zur Kammer-Technik (II) zu folgenden Ergebnissen: 1. Der O_2-Verbrauch war nach beiden Techniken unter denselben Bedingungen gleich groß. 2. Die CH_4-Abgabe durch die Lunge betrug nur 17% gegenüber der Gesamtproduktion nach Technik II bestimmt. Dieses Verhältnis war unabhängig von der Futtermenge. 3. Die gemessene CO_2-Prod. nach Technik I war ebenfalls geringer als nach Technik II. Der Unterschied war deutlich abhängig von der Höhe der Futtermenge. Die gefundenen Differenzen in der CH_4- und der CO_2-Abgabe zwischen beiden Techniken werden von Vff. auf das Ausstoßen von Gasen beim Rülpsvorgang zurückgeführt; sie lassen es als schwierig erscheinen, Gaswechselmessungen nach der Trachea-Technik für die Berechnung der Wärmeproduktion heranzuziehen. Für bestimmte Versuchsanstellungen jedoch wird die leicht auszuführende Technik empfohlen. Die verwendeten Trachealkanülen und ihr Einsetzen werden beschrieben. L. Hoffmann. 7819.

3-64/10-0547 Hajra, Amiya K. und Radin, Norman S. Isotopic studies of the biosynthesis of the cerebroside fatty acids in rats. **(Untersuchungen mit Isotopen bei der Biosynthese von Cerebrosidfettsäuren in Ratten.)** J. Lipid Res. **4** (1963) Nr. 3. S. 270-278. — 3 Abb., 4 Tab., 42 Lit. 7830.

3-64/10-0548 Anonym. O zastosowaniu związków znaczonych w biochemii. **(Die Verwendung markierter Verbindungen in der Biochemie.)** Postępy Techn. jądrowej **1963** Nr. 3. S. 184-188. — 45 Lit. 7830.

3-64/10-0549 Schaaf, A. van der und Mossel, D. A. A., Utrecht, Netherlands, Univ., Coll. of Veterin. Med. Gamma radiation sanitation of fish and blood meals. **(Desinfektion von Fisch- und Blutmehlen mittels Gammastrahlen.)** Int. J. appl. Radiat. Isotopes **14** (1963) Nr. 11/12. S. 557-562. — 2 Tab., 14 Lit. Zus. in Russ., Engl., Dtsch.
Vff. zeigen, daß mit Salmonella binza (I) und mit Sporen einer Kultur von *B. subtilis* (II) infizierte Fisch- und Blutmehle (10-14% H_2O-Gehalt) durch Gammastrahlen desinfiziert werden können. Die Proben wurden mit 0,2 bis 0,4 × 10^3/g (I) und 0,2 × 10^6/g (II) infiziert. Das Material wurde in Polythen-Beuteln in einer ^{60}Co γ-Zelle mit 0,5 bzw. 0,75 bzw. 1,0 Mrad bestrahlt. Die Temperatur betrug 18°. Die 72 Std. Bestrahlung ergab mit 0,5 Mrad bei (I) eine Keimzahlverminderung von ca 6 Zehnerpotenzen. Bei 1 Mrad

war die Zahl lebensfähiger Sporen auf weniger als 10/g, d. h. um 4 Zehnerpotenzen gesunken. Verluste an verfügbarem Lysin konnten in keinem Falle nachgewiesen werden. Nur bei Fischmehl wurden Autoxydationsveränderungen der Lipidfraktion festgestellt. I. Schröder. 7830.

D. ERNÄHRUNGSPHYSIOLOGIE

Verdauung und Resorption

3-64/10-0550 Bronk, J. Ramsey und Parsons, D. S. Influence of the thyroid gland on the accumulation of sugars in rat intestinal mucosa during absorption. **(Der Einfluß von Thyreoidea auf die Akkumulation des Zuckers in der intestinalen Mucosa der Ratte während der Resorption.)** Nature [London] **201** (1964) Nr. 4920. S. 712-713. – 1 Tab., 9 Lit.

Vff. stellten Versuche an zur Prüfung der Einflüsse der Thyreoida auf die Akkumulationskapazität der Darmmucosa während der Resorption. Die Akkumulation von Galaktose war 2-3 mal so hoch wie die von Xylose. Die Akkumulation beider Zucker wurde durch Thyreoidektomie nicht beeinflußt. Die Injektion von 3,5,3'-Trijodo-L-Thyronin (**T**) erhöhte die Galaktoseakkumulation. Es wird die Schlußfolgerung gezogen, daß die Thyreoidea keinen direkten Einfluß auf den Zuckertransport in der Mucosa nimmt und der Einfluß von **T** ein indirekter, durch ein anderes Organ bewirkter ist. W. Jentsch. 7852.

3-64/10-0551 Goranov, Ch. Vlijanie na ultravioletovoto oblučvane vŭrchu rezorbcijata na glikozata v chranosmilatelnija aparat na piletata. **(Der Einfluß der Ultraviolettbestrahlung auf die Glucoseresorption im Verdauungsapparat der Küken.)** Izvestija na Veterinarnija naučnoizledovatelski institut za nezarazni bolesti i zoochigiena, Sofija **3** (1963) S. 37-41. – 2 Tab., 23 Lit.

Es wurde festgestellt, daß eine einmalige Bestrahlung 8 bis 10 Wo. alter Küken mit Ultraviolettstrahlen zu keinem wesentlichen Unterschied in der Menge der resorbierten Glucose führt. Bei einmaliger 45 Min. langer tägl. Bestrahlung 10-15 Tage hintereinander beobachtete man eine Verzögerung der Resorption. NRB/ZSNTI. 7852.

3-64/10-0552 Anonym. Estimation of intestinal fluid during studies of absorption. **(Bestimmung der intestinalen Flüssigkeit während Resorptionsstudien.)** Nutrit. Rev. **22** (1964) Nr. 1. S. 28-30. 7852.

3-64/10-0553 Wilson, A. D. und Tribe, D. E.; Melbourne, Univ., School of Agric. The effect of diet on the secretion of parotid saliva by sheep. I. The daily secretion of saliva by caged sheep. **(Der Einfluß des Futters auf die Sekretion der Ohrspeicheldrüse beim Schaf. 1. Mitt. Die tägliche Speichelsekretion eingesperrter Schafe.)** Austral. J. agric. Res. **14** (1963) Nr. 5. S. 670-679. – 8 Tab., 17 Lit.

3jährige Merinohammel, mit Pansenfistel, erhielten eine linksseitige Parotisfistel. Es wurde die Futtermenge variiert, die Struktur, die Wasseraufnahme, der Tr.-Subst.-Gehalt der Ration sowie die Rationszusammensetzung verändert und auch intraruminal appliziert. Die tägl. Speichelmenge wurde nicht beeinflußt durch Harnstoff- oder Melassezugaben, Veränderung der Wasseraufnahme getrockneten Weidegrases. Sie stieg aber mit der Zunahme der Tr.-Subst.-Aufnahme an. Bei gleicher Ration stieg sie um 25% mit höherem Zerkleinerungsgrad ($^1/_6$ in. Sieb), fiel aber um 61%, wenn der Zerkleinerungsgrad noch darüber hinaus ging. Wurde intraruminal künstlicher Speichel oder NaCl-Lösung (1%) verabfolgt, so sank die Speichelsekretion um 59% ab. Demnach ist für praktische Verhältnisse die Futteraufnahme und der Zerkleinerungsgrad für den Umfang der Speichelsekretion am wichtigsten. H. H. Budzier. 7862.

3-64/10-0554 Wilson, A. D.; Melbourne, Univ., School of Agric. The effect of diet on the secretion of parotid saliva by sheep. II. Variations in the rate of salivary secretion. **(Der Einfluß des Futters auf die Sekretion der Ohrspeicheldrüse beim Schaf. 2. Mitt. Veränderungen im Umfang der Speichelsekretion.)** Austral. J. agric. Res. **14** (1963) Nr. 5. S. 680-689. — 4 Abb., 4 Tab., 8 Lit.
Die Hammel erhielten Wasser ad libitum und die in der 1. Mitt. erwähnten Rationen (Methodik siehe auch hier). Die Untersuchung der tägl. Schwankung der Speichelsekretion ergab, daß in der Phase nach dem Wiederkäuen, vor der Futteraufnahme, eine intensive Sekretion vorlag. Während des Wiederkauens war sie meist noch stärker als während der Futteraufnahme. Mit dem Eintritt von Flüssigkeit in den Pansen (Saufen) geht die Sekretion schlagartig zurück und steigt mit dessen Entleerung wieder an. Die tägl. Speichelsekretion verteilte sich im Durchschnitt aller Beobachtungen zu 27% auf die Zeit der Futteraufnahme, zu 37% auf die des Wiederkäuens und zu 36% auf die Restphase. H. H. Budzier. 7862.

3-64/10-0555 Bryant, Marvin P. Symposium on microbial digestion in ruminants: identification of groups of anaerobic bacteria active in the rumen. **(Symposium über mikrobielle Verdauung bei Wiederkäuern: Identifizierung von im Pansen aktiven Gruppen anaerober Bakterien.)** J. Animal Sci. **22** (1963) Nr. 3. S. 801-813. — 3 Tab., 88 Lit.
Aufgrund der kritischen Literaturstudien und Verwertung der eigenen umfangreichen experimentellen Arbeiten kommt Vf. zu folgenden Schlußfolgerungen: Zum Verständnis des Pansenstoffwechsels ist die vollständige ökologische Analyse der Mikroorganismenpopulation notwendig. Insbes. ist die Identifizierung der physiol. so bedeutsamen nichtsporenbildenden Anaerobier wichtig, die noch relativ unerforscht sind. Auch die Kenntnis der ihnen ähnlichen, aber nicht im Pansen lebenden Stämme ist dringend nötig. Zunächst müssen sichere Kulturverfahren, die eine Bestimmung ermöglichen, entwickelt, anschließend vor allem die Physiologie untersucht werden. Die enge, konsulative Zusammenarbeit aller Spezialisten würde die Arbeit wesentlich erleichtern. H. H. Budzier. 7862.

3-64/10-0556 Johnson, Ronald R.; Wooster, Ohio Agric. Exp. Stat. Symposium on microbial digestion in ruminants: in vitro rumen fermentation techniques. **(Symposium über mikrobielle Verdauung bei Wiederkäuern: Verfahren der in vitro-Pansengärung.)** J. Animal Sci. **22** (1963) Nr. 3. S. 792 bis 800. — 85 Lit.
Obwohl die prinzipielle Möglichkeit der Verwendung von Panseninhalt zu in vitro-Gärungsstudien seit Tappeiner (1882-1888) bekannt ist, existiert die auch jetzt noch verbreitete Künstliche-Pansentechnik erst seit etwa 20 Jahren. Es wird ein Überblick über die verschiedenen Systeme des künstlichen Pansens gegeben. Als Kriterien für ein in vivo-Verhältnissen angepaßtes in vitro-System gilt nach Warner: 1. Erhaltung der normalen Zahl, Form und Relation an Bakterien, Selenomonaden und Protozoen; 2. Erhaltung des normalen Umfangs der Cellulose-, Stärke- wie Proteinverdauung; 3. Fähigkeit der Vorhersage quantitativer in vivo-Ergebnisse. Eingehend wird die Herstellung des notwendigen Inokulums besprochen sowie die verschiedenen Formen der Äußerung der bakteriellen Aktivität diskutiert. Die Künstliche-Pansentechnik ist u. a. unumgänglich notwendig für die Bearbeitung folgender Fragen: Problem der Celluloseverdauung, NPN-Verwertung, Studium der Gärungsprodukte, Untersuchung der Einwirkung spezieller Präparate (Drogen), in vitro-Verdaulichkeitsbestimmungsverfahren. H. H. Budzier. 7862.

3-64/10-0557 Anonym. Nutrition of ruminal bacteria. **(Ernährung der Pansenbakterien.)** Nutrit. Rev. **21** (1963) Nr. 8. S. 251-252. — 9 Lit.

Während eine Reihe von Pansenbakterien in einfachen, definierten Medien gedeihen kann, erfordert eine bedeutende Zahl darüber hinaus komplexere Proteinhydrolysate (Casein), NH_4^+(**I**), flüchtige Fettsäuren (**II**), B-Vitamine und andere, nicht bekannte, im Pansensaft offensichtlich vorliegende Wachstumsfaktoren. **I** und **II** dürften besonders wichtig sein. Die Anforderungen frischer Isolate sind nicht größer als die jahrealter Laborstämme. Ein hoher Prozentsatz (Ø ca. 38%) der Gesamtmikroflora sind proteolytische Bakterien, die die Voraussetzung darstellen, um aus weniger wertvollem Futterprotein hochwertiges Mikrobenprotein entstehen zu lassen. Wichtig ist, daß die Pansenbakterien für sich selbst essentielle Nahrungsstoffe produzieren können, so z. B. die flüchtigen Fettsäuren. H. H. Budzier. 7862.

3-64/10-0558 Brüggemann, J. und Giesecke, D.; München, Univ., Inst. für Physiol. und Ernähr. der Tiere. **Vergleichende Untersuchungen über die mikrobielle Aktivität im Pansen und Caecum von Rindern.** Z. Tierphysiol., Tierernähr. Futtermittelkunde **18** (1963) Nr. 4. S. 215-226. — 9 Tab., 6 Lit.

Im Zusammenhang mit der Frage einer caecalen Celluloseverdauung bei Wiederkäuern wurde bei Kraftfutterrationen an 18 Jungbullen festgestellt, daß im Caecum-Inhalt — unmittelbar nach der Schlachtung — die Konzentration an flüchtigen Fettsäuren um 20% höher lag als im Pansen, die pH-Werte verhielten sich umgekehrt. Sowohl im Pansen als auch im Caecum scheint die gleiche Mikroflora vorzuherrschen, lediglich die Gesamtzahl lag im letzteren höher. Unter anderen Fütterungsbedingungen — Harnstoff-Ration — erfolgte in beiden Verdauungsorganen eine gleichsinnige Verschiebung der Verhältnisse. Damit dürfte die mikrobielle Aktivität des Caecums der des Pansens nahe kommen. H. H. Budzier. 7862.

3-64/10-0559 Bailey, R. W. und Clarke, R. T. J.; Palmerston North, New Zealand, Dep. of Sci. and Ind. Res. Carbohydrase activity of rumen Entodinium species from sheep on a starch-free diet. **(Carbohydrase-Aktivität einer Pansen-Entodinium-Species vom Schaf bei stärkefreier Ration.)** Nature [London] **198** (1963) Nr. 4882. S. 787. — 9 Lit.

Bei Schafen auf reiner Raygrasweide waren fast 80% der Protozoenfauna *Entodinium*-Spezies. Raygras dürfte mit weniger als 0,7% (Tr.-Subst.) Stärke als stärkearm bezeichnet werden und andererseits soll *Entodinicum caudatum* aber ausschließlich nur von Stärkekörnern leben. Extrakt A einer rein gewonnenen *Entodinium*-Fraktion hydrolysierte schnell Amylase und Amylopectin zu Maltose (**I**) wie Maltotriose, Xylan und Arabinoxylan zu Arabinose, Xylose sowie Xylobiose, Laminarin zu Glucose und Cellodextrin zu Cellobiose (**II**) und Cellotriose. **I**, Laminaribose (**III**) und Saccharose wurden viel langsamer angegeriffen, gar nicht dagegen **II**, β-Glucoside, α- und β-Galactoside, Pectin und native Cellulose. Extrakt B enthielt weniger Amylase, Xylanase und Cellodextrinase als A, aber spaltete **I** und **III** schneller sowie auch **II**. Das Vorkommen selbst echter Cellulose in *Entodinium* wird für möglich gehalten. *E. caudatum* scheint physiologisch ein atypisches Glied der Gattung *Entodinium* zu sein. H. H. Budzier. 7862.

3-64/10-0560 Mathur, C. S.; Bikaner, Rajasthan Agric. Univ., Coll. of Veterin. and Animal Sci. Preliminary observations on the occurrence of some prominent forms of protozoa found in the rumen contents of domesticated animals. **(Vorläufige Beobachtungen über das Vorkommen von einigen bedeutenden, im Panseninhalt von Haustieren gefundenen Protozoen.)** Indian veterin. J. **40** (1963) Nr. 9. S. 551-553. — 1 Abb., 1 Tab., 7 Lit.

Panseninhaltsproben ausgeweideter Schafe (20) und Ziegen (20) sowie aus dem Bolus wiederkäuender Rinder (10), Büffel (10) und Kamele (10) wurden in Formalin (10%) konserviert und anschließend auf Protozoenbefund hin aufgearbeitet. Die prozentuale Verteilung der Gattungen war wie folgt: *Ophryos-*

colex fehlte bei Rindern und Büffeln ganz, sonst 0,2%-2,1%; *Diplodinium* war beim Schaf (16,6%) und Kamel (13,6%) weniger vertreten als bei der Ziege (22,7%), dem Rind (28,3%) oder Büffel (31,4%); *Entodinium* lag mit 60,7 bis 69,3% relativ gleichmäßig; *Epidinium* machte beim Kamel (23,8%) eine Ausnahme, da sonst nur zu 0,2%-6,8% vertreten war; *Holotricha* ergab lediglich einen Besatz von 0,4-6,7%. Diese Untersuchungen dürften einen gewissen Einblick in die den Tiergattungen eigenen Protozoenbefunde für Bikaner und Umgebung bieten. H. H. Budzier. 7862.

3-64/10-0561 Kuseń, S. J., Dorda, V. Ja. und Porodko, I. S. Arginazna aktyvnist' stinky rubcja velikoï rogatoï chudoby. **(Arginase-Aktivität der Pansenwand beim Rind.)** Dopovidi Akademiï nauk Ukraïnśkoï RSR, Kyïv **1963** Nr. 7. S. 921-923. — 1 Tab., 19 Lit. Orig.: ukrain., Ausz.: russ. 7862.

3-64/10-0562 Gžyćkyj, S. Z., Lemiško, O. M. und Pavljuk, I. M. Gistochimične doslidžennja mukopolisacharydiv stinky rubcja velykoï rogatoï chudoby. **(Histochemische Untersuchung der Mucopolysaccharide der Pansenwand beim Rind.)** Dopovidi Akademiï nauk Ukraïnśkoï RSR, Kyïv **1964** Nr. 1. S. 89-91. — 3 Abb., 15 Lit. Orig.: ukrain., Ausz.: russ., engl. 7862.

3-64/10-0563 Höller, H., Harmeyer, J. und Engelhardt, W. v.; Hannover, Tierärztl. Hochschule, Physiol. Inst. **Zum Einbau von ^{14}C in die Aminosäuren des Pansenbakterien- und Pansenprotozoen-Eiweißes bei der Ziege nach intraruminaler Gabe von Natrium-^{14}C-Carbonat.** Zbl. Veterinärmed., R. B **10** (1963) Nr. 8. S. 713-722. — 3 Abb., 2 Tab., 46 Lit.

Einer ♂ Ziege mit Pansenfistel und bei Kleie-Schrot-Heu als Vorfütterung wurden einmal 3 mC, später 5 mC $Na_2{}^{14}CO_3$ intraruminal appliziert. Die Trennung von Protozoen (I) und Bakterien (II) erfolgte mittels Zentrifugieren, 9maliger Wäsche, Sedimentation und erneutem Zentrifugieren. Die „reinen" Fraktionen wurden bis zur Aufarbeitung eingefroren. Proben wurden von 5 Min. bis zu 8 Std. p. i. gezogen. Das ^{14}C-Aktivitätsmaximum im Pansensaft lag bei 30 Min. p. i.; 85-90% der mikrobiell gebundenen ^{14}C-Aktivität (III) entfiel auf die II-Fraktion. Etwa 3 Std. p. i. erreichte III sowohl in der I- wie II-Fraktion das Maximum, was bis 8 Std. p. i. nicht mehr abfiel. Alle getesteten Aminosäuren (AS) waren markiert, in I vornehmlich Asparaginsäure und Alanin, in II-Asp. und Isoleucin. Asp. scheint sowohl bei I als auch bei II im Eiweißstoffwechsel eine Schlüsselstellung zu besitzen. Auch die übrigen AS werden diskutiert. H. H. Budzier. 7862.

3-64/10-0564 Bastain, Thankam und Menon, U. K.; Madras, Veterin. Coll. Comparative studies on total volatile fatty acid contents (VFA) and rate of permeability and uptake of individual fatty acids by the rumen ephithelium of the Indian cow (Bos indicus) and the Indian buffalo (Bos bubalis). **(Vergleichende Untersuchungen über den Gehalt an Gesamt-flüchtigen-Fettsäuren und den Umfang der Permeabilität wie Aufnahme der einzelnen flüchtigen Fettsäuren durch das Pansenephithel vom Indischen Rind [Bos indicus] und Indischen Büffel [Bos bubalis].)** Indian veterin. J. **40** (1963) Nr. 9. S. 525 bis 530. — 10 Abb., 4 Tab.

Im Hinblick auf die Tatsache, daß die Büffelmilch einen doppelt so hohen Fettgehalt wie die Kuhmilch aufweist, wurden folgende Fragen untersucht: 1. Strukturunterschiede beim Pansenepithel, 2. quanti- wie qualitative Differenzen im Gehalt an flüchtigen Fettsäuren (FFS), 3. Resorptionsunterschiede beim Pansenepithel. Ergebnisse: Zu 1) die Büffel haben weniger, aber längere und breitere Papillen; zu 2) der Gehalt an Gesamt-FFS/100 ml Pansenflüssigkeit, gemessen als Titrationswerte von 0,02 n-NaOH, lag bei den Büffeln deutlich niedriger; zu 3) die Permeabilität und Resorption von Essig-(E)· Propion-(P) und Buttersäure (B) lag bei den Büffeln merklich höher. Hinsichtlich der Permeabilität war bei den Büffeln das Verhältnis von E:P und E:B weiter, von P:E enger als bei den Rindern, bezüglich der Resorption gelten dieselben Verhältnisse. H. H. Budzier. 7862.

3-64/10-0565 Seidler, S., Frens, A. M. und Adrichem, P. W. M. v.; Hoorn, Inst. für Tierernährungsforsch. **Einfluß einiger Faktoren auf NH_3-, Roheiweiß-, Trockensubstanz-, Asche-, Zucker-, Fettsäure-Werte im Pansensaft und Mg- und Harnstoff-Werte im Blutserum.** Z. Tierphysiol., Tierernähr. Futtermittelkunde **18** (1963) Nr. 4. S. 193-209. — 20 Abb., 3 Tab., 24 Lit.
Die Untersuchungen wurden an 3 gefistelten und in voller Milchleistung stehenden schwarzbunten Niederungskühen vorgenommen. Ein Zusatz von Cellulose, Heu und Stroh ließ den ruminalen Prozentsatz der Essigsäure und die Milchfettprozente ansteigen, Glucose und Stärke bewirkte das Gegenteil. Cellulose und Heu ergaben etwas höhere Rohprotein- und NH_3-Werte im Pansensaft sowie höhere Blutharnstoffwerte als die übrigen Zusätze. Den höchsten Zuckergehalt im Pansensaft rief die Stärke hervor. Der Mg-Gehalt im Blutserum lag bei Heu und Cellulose am höchsten, bei Stärke am niedrigsten. Eine Harnstoffgabe ließ erwartungsgemäß die NH_3-Werte im Pansen und im Serum erheblich ansteigen. H. H. Budzier. 7862.

3-64/10-0566 Begović, S. und Šaćirbegović, A.; Sarajevo, Univ., Veterin. Fak. Ispitivanje difuzije glukoze kroz izoliranu mukozu rumena goveda. **(Die Untersuchung der Glucosediffusion durch die isolierte Pansenschleimhaut des Rindes.)** Veterinarija [Sarajevo] **12** (1963) Nr. 1. S. 9-13. — 2 Abb., 4 Lit. Zus. in Engl.
Die isolierte Schleimhautmembrane des Pansens behält ihre Permeabilität unter physiol. Bedingungen stundenlang und diffundiert bei niedrigen Conc. nur um 30 mg% der Glucose. Bei den Conc., die über 1% der Glucose liegen, läßt die Schleimhaut größere Glucosemengen durch, die in einer direkten Korrelation mit der Höhe der Conc. und der Diffusionsdauer stehen. Diese Regel ist für die Conc. unter 0,5% ungültig. D. Ilančić. 7862.

3-64/10-0567 Nicholson, J. W. G., Cunnigham, H. M. und Friend, D. W.; Nappan, Nova Scotia, Canada Dep. of Agric. Effect of adding buffers to all-concentrate rations on feedlot performance of steers, ration digestibility and intra-rumen environment. **(Wirkung der Zugabe von Puffersubstanzen zu Kraftfutterrationen auf Mastleistung von Ochsen, Verdaulichkeit der Ration und intraruminale Verhältnisse.)** J. Animal Sci. **22** (1963) Nr. 2. S. 368-373. — 4 Tab., 19 Lit.
In 2 Versuchen (42 18monatige Hereford-Ochsen 111 Tage; 3 2jährige, gefistelte Jersey-Ochsen) enthielt die „Pufferration" entweder 3% (= 3,1 lb.) $NaHCO_3$ oder 6% (= 6,2 lb.) „Mischpuffer" ($NaHCO_3$:Kalkstein:K_2CO_3 = 3:2:1) zusätzlich. Der Pufferzusatz erbrachte folgende signifikante Ergebnisse: Der Futterverzehr stieg an, gleichfalls der Futteraufwand bezüglich der Gewichtszunahme sowie der Handelsschwund, das Marktausschlachtungsgewicht und die spez. Dichte. Intraruminal konnte statistisch gesichert nur festgestellt werden, daß der molar-%-Gehalt an Essigsäure (E.) zurückging, das Verhältnis von E:Buttersäure und das von E:höheren Fettsäuren enger wurde. H. H. Budzier. 7862.

3-64/10-0568 Pant, H. C., Rawat, J. S. und Roy, A.; Mathura, Uttar Pradesh, Coll. of Veterin. Sci. Studies on rumen physiology. I. Growth of fistulated animals and standardisation of methods. **(Untersuchungen über Pansenphysiologie. 1. Mitt. Wachstum gefistelter Tiere und Standardisierung von Methoden.)** Indian J. Dairy Sci. **15** (1962) Nr. 4. S. 167-185. — 3 Abb., 8 Tab., 53 Lit.
An 17 Büffelkälbern (I), Schafen (II) und Ziegen (III) wurden die Untersuchungen vorgenommen. Die Operationstechnik und Fistelanlage nach

Bhatia (vgl. Indian veterin. J. 37 [1960] S. 195.) hat sich gut bewährt, da die Entwicklung der Tiere normal war. Die beschriebene Probenentnahmetechnik und die Mengen von 150 ml bei **I** und 80 ml bei **II** und **III** genügten für eine als repräsentativ anzusehende Pansensaftprobe. Die Aufarbeitung des gewonnenen Pansensaftes wird detailliert geschildert, desgleichen die analytischen Methoden für die qualitativen und quantitativen Bestimmungen. Hungern für 24 Std. läßt die cellulytische Aktivität des Pansensaftes und den Gehalt an Gesamt-flüchtigen-Fettsäuren sowie NH_3 abfallen. Papierchromatographisch wurden Essig-, Butter- und Propionsäure bestimmt. Cellulose ergab mehr Propion- als Essigsäure, grüner *Trifolium alexandrinum* dagegen beide Säuren in gleichen Mengen. Die cellulolytische Aktivität schwankte bei gleichen Tieren jahreszeitlich, im Vergleich verschiedener Tierarten ergab sie, obwohl die Futter- und Haltungsbedingungen gleich waren, signifikante Unterschiede. H. H. Budzier. 7862.

3-64/10-0569 Sutton, J. D., McGilliard, A. D., Richard, Marlene und Jacobson, N. L.; Ames, Iowa State Univ. Functional development of rumen mucosa. II. Metabolic activity. **(Funktionelle Entwicklung der Pansen-Mucosa. 2. Mitt. Stoffwechselaktivität.)** J. Dairy Sci. **46** (1963) Nr. 6. S. 530 bis 537. — 4 Tab., 28 Lit. 1. Mitt. vgl. 3-64/02-0417.

Der Einfluß reiner Milchfütterung (**I**) und der einer Milch-Heu-Getreide-Ration (**II**) auf die Stoffwechselaktivität der Pansenmucosa wurde an jungen Holstein-Kälbern untersucht, die mit 16 Wo. Alter zu diesem Zweck geschlachtet worden waren. Die Mucosa vom vorderen Teil des Pansensackes wurde sofort in eiskalte Ringerlösung gelegt und 2 g dieser Proben dann bei 39 °C für 3 Std. in Krebs-Ringer-Bicarbonatpuffer bei pH 7,2 in einem Gasgemisch von O_2 und CO_2 wie 95:5 inkubiert. 200 μmol der zu testenden flüchtigen Fettsäuren (FFS) bzw. deren Gemische kamen hinzu und die durchschnittliche Aufnahme durch die Mucosa in μmol/100 mg Trockenmasse Gewebe/3 Std. gemessen. Die Aktivität von **II**- war erheblich größer als die von **I**-Mucosa. Aus den FFS wurden Ketone gebildet, auch hier lag die Intensität bei **II**-Mucosa erheblich höher. Diese Resultate werden im Hinblick auf frühere Literaturangaben diskutiert. H. H. Budzier. 7862.

3-64/10-0570 Hoover, W. H., Kesler, E. M. und Flipse, R. J.; Univ. Park, Pennsylvania State Univ. Carbon sources for in vitro protein synthesis by rumen bacteria. **(C-Quellen für die in vitro-Proteinsynthese durch Pansenbakterien.)** J. Dairy Sci. **46** (1963) Nr. 7. S. 733-739. — 3 Abb., 3 Tab., 21 Lit.

Der Pansensaft für die in vitro-Teste entstammte einem ausgewachsenen Guernsey-Ochsen, der eine halbsynthetische Ration erhielt. Es wurde untersucht, in welchem Umfang Essig-(E.), Butter-(B.), Propion-(P)., Valeriansäure (V). sowie Glucose durch Pansenbakterien verwertet und in das bakterielle Protein eingebaut werden. Die durchschnittliche Verwertung betrug in mg/l/h absolut und in % bei E. 131,0 (3,2%), B. 13,2 (1,3%), P. 18,2 (1,2%), V. 0,6 (0,4%), Glucose 556,0/1155,0 (5,6%/5,8%). Die absolute Verwertung der Glucose verlief proportional der zugegebenen Menge. ^{14}C-Versuche ergaben, daß in den Nucleinsäuren E. und Glucose, aber nur wenig oder keine Aktivität von P., B. und V. eingebaut war. Im Protein und in den intracellularen Poly-, sacchariden konnte ^{14}C aus allen Testsubstanzen nachgewiesen werden. Der prozentuale Anteil der im Protein eingebauten Aktivität betrug bei E. 2,5% P. 2,1%, B. 1,6%, V. 2,6% und Glucose 2,9%. H. H. Budzier. 7862.

3-64/10-0571 Otagaki, K. K., Black, A. L., Bartley, J. C., Kleiber, M. und Eggum, B. O.; Davis, Univ., of California, School of Veterin. Med.; Coll. of Agric. Metabolism of uniformly labeled glucose-C^{14} introduced into the rumen of a lactating cow. I. Transfer of C^{14} to respired air, volatile fatty acids, and major milk constituents. **(Stoffwechsel einheitlich markierter**

Glucose-^{14}C, die in den Pansen einer laktierenden Kuh appliziert wurde. 1. Mitt. Überführung von ^{14}C in die Respirationsluft, flüchtigen Fettsäuren und wichtigen Milchbestandteile.) J. Dairy Sci. **46** (1963) Nr. 7. S. 690-695. — 3 Abb., 2 Tab., 20 Lit.
Eine mit Pansenfistel, Duodenalanastomose, Jugular- wie Pansenvenenkatheter ausgestattete, 10 kg Milchleistung aufweisende und mit vollwertiger Ration ernährter Holsteinkuh benutzte man als Proband. Es wurden 12,45mC ^{14}C-Glucose in 1 l Aqua destillata gelöst und innerhalb 30 Sek. via Fistel appliziert. Die relative Dosis betrug 32,34 μC ^{14}C/kg Körpergewicht. Die Radioaktivität der Respirationsluft zeigte 45 Min., die der flüchtigen Fettsäuren (FFS) im Blut 15 Min. nach der Applikation das Maximum. Bei der Blutglucose war dieses erst nach etwa 2 Std. der Fall. Die Markierung der FFS im Pansen war bei der ersten Messung (1 Std.) am höchsten, nach 24 Std. lag praktisch keine mehr vor. Im ventralen Teil des Rumens ergab sich eine höhere Aktivität als im dorsalen. In der Milch konnte 5 Std. nach der Applikation die höchste Aktivität nachgewiesen werden. Die Intensität fiel in folgender Reihe ab: Zitronensäure, Fett, Lactose und Casein. Glucose wird also außerordentlich schnell zu FFS und CO_2 abgebaut.
H. H. Budzier. 7862.

3-64/10-0572 Heath, T. J. und Morris, Bede; Canberra, A.C.T., Austral. Nat. Univ., John Curtin School of Med. Res. The role of bile and pancreatic juice in the absorption of fat in ewes and lambs. **(Die Rolle von Galle und Pankreassaft in der Fettresorption bei Mutterschafen und Lämmern.)** Brit. J. Nutrit. **17** (1963) Nr. 4. S. 465-474. — 4 Abb., 3 Tab., 14 Lit.
Bei Mutterschafen und Lämmern wurden an die Gallen- und Pankreasgänge Dauerfisteln angelegt, um den Einfluß dieser Verdauungssäfte auf die Resorption von Kaff- Fett, Maisöl und Tri[1-^{14}C]palmitin untersuchen zu können. In in vitro-Versuchen ergab sich für die Pankreas-Lipase zur Spaltung von Triglyceriden mit langkettigen Fettsäuren ein pH-Optimum von 7,8. In Gegenwart von Ca-Ionen und Galle wurde die Fettsäuren-Freisetzung durch Pankreassaft in vitro erhöht. Ohne Galle fiel bei Schafen der Fettgehalt in der Darmlymphe sehr schnell ab und lag innerhalb von 10 Std. unterhalb des von Plasma. Bei Lämmern wurde ebenfalls ein Rückgang festgestellt; der Fettgehalt der Lymphe blieb jedoch höher als im Plasma. Wurde Mutterschafen und Lämmern der Pankreassaft entzogen, war der Fettgehalt der Darmlymphe viel niedriger als bei Normaltieren. Die Resorption von Maisöl und Tri[1-^{14}C]palmitin war bei Schafen und Lämmern nach Entzug von Pankreas- oder Gallensaft herabgesetzt; bei Entzug der Galle konnten die Schafe Tri[1-^{14}C]palmitin gar nicht resorbieren. J. Wünsche. 7862.

3-64/10-0573 Donefer, E,. Lloyd, L. E. und Crampton, E. W. Effect of varying alfalfa: barley ratios on energy intake and volatile fatty acid production by sheep. **(Wirkung variierter Luzerne-Gerste-Anteile auf Energieaufnahme und Produktion flüchtiger Fettsäuren beim Schaf.)** J. Animal Sci. **22** (1963) Nr. 2. 425-428. — 3 Tab., 13 Lit.
Es wurden 2 Versuche mit 10 Cheviot-Schafen durchgeführt, bei denen das Verhältnis (Tr.-Subst.) Luzerne:Gerste (alles pelletiert) von 100:0 bis 40:60 variiert wurde. Die VK von Energie, Tr.-Subst., Rohprotein, Cellulose, cellulosefreien Kohlenhydraten und Ätherextrakt stiegen mit zunehmendem Gerstenanteil an; der „Nutritive Value Index" fiel ebenso ab wie die relative Futteraufnahme. Der Anteil der flüchtigen Fettsäuren (molar %) ergab bei der Essigsäure (E) einen Abfall von 62% auf 36%, das E:Propionsäure (P)-Verhältnis einen solchen von 2,4 zu 1,6. P variierte von 27% zu 21%, die Buttersäure stieg (10% auf 38%) ebenso an wie die höheren Fettsäuren (2,0% auf 4,3%). Bei Luzerne ad libitum mit restriktiver Gersteration (0 g, 180 g, 360 g) waren ähnliche Resultate vorhanden. H. H. Budzier. 7862.

3-64/10-0574 Chou, K. C. und Walker, D. M. The effect on the rumen composition of feeding sheep diets supplying different starches. II. The partition of nitrogen, pH, volatile fatty acids, protozoal numbers, enzymic activity and certain other chemical constituents. **(Der Einfluß von Futterrationen mit verschiedener Stärke auf die Zusammensetzung des Panseninhalts von Schafen. 2. Mitt. Die Verteilung von N, pH, flüchtigen Fettsäuren, Protozoen, Fermentaktivität und anderen chemischen Bestandteilen.)** J. agric. Sci. **62** (1964) Nr. 1. S. 15-25. — 15 Tab., 38 Lit. 1. Mitt. vgl. 3-64/09-0485.
Fistulierte Schafe erhielten als Alleinfutter Luzerneheu, Getreide (Weizen, Reis, Mais) oder Kartoffeln (roh oder gekocht). Die Conc. von Gesamt-N, Protein-N und FFS war bei Getreidefütterung höher als bei Luzerne oder Kartoffeln. Die molaren Verhältnisse von C_2:C_3-Säure variierten mit der Ration. Die verschiedenen Stärketypen übten demnach einen größeren Einfluß aus als die verzehrten Nährstoffe. Der pH-Wert des Panseninhalts bei Getreidefütterung war niedriger (6,0-6,8) als bei Luzerne (7,5-7,9) oder Kartoffeln (7,3-7,7). Die Conc. von Milchsäure und Protozoen wies Differenzen zwischen Tieren, Rationen und einzelnen Proben auf. Die Fluktuation lag bei Luzerne am niedrigsten. Das Verhältnis von Na:K betrug 2:1 bis 4:1, bei rohen Kartoffeln 1:2. Die Na-Conc. variierte zwischen 21-129, die von K zwischen 13-122 mäquival./l. Stark variierte die Amylaseaktivität unabhängig von den Rationen. Ein Unterschied in der Abbaurate für Glucose konnte ebenfalls nicht gefunden werden. B. Piatkowski. 7862.

3-64/10-0575 Šamsiev, M. A. Fiziologija piščevarenija u korov v letnij period. **(Die Physiologie der Verdauung bei Kühen während der Sommerfutterperiode.)** Životnovodstvo, Moskva **26** (1964) Nr. 3. S. 82-83. — 3 Tab.
Frühere, im Unions-Inst. für Tierzuchtforsch. durchgeführte Versuche zeigten, daß eiweißreiches Weidefutter sich sehr günstig auf die Verdaulichkeit der Ration auswirkt. Dabei wurde jedoch gleichzeitig eine auffallend niedrige N-Ausnutzung festgestellt. Vf. stellte zur weiteren Klärung des Sachverhaltes Versuche mit 4 verschiedenen Rationen an, wobei er zum Weidegras einmal Rindermischfutter und Zuckerrüben fütterte (Ration I), dann je einmal nur Rindermischfutter und nur Zuckerrüben (Ration II und III) und einmal nur Weidegras (Ration IV). Als Versuchsmaterial standen 4 Kühe mit Duodenalanastomosen (nach Sinestschekow) und Basowscher Pansenfistel zur Verfügung. Die Nährstoffaufnahme war bei allen Rationen fast die gleiche. Die Ausnutzung war bei der IV. Ration am schlechtesten. Es wurden die tägl. aus dem Pansen austretende Chymusmenge, die Menge der gebildeten Verdauungssäfte und die Resorption gemessen. Die günstigsten Werte wurden bei den Rationen I und III registriert, während die Ration IV sich als die ungünstigste für die Stimmulation der Verdauungstätigkeit erwies. Die Zugabe der leichtlöslichen Kohlenhydrate in Form der Z-Rüben zum Weidegras führte zu einer Verringerung der NH_3-Bildung im Verdauungstraktus und zu einem Ansteigen des Eiweiß-N-Gehaltes im Chymus.
H. Schwiderski/Dummerstorf. 7862.

3-64/10-0576 Bath, I. H. und Rook, J. A. F.; Shinfield, Berks., Nat. Inst. for Res. in Dairying. The evaluation of cattle foods and diets in terms of the ruminal concentration of volatile fatty acids. I. The effects of level of intake, frequency of feeding, the ratio of hay to concentrates in the diet, and of supplementary feeds. **(Die Bewertung von Futterstoffen und Rationen für Rinder durch die Konzentration flüchtiger Fettsäuren im Pansen. 1. Mitt. Die Wirkungen der Futteraufnahme, der Anzahl der Mahlzeiten, des Verhältnisses von Heu zu Kraftfutter und der Zusatzfutterstoffe.)** J. agric. Sci. **61** (1963) Nr. 3. S. 341-348. — 1 Abb., 8 Tab., 22 Lit.
Die Ergebnisse zeigen, daß die Differenzen in der Pansenfermentation bei gleicher Fütterung zwischen 2 Tieren signifikant sind. Die Zugabe von Kraft-

futter bewirkt eine größere Variation hinsichtlich des pH-Wertes und der Gesamt-FFS-Conc. Die Häufigkeit des Fütterns übte zwar einen geringen Einfluß auf ∅ pH-Werte, Gesamt-FFS-Gehalt sowie auf den molaren Prozentsatz der einzelnen FFS aus, doch war die Schwankungsbreite bei einmaligem Füttern/24 Std. weit größer als bei viermaligem. Bei Verabreichung von Heu bzw. Heu + Kraftfutter ging mit steigender Verzehrsleistung eine Abnahme des pH-Wertes und eine Zunahme der Gesamt-FFS-Concentration einher. Bei Zusatz von Leinkuchen, Erdnußschrot bzw. Maisflocken fiel die Essigsäureconc., und es stieg die der Buttersäure. Ein engeres Verhältnis von Heu: Kraftfutter in der Ration bewirkt ebenfalls ein engeres Verhältnis von Essigsäure: Propion- + Butter- + Valeriansäure. Werden 50% der Heuration durch Leinkuchen bzw. Erdnußschrot bzw. Maisflocken ersetzt oder Maisstärke bzw. Zucker zugesetzt, so sinkt die Essigsäureconc., das prozentuale Ansteigen der anderen variiert je nach dem Zusatz. 300 ml Dorschleberöl reduzierten die Essigsäureconc. und erhöhten die der Propionsäure. Eine Zugabe von Papierbrei steigerte den Anteil der Essigsäure. Daraus geht hervor, daß der Anteil struktureller Kohlenhydrate (in % der org. Subst.) einen Einfluß auf die Essigsäureconc. ausübt. B. Piatkowski. 7862.

3-64/10-0577 Hemsley, J. A. und Moir, R. J.; Nedlands, Univ. of Western Australia, Inst. of Agric. The influence of higher volatile fatty acids on the intake of urea-supplemented low quality cereal hay by sheep. **(Der Einfluß höherer flüchtiger Fettsäuren auf die Aufnahme von Harnstoffergänzung bei Getreideheu geringer Qualität durch Schafe.)** Austral. J. agric. Res. **14** (1963) Nr. 4. S. 509-517. — 3 Tab., 36 Lit.

Mit 5 gefistelten Merinoschafen wurden 5 Rationen, nämlich Haferheu + 2% Mineralstoffe (**I**), **I** + 3% Harnstoff (**II**), **II** + 10% Melasse, **II** + 6,6% Saccharose und **II** + 0,56% Mischung flüchtiger Fettsäuren (FFS), geprüft. Die Harnstoffergänzung ließ die Aufnahme von **I** merklich ansteigen, Melasse und Saccharose übten diesbezüglich keinen weiteren Einfluß aus, jedoch stieg der Gehalt des Pansensaftes an Mikrobenprotein (MP). Die Zugabe der FFS erhöhte gleichfalls die MP-Konzentration, gleichfalls nahm aber auch die Aufnahme von **I** erneut zu. Die Harnstoffergänzung erhöhte stets die Celluloseverdaulichkeit, verkürzte die Futterdurchgangszeit durch den Verdauungstrakt, ließ den Gehalt an FFS und NH_3 im Pansensaft ansteigen und ließ bei **I** negative N-Bilanz positiv werden. Das gute Abschneiden der FFS-Zugabe ist nicht etwa nur energetisch zu sehen, sondern vor allem hinsichtlich der positiven Wirkung auf die Bakterienaktivität im Pansen. Von gleichfalls günstigem mikrobiellen Einfluß ist der Harnstoff bei dieser Grundfutterration. H. H. Budzier. 7862.

3-64/10-0578 Pieterse, P. J. S., Lesch, S. F. und Schalkwyk, A. van. Rate of passage of poor quality veld hay through the digestive tract of beef steers. **(Durchgangsgeschwindigkeit von qualitativ schlechtem Heu durch den Verdauungskanal von Ochsen.)** South African J. agric. Sci. **6** (1963) Nr. 4. S. 737-740.

Die Durchgangszeiten von minderwertigem Heu (0,422% N) durch den Verdauungskanal wurden mit und ohne Zufütterung von Harnstoff, Maisstärke und Mehl von weißem Mais an 4 einjährigen Afrikaner × Hereford-Ochsen untersucht. Die ersten mit Fuchsin gefärbten Heuteilchen erschienen 9 bis 27. Std. nach der Fütterung; es konnte keine Beeinflussung durch die Beifütterung gefunden werden. Die letzten farbigen Heuteilchen erschienen 242 Std. (ohne Harnstoff), 202 Std. (mit Harnstoff), 186 Std. (mit Harnstoff + Maisstärke) und 150 Std. (mit Harnstoff + Maismehl) nach der Fütterung. Die Durchgangsgeschwindigkeit von minderwertigem Heu durch den Verdauungstrakt wurde hochsignifikant beschleunigt und zwar um etwa

20 Std. durch Harnstoffbeifütterung. Das bestätigt die Auffassung, daß N-Mangel die Pansenflora und deren Aktivität reduziert, so daß das Rauhfutter länger in den Vormägen bleibt. K. Männel. 7862.

3-64/10-0579 Gutierrez, J., Essig, H. W., Williams, P. P. und Davis R. E. Properties of a slime isolated from the rumen fluid of cattle bloating an clover pasture. **(Eigenheiten eines aus dem Pansensaft von auf Kleeweide aufgeblähten Rindern isolierten Schleims.)** J. Animal Sci. **22** (1963) Nr. 2. S. 506-509. — 3 Tab., 13 Lit.
Der mittels Schlundsonde aus dem Pansen von auf Ladinokleeweide aufgeblähten Ochsen gewonnene Pansensaft wurde so aufgearbeitet, daß die Schleimfraktion (**I**) isoliert werden konnte. Vergleichende Untersuchungen zeigten, daß der Anteil von **I** bei Trommelsucht (**II**) bis auf das 5-fache ansteigen kann, es gab aber auch Tiere, bei denen eine Zunahme nicht zu beobachten war. Durchweg steigt unter **II** der Kohlenhydrat-, Protein- und RNS-Gehalt von **I** an. In **I** konnten 17 Aminosäuren, D-Ribose, Arabinose, Glucose, die Purine und Pyrimidine Adenin, Guanin, Cytosin sowie Uracil nachgewiesen werden. Die Schleimzusammensetzung bei „Klee-Trommelsucht" (**III**) und „Getreide-Trommelsucht" (**IV**) weist qualitativ verschiedene Ähnlichkeiten auf. Der NS-Typ bei **III** ist RNS, bei **IV** aber DNS, der Proteingehalt bei **III** ist doppelt so hoch wie bei **IV**. Die zur Trommelsucht führenden qualitativen Veränderungen im Pansensaft scheinen unter **III** eher pflanzlichen, unter **IV** eher mikrobiellen Ursprungs zu sein. H. H. Budzier. 7862.

3-64/10-0580 Young, R. J. und Garrett, R. L.; Ithaca, N. Y., Cornell Univ. Effect of oleic and linoleic acids on the absorption of saturated fatty acids in the chick. **(Der Einfluß von Öl- und Linolsäure auf die Resorption gesättigter Fettsäuren beim Huhn.)** J. Nutrit. [Philadelphia] **81** (1963) Nr. 4. S. 321-329. — 1 Abb., 5 Tab., 23 Lit.
Auch Hühner verwerten die gesättigten Fettsäuren wie Palmitin (**I**)- und Stearinsäure (**II**) ungenügend, wenn diese allein im Futter geboten werden. In Gegenwart von natürlichen Fetten — mit ihren ungesättigten Fettsäuren — nimmt die Wertigkeit beträchtlich zu. Vff. überprüften den Einfluß der ungesättigten Öl-(**III**) und Linolsäure (**IV**) (in Form von hydriertem Oliven- und Saffloröl) auf die Resorption von **I** und **II**. Betrug die Resorption von **I** allein im ⌀ 25%, nahm diese durch Beimischung von **III** im Verhältnis **III**:**I** = 0,8:1 bis auf 80% zu. Wurde **IV** mit geringfügigen Zusätzen von **III** oder im Verhältnis **III**:**IV** = 1:1 hinzugefügt, entsprach die Wirkung der des Anteils von **III** allein. **IV** blieb bedeutungslos bis ihr Anteil von 0,5 auf 1,35:1 (**I**) erhöht wurde. Enthielt das Futter **I** und **II** statt **I** oder **II** allein, ging die Verwertbarkeit beider gesättigten Fettsäuren zurück (von 25 auf 14% (**I**) bzw. von 14 auf 2% (**II**)). In Gegenwart von **III** besserte sich die Resorption wieder, doch die von **II** mehr als von **I**. C. Engelmann. 7872.

3-64/10-0581 Ungar, Georges und Romano, Dominick, V.; San Diego, Calif., Inst. for Comparative Biol. Diffusion across rat diaphragm. I. Movement of sodium and potassium; effect of excitation and correlation with protein structure. **(Diffusion durch Rattendiaphragma. 1. Mitt. Der Transport von Na und K; der Einfluß von Excitation und Korrelation mit der Proteinstruktur.)** Biochim. biophysica Acta [Amsterdam] **66** (1963) Nr. 1. S. 110 bis 117. — 4 Abb., 2 Tab., 21 Lit. 7874.

3-64/10-0582 Ungar, Georges und Psychoyos, Stacy; San Diego, Calif., Inst. for Comparative Biol. Diffusion across rat diaphragm. II. Movement of sugars; effect of insulin and other agents. **(Diffusion durch Rattendiaphragma. 2. Mitt. Der Transport der Zucker; der Einfluß des Insulins und anderer Komponenten.)** Biochim. biophysica Acta [Amsterdam] **66** (1963) Nr. 1. S. 118-122. — 2 Abb., 4 Tab., 12 Lit. 1. Mitt. vgl. vorst. Titel.

Es wurde die Diffusion verschiedener Zucker durch Rattendiaphragma in vitro gemessen. Galaktose diffundierte schneller als Glucose. Insulin verlangsamte die Diffusion jener Zucker, deren Aufnahme durch dieses Hormon beschleunigt wurde. Anti-Insulin und Glucagon haben entgegengesetzte Wirkung. Die Diffusion der Glucose wurde durch Anoxie und elektrische Stimulation verlangsamt und durch Adrenalin und 2,4-Dinitrophenol beschleunigt. Die Diffusion der Xylose wurde in Gegenwart von Glucose gesteigert. Die Ergebnisse sind leichter damit zu erklären, daß Zucker reversible Bindungen beim Transport eingehen als mit einer Membran-Permeabilitätstheorie. W. Jentsch. 7874.

3-64/10-0583 Buyssé, F.; Gontrode, Belgien, Reichsprüfungsanst. für Futter. **Einfluß des Schmelzpunktes auf die Verdaulichkeit von Fetten bei Mastschweinen.** Kraftfutter **47** (1964) Nr. 1. S. 24-25.
In Versuchen an Schweinen wurden 2 Fette mit einem Schmelzpunkt von 38° (I) und 52° (II) verglichen. Die Futtermischung enthielt 6% **I** bzw. **II**. Die Verdaulichkeit von **I** betrug ca. 75%, die von **II** 32%. B. Piatkowski. 7888.

Intermediärer Stoffwechsel

3-64/10-0584 Russell, Paul T. und Bruggen, J. T. van; Portland, Univ. of Oregon, Med. School. Ethanol metabolism in the intact rat. **(Äthanolstoffwechsel in der intakten Ratte.)** J. biol. Chemistry **239** (1964) Nr. 3. S. 719-725. — 2 Abb., 8 Tab., 22 Lit. 7910.

3-64/10-0585 Korchak, H. M. und Masoro, E. J.; Boston, Mass., Tufts Univ. School of Med. Inhibitory mechanisms in the control of lipogenesis. **(Inhibitormechanismen bei der Regulation der Fettbildung.)** Biochim. biophysica Acta [Amsterdam] **70** (1963) Nr. 6. S. 647-657. — 4 Abb., 10 Tab., 13 Lit.
Es wurde die Fettsäuresynthese in der partikelfreien Fraktion von Lebern gefütterter Ratten und in Gegenwart verschiedener cytoplasmatischer Leberpartikel gefütterter oder hungernder Ratten gemessen. Die Inhibition der Fettbildung durch Mikrosomen erfolgt in einer undefinierten Wirkung auf die Acetyl-CoA-Carboxylase und einer Wirkung auf eine ATPase der Mikrosomen, die beim Hungern erhöht ist. Die Inhibition durch die Fraktion kleinerer Mikrosomen wurde durch ein ATP-bildendes System vollständig, die durch mittlere Mikrosomen nur teilweise aufgehoben. Die Inhibition durch Mitochondrien erfolgt nicht auf die Fettsäuresynthetase (Enzyme zur Umbildung von Malonyl-CoA zu langkettigen Fettsäuren), sondern wahrscheinlich direkt auf die Acetyl-CoA-Carboxylase. Die beiden Mikrosomenfraktionen und die Mitochondrien hungernder Ratten hatten größere Inhibitorwirkung als die gefütterter. W. Jentsch. 7910.

3-64/10-0586 Singh, Vishwa Nath und Kumar, Soma; Washington, Georgetown Univ. Biosynthesis of butyric and longer-chain fatty acids in the lactating rabbit mammary gland. **(Die Biosynthese von Buttersäure und längerkettigen Fettsäuren in der laktierenden Milchdrüse von Kaninchen.)** Biochim. biophysica Acta [Amsterdam] **70** (1963) Nr. 6. S. 711-713. — 2 Tab., 13 Lit.
Der Einbau von 1-^{14}C-Acetat (**I**), 3-^{14}C-Acetatessigsäure (**II**), β-Hydroxy-3-^{14}C-butyrat (**III**) und 1-^{14}C-Butyrat (**IV**) in Fettsäuren durch Gewebepräparate der Milchdrüse von Kaninchen wurde gemessen. Durch Behandlung der Gewebe mit Citrat wurde die Inkorporation von **III** in Buttersäure gehemmt und in C_6- und langkettige Fettsäuren erhöht. Durch Avidin wurde der Einbau von **I-IV** in langkettige Fettsäuren gehemmt und der in Buttersäure nicht beeinflußt. Da die Acetyl-CoA-Carboxylase die Carboxylierung

des Acetyl-CoA zu Malonyl-CoA katalysiert und durch Citrat aktiviert und durch Avidin inhibiert wird, wird die Schlußfolgerung gezogen, daß die Synthese von Buttersäure durch direkte Kondensation von Acetyl-CoA-Molekülen erfolgt, (unabhängig von der Acetyl-CoA-Carboxylase-Reaktion) während die langkettigen Fettsäuren obligatorisch über Malonyl-CoA gebildet werden. W. Jentsch. 7910.

3-64/10-0587 Pudelkewicz, Cecelia und Roderuck, Charlotte. Interrelationships of ascorbic acid and pantothenic acid in the young guinea pig. **(Wechselbeziehungen zwischen Ascorbinsäure und Pantothensäure in jungen Meerschweinchen.)** J. Nutrit. [Philadelphia] **81** (1963) Nr. 4. S. 415 bis 418. – 2 Tab., 4 Lit. 7910.

3-64/10-0588 Luca, H. F., de Manatt, M. R., Madsen, N. und Olson, E. B. Action of vitamin A on liver homogenate oxidation of tricarboxylic acid cycle intermediates. **(Die Wirkung von Vitamin A auf die Leberhomogenatoxydation von Tricarbonsäurecyclusintermediaten.)** J. Nutrit. [Philadelphia] **81** (1963) Nr. 4. S. 383-386. – 4 Tab., 20 Lit. 7910.

3-64/10-0589 Søvik, O. und Wallas, O. Insulin stimulation of glycogen synthesis in the isolated rat diaphragm in the absence and in the presence of puromycin and actinomycin D. **(Die Insulinstimulierung der Glykogensynthese im isolierten Rattenzwerchfell in Abwesenheit und Gegenwart von Puromycin und Actinomycin D.)** Nature [London] **202** (1964) Nr. 4930. S. 396-397. – 2 Abb., 13 Lit. 7910.

3-64/10-0590 Raulin, J., Loriette, C. und Clément, G. Conditions d'incorporation des acides gras élaidisés aux triglycérides de réserve du rat blanc. **(Bedingungen der Einlagerung von elaidinierten Fettsäuren in Reserveglyceride der weißen Ratte.)** Biochim. biophysica Acta [Amsterdam] **70** (1963) Nr. 6. S. 642-646.
Bei Verabreichen von verschieden stark elaidiniertem Erdnußöl an weiße Ratten werden die transungesättigten Fettsäuren in den Triglyceriden des Depotfettes in die α-Stellung angelagert. Auch im Verlaufe längerer Fütterungsperioden erfolgt keine Kumulierung von elaidinierten Fettsäuren im Depot- und Körperfett. Zur Untersuchung werden aus dem Gesamtlipoid die Triglyceride an Kieselsäuresäulen abgetrennt und diese einer selektiven Lipolyse mit Pankreatin in Gegenwart von $CaCl_2$ und Na-Taurocholat unterworfen. Die Bestimmung der Konzentration der trans-Fettsäuren erfolgte durch Infrarotspektrographie (10,37 mμ). H. Steger/Dummerstorf. 7910.

3-64/10-0591 Deth, J. H. M. G. van; Adelaide, Univ. Glucose metabolism of the avian egg. **(Glucosestoffwechsel des Vogeleies.)** Austral. J. exp. Biol. med. Sci. **41** (1963) Nr. 2. S. 129-140. – 3 Abb., 5 Tab., 18 Lit.
Es wurde der Glucosegehalt in den verschiedenen Teilen von Enten- und Hühnereiern während der Inkubation gemessen. Bei Unterschieden zwischen den Arten wurden doch gleiche Tendenzen festgestellt. Die Versuchsergebnisse lassen vermuten, daß Glucose nicht die einzige Energiequelle während des Beginns der embryonalen Entwicklung darstellt. Die Glucosekonz. in Blut, Amnion- und Allantoisflüssigkeit liegt zunächst hoch, fällt dann ab, bleibt eine Woche niedrig und steigt in der letzten Epoche der Inkubation an. Die max. Glucose- und Wassergehalte in der Amnion- und Allantoisflüssigkeit werden auf verschiedenen Inkubationsstufen erreicht. Bildung und Resorption der Amnionflüssigkeit werden in Verbindung mit den Ergebnissen diskutiert. W. Jentsch. 7910

3-64/10-0592 Nikitina, O. Ju.; Borki, Gebiet Charkow, Ukrain. Forsch.-Inst. für Geflügelzucht. Dejaki storony vuglevodnogo obminu v skeletnych

m-jazach embrioniv kurej. **(Einige Seiten der Kohlenhydratveränderungen in den Skelettmuskeln von Hühnerembryonen.)** Ukraïnśkyj biochimičnyj žurnal, Kyïv **35** (1963) Nr. 2. S. 188-193. — 4 Abb., 1 Tab., 17 Lit. Orig.: ukrain., Ausz.: russ.
Untersucht wird die Veränderung des Gehaltes an Glycogen und Glucose in Brust- und Beinmuskeln von Hühnerembryonen während des 10.-22. Entwicklungstages und der Einfluß von Glucose oder Stärke auf die anaerobe Glycolyse im Muskelgewebe. Die Konzentration an Kohlenhydraten im Muskel wächst bis zum 19. Entwicklungstage an und vermindert sich danach durch den höheren Energieverbrauch beim Schlüpfen. In der letzten Periode der Embryonalentwicklung entstehen bemerkenswerte Unterschiede zwischen den Brust- und Beinmuskeln in ihrer Wachstumsgeschwindigkeit und in den Konzentrationen an Glycogen und Glucose. Die stärkere Entwicklung der Beinmuskulatur zeigt ihre größere Bedeutung für das Schlüpfen. Das Beinmuskelgewebe der Hühnerembryonen ist befähigt zur Glycolyse und Glycogenolyse, dabei überwiegt in den frühen Entwicklungsabschnitten die Verwertung der Glucose. Beim Hinzufügen von Stärke in das Inkubationsmilieu beobachtet man ein beträchtliches Ansteigen der Glucosekonzentration, was durch die Wirkung von Muskelamylase erklärt werden kann.
F. Kreienbring. 7910.

3-64/10-0593 Evans, John R., Opie, Lionel H. und Renold, Albert E.; Boston, Mass., Harvard Med. School; Toronto, Ontario, Canada, Univ. of Toronto. Pyruvate metabolism in the perfused rat heart. **(Pyruvatstoffwechsel im durchströmten Rattenherz.)** Amer. J. Physiol. **205** (1963) Nr. 5. S. 971-976. — 4 Tab., 30 Lit.
Vff. untersuchten radiochemisch den Stoffwechsel von 1-^{14}C- und 2-^{14}C-Pyruvat im durchströmten Rattenherz von ad libitum gefütterten und hungernden Tieren in Abhängigkeit von der Konzentration und Zusätzen von Palmitinsäure. Das C-Atom 1 unterlag zu 64-74% einer Decarboxylierung. Das restliche Pyruvat wurde fast vollständig zu Lactat hydriert. Aus den Untersuchungen mit 2-^{14}C-Pyruvat ergab sich, daß der Hauptstoffwechselweg in Anwesenheit von Fettsäuren über die oxydative Decarboxylierung und Eintritt des aktivierten Acetats in den Citronensäurecyclus verläuft. In Konzentrationen von 5- und 10 mM reduzierte Pyruvat die Oxydation von ^{14}C-markiertem Palmitat und erhöhte den Palmitateinbau in Triglyceride der Gewebslipoide. Die Aufnahme und Decarboxylierung des Pyruvats war in den Herzen von gefütterten Tieren höher als in den Herzen von hungernden Tieren. Die stoffwechselphysiologische Bedeutung der Befunde ist diskutiert.
R. Schiemann. 7910.

3-64/10-0594 Lorch, E., Abraham, S. und Chaikoff, I. L.; Berkeley, Univ. of California. Fatty acid synthesis by complex systems. The possibility of regulation by microsomes. **(Fettsäuresynthese durch komplexe Systeme. Die Möglichkeit der Regulation durch Mikrosomen.)** Biochim. biophysica Acta [Amsterdam] **70** (1963) Nr. 6. S. 627-641. — 5 Abb., 9 Tab., 38 Lit.
Die Fettsäuresynthese über Malonyl-CoA durch katalytische Wirkung des Mikrosomenproteins der Rattenleber scheint keine Verbindung mit Enzymen der partikelfreien- oder Mitochondrienfraktion zu haben. Es werden die optimalen Bedingungen (Substratkonz., Proteinkonz. und Inkubationszeit) für die Bildung der Fettsäuren über Malonyl-CoA durch die Mikrosomen der Rattenleber angegeben. Die Enzymsysteme in der partikelfreien Fraktion (**A**) sind 4-5 mal aktiver als die der Mikrosomen (**B**). Die Synthese durch **A** führt zu freien Fettsäuren, die durch **B** zu Lipoiden. Durch **A** wird hauptsächlich Palmitinsäure, durch **B** Stearinsäure gebildet. Durch **A** + **B** werden Lipoide gebildet. Der Mechanismus der stimulierenden Wirkung von **B** auf die Fettsäuresynthese durch **A** wird diskutiert. W. Jentsch. 7910.

3-64/10-0595 Bandyopadhyay, Asok und Banerjee, Sachchidananda; Bikaner, India, Sardar Patel Med. Coll. Dietary fats and plasma lipids in chicks. **(Nahrungsfette und Plasmalipoide in Kücken.)** Proc. Soc. exp. Biol. Med. **114** (1963) Nr. 1. S. 222-224. — 2 Tab., 10 Lit.

Vff. untersuchten den Einfluß 8-wöchiger Fütterung von Sesamöl (**A**), Senföl (**B**), Kokosöl (**C**) und hydriertem Erdnußöl (**D**) auf die Plasmafette bei Kücken und die mögliche Beziehung zwischen Plasmacholesterin und Cholesterinlöslichkeit in verschiedenen Ölen. Grundfutter + **B** bzw. **A** oder **D** erhöhten den Anteil an nicht veresterten Fettsäuren im Plasma ohne signifikante Veränderungen der anderen Plasmafette. Durch Zugabe von **C** wurde der Cholesterin- und Phospholipoidgehalt sowie der Gehalt an nicht veresterten Fettsäuren erhöht. Die Zugabe von Cholesterin zu den Ölen erhöhte den Cholesterin-, β-Lipoproteidcholesterin-, Triglycerid- und β-Lipoproteidgehalt sowie den Gehalt an nicht veresterten Fettsäuren im Plasma und erniedrigte den Gehalt an α-Lipoproteid. Den stärksten Einfluß auf den Cholesteringehalt hatte die Zugabe von **D** und **A**, den geringsten die von **B**. Die Löslichkeit von Cholesterin war in **D** am höchsten, in **B** am niedrigsten. Hypocholesterinämie scheint nicht von der Sättigung der Öle oder der Löslichkeit des Cholesterins in den Ölen abzuhängen. W. Jentsch. 7920.

3-64/10-0596 Sokoloff, L., Campbell, P. L., Francis, C. M. und Klee C. B. Thyroxine stimulation of amino acid incorporation into ribosomal protein. **(Thyroxinstimulierung der Aminosäureninkorporation in Ribosomalprotein.)** Biochim. biophysica Acta [Amsterdam] **76** (1963) Nr. 2. S. 329-332. 7930.

3-60/10-0597 Berlinguet, L., Babineau, L.-M., Bégin, Nicole, Dunnigan, J. und Martel, F. Preliminary biochemical studies of some E-substituted lysines. **(Vorläufige biochemische Studien über einige E-substituierte Lysine.)** Canad. J. Biochem. Physiol. **41** (1963) Nr. 11. S. 2373-2375. — 4 Tab., 9 Lit. 7930.

3-64/10-0598 Staib, W. und Miller, L. L. **Über den Stoffwechsel von L-Phenylalanin-u-^{14}C und L-Threonin-u-^{14}C bei subtotal hepatektomierten Ratten.** Biochem. Z. **339** (1964) Nr. 4. S. 266-273. 7930.

3-64/10-0599 Klink, Friedrich, Nour, Asma M. und Aepinus, Karl F.; Kiel, Neue Univ., Inst. für Physiol. Chem. **Chromatographischer Nachweis verschiedener enzymatischer Faktoren für den Aminosäuretransfer.** Biochim. biophysica Acta [Amsterdam] **72** (1963) Nr. 4. S. 654-656. — 2 Abb., 13 Lit. 7930.

3-64/10-0600 Das, H. K., Chatterjee, S. K. und Roy, S. C. Protein synthesis in plant mitochondria. **(Proteinsynthese in Pflanzenmitochondrien.)** J. biol. Chemistry **239** (1964) Nr. 4. S. 1126-1133. — 2 Abb., 16 Tab. 7930.

3-64/10-0601 Allison, Milton J. und Bryant, Marvin P.; Beltsville, Md., Animal Husbandry Res. Div. Biosynthesis of branched-chain amino acids from branched-chain fatty acids by rumen bacteria. **(Biosynthese von verzweigtkettigen Aminosäuren aus verzweigtkettigen Fettsäuren durch Pansenbakterien.)** Arch. Biochem. Biophysics **101** (1963) Nr. 2. S. 269-277. — 4 Abb., 6 Tab., 28 Lit.

Bei der Kultur von *Ruminococcus flavefaciens* in einem $^{14}CO_2$ sowie nicht markierte Isobuttersäure, Isovaleriansäure und 2-Methylbuttersäure enthaltenden Nährmedium, erscheint das Carboxyl-C der gebildeten Aminosäuren Valin, Leucin sowie Isoleucin markiert. Während Formiat-C nicht in verzweigtkettige Aminosäuren eingebaut wird, trifft das für Acetat-2-^{14}C zu, ausgenommen Leucin. Die Inkubation unter Verwendung gemischten Panseninhalts ließ bei Isovaleriansäure-1-^{14}C meist das Leucin, bei Isobuttersäure-1-^{14}C vornehmlich Valin markieren. H. H. Budzier. 7930.

3-64/10-0602 Gordon, A. H.; London, Nat. Inst. for Med. Res. Factors influencing plasma protein synthesis by the liver. **(Faktoren, die die Plasmaproteinsynthese in der Leber beeinflussen.)** Biochem. J. **90** (1964) Nr. 1. S. 18 P. — 2 Lit.

Zur Untersuchung der Plasmaproteinsynthese in der Leber wurde die Inkorporation von ^{14}C-Leucin in Fibrinogen, Transferrin und Albumin gemessen. Es wurden normale Lebern und solche, die nach Verfütterung von 2 abnormalen Diäten erhalten wurden, verwendet. Die isolierte Leber wurde jeweils für 5 Std. nach der Zugabe von ^{14}C-Leucin durchströmt. Zusätzlich wurden 3 Lebern von normalen Ratten mit Blut durchströmt, das Cortisol enthielt. Die 1. Diät war mit Ausnahme des Proteins komplett, die 2. enthielt 0,06% 4-Dimethyl-amino-3'-methylazobenzol. Bei beiden Diäten war die spez. Aktivität der Albumine leicht reduziert, während die Aktivitäten des Fibrinogens und des Transferrins stark erhöht waren, im letzteren Falle 200-250%. Wenn eine normale Leber mit Blut durchströmt wurde, waren die spez. Aktivitäten der 3 isolierten Proteine leicht reduziert. Die Anwesenheit von Cortisol verursachte eine selektive Hemmung der Synthese.

I. Schröder. 7930.

3-64/10-0603 Henderson, Rogene F. und Dunning, James S. Vitamin B_{12} and DNA biogenesis. **(Vitamin B_{12} und DNS-Biogenese.)** J. Nutrit. [Philadelphia] **81** (1963) Nr. 4. S. 372-378. — 2 Abb., 4 Tab., 23 Lit. 7940.

Energiewechsel

3-64/10-0604 Lowry, Oliver H. und Passonneau, Janet V. The relationships between substrates and enzymes of glycolysis in brain. **(Die Beziehungen zwischen Substraten und Enzymen der Glykolyse im Gehirn.)** J. biol. Chemistry **239** (1964) Nr. 1. S. 31-42. — 8 Abb., 7 Tab., 41 Lit. 8007.

Eiweißstoffwechsel

3-64/10-0605 Peraino, Carl und Harper, Alfred E.; Madison, Univ. of Wisconsin. Observations on protein digestion in vivo. V. Free amino acids in blood plasma of rats forcefed zein, casein, or their respective hydrolyzates. **(Beobachtungen über die Proteinverdauung in vivo. 5. Mitt. Freie Aminosäuren in Blutplasma von mit Zein, Casein oder den entsprechenden Hydrolysaten gefütterten Ratten.)** J. Nutrit. [Philadelphia] **80** (1963) Nr. 3. S. 270 bis 278. — 4 Abb., 16 Lit. 4. Mitt. vgl. 3-64/05-0494.

Vff. zeigen durch die Bestimmung der freien Aminosäuren im Portal-(**I**) und Systemblutplasma (**II**) nach entsprechender Diät (Proteine und Hydrolysate) die Beziehung zwischen der Veränderung im Aminosäurenmuster des Plasmas und der rel. Verdaulichkeit der Diätproteine. Die Proteine waren handelsübliche Produkte, die Hydrolysate wurden durch Druckhydrolyse (24 Std. mit 4 n H_2SO_4) hergestellt und nicht mit Aminosäuren ergänzt. Das Portalblut wurde der Portalvene und dem Herzen, das Systemblut durch Herzpunktion den einzelnen Tieren in bestimmten Zeitintervallen nach der Fütterung entnommen. Die Bestimmung der freien Aminosäuren erfolgte im Plasma papierchromatographisch. Während das Zein nur einen geringen Einfluß auf die Konzentration an freien Aminosäuren in **I** und **II** hatte, bewirkte das Casein eine wesentliche Erhöhung der Konzentration in **I**. Bei Verfütterung der entspr. Proteinhydrolysate wurde eine wesentlich höhere Konzentration festgestellt, insbes. beim Caseinhydrolysat.

I. Schröder. 8042.

3-64/10-0606 Szmelcman, S. und Guggenheim, K.; Jerusalem, Israël, Univ., École de Méd. Effects de la pyridoxine sur le niveau portal des acides aminés aprês un repas protéque. **(Die Wirkung von Desoxypyridoxin auf den Gehalt an Aminosäuren im Portalblut nach Proteingabe.)** Ann. Biol. Animale, Biochim. Biophys. **3** (1963) Nr. 3. S. 299-305. – 3 Tab., 14 Lit.
Bei normal gefütterten Ratten bewirkte Desoxypyridoxin nach Verabreichung von Lactalbumin bzw. Lysin, Tryptophan oder Methionin mit der Schlundsonde eine deutliche Verringerung des Gehaltes an Tryptophan im Portalblut. Nur gering war die Wirkung auf den Lysingehalt. Unbeeinflußt blieb die Methionin-Konzentration. – Pyridoxinmangel erniedrigte den Lysin- und Tryptophangehalt. Durch Pyridoxingabe wurde der Lysingehalt normalisiert, nicht aber der des Tryptophans. Stärke interferierte beim Tryptophan mit der Wirkung des Desoxypyridoxins. – Die Aminosäurebestimmungen erfolgten mikrobiologisch. W. Goldbach. 8042.

3-64/10-0607 Wrenn, T. R., Bitman, J. Cecil, H. C. und Gilliam, D. R.; Beltsville, Md., A.R.S., A.R.C. Histamine concentration in blood, milk, and urine of dairy cattle. **(Histamin-Concentration in Blut, Milch und Harn von Milchkühen.)** J. Dairy Sci. **46** (1963) Nr. 11. S. 1243-1245.
Die Bestimmung erfolgte mit Hilfe der fluorimetrischen Methode nach Shore u. a. (vgl. J. Pharmacol. exp. Therapeut. **127** [1959] S. 182.). Im Blut wurden bei 19 Färsen eine Conc. von ∅ 0,29 μg/ml, bei 8 Jungbullen 0,30 μg/ml gefunden. Bei jüngeren Tieren (11-14 Wo.) liegt der Histamingehalt geringfügig tiefer als bei älteren. In der Milch betrug die Conc. 0,51 ± 0,34 μg/ml, in spez. Versuchen bei Fütterung von Heu (Alfalfa + Gras) 1,10 ± 0,91 μg/ml und von Silage (Alfalfa + Gras) 19,53 ± 16,42 μg/ml. Diese Conc. war um 20-30 Mal höher als die im Blut. Die tägl. Ausscheidung im Harn belief sich bei Heu- bzw. Silagefütterung auf 2-12 bzw. 48-356 mg. B. Piatkowski. 8050.

Stoffwechsel stickstofffreier Nährstoffe

3-64/10-0608 Radloff, H. D. und Schultz, L. H.; Madison, Univ. of Wis. Some effects of feeding lactates to dairy cows. **(Einige Wirkungen von Lactatverfütterung an Milchkühe.)** J. Dairy Sci. **46** (1963) Nr. 6. S. 517-521. – 3 Tab., 14 Lit.
Die Ketosis-Versuche (**I**) wurden an insges. 50 Kühen der Univ.-Herde über einen Zeitabschnitt von 2 Jahren durchgeführt. Die Lactatgaben begannen jeweils am 3. Tag nach dem Kalben und stiegen im Laufe der Zeit auf 6 lb. pro Tag an, diese Zulagenperiode betrug 6 Wochen. In einem 2. Experiment (**II**) sollte die Wirkung der Verfütterung von Lactat und Propionat an „normale" Kühe während der Laktation verglichen werden. Ergebnisse: **I** erbrachte keine Auswirkung auf die Milchleistung und reduzierte nicht die Bereitschaft gegenüber einer Ketosis. Bei **II** erhöhten 2 lb. Lactat den Ketonspiegel im Blut, 2 lb. Propionat den des Blutzuckers und reduzierte den Ketongehalt. Propionat erbrachte eine der Heuverfütterung ähnliche Wirkung. H. H. Budzier. 8062.

Mineralstoffwechsel

3-64/10-0609 Manners, M. J. und McCrea, M. R.; Bristol, Univ., School of Veterin. Sci. Bone development in sow-reared piglets during the 1 st month of life. **(Knochenentwicklung bei von Sauen aufgezogenen Ferkeln während des ersten Lebensmonats.)** Brit. J. Nutrit. **17** (1963) Nr. 4. S. 487 bis 493. – 4 Tab., 16 Lit.
Von 4 ausgeglichenen Würfen (Large White Wessex) wurden die Ferkel einzeln im Alter von 0; 2; 7; 14 und 28 Tagen getötet, um an den Knochen der Vordergliedmaßen (Elle, Speiche, 3. u. 4. Mittelfußknochen) die Veränderung

der chemischen Zusammensetzung zu untersuchen. Von einem Wurf wurden außerdem noch Ferkel im Alter von 56; 84; 112 und 140 Tagen getötet und untersucht. Bei den Knochen wurden die Anteile an Fett, fettfreier Tr.-Subst. und Asche ermittelt und in der Asche des 3. Mittelfußknochens die Gehalte an Ca, P und Mg. Während des verhältnismäßig schnellen Wachstums der 1. Woche fiel der Aschegehalt der Knochen ab und stieg später wieder an. Der Fettgehalt der Knochen war während des 1. Lebensmonats niedrig im Vergleich zu den wesentlich höheren Gehalten bei 56 Tage alten und älteren Ferkeln. Der Ca-Gehalt variierte kaum mit dem Alter. Die Gehalte der Knochenasche an P und Mg lagen bei den neugeborenen und 2 Tage alten Ferkeln signifikant niedriger ($P < 0{,}01$) als bei den älteren Tieren. Das Ca/P- und Ca/Mg-Verhältnis war daher vom 7. Tag an aufwärts signifikant enger als bei 0 oder 2 Lebenstagen. J. Wünsche. 8105.

3-64/10-0610 Manners, M. J. und McCrea, M. R.; Bristol, Univ., School of Veterin. Sci. Changes in the chemical composition of sow-reared piglets during the 1 st month of life. **(Veränderungen in der chemischen Zusammensetzung bei von Sauen aufgezogenen Ferkeln während des ersten Lebensmonats.)** Brit. J. Nutrit. **17** (1963) Nr. 4. S. 495-513. – 15 Abb., 3 Tab., 39 Lit.

Von 3 Large White × Wessex-Würfen wurden die Ferkel einzeln im Alter von 0; 2; 7; 14 und 28 Tagen getötet, um einen Einblick in die Veränderungen der chemischen Zusammensetzung von Saugferkeln während der ersten 4 Lebenswochen zu bekommen. Folgende Bestandteile wurden untersucht: Fett, Rohprotein, Asche, Ca, P, K, Na, Mg, Fe, Zn, Cu und Mn. Der Fettgehalt zeigte die stärksten Veränderungen: Anstieg von 1,2% bei der Geburt auf 18,3% im Alter von 28 Tagen. Der Proteingehalt im fettfreien Körpergewebe stieg, der Wassergehalt fiel in den ersten 4 Lebenswochen. Der Aschegehalt fiel bis zum 7. Lebenstag ab und stieg danach an. Die gleichen Veränderungen zeigte der Ca-Gehalt; der P-Gehalt blieb relativ konstant. Mg stieg (nach anfänglich geringfügigem Abfall) ständig leicht an. Die K- und Na-Gehalte waren anfangs gleich, nach dem 7. Tag bildete sich ein K/Na-Verhältnis von 5:3 heraus. Trotz oraler Fe-Verabreichung fiel der Fe-Gehalt des fettfreien Körpergewebes ständig. Zn stieg laufend an, Cu stieg bis zum 14. Tag an und fiel dann ab, Mn fiel bis zum 7. Tag stark ab und blieb dann verhältnismäßig konstant. Die Ergebnisse werden mit Literaturangaben verglichen und diskutiert. J. Wünsche. 8105.

3-64/10-0611 Milhaud, G., Cherian, A. G. und Moukhtar, M. S.; Paris, Inst. Pasteur. Calcium metabolism in the rat studied with calcium^{45}: effect of age. **(Untersuchungen mit ^{45}Ca über den Calcium-Stoffwechsel der Ratte: Einfluß des Alters.)** Proc. Soc. exp. Biol. Med. **114** (1963) Nr. 2. S. 382-384. – 1 Tab., 16 Lit.

Vff. prüfen 2 Gruppen mit je 26 ♂ Ratten hinsichtlich ihres Ca-Stoffwechsels. Die Tiere der einen Gruppe waren 2 Mon. alt (132 g) und die der anderen 1 Jahr (432 g). In beiden Gruppen erhielten die Tiere die gleiche Ca-Zufuhr (41 bzw. 43 mg/d). Die älteren Tiere besaßen eine geringere Menge austauschbares Ca (Ca-Pool = 62 gegen 100 mg), einen verminderten Auf- und Abbau des Ca im Knochen sowie eine verringerte intestinale Ca-Resorption und Ca-Retention. Im Harn wurden bei allen Ratten gleiche Ca-Mengen ausgeschieden. Zwischen den ausgewachsenen Tieren und früheren Versuchen mit hypophysektomierten Ratten konnten Ähnlichkeiten in den Daten des Ca-Stoffwechsels festgestellt werden. H. Bergner. 8123.

3-64/10-0612 Ritchie, N. S. und Hemingway, R. G.; Glasgow, Univ., Veterin. School. Effects of conventional daily magnesium supplementation, breed of ewe and continued potassium fertilizer applications on plasma

magnesium and calcium levels of ewes. **(Wirkungen einer täglichen Magnesiumbeifütterung, der Abstammung der Schafe und einer kontinuierlichen Kaliumdüngung auf den Magnesium- und Calciumspiegel im Plasma von Schafen.)** J. agric. Sci. **61** (1963) Nr. 3. S. 411-415. – 3 Abb., 3 Tab., 6 Lit.
Eine Gabe von 0,1 bzw. 2 cwt/acre Weide beeinflußte nicht den Mg- und Ca-Gehalt des Plasmas laktierender Schafe. Dieser war bei Cheviotschafen niedriger als bei halbveredelten Tieren (Half bred). 6,6 g MgO je Tier und Tag in der Tränke ließen 24 Std. nach der Verabreichung keine Wirkung erkennen, 4 Std. danach jedoch wurden um 0,5 mg höhere Mg-Werte gefunden. Klinische Erscheinungen traten nicht auf, obgleich der Mg-Spiegel nur bei ca. 1mg/100 ml lag (vor dem Ablammen ca. 2,0 mg/100 ml). Der Plasma-Mg-Gehalt während der Laktation korreliert beim Einzeltier mit dem vor dem Ablammen. Der Ca-Gehalt im Serum erhöhte sich nach dem Ablammen.
B. Piatkowski. 8123.

3-60/10-0613 Anonym. Technika usuwania Sr z ciał zwierząt doświadczalnych. **(Die Technik der Beseitigung des Sr aus den Körpern von Versuchstieren.)** Postępy Techn. jądrowej **1963** Nr. 3. S. 189-191.
Den Hauptweg zur Ausscheidung von Sr aus dem Organismus bildet die Speicheldrüse. Die Verwendung von salpetersaurem Policarpin bewirkte den Übergang größerer Mengen $^{85}Sr + ^{89}Sr$ und Sr ohne Verflüchtigung von Ca im Speichel bis zu einer Reduzierung der Isotopenkonzentration im Blut. Die Injektion von salpetersaurem Policarpin verursachte nach vorheriger Verabreichung des Parathyreoideaextrakts in größerem Maße das Verschwinden von Sr und $^{85}Sr + ^{89}Sr$ mit dem Speichel. Der Parathyreoideasextrakt mobilisierte Sr „aus den Vorräten". PRL/CBR. 8123.

3-64/10-0614 Gueguen, L.; Jouy-en-Josas, Seine-et-Oise, Centre Nat. de Rech. Zootechn. Influence de la nature du régime alimentaire sur l'excrétion fécale de phosphore endogène chez le veau. **(Einfluß des Nahrungsregimes auf die Ausscheidung von endogenem Phosphor im Kot beim Kalb.)** Ann. Biol. Animale, Biochim. Biophys. **3** (1963) Nr. 3. S. 243-253. – 6 Abb., 4 Tab., 6 Lit.
An jeweils 6 Kälbern (7-8 Wochen alt) wurde der endogene P-Anteil im Kot-P mit Hilfe von ^{32}P ermittelt. 3 Kälber erhielten Vollmilch (Gr. I) und 3 zunächst begrenzte Vollmilchmengen und später nur Kraftfutter + Heu (Gr. II). In jeder Gruppe bekamen 2 Tiere ^{32}P injiziert (4,5-6 μC) und jeweils einem Tier wurde die Dosis in den Verdauungstrakt verabfolgt (117 bzw. 147 μC ^{32}P). Der endogene P-Anteil betrug relativ 51% (Gr. I) bzw. 45% (Gr. II), absolut jedoch 0,15 bzw. 1,9 g. Die Ration enthielt 10,5 bzw. 11,2 g P, die wahre P-Verdaulichkeit betrug 98 bzw. 80%, die scheinbare 97 bzw. 63%. Im Harn waren 86 bzw. 36% des insges. ausgeschiedenen P enthalten. Bei ^{32}P-Verabreichung in den Verdauungstrakt wurden nach 8 Tagen bei Gr. I 14% und bei Gr. II 60% ausgeschieden. Die Untersuchungen zeigen, daß der P-Bedarf bei Concentratfütterung erheblich ansteigt und von der Ration abhängt. B. Piatkowski. 8124.

3-64/10-0615 Stoddard, G. E., Harris, L. E., Bateman, G. Q., Shupe, J. L. und Greenwood, D. A.; Logan, Utah State Univ. Effects of fluorine on dairy cattle. I. Growth and feed consumption. **(Die Wirkung von Fluor bei Milchkühen. 1. Mitt. Wachstum und Futterverzehr.)** J. Dairy Sci. **46** (1963) Nr. 10. S. 1094-1102.
Fluor bewirkt bei zu hohen Dosierungen Rückgang von Gesundheit und Leistung der Nutztiere. 30 ♀ Holstein-Kälber (105 kg Lgw.) wurden in 4 Gruppen unterteilt und bis zu 7 Jahren mit verschieden hohen Fluormengen versorgt (12, 27, 49 bzw. 93 ppm, bezogen auf Futter-Tr.-Subst.; bzw. 0,30; 0,64; 1,12 und 2,08 mg/kg Lgw.). Die Tiere mit der höchsten Fluorgabe verzehrten weniger Heu und Tr.-Subst., die Differenzen der Gewichtsentwicklung und

der Widerristhöhe waren jedoch nicht signifikant. Die Futterverwertung blieb dennoch während 4 Prüfungsabschnitten vor Laktationsbeginn unbeeinflußt. Einzelne Kriterien sind demnach kein Bewertungsmaßstab für den Einfluß hoher Fluorgaben. B. Piatkowski. 8127.

3-64/10-0616 Ruszczyc, Z. und Gacek, K. Zawartość miedzi i żelaza w tkankach i narządach świń otrzymujących w paszy duże dawki siarczanu miedzi. **(Der Kupfer- und Eisengehalt in den Geweben und Organen der Schweine, die große Kupfersulfatgaben im Futter erhalten.)** Roczniki Nauk rolniczych, Ser. B. **81** (1963) Nr. 3. S. 563-568. — 1 Tab., 18 Lit.
Die Versuche umfaßten 32 Mastschweine, die in vier Gruppen eingeteilt waren. Die Gruppen unterschieden sich durch den Zusatz von $CuSO_4$ im Futter. Bestimmt wurde der Gehalt an Tr.-Subst., Cu und Fe in Leber, Nieren, Blut, Lenden und Rückenspeck. Es wurde festgestellt: 1. Mit wachsendem Zusatz von $CuSO_4 \cdot 5\,H_2O$ im Futter stieg der Cu-Gehalt in Leber und Nieren der Mastschweine. 2. Der Zusatz von $CuSO_4 \cdot 5\,H_2O$ hatte keinerlei Einfluß auf die Höhe des Cu in Blut, Lende und Speck. 3. Zwischen dem Gehalt an Cu und Fe in Leber und Nieren besteht eine ausgeprägte negative Korrelation. Die Schwankungen im Fe-Gehalt sind nicht so groß wie im Cu-Gehalt. 4. Das Einstellen des Zusatzes von $CuSO_4$ drei Tage vor dem Schlachten führte zu keinerlei Reduzierung des Standes in den untersuchten Proben. PRL/CBR. 8127.

3-64/10-0617 Grashuis, J. Op zinkdeficiëntie wijzende ziekteverschijnselen bij rundvee in Nederland. **(Auf Zinkmangel hinweisende Krankheitserscheinungen bei Rindvieh in den Niederlanden.)** Landbouwkund. Tijdschr. **75** (1963) Nr. 22. S. 1127-1148. — 7 Tab., 102 Lit.
Nach einer Übersicht über die Literatur berichtet der Vf. über die prophylaktische und therapeutische Behandlung des Zn-Mangels bei Rindern. Die Prophylaxe wurde durch Düngung mit Cu-Schlackenmehl oder anderen Zn-haltigen Stoffen angestrebt, therapeutisch wurden je Tier und Tag 1½ bis 2 Riegel eines Zn-Kuchens gegeben, der 2 g $ZnSO_4$ je Riegel enthielt. Die Resultate waren überraschend gut. Die Ekzeme verschwanden, die Milchproduktion stieg und auch die Befruchtungsergebnisse wurden besser. Zum Schluß wird die in der Literatur oft erwähnte Zn-Vergiftung besprochen. L. Sperling. 8127.

3-64/10-0618 Hennig, A. und Anke, M. **Kadmium — Antimetabolit des Eisens und Zinks.** Arch. Tierernähr. **14** (1964) Nr. 1. S. 55-58. — 2 Tab., 6 Lit. Zus. in Russ., Engl.
Schweine erhielten eine Mais-Soja-Ration ad libitum und in der Versuchsgruppe pro Tier und Tag 160 mg Cd (als $CdCl_2$) zusätzlich. Nach 96 Tagen wurden die Tiere getötet und die Proben entnommen. Der Zn-Gehalt blieb nach der Cd-Fütterung in Knochen (**I**), Schilddrüse (**II**), Dünndarm (**III**) und Leber unverändert, nur in den Borsten war er niedriger und in den Nieren (**IV**) höher. Der Fe-Gehalt war infolge der Cd-Gaben in **I, II, III** und **IV** erniedrigt. Der Cu- und P-Anteil der einzelnen Organe wird durch Cd-Zulagen nicht gerichtet verändert. Der Ca-Gehalt der Knochen-Tr.-Subst. war von 124,5 auf 117,1 g/kg reduziert. Die Bestimmung des Nucleolendurchmessers in den Leberzellen ergab keine signifikanten Unterschiede. Vff. schlußfolgern, daß das Cd in noch höherem Maße als das Zn als Antimetabolit des Fe aufzufassen ist. H. Bergner. 8127.

3-64/10-0619 Gerov, K. und Georgieva, R. Priloženie na selena v životnovŭdstvoto i veterinarnata medicina. **(Die Anwendung von Selen in der Tierzucht und Veterinärmedizin.)** Životnovŭdstvo, Sofija **17** (1963) Nr. 7. S. 31-35.
Selendioxyd wurde Lämmern in Form einer 0,1%igen Lösung peroral zweimal pro Tag verabreicht. Gesamtdosis je nach dem Lgw 1-10 mg. Zur Vor-

beugung der Krankheit wurde den trächtigen Mutterschafen während der letzten 2-3 Trächtigkeitsmonate 2-3mal Selendioxydlösung in einer Dosis von 5-10 mg peroral verabreicht. Das dreimalige Injizieren der Ferkel mit Selendioxydlösung in einer Dosis von 0,4 mg je kg Lgw. alle 10 Tage trug dazu bei, daß die Versuchstiere ein 2,5 mal höheres Gewicht als die Kontrolltiere erreichten. NRB/ZSNTI. 8127.

3-64/10-0620 Lesperance, A. L. und Bohman, V. R.; Reno, Univ. of Nevada. Effect of inorganic molybdenum and type of roughage on the bovine. **(Wirkung von anorganischem Molybdän und Art des Rauhfutters auf das Rind.)** J. Animal Sci. **22** (1963) Nr. 3. S. 686-694. — 4 Abb., 4 Tab., 35 Lit.
In einem polyfaktoriellen Versuch, mit 32 jungen Färsen in Einzelhaltung über 12 Mon. gelangten folgende Rationen zur Verfütterung: 1. Luzerne-Heu (**I**), 2. **I** + Mo (in **I**-Pellets) (**II**), 3. Gras-Heu und Baumwollsaatmehl (**III**) und 4. **III** + Mo (in Baumwollsaatmehlpellets) (**IV**). Die tägl. Mo-Gabe betrug 100 ppm. **I** und **III** ergaben fast gleiche, signifikant wesentlich höhere Gewichtszunahmen als **II** und **IV**. **IV** war aber deutlich besser als **II**. Der Mo-Gehalt des Blutplasmas lag bei **I** und **III** auf gleicher Höhe $< 0,1$ μg/ml, bei **II** und **IV** dagegen nach 12 Mon. bei etwa 1,5 μg/ml mit Maxima $> 3,6$ μg/ml vom 7. bis 11. Monat. Die Mo-Gabe wirkte sich zeitweise auch auf den Cu-Gehalt des Blutplasmas aus. Weiterhin erfolgen Angaben über den Mo- und Cu-Gehalt der Leber, die Zusammensetzung der Knochen, die N- und Mineralstoffbilanz (24-Std.-Periode). In gewisser Beziehung scheint zwischen Mo und Heu eine Ergänzungswirkung zu bestehen. H. H. Budzier. 8127.

Stoffwechsel der Vitamine und anderer Wirkstoffe

3-64/10-0621 Goranov, Ch. und Denovski, D. Vlijanie na infračervenite lŭči vŭrchu usvojavaneto na karotin i vitaminite A, D i E ot organizma na pileta. **(Der Einfluß von Infrarotstrahlen auf die Aufnahme von Carotin und Vitamin A, D und E durch den Organismus der Küken.)** Izvestija na Veterinarnija naučnoizsledovatelski institut za nezarazni bolesti i zoochigiena, Sofija **3** (1963) S. 31-36. — 4 Tab., 8 Lit.
Das Bestrahlen der Küken im Alter von 2 Tagen bis 2 Mon. hat gezeigt, daß die Infrarotstrahlen dazu beitragen, die Aufnahme und Speicherung von Carotin und Vit. A, D und E im Organismus zu verbessern. Außerdem fördern die Infrarotstrahlen die Ablagerung von Mineralstoffen in den Skelettknochen, von anorg. P., von alkalischer Reserve und Aminosäuren im Blutplasma. NRB/ZSNTI. 8145.

3-64/10-0622 Roberts, W. K. und Sell, J. L.; Winnipeg, Canada, Univ. of Manitoba. Vitamin A destruction by nitrite in vitro and in vivo. **(Vitamin-A-Abbau durch Nitrit in vitro und in vivo.)** J. Animal Sci. **22** (1963) Nr. 4. S. 1081-1085. — 5 Tab., 16 Lit.
Nitrit in der Ration bewirkte bei Küken und Ratten eine verringerte Vit.-A-Ablagerung in der Leber. Bei Rindern und Schafen sind widersprüchliche Ergebnisse gezeitigt worden. Pugh (1962) wies in vitro nach, daß der pH-Wert von Bedeutung ist (bei pH 1-3 schneller, bei 5-7 langsamer Abbau). Olsen (vgl. J. agric. Food Chem. **11** [1963] S. 140) setzte zum Magensaft (pH 3) Nitrit hinzu, was eine komplette β-Carotin-Zerstörung zur Folge hatte. — In vivo wurden die Untersuchungen an Schafen und Küken durchgeführt. Ein KNO_2-Zusatz bewirkte im Verdauungstrakt einen schnellen Vit.-A-Abbau, wenn der pH-Wert unter 4 lag, bei einem pH-Wert < 6 war die Zerstörung relativ gering während einer 60 Min. langen Inkubationsperiode. Wurden 2% KNO_3 fistulierten Schafen vorabreicht, so wurde 90 Min. später kein Nitrit im Rumen bzw. Abomasum gefunden. Die Vit.-A-Zerstörung war im Vergleich zum Kontrolltier sehr gering. Erhielten hingegen Broiler 0,74% KNO_2, so konnte im Kropf, Magen und Darm 2 Std. später Nitrit gefunden

werden. Der Vit.-A-Gehalt der Ingesta war bei diesen Tieren im Vergleich zur Kontrolle geringer. Aus den Untersuchungen geht hervor, daß Vit. A in Gegenwart von Nitrit im Magen zerstört wird, da hier der pH-Wert > 4 liegt. B. Piatkowski. 8152.

3-64/10-0623 Weichenthal, B. A., Embryl, L. B., Emerick, R. J. und Whetzal, F. W.; Brookings, South Dakota Agric. Exp. Stat. Influence of sodium nitrate, vitamin A and protein level on feedlot performance and vitamin A status of fattening cattle. **(Der Einfluß von Natriumnitrat, Vitamin A und Protein auf die Leistung und den Vitamin-A-Status von Mastrindern.)** J. Animal Sci. 22 (1963) Nr. 4. S. 979-984. — 5 Tab., 26 Lit.

Es wurde Vit.-A-Mangel bei Rindern beobachtet, obgleich Carotin im Überfluß vorhanden war. — 128 einjährige Ochsen erhielten 153-160 Tage eine Ration bestehend aus 80% Kraftfutter und 20% Alfalfaheu. Die Leistungen der Gruppen wurden durch höheren Proteingehalt (von 10,6 auf 11,8%) oder durch Zugabe von 12000 IE Vit.-A-Palmitat je Tier und Tag nicht verbessert. Der Plasma-Vit.-A-Gehalt fiel von 30 mg/100 ml auf 16,18 mg bei Tieren, die kein zusätzliches Vit. A erhielten. Bei Vit.-A-Zugabe wurden ca. 23 mg/100 ml festgestellt. Das Carotinangebot (42 mg tägl.) und die Vit.-A-Reserven im Körper geben einen Hinweis für den Vit.-A-Bedarf für Wachstum und Verhütung von Mangelerscheinungen. Die Zugabe von 1% $NaNO_2$ reduzierte zwar die Leistung, beeinflußte aber nicht den Vit.-A-Gehalt in Plasma und Leber. Vit.-A-Zusatz war hierbei ohne Wirkung. B. Piatkowski. 8152.

3-64/10-0624 Reyneke, J., Joubert, D. M., Claassen, N. und Irwin, D. H. G. Vitamin A studies on monozygous cattle twins. **(Vitamin-A-Studien an eineiigen Rinderzwillingen.)** South African J. agric. Sci. 6 (1963) Nr. 4. S. 659-672.

Vit.-A-Ergänzung während der kurzen carotinarmen Weidezeit konnte den Gewichtsverlust nicht vermindern. Der Vit.-A-Gehalt der Milch läuft parallel zum Carotinangebot auf der Weide mit Minimalwerten im Juli. Der Gehalt an Carotin und Vit. A im Blutplasma sank bei trächtigen oder laktierenden Kühen erheblich schneller als bei nicht-trächtigen Tieren, so daß Vit.-A-Mangelerscheinungen dort viel eher erwartet werden können. Parenterale Vit.-A-Injektionen erhöhten signifikant den Leber-Vit.-A-Gehalt mit Mittelwerten von 222,5 μg Vit. A/g frische Leber. Alle Versuchstiere hatten noch bei Versuchsende ausreichende Vit.-A.-Reserven. Der Unterschied des Vit.-A-Gehaltes der Leber zwischen trächtigen Färsen und laktierenden Kühen mit und ohne Vit.-A-Ergänzung war 42,2%, der zwischen nicht-trächtigen oder laktierenden Gruppen nur 16,5%. Es wird gefolgert, daß während kurzer Perioden von Carotinmangel im Futter eine Vit.-A-Ergänzung nicht notwendig erscheint. K. Männel. 8152.

3-64/10-0625 Cline, T. R., Hatfield, E. E. und Garrigus, U. S.; Urbana, Univ. of Illinois. Effects of potassium nitrate, alpha-tocopherol, thyroid treatments, and vitamin A on weight gain and liver storage of vitamin A in fattening lambs. **(Die Wirkungen von Kaliumnitrat, α-Tocopherol, thyreoidalen Zusätzen und Vitamin A auf Gewichtszuwachs und Vitamin-A-Gehalt der Leber bei Mastlämmern.)** J. Animal Sci. 22 (1963) Nr. 4. S. 911-913. — 2 Tab., 14 Lit.

144 Lämmer erhielten 60 Tage lang eine Grundration, die wie folgt ergänzt wurde: Vit. A (0 bzw . 98000 IE/Woche), α-Tocopherol (0 bzw. 700 mg/Woche), KNO_3 (0 bzw. 4% in der Futter-Tr.-Subst.) und thyreoidale Zusätze (Tapazol 1,05 g/Woche und Trijod-1-Thyronin 700 mg/Woche). Der Ø tägl. Zuwachs aller Gruppen betrug 0,53 lb. je Tier und Tag. Vit. A, α-Tocopherol und KNO_3 übten keinen, Tapazol einen senkenden (signifikant) und Trijod-1-Thyronin einen signifikant steigernden Einfluß aus. Die Wechselwir-

kung thyreoidale Präparate × KNO_3 war signifikant. Zusätzliches Vit. A erhöht den Vit.-A-Gehalt der Leber, alle anderen Faktoren hatten darauf keinen Einfluß. B. Piatkowski. 8152.

3-64/10-0626 Krieg, R. und Löliger, H. Ch.; Celle, Bundesforsch.-Anst. für Kleintierzucht. **Der Vitamin-A-Gehalt in der Leber gesunder und leukosekranker Küken.** Arch. Geflügelzunde **27** (1963) Nr. 6. S. 483-491. — 2 Tab., 13 Lit.

Verff. gehen zunächst auf den Vitamin-A-Stoffwechsel ein: Die Speicherung des mit dem Futter aufgenommenen Axerophthols erfolgt in der Leber, sobald der Vit.-A-Gehalt im Blut 50-100 IE/100 ml überschreitet. Sinkt der Vitamingehalt unter diesen Pegel, treten Avitaminosen auf. Die Speicherung erfolgt als Axerophthol-Ester, als -Alkohol nur geringfügig in den Sternzellen und dem Leberparenchym. Bei Überangebot nehmen die Zellen des RHS (Retikulärhistocytäres System = Kupffer'sche Sternzellen) das Vit. A auf. Durch Blockade des hepatischen RHS wird die Vit.-A-Ablagerung in der Leber gehemmt. Die Abgabe des Vitamins an das Blut erfolgt als Axerophthol-Alkohol; die Spaltung des Esters geschieht dabei über eine Axerophtholesterase, die sich in der Mikrosomenfraktion der Leberparenchymzellen findet. In eigenen Versuchen ermittelten Vff. 1. Den Vit.-A-Gehalt in der Leber wachsender Küken; dieser steigt von 63 IE/g Leber (Eintagsküken) auf 444 IE/1 g bis zum 57. Lebenstag an. Die individuellen Unterschiede sind aber groß. 2. Sie prüften die Veränderungen, die durch künstliche Infektion mit Leukose und damit verbundener Zerstörung des Lebergewebes eintreten. Bei den erkrankten Küken verrringerte sich der Vit.-A-Gehalt beträchtlich bis zum völligen Schwund. Bei den krassesten Fällen waren außer den Leber- auch die Sternzellen zerstört. Der Vitaminschwund stand mit der Abnahme der Zahl funktionstüchtiger Leberzellen (und Sternzellen) in unmittelbarer Verbindung; auch die Störung der Gallenproduktion durch den leukotischen Prozeß behinderte — über die erschwerte Vit.-A-Resorption im Darm — die Speicherung des Vitamins in der Leber. C. Engelmann. 8152.

3-64/10-0627 Hvidsten, Harald, Sannan, Fridtjov und Osuldsen, Tor. Utnyttelsen av noen A-vitamin-preparater hos kyllinger. **(Die Verwertung einiger Vitamin-A-Präparate bei Küken.)** Meld. Norges Landbrukshøgskole **42** (1963) Nr. 18. S. 1-19. — 12 Tab., 16 Lit.

Mehrere Vit.-A-Präparate, als Trockenpräparate (Vitolpulver = **I**) oder mit Gelatine- (**II**) bzw. Wachsüberzügen (**III**, Vitolgranulat u. a.), sowie Lebertranöl (**IV**) und -emulsion (**V**) wurden mit einem kristallisierten Vit.-A-Azetat (**VI**) verglichen und die Vit.-A-Ablagerung in der Leber als Vergleichsmaßstab verwendet. Als Futter diente eine Vit.-A-Mangeldiät, mit der in 6 Versuchsreihen je 12 Gruppen von je 18 Küken 3 Wochen lang versorgt wurden. In 2 Versuchsreihen wurden die Präparate 96 Std. vor dem Töten der Versuchstiere oral induziert. Während die bloße Grundfuttergruppe im Zuwachs und in der Futterverwertung zurückblieb und eine hohe Sterblichkeitsrate aufwies, entsprach die Vit.-A-Verwertung in **IV**, **V** und **I** völlig der Standardgruppe **VI**. Die Vit.-A-Ablagerung in der Leber war bei den Trockenpräparaten **I**, **II** und **III** um 7-64% größer als bei Verwendung von Vit.-A-Acetat in Öl; die Vitaminausnutzung war bei Gelatine- gegenüber Wachsüberzügen besser. Die unterschiedliche Verwertung der Öl- und Trockenpräparate wurde durch Zusatz des Antioxydans BHT (Butyl-p-hydroxytoluen, 250 mg/kg) abgeschwächt, durch Ferrosulfat dagegen verstärkt. C. Engelmann. 8152.

3-64/10-0628 Anonym. Vitamin A deficiency in chicks. **(Vitamin-A-Mangel bei Küken.)** Nutrit. Rev. **22** (1964) Nr. 1. S. 13-14. — 4 Lit.

Fütterung von Küken mit einem Vit.-A-Mangelfutter rief schuppige Metaplasien des Sekretions- und Drüsenepithels des Nasenraumes hervor. Xer-

ophthalmie wurde nicht beobachtet, wohl aber Schuppung des Epithels der Cornea und Conjuctiva. Schuppige Veränderungen zeigten auch Oesophagus und Trachealraum. Auch trat schwere Ataxie mit mikroskopischen Läsionen im Cerebellum auf. Aus den Untersuchungen werden die Unterschiede zwischen Küken und anderen Species bei Vit.-A-Mangel deutlich.
W. Goldbach. 8152.

3-64/10-0629 Vághy, T. und László, E. Mikrobiológiai uton nyert karotinolaj biológiai kipróbálása csirkéken. **(Biologische Prüfung des auf mikrobiologischem Wege erzeugten Carotinöls an Küken.)** Magyar Állatorvosok Lapja [Ung. veterinärmed. Bl.] 18 (1963) Nr. 7. S. 277-279. – Aus: Ung. Agrar-Rdsch. **1964** Nr. 1.
Vff. prüften die ölige Carotinlösung, die aus Kulturen von *Blakeslea trispora* erzeugt wurde, im biol. Verfahren. Als Versuchstiere wurden Hampshire-Küken verwendet, die vom Eintagsalter ein Futter verzehrten, das kein Vit. A oder Carotin enthielt. Nach einer 3 Wochen dauernden Entleerungszeit wurde mit einer Sonde Carotin und in einem 2. Versuch Carotin und Vit. A in äquivalenten Mengen in den Verdauungskanal der Küken verabfolgt. Vff. stellten fest, daß das Präparat des Instituts, das 70-75% β-Carotin enthält, rasch resorbiert wird. Der Vit.-A-Spiegel der Leber zeigte nach 24-28 Std. Maximalwerte. Zu dieser Zeit konnten 35-40% des peroral verabfolgten Carotins als Vit. A in der Leber nachgewiesen werden. Das umgewandelte Vit. A kann 380 Std. nach der Einverleibung noch in beträchtlichen Mengen in der Leber nachgewiesen werden. Auf Grund der Versuche behaupten Vff., daß im Vergleich zu dem wasserlösl. Vit.-A-Acetat Carotinöl in Küken gut resorbiert und in einem vorteilhaften Verhältnis zu Vit. A umgewandelt wird. 8152.

3-64/10-0630 Mathews, J. und Beaton, G. H; Toronto, Ontario, Univ. of Toronto, School of Hyg. Vitamin A and carotene utilization in protein-deprived rats. **(Vitamin-A- und Carotin-Verwertung durch Proteinmangelratten.)** Canad. J. Biochem. Physiol. **41** (1963) Nr. 3. S. 543-549. – 2 Tab., 23 Lit.
Protein(**I**)-freie Ernährung führt bei Ratten mit und ohne Vit. A(**II**)-Zugabe zu einer Senkung des Serum-**II**-Spiegels. Bei Zufütterung von 4 bzw. 20% **I** bestehen im **II**-Gehalt des Serums dagegen keine Unterschiede. Auch bei vorausgehender **II**-Mangelfütterung steigt der **II**-Spiegel im Serum nach **II**-Verabreichung (6 bzw. 12 g **II** tägl.) bei 4 und 20% **I** gleichsinnig an. 24 g β-Carotin (**III**) tägl. ergibt dagegen im Vergleich zum **II** nur einen etwa 50%igen **II**-Anstieg im Serum. Der Leber-**II**-Gehalt sinkt bei 4% **I** bei **III**-Zugabe ab, bei 20% **I** entspricht er der niedrigsten **II**-Gabe. Bei 20% **I** liegen die **II**-Leberwerte allgemein niedriger als bei 4% **I**. Vff. schließen aus den Ergebnissen auf einen verminderte **III**-Absorption und -Umwandlung zu **II** bei **I**-Mangel. H. Ackermann. 8152.

3-64/10-0631 Veen, M. J., Russell, G. und Beaton, G. H.; Toronto, Ontario, Univ., School of Hyg. Food consumption and rectal temperature in rats during thiamine deficiency and repletion. **(Nahrungskonsum und Rectaltemperatur von Ratten bei Thiaminmangel und -überschuß.** Canad. J. Biochem. Physiol. **41** (1963) Nr. 12. S. 2463-2471. – 3 Abb., 2 Tab., 27 Lit.
An ♂ Ratten wurde festgestellt, daß durch Thiaminmangel die Futteraufnahme zurückging und die Körpertemp. sank. Durch Zugabe von 50 μg Thiaminchlorid erhöhte sich die Körpertemp. signifikant nach 4 Std. und die Futteraufnahme nach 24 Std. Bei geringerer Fütterung stieg die Rectaltemp. zunächst an und fiel bei weiterem Futtermangel unter die der Tiere mit ad libitum-Fütterung. Es wird vermutet, daß die Erniedrigung der Körpertemp. bei Thiaminmangel nicht nur eine Folge der eingeschränkten Futteraufnahme ist, sondern daß infolge von Thiaminmangel irgendwelche Stoffwechseländerungen eintreten. W. Jentsch. 8158.

3-64/10-0632 Anonym. Ascorbic acid and tyrosine metabolism. **(Ascorbinsäure und Tyrosinstoffwechsel.)** Nutrit. Rev. **22** (1964) Nr. 1. S. 31. 8160.

3-64/10-0633 Rust, J. W., Jacobsen, N. L. und McGilliard, A. D.; Ames, Iowa State Univ. Supplementation of dairy calf diets with enzymes. I. Effect on rate of growth. **(Enzymzusatz zu Rationen für Milchkälber. 1. Mitt. Die Wirkung auf die Wachstumsrate.)** J. Animal Sci. **22** (1963) Nr. 4. S. 1104-1108. — 6 Tab., 12 Lit.

Die Wirkung eines Enzymzusatzes war in bisherigen Untersuchungen nicht eindeutig bei Starterfuttern und ungünstig bei Milchaustauschern. In den vorliegenden Versuchen wurden bakterielle Amylasen und Proteasen (*B. subtilis*), eine von Pilzen gebildete Amylase und Protease (*A. oryzae*) sowie eine Amyloglucosidase (*A. niger*) geprüft. Letztere senkte die Wachstumsrate, während sich die bakteriellen Proteasen fördernd auf das Wachstum auswirkten. Als optimale Dosis wird 1,1-1,4 mg täglich je lb. Lgw. angegeben. B. Piatkowski. 8170.

3-64/10-0634 Claus, A. **Die „Fermentschwäche" junger Tiere als Fütterungs- und Züchtungsproblem.** Kraftfutter **47** (1964) Nr. 2. S. 60-61. 8170.

3-64/10-0635 Brüggemann, Johs., Merkenschlager, M. und Niesar, K.-H.; München, Univ., Inst. für Physiol. und Ernähr. der Tiere. **Bilanzstudien mit C-14-Chlortetracyclin an der Legehenne unter den Bedingungen der Antibiotikafütterung.** Zbl. Veterinärmed., R. B **10** (1963) Nr. 7. S. 631 bis 648. — 1 Abb., 7 Tab., 12 Lit.

Zur Aufklärung des Schicksals von CTC bei Verfütterung in üblicher Dosierung wurde in einem Bilanzversuch von 15 Tagen an 3 einjährigen Hennen die Ausscheidung (Kot, Urin, Ei) und Verteilung (einzelne Gewebe des Schlachtkörpers) mittels C-14-CTC geprüft. Die Ausscheidung und Rückstände antibakteriell aktiver Subst. wurden mikrobiol., die Abbauprodukte radiochemisch nachgewiesen. Die Ausscheidung und entsprechende Inkorporation von C-14-CTC waren bei den Tieren unterschiedlich. Das Skelett weist von allen Organen die höchste C-14-Aktivität auf. Das Verhältnis von antibakterieller Aktivität zu C-14-Aktivität — gemessen in CTC-Gewichtseinheiten — betrug in den Faeces 1:3, in den Organen 1:50. L. Sperling. 8185.

3-64/10-0636 Høie, Hohs. und Lund, Sverre; Vollebekk, Norges Landbrukshøgskole. Forsøk med antibiotika til kyllinger og verpehøner. **(Versuche mit Antibioticis an Küken und Legehennen.)** Meld. Norges Landbrukshøgskole **42** (1963)Nr. 17. S. 1-53. — 4 Abb., 26 Tab., 55 Lit.

In 19 Versuchen mit insges. 6142 Küken und 7 Versuchen mit 7186 Legehennen wurde in den Jahren 1954-1961 die Wirkung von Antibioticis geprüft, die im allgemeinen in der geringen Gabe von 5 bis 20 mg je kg Futter und nur ausnahmeweise in größeren Dosen beigefüttert wurden. Verwendet wurden die Antibiotica Aureomycin, Bacitracin, Oleandomycin, Penicillin, Terramycin und Zinkbacitracin. Die bei den Küken erhaltenen Ergebnisse führen zu dem Schluß, daß unter normalen Bedingungen durch Beigabe der Antibiotica von 0 bis zu 6-8 Wochen eine etwas bessere Gewichtszunahme und dadurch frühere Schlachtreife erzielt werden kann. Infolge gleichzeitig etwas höheren Verzehrs an Futter ist jedoch seine Ausnutzung nicht verbessert. Bei Hennenküken ist ein etwas geringeres Legealter durch die Antibiotica zu erreichen, sonst aber sind unter normalen Bedingungen keine Vorteile damit verbunden. Für Legehennen ergibt sich die Folgerung, daß die Zufütterung der Antibiotica unter normalen guten Verhältnissen keinen Nutzen bringt, sondern unökonomisch ist. Lediglich bei Infektionen oder anderen Beschwerden der Hennen sind die Antibiotica in kurzdauernden hohen Gaben zu empfehlen. L. Sperling. 8185.

3-64/10-0637 Krasil'nikov, N. A.; Moskau, Inst. für Mikrobiol. der Akad. der Wiss. der UdSSR. Mikroorganizmy i ich metabolity v podkormke životnych. **(Mikroorganismen und ihre Stoffwechselprodukte als Zusatz im Tierfutter.)** Izvestija Akademii nauk SSSR. Serija biologičeskaja, Moskva **28** (1963) Nr. 6. S. 798-807. — 8 Tab., 13 Lit. Zus. in Engl.

Zu den vielen Stoffwechselprodukten der Mikroorganismen, die als Wirkstoffe das Tierfutter bereichern, gehören Aminosäuren, Carotinoide und Antibiotica. Besonders eiweißhaltig sind Mykobakterien und Actinomyceten, deren Zellen bis zu 72% Eiweiß enthalten (bezogen auf Tr.-Subst.). In das Kulturmedium werden vielfach freie Aminosäuren abgegeben. Präparate aus Bakterien und Kulturmedien bewährten sich in Fütterungsversuchen an Küken. — Carotin- und Carotinoid-bildende Stämme fanden sich unter den Hefen, Mykobakterien, Pilzen, Actinomyceten und Proactinomyceten. Im Kükenversuch wurde der Vit.-A-Gehalt der Leber durch verschiedene Fraktionen eines untersuchten Präparats erhöht. — Die nutritive Wirkung des Präparates „Kormogrisin", das aus Actinomyceten gewonnen wurde und nicht als Therapeuticum Verwendung findet, wurde bei vielen Tierarten nachgewiesen. Es enthält außer antibiotisch wirksamen Stoffen noch Vitamine.

W. Goldbach. 8195.

3-64/10-0638 Kuźminych, A. Ispol'zovanie lejkocitarnych vzvesej pri vyraščivanii krupnogo rogatogo skota. **(Die Verwendung von Leukozytensuspensionen in der Rinderaufzucht.)** Tr. Krasnojarskogo s.-ch. in-ta **11** (1961) S. 89-96. — Aus: Referativnyj Zurnal Moskva. Životnovodstvo, veterinarija **1963** Nr. 16.58.107. S. 15.

An 52 15-20 Monate alten Färsen wurden unter den Bedingungen der Region Krasnodar Versuche durchgeführt. Den Versuchtieren wurden einmal in Abständen von 7 Tagen je 10 ml Leukocytensuspension von Pferdeblut eingeführt. Im 1. Versuchsmonat hatten die Versuchs- und die Kontrolltiere die gleiche Gewichtszunahme. Im 2. Monat war die gesamte Gewichtszunahme bei den Versuchsfärsen (26 Tiere) 127 kg und im 3. Monat 31 kg höher als bei der Kontrollgruppe. Das zeugt von einer andauernden Reaktion des Organismus auf die Einführung der Leukocytensuspension. 8195.

E. VERWERTUNG DER NÄHRSTOFFE UND FUTTERMITTEL

3-64/10-0639 Sanslone, W. R. und Squibb, R. L.; New Brunswick, N. J., State Univ. Effect of calorie intake on nitrogen retention in the immature fowl. **(Wirkung der Energieeinnahme auf die Stickstoffretention bei wachsendem Geflügel.)** Brit. J. Nutrit. **17** (1963) Nr. 4. S. 459-463. — 3 Tab., 15 Lit.

In insges. 8 Versuchen mit 60 Tage alten Leghornküken wurde der Einfluß variierender Energieeinnahme (50, 75, 88, 94, 106, 112, 125 und 150% einer normalen Energieeinnahme) bei konstanter N-Zufuhr auf die Gewichtsentwicklung und N-Retention untersucht. Verwendet wurden 2 Rationen, bei denen Maisöl entzogen bzw. hinzugesetzt wurde. Die Kontrolltiere zu jedem Niveau der Energieeinnahme wurden mit der jeweiligen Ausgangsration ad libitum gefüttert. Die Gewichtsentwicklung der Tiere war bei eingeschränkter Energiezufuhr gegenüber den Kontrolltieren signifikant geringer, bei Steigerung der Energie über normal (106-150%) ergab sich kein Unterschied. Die N-Retention wurde nur bei scharfer Unterernährung (50 und 75%) signifikant vermindert. In den Kontrollgruppen bestand die Tendenz eines linearen Anstiegs der N-Retention mit fortschreitendem Alter.

L. Hoffmann. 8215.

3-64/10-0640 Elliott, R. C. und Topps, J. H.; Salisbury, South Rhodesia, Univ. Coll. of Rhodesia and Nyasaland. Studies of protein requirements of ruminants. 1. Nitrogen balance trials on two breeds of African cattle given diets adequate in energy and low in protein. **(Untersuchungen über den Pro-**

teinbedarf von Wiederkäuern. 1. Mitt. Stickstoffbilanzversuche an 2 afrikanischen Rinderrassen mit Rationen, die angemessen waren für Energie und gering für Protein.) Brit. J. Nutrit. **17** (1963) Nr. 4. S. 539-547. — 2 Abb., 5 Tab., 11 Lit.

Jeweils 12 Africander- und Mashona-Ochsen erhielten Rationen mit variierendem Rohproteingehalt (5, 7, 9, 11%) aber etwa gleichem Energiegehalt, der einen erheblichen Gewichtszuwachs sicherte. Gemessen wurden die Futteraufnahme in Abhängigkeit vom Proteingehalt der Ration, N-Verdaulichkeit und N-Bilanz. Zwischen den Rassen bestand kein signifikanter Unterschied in der N-Verdaulichkeit und -Verwertung. Bei allen Rohproteingaben befanden sich die Tiere in positiver N-Bilanz. Der N-Erhaltungsbedarf errechnete sich zu etwa $^1/_3$ der von Brody (1945) empfohlenen Norm. Die tägl. verd. N-Erhaltungsbedarfsforderung wurde durch folgende Gleichung ausgedrückt: $N_{(mg)} = 197W^{0,73}$ (W = Gewicht in kg). Der extrem niedrige N Erhaltungsbedarf wird ausführlich diskutiert. L. Hoffmann. 8220.

3-64/10-0641 Elliott, R. C. und Topps, J. H.; Salisbury, South Rhodesia, Univ. Coll. of Rhodesia and Nyasaland. Studies of protein requirements of ruminants. 2. Protein requirement for maintenance of three breeds of cattle. **(Untersuchungen über den Proteinbedarf bei Wiederkäuern. 2. Mitt. Proteinbedarf für Erhaltung bei 3 Rinderrassen.)** Brit. J. Nutrit. **17** (1963) Nr. 4. S. 549-556. — 2 Abb., 4 Tab., 10 Lit.

Versuche mit 3 Rinderrassen sollten prüfen, ob die erhaltenen Ergebnisse für einen extremen niedrigen N-Erhaltungsbedarf afrik. Rinderrassen (s. vorst. Referat) in der praktischen Fütterung für längere Zeit anwendbar sind und ob europ. Rassen einen ähnlich geringen N-Erhaltungsbedarf haben. Als Versuchstiere dienten Africander, Mashona und Aberdeen-Angus. Verfüttert wurden 2 verschiedene Rationen mit unterschiedlichem Energie- (65 bzw. 48 TDN), jedoch gleichem Proteingehalt (2,8% verd. Rohprotein, entspr. etwa 60% der Empfehlungen von Brody) zur Deckung des Erhaltungsbedarfs. — Zwischen den Rassen bestanden in der Futterausnutzung keine signifikanten Differenzen. Bei Zufuhr der Ration mit hohem Energiegehalt hatten die Tiere eine ∅ Gewichtszunahme von 0,26 kg. Die Ration mit niedrigem Energiegehalt führte zu einem Gewichtsverlust von 0,12 kg tägl. Diese Differenz in der Futterverwertung wird von Vff. auf die geringere N-Verwertung zurückgeführt, die eintritt, wenn Rationen verfüttert werden, die nicht genügend verfügbare Kohlenhydrate enthalten. L. Hoffmann. 8220.

3-64/10-0642 Hinders, R. G. und Owen, F. G.; Lincoln, Univ. of Nebraska, Dep. of Dairy Sci. Relationships between efficiency of milk production and ruminal volatile fatty acids of cows fed isocaloric (ene) rations of varied concentrate levels. **(Beziehungen zwischen der Wirksamkeit in der Milchproduktion und den flüchtigen Fettsäuren im Pansen von Kühen bei isokalorischen Rationen mit verschieden hohen Kraftfuttergaben.)** J. Dairy Sci. **46** (1963) Nr. 11. S. 1246-1250.

Die Differenzen der Wirksamkeit von TDN aus Rauhfutter bzw. Kraftfutter in der Milchproduktion konnten bisher nicht geklärt werden. Daher erhielten fistulierte Kühe Rationen, in denen 90, 70, 50 oder 30% der Nettoenergie dem Kraftfutter entstammte. Der Bedarf je lb. FCM (ohne Erhaltungsbedarf) betrug in der o. a. Reihenfolge 0,55; 0,61; 0,71 und 0,8% Therms verd. Energie bzw. 0,28; 0,31; 0,35 und 0,40 lb. TDN. Der Nettoenergiebedarf/lb. FCM lag zwischen 0,34 bis 0,37 Therms und unterschied sich nicht. Mit steigendem Kraftfutteranteil stieg die Verdaulichkeit und der TDN-Gehalt; es fiel die Conc. an Gesamtsäuren und an Essigsäure (C_2), und es erhöhte sich die an Buttersäure (C_4). Eine signifikante Korrelation bestand zwischen lb. TDN/je lb. FCM und der Conc. (prozent.) Gehalt von C_4 (−0,81) sowie dem C_2/C_4-Verhältnis (+0,91). Mit größer werdenden Verhältnis von 2,5 auf

3,5 stieg der TDN-Bedarf je lb. FCM von 0,28 auf 0,40. Der prozentische Anteil an Propionsäure war weniger stark mit der TDN-Verwertung korreliert. B. Piatkowski. 8230.

3-64/10-0643 Piatkowski, B. und Rasch, D. **Untersuchungen über den Proteinstoffwechsel an hochträchtigen Zwillingsfärsen.** Arch. Tierernähr. **14** (1964) Nr. 1. S. 47-54. — 2 Abb., 8 Tab., 4 Lit. Zus. in Russ., Engl.
Vff. untersuchen an 4 Paar gleichartigen Zwillingsfärsen die N-Retention während der letzten 60 Tage der Gravidität. Ein Paarling erhielt stets 400-500 g Protein mehr als das Vergleichstier. Durch den Proteinzusatz wurde die N-Verdaulichkeit um 8-10% gesteigert, jedoch die N-Retention nicht beeinflußt. Der N-Ansatz je Tier und Tag betrug von der 8. bis zur letzten Woche vor dem Kalben 16,5 g, 20,5 g, 25,5 g, 31 g, 38 g, 45,5 g, 54,5 g und 65 g. Der zeitliche Verlauf des N-Ansatzes kann durch folgende Funktion beschrieben werden: $y = 8{,}2 + 85{,}35\ e^{0{,}1552\,t}$; y = N in g, t = Wochen vor dem Kalben. Vff. empfehlen für Färsen, die mit 2½ Jahren abkalben, in den letzten drei 20-Tage-Abschnitten der Trächtigkeit eine Fütterung entsprechend einer Milchleistung von 5; 8 bzw. 12 kg. H. Bergner. 8265.

3-64/10-0644 Shirley, R. L., Wallace, H. D., Combs, G. E., Palmer, A. Z. und Davis, G. K.; Gainesville, Fla., Univ. Effect of added lysine in swine diets on lean cuts and enzyme activity in the heart and liver. **(Wirkung einer Lysin-Ergänzung von Schweinerationen auf Fleischanschnitte und Enzymaktivität.)** J. agric. Food Chem. **11** (1963) Nr. 6. S. 530-531. — 2 Abb., 3 Tab., 8 Lit.
2 Gruppen zu je 40 Schweinen erhielten vom Absetzen bis zur Endmast eine Mais-Soja-Ration, die bei der Versuchsgruppe mit 0,4% L-Lysin ergänzt wurde. Die Lysin-Ergänzung hatte keinen signifikanten Einfluß auf Futterverzehr, Futterverwertung, tägl. Gewichtszunahmen, Rückenspeckdicke, Schlachtkörperlänge und Schlachtausbeute. Die Prozentsätze von 4 Fleischanschnitten (Schinken, Lenden, „Picknick" und „Butt") wurden durch den Lysinzusatz geringfügig erhöht, die Lendenfleischfläche etwas vergrößert. Die Isocitronensäure-Dehydrogenase-Aktivität in den Herzen war bei den Kontrolltieren größer ($P < 0.025$) als bei den Versuchstieren. Die Xanthin-Oxidase-Aktivität in den Lebern war dagegen bei den mit Lysin ergänzten Tieren erhöht. J. Wünsche. 8265.

3-64/10-0645 Rérat, A. und Henry, Y.; Jouy-en-Josas, Seine-et-Oise, France, Centre Nat. de Rech. Zootechn. Étude de l'ajustement de la consommation spontanée d'énergie en fonction de l'apport azoté chez le rat en croissance. **(Vergleichende Untersuchung über den freiwilligen Energieverbrauch von wachsenden Ratten in Abhängigkeit vom Nahrungseiweiß.)** Ann. Biol. Animale, Biochim. Biophys. **3** (1963) Nr. 3. S. 263-298. — 7 Abb., 13 Tab., 26 Lit.
Wachsende Ratten erhielten 8 Wochen lang ein eiweißfreies bzw. eiweißhaltiges Futter. Als Eiweißquellen dienten Fischmehl, extrahierter Erdnußölkuchen und Weizenglutenmehl. Verfüttert wurden tägl. 0,6, 1,2 und 1,8 g Protein. Nach Versuchsende wurden die Tiere getötet und nach einer früher beschriebenen Methode analysiert. War die tägl. Proteinmenge für ein max. Wachstum nicht ausreichend, stieg die Energieaufnahme mit der dargebotenen Eiweißmenge an; bei einem konstanten Eiweißbetrag wuchs der Energieverbrauch mit der Eiweißqualität. In jedem Fall verbesserte der steigende Energieverbrauch die Gewichtszunahme, die Futterverwertung und die N- und Energie-Retention. Es bestand eine lineare Beziehung zwischen der tägl. Kalorienaufnahme und der Gewichtszunahme sowie zwischen dem Energieverbrauch und der Menge des im Körper zurückgehaltenen N. Die Zusammensetzung des Körpers war bei einem gegebenen Körpergewicht für alle

3 Eiweißarten gleich. – Die erhaltenen Ergebnisse bestätigten die Hypothese, nach der die Energieaufnahme durch das tägl. Eiweiß reguliert wird, das hier der begrenzende Faktor war. W. Goldbach. 8265.

3-64/10-0646 Bressani, R., Wilson, D., Béhar, M., Chung, M. und Scrimshaw, N. S. Supplementation of cereal proteins with amino acids. IV. Lysine supplementation of wheat flour fed to young children at different levels of protein intake in the presence and absence of other amino acids. **(Ergänzung von Getreideproteinen mit Aminosäuren. 4. Mitt. Lysin-Ergänzung von Weizenmehl, verabreicht an Kinder, bei verschieden hohen Protein-Aufnahmen und bei Vorhandensein oder Mangel anderer Aminosäuren.)** J. Nutrit. [Philadelphia] **79** (1963) Nr. 3. S. 333-339. – 4 Tab., 16 Lit.
Es wurden N-Bilanz-Versuche an Kindern im Alter von 2-6 Jahren durchgeführt. Die Grunddiät bestand aus Weizen. Sie wurde in der 1. Versuchsreihe einmal ergänzt mit Lysin, zum 2. mit einer Aminosäuremischung, die zusammen mit den Aminosäuren der Grunddiät den FAO-Empfehlungen entsprach, 3. mit Lysin und Tryptophan und 4. mit Lysin und Valin. Die Zugabe von Lysin verursachte dabei eine wesentlich erhöhte N-Retention. Nach Zugabe der Aminosäuremischung lag die N-Retention noch höher als bei einer Milchdiät gleichen N-Gehalts. Bei der 2. Versuchsreihe wurden zu Weizenmehl verschieden hohe Lysinmengen hinzugefügt, so daß verschieden hohe Verhältnisse von Lysin zu Tryptophan in der Nahrung entstanden. Die N-Retention war bei Lysinzusatz gegenüber der Grunddiät, die 2 g N/kg/Tag bzw. 3 g N/kg/Tag enthielt, wesentlich erhöht, stieg jedoch bei noch höheren Lysingaben nur noch leicht an. Die N-Retention lag bei höheren Lysinzusätzen sogar höher als die N-Retention bei einer Milchdiät, wenn die Nahrung 3 g N pro kg Körpergewicht und pro Tag enthielt. G. Gebhardt. 8265.

3-64/10-0647 Petrescu, C. und Stavri, J. Stabilirea conţinutului în aminoacizi al unor nutreţuri concentrate în vederea raţionalizării nutriţiei proteice a animalelor. **(Ermittlung des Aminosäuregehaltes einiger Kraftfutterarten im Hinblick auf die Rationalisierung der Eiweißfütterung der landwirtschaftlichen Nutztiere.)** Lucrările ştiinţ. Inst. Cercetări zootehn. **20** (1962) S. 103-112. – 4 Tab., 14 Lit. Zus. in Russ., Engl., Franz., Dtsch.
Beim Vergleich der Eiweißstoffe der untersuchten Futtermittel mit Ovalbumin, Casein und den betreffenden Bedarfsnormen für Hühnerküken, Legehennen und Ferkel konnten 3 kritische AS ermittelt werden: Lysin in den Getreidearten, Methionin in allen weiteren landw. Kraftfutterarten und Tryptophan im Mais. R. Petrovszky. 8265.

F. ERNÄHRUNGSSTÖRUNGEN UND MANGELKRANKHEITEN

3-64/10-0648 Anonym. Glutamate metabolism in muscular dystrophy. **(Glutamatstoffwechsel bei Muskeldystrophie.)** Nutrit. Rev. **22** (1964) Nr. 1. S. 26-28. 8310.

3-64/10-0649 Pehrson, Bo. Alimentärt betingad hypomagnesemi hos stallfodrade kor. **(Fütterungsbedingte Hypomagnesämie bei Kühen unter Stallhaltung.)** Nord. Veterinärmed. **15** (1963) Nr. 12. S. 937-976. – 19 Tab., 50 Lit. Zus. in Engl., Dtsch.
Während der Stallhaltungsperiode 1960/61 traten in Schweden nach einem regenreichen Sommer bei Milchkühen etwa 6 Tage nach dem Abkalben relativ häufig krampfartige Erscheinungen auf, bei denen stets eine Hypomagnesämie beobachtet wurde. Vf. stellte fest, daß der Energiebedarf der Tiere in keinem Falle durch die Ration gedeckt wurde und daß ein derartiger Mangel den Mg-Bedarf im Futter des Rindes über die sonst übliche Norm hinaus steigert. Da trotz der Unterernährung der Tiere nur wenige Fälle von Acetonämie auftraten, wird geschlußfolgert, daß Acetonämie und Hypo-

magnesämie als voneinander mehr oder weniger unabhängige Folgen eines Hungerzustandes zu betrachten sind. Die Tatsache, daß die Zahl der beobachteten Fälle in dem beschriebenen Jahr nicht noch größer war, wird darauf zurückgeführt, daß große Heumengen verabreicht wurden, die zwar qualitativ in ihren wesentlichen Bestandteilen minderwertig waren, jedoch große Mg-Mengen enthielten. E. Wiesner. 8350.

H. FÜTTERUNG DER LANDWIRTSCHAFTLICHEN NUTZTIERE

3-64/10-0650 Raven, A. M. und Robinson, K. L.; Belfast, Min. of Agric. for Northern Ireland; Queen's Univ. Some recent developments concerning the nutrition of calves. **(Einige Neuentwicklungen bezüglich der Ernährung der Kälber.)** J. Soc. Dairy Technol. **17** (1964) Nr. 1. S. 5-12. — 4 Tab., 9 Lit.

Vff. geben die Versuchsergebnisse der letzten Jahre über die Ernährung von Kälbern bekannt. Kriterien für die Tauglichkeit einer Fütterungsmethode sind die Verdaulichkeit des Fettes und die Verwertung des N. Die Verdaulichkeit des Vollmilchfetts beträgt 97% und die N-Retention 50-60%. Palmkernöl mit lang- und kurzkettigen Fettsäuren sowie Rindertalg wurden in der Kälberernährung geprüft. Die Verdaulichkeit der Fette und die N-Retention erhöhten sich durch Lecithinzugabe. Vergleichsuntersuchungen zur Trocken- und Naßfütterung wurden angestellt und die Verwertung der fetthaltigen Kraftfuttermittel in Wassersuspensionen geprüft. Die Verabreichung von Magermilch und Fettzugaben sowie Mischungen von kohlenhydratreichen Kraftfuttermitteln mit den genannten Komponenten wurden untersucht.
W. Jentsch. 8454.

3-64/10-0651 Pankevič, A. Acidofilin — teljatam, **(Kälber mit Acidofilin tränken.)** Moločnoe i mjasnoe skotovodstvo, Moskva **9** (1964) Nr. 3. S. 38-40. — 3 Tab.

Acidofilin wird aus pasteurisierter Magermilch durch Säuerung mit Hilfe von Kefir- oder *Str. lactis*-Kulturen hergestellt. Die Methodik der Herstellung unter den Bedingungen der Praxis eines landwirtschaftlichen Betriebes wird erläutert. Zwei Kälbergruppen wurden unter Einsatz folgender Milchgaben aufgezogen: Die Versuchsgruppe erhielt 90 kg Vollmilch und 657 kg Acidofilin, während an die Kontrollgruppe 249 kg Vollmilch und 544 kg Magermilch vertränkt wurden. Die mittleren Tageszunahmen betrugen 562 g bei der Versuchsgruppe und 604 g bei der Kontrollgruppe. Der Futteraufwand je kg Zunahme bis zum Alter von 5 Mon. betrug bei beiden Gruppen 4,57 sowj. Futtereinheiten. Es können bei der Anwendung von Acidofilin je Kalb 10-13 Rubel Aufzuchtkosten eingespart und durch die Verfütterung von Magermilch bedingte Verdauungsstörungen beseitigt werden.
H. Schwiderski/Dummerstorf. 8454.

3-64/10-0652 Pălămaru, E., Nicolicin, Sv., Brad, E., Tascenco, V., Soenescu, N., Stavri, J. und Sîrbu, M. Norme şi raţii furajere pentru creşterea tineretului taurin femel din rasa sură de stepă. **(Bedarfsnormen und Futterrationen für die Aufzucht weiblicher Jungrinder der Grauen Steppenrasse.)** Lucrările ştiinţ. Inst. Cercetări zootehn. **20** (1962) S. 159-178. — 8 Tab., 12 Lit. Zus. in Russ., Engl., Franz., Dtsch.

Vff. empfehlen auf Grund ihrer Versuche ♀ Zuchtjungrindern der Grauen Steppenrasse von 0-6 Mon. nur je 217 l Voll-, 530 l Magermilch und 137 kg Kraftfutter und von 6-12 Mon. je 252 kg Kraftfutter zu verabreichen, außer den übrigen Futtermitteln (Grün- und Sauerfutter, Heu und Saftfutter) bester Qualität. Damit konnten folgende ∅ Lgw. erzielt werden: mit 6 Mon. 133 kg, 12 Mon. 247 kg, 18 Mon. — 333 kg, 24 Mon. — 414 kg und mit 28 Mon. (vor dem Kalben) — 485 kg. Es werden die entspr. Bedarfsnormen angeführt. R. Petrovszky. 8454.

3-64/10-0653 Preston, T. R., Aitken, J. N., Whitelaw, F. G., MacDearmid, A., Philip, Euphemia B. und MacLeod, N. A.; Aberdeen, Bucksburn, Rowett Res. Inst. Intensive beef production. 2. Performance of Friesian steers given low-fibre diets. **(Intensive Rindfleisch-Produktion. 3. Mitt. Leistung von Friesian-Bullen bei Rationen mit niedrigem Rohfasergehalt.)** Animal Product. **5** (1963) Nr. 3. S. 245-249. — 5 Tab., 12 Lit. 2. Mitt. vgl. LZ. Abt. III 8 (1963) Nr. 12. S. 2612.
Vff. führten Mastversuche mit Jungbullen im Gewichtsabschnitt von 90 bis 400 kg durch. In Gr. I bestand die Ration zu 82,5% aus Mais und in Gr. II zu 85% aus gequetschter Gerste sowie einem Beifutter (15%). 5 von 15 Tieren der Gr. I verendeten an Ernährungsstörungen, während in Gr. II keine derartigen Probleme auftraten. Bei Maisfütterung wurde nach 344 Tagen das Endgewicht von 409 kg (231 kg Ausschlachtungsgewicht) erreicht, bei Gerstefütterung nach 362 Tagen ein solches von 405 kg (222 kg Ausschlachtungsgewicht). Der durchschnittliche tägl. Zuwachs betrug 1,27 bzw. 1,18 kg, der Verbrauch an Trockenfutter (lufttrocken) 4,76 kg je kg Zuwachs bei Gr. II. Die Tiere der Gr. I waren fetter (Schnitt an der 10. Rippe). Bei Verdünnung der Nährstoffconcentration einer Ration sinkt demnach der Zuwachs, der Prozentsatz der Ausschlachtung und der Fettgehalt. B. Piatkowski. 8458.

3-64/10-0654 Heady, Earl O., Roehrkasse, Glenn P., Woods, Walter und Scholl, J. M. Beef-cattle production functions on forage utilization. **(Funktionen zwischen Rindermast und Futterverwertung.)** Iowa State Univ. Sci. Technol., agric. Home Econ. Exp. Stat., Res. Bull. **1963** Nr. 517. S. 885 bis 920.
Futterkosten, Zeitpunkt der Vermarktung, Wirkstoffzusätze, Getreide zu Grundfutterverhältnis u. a. haben erheblichen Einfluß auf den Gewinn aus der Rindermast. Um den höchsten Profit unter den gegebenen Verhältnissen errechnen zu können, werden eine Reihe Funktionen und Berechnungen angeführt und erläutert. Ein 3jähriger Versuch mit Mastochsen brachte bei verschiedener Staffelung des Getreide-Gärfutter-Verhältnisses in der Ration bei dem größten Getreideanteil den höchsten Profit. P. Matthies. 8458.

3-64/10-0655 Holzschuh, W. und Martin, J. **Untersuchungen über die Mineralstoffversorgung der Rinder in Produktionszonen mit umfangreichem Zuckerrüben-Luzernebau.** Tierzucht **18** (1964) Nr. 2. S. 96-100.
In Trockenjahren nehmen die Pflanzen aus dem Boden geringe Mengen an Mineralstoffen, insbes. an P auf. Deshalb sind in diesen Jahren die Rinderabgänge wegen Knochenweiche hoch. Es bestehen aber auch Beziehungen zwischen der Niederschlagsmenge und der Häufigkeit an Knochensystemerkrankungen. Auf Grund von hohem Ca- und niedrigem P-Gehalt von Zuckerrüben und Luzerne entspricht in den Hauptproduktionsgebieten dieser Pflanzen selbst bei ausreichender und harmonischer Düngung das Ca/P-Verhältnis nicht den Anforderungen der Rinder, die häufig P-Mangel-Erkrankungen aufweisen. In einem Wachstumsversuch mit 40 Jungmastbullen wurden durch einseitige Verfütterung von Naßschnitzelsilage und Trockenschnitzeln infolge P-Mangels Gelenk- und Knochenerkrankungen festgestellt, die sich durch die tägl. Beigabe von 150 g Mineralstoffgemisch für Rinder je Tier verhindern ließen. Gleichzeitig erhöhten sich dadurch die Tageszunahmen.
K. Pilz. 8458.

3-64/10-0656 Ambrosov, V. Intensifikacija kormoproizvodstva. **(Intensivierung der Futterproduktion.)** Moločnoe i mjasnoe skotovodstvo, Moskva **9** (1964) Nr. 5. S. 22-25. — 4 Tab.
Vf. gibt eine Einschätzung der einzelnen Futterkulturen von der ökonomischen Seite her, wonach eine Futtereinheit durch Silomais, geerntet in der Milchwachsreife, billiger als durch alle anderen Kulturen produziert werden kann. Für eine vollwertige und schmackhafte Ration, welche die Erzielung von

Höchstleistungen gewährleistet, sind jedoch noch andere, ebenfalls billig zu produzierende Futtermittel, notwendig. Für die Wirtschaften des Charkower Gebiets wird vorgeschlagen, den Rauhfutteranteil, der bislang 21% der Ration betrug, auf 16% herabzusetzen und den Saftfutteranteil, vor allem auf Kosten der Maissilage bis auf 62% zu erhöhen. Der Kraftfutteranteil in der Ration soll in der Winterfutterperiode 22% betragen. Das Kraftfutter soll einen Leguminosenanteil bis zu 50% aufweisen. Durch die Ausrichtung der Futterwirtschaft auf intensivere Kulturen wie Silomais, Zucker- und Futterrüben anstelle einjähriger Gräser zur Heugewinnung, soll bei den 4 in die Untersuchungen einbezogenen Sowchosen eine Steigerung der Milchproduktion von derzeitig 1351 kg/ha auf 1852 kg/ha erzielt werden. Vf. weist darauf hin, daß durch die Beifütterung von Maissilage während der Sommerfutterperiode eine effektivere Ausnutzung der Ration erreicht werden kann.
H. Schwiderski/Dummerstorf. 8460.

3-64/10-0657 Dammers, J. und Hamm, G. G. H.; Hoorn, Inst. voor Veevoedingsonderzoek. De invloed van een vereenvoudigde voedermethode op de produktie van melkvee. **(Der Einfluß einer vereinfachten Fütterungsmethode auf die Produktion von Milchkühen.)** Landbouwkund. Tijdschr. **76** (1964) Nr. 1. S. 21-27. — 1 Abb., 1 Tab., 8 Lit. Zus. in Engl.
Um festzustellen, wie sich die Vereinfachung der Fütterung zwecks Einsparung von Arbeit auf die Produktion von Milchkühen auswirkt, wurde die sonst 4malige tägl. Futtergabe auf je eine Fütterung am Morgen und am Nachmittag beschränkt. Nach dem Melken am Morgen erhielten die Tiere das gesamte Saftfutter und am Nachmittag dasHeu. Diese Art der Fütterung hatte keinen nachteiligen Einfluß auf die Milchproduktion, sofern das Kraftfutter je zur Hälfte auf die beiden Mahlzeiten verteilt wurde. L. Sperling. 8460.

3-64/10-0658 Foot, A. S., Line, C. und Rowland, S. J.; Shinfield, Reading, Nat. Inst. for Res. in Dairying. The effect of pre-partum feeding of heifers on milk composition. **(Die Wirkung der Fütterung von Färsen vor dem Abkalben auf die Milchzusammmensetzung.)** J. Dairy Res. **30** (1963) Nr. 3. S. 403-409. — 1 Abb., 1 Tab., 19 Lit.
2 Gruppen von jeweils 23 Färsen erhielten 6 Wochen vor dem Abkalben Weide (guter Aufwuchs) und 8 lb. Kraftfutter je Tier und Tag (Gr. I) bzw. Weide mit spärlichem Aufwuchs (Gr. II). Von der 3.-6. Woche produzierten die Gr. I bzw. II 36,8 bzw. 31,9 lb. Milch, der SNF-Gehalt betrug 8,71 bzw. 8,47%, der Fettgehalt 3,72 bzw. 3,38%. Alle Differenzen waren signifikant, was für die Milchleistung auch für die weiteren Abschnitte (3.-14. und 3. bis 30. Woche) zutraf, nicht jedoch für die Milchzusammensetzung. Im Abschnitt 3.-30. Woche betrug die ∅ tägliche Milchleistung 31,3 bzw. 26,1 lb., der SNF-Gehalt 8,63 bzw. 8,51 und der Fettgehalt 3,75 bzw. 3,59%. Vor dem Abkalben wiesen die Tiere der Gr. I einen deutlichen Gewichtszuwachs auf, während die der Gr. II etwas an Gewicht verloren. Die besser ernährten Tiere blieben in den ersten 12 Wochen der Laktation im Lgw. konstant, die schwach ernährten erzielten einen Gewichtszuwachs. B. Piatkowski. 8460.

3-64/10-0659 Swart, J. H., Schalkwyk, A. van, Hugo, W. J. und Venter, J. J. Die voedingswaarde van rooigrasveld vir merinoskape. **(Der Futterwert von Rotgrasweide für Merinoschafe.)** South African J. Agric. Sci. (1963) Nr. 4. S. 603-612.
In den zentralen Bezirken der südafrikanischen Provinz Orange Free State besteht die Schafweide hauptsächlich aus Rotgras (*Themeda triandra*), dessen geringer Futteranfall und Wert im Winter einen Eiweiß- und P-Mangel bei Schafen und dieser eine minderwertige Wolle ergibt. Darum wurde Gewichtsveränderung, Wollproduktion, Futteraufnahme und Verdaulichkeit des Weidegrases untersucht. Die Gewichte von Schafen auf solcher Weide schwanken zwischen Sommer (Jan./Febr.) und Winter (Sept.) bis zu 24,4%, parallel

laufend mit einer Abnahme in Faserdicke von 23,0 μ auf 16,6 μ (= 27,8%) und damit einer um 22,0% geringeren Wollernte. Zwischen Eiweißgehalt der Weide und Gewichtsveränderung bestand eine signifikante Korrelation von 0,71 (P = 0,01). Eine Eiweiß- und P-Zufütterung ab Ende Febr. erhöht Gewicht, Wollfeinheit und gesamte Wollernte, wodurch die Futterkosten teilweise gedeckt werden können. K. Männel. 8486.

3-64/10-0660 Tajakina, Z. V.; Dubrowizy, Gebiet Moskau, Unions-Inst. für Tierzuchtforsch. Uroveń proteina v racionach otkarmlivaemych svinej. **(Die Proteinmenge in den Futterrationen von Mastschweinen.)** Svinovodstvo, Moskva **17** (1963) Nr. 6. S. 30-32. — 4 Tab.
Im Gebiet Saratow wurde mit 48 vier Mon. alten Läufern, die in 4 Gruppen eingeteilt wurden, ein Fleischmastversuch durchgeführt. Die Futterration von I bestand während der ganzen Mastperiode (1. Periode — Mast bis 60 kg, 2. Periode — bis 95 bis 100 kg) nur aus pflanzl. Futtermitteln, während II, III und IV in der 1. Periode 1 l Magermilch/Tier/Tag erhielten (6% des Nährwerts der Ration); in der 2. Periode bekamen III und IV 0,5 l Magermilch/Tier/Tag (3% des Nährwerts der Ration). Der Gesamtnährwert der Ration aller Gruppen war fast gleich, aber Quantität und Qualität des verd. E. je FE waren unterschiedlich (1. Periode: I — 109 g; II + III — 110 g; IV — 93 g; 2. Periode: I — 102 g; II — 85 g; III — 88 g; IV — 87 g). Die Eiweißmenge wurde durch Verabreichen von Sonnenblumenkuchen reguliert. Der ∅ Zuwachs während der ganzen Mast betrug 427 (I), 520 (II), 528 (III) und 502 g/Tier (IV), der Futteraufwand je kg Zunahme entspr. 596, 466, 475 und 456 g verd. E. Die Analyse des N-Stoffwechsels hat gezeigt, daß die Proteinmenge von IV dem Optimum am nächsten kommt; eine Erhöhung hat eine merkliche Senkung der Ausnutzung des Gesamt-N und des verd. N der Ration zur Folge. Die Schlachtausbeute war bei allen Gruppen fast gleich, die Fleischausbeute aber betrug bei I und IV 58-59% und bei II und III 54-55%. B. Schenk. 8536.

3-64/10-0661 Šiperko, N. K.; Kuibyschew, Landwirtsch. Inst. Vitaminnoantibiotikovye dobavki s mikroėlementami pri mjasnom otkorme. **(Vitamin- und Antibioticazusätze mit Spurenelementen bei der Schweinemast.)** Svinovodstvo, Moskva **17** (1963) Nr. 6. S. 35-36. — 2 Tab.
Läufer aus Große Weiße Rasse × Große Schwarze Rasse wurden in Gruppen zu 10 Tieren eingeteilt und erhielten von 4 Mon. an unterschiedliche Futterrationen (in % des Gesamtnährwertes): **I** — 60% Kraftfutter und 40% Saftfutter; **II** — die gleiche Ration mit 100 Einh. Futterterramycin/kg Lgw., 30 μg Vit. B_{12}/Tier/Tag sowie Spurenelementen (30 mg $FeSO_4$ + 2 mg $CuSO_4$/Tier/Tag; 0,5 mg $MnSO_4$ + 0,3 mg $CoCl_2$/kg Lgw.); III — statt der Spurenelemente Fleisch-Knochenmehl. In der 1. Mastperiode vom 26.6-15.8. erhielten die Tiere Misch- und Grünfutter, in der 2. Periode vom 18. 8.-20. 10. Mischfutter und Zuckerrüben mit Blatt. Die Vit.-B_{12}-Gabe wurde 1,5 Mon. vor Mastende abgesetzt, die Antibiotica und Spurenelemente 1 Mon. vorher. In der 1. Mastperiode betrugen die Tagesdurchschnittszunahmen 465 (I), 487 (II) und 494 (III) g, in der 2. Mastperiode 518, 611 und 591 g; der Verbrauch je kg Zunahme lag entspr. bei 4,86; 4,54 und 4,41 FE bzw. 6,42; 5,34 und 5,67 FE. Die Schlachtausbeute war praktisch bei allen Gruppen gleich, nur Gr. II wies eine größere Fettmenge und Speckdicke auf. B. Schenk. 8536.

3-64/10-0662 Kostić, J. und Zaletel, I. Ispitivanje uticaja različitih energetskih hraniva u tovu svinja za meso uz primjenu vlažnog i suvog sistema ishrane. **(Die Untersuchung des Einflusses verschiedener energetischer Futtermittel in der Fleischschweinemast beim feuchten und trockenen Fütterungssystem.)** Veterinaria [Sarajevo] **12** (1963) Nr. 1. S. 57-64. — 4 Tab., 7 Lit. Zus. in Engl.

In der Fleischschweinemast mit 3 verschiedenen Grundfuttermitteln waren die höchsten ∅ Tageszunahmen bei den Gruppen, die mit Mais als Grundfuttermittel gefüttert waren. Es folgten die Gerstegruppen, und die kleinsten Zunahmen waren bei den Schweinen, die mit der Mischung von Weizen und Gerste gefüttert waren. Gerade umgekehrt lag die Futterausnutzung in den Gruppen, wenn die Gaben auf die energetische Verwertung berechnet wurden. Für 1 kg Zunahme wurden in den 3 Gruppen 3,13 bis 3,48 kg Kraftfutter verbraucht. Die Gruppen, die die Futtermischungen feucht erhielten, hatten höhere Zunahmen, die Futterausnutzung war aber schlechter.

D. Ilančić. 8536.

3-64/10-0663 Dyman, V. K. und Jarov, I. I. Povyšajte ėffektivnost' kormlenija svinej. **(Wirksamere Schweinefütterung.)** Svinovodstvo, Moskva **18** (1964) Nr. 4. S. 43-44.

Zuckerrüben, Möhren, Kürbis und Silage können zerkleinert oder in Pastenform, aber roh, in der Schweinefütterung eingesetzt werden. Enthält die Ration mehr als 50% Zuckerrüben, so sollte man sie vorher dämpfen. Die Verdaulichkeit von Kartoffeln steigt um 20%, wenn sie gedämpft verfüttert werden. Deshalb sollte man Kartoffeln, Eicheln sowie Schnitzel u. a. Rückstände der Lebensmittelindustrie nur in gedämpfter Form den Schweinen verabreichen. Wenn Blut der Ration zugesetzt werden soll, so ist es vorteilhaft, es vorher mit $CaCl_2$ zu kochen. Gaben von 100-200 g je Tier und Tag haben sich bestens bewährt. I. Scholz/Dummerstorf. 8536.

3-64/10-0664 Schumm, H.-R. und Richter, H. **Zuckerrüben in der Schweinefütterung.** Dtsch. Landwirtsch. **14** (1963) Nr. 10. S. 504-506. — 2 Tab., 12 Lit. — nach Zus.

In einem Versuch mit Verfütterung von Zuckerrüben und Zuckerschnitzeln an Mastschweine im Abschnitt von 40 bis 105 kg wurden durchschnittliche tägliche Zunahmen von 644 und 661 g und eine Futterverwertung von 4,36 und 4,57 GE erzielt, wobei der Futteraufwand je dt Zuwachs 2,45 dt Kraftfutter und 6,1 bis 6,5 dt Zuckerrüben betrug. Vff. geben Hinweise für den zweckmäßigen Einsatz der Zuckerrübe. 8536.

3-64/10-0665 Machaev, E. A.; Dubrowizy, Gebiet Moskau, Unions-Inst. für Tierzuchtforsch. Kormovye boby — istočnik proteina. **(Futterbohnen in der Schweinemast.)** Svinovodstvo, Moskva **18** (1964) Nr. 4. S. 25-26. — 3 Tab.

In einem Versuch mit 2 Gruppen von je 10 Läufern (3,5 Mon. alt) sollte der Wert der Bohnen gegenüber Sonnenblumenölkuchen bei der Zuckerrübenmast geprüft werden. Während in der I. Gruppe im Durchschnitt 230 g Sonnenblumenölkuchen je Tier und Tag verfüttert wurden, erhielt die II. Gruppe anfangs 0,5 kg, später 1,2 kg Bohnen (∅ 700 g). Nach 4 Mon. wurde der Mastversuch beendet und Kontrollschlachtungen durchgeführt. Dabei wurde festgestellt, daß durch die Verfütterung von Bohnen bessere Mast- und Schlachtergebnisse erzielt werden konnten (∅ Tageszunahme 402 bzw. 457 g). I. Scholz/Dummerstorf. 8536.

3-64/10-0666 Bularga, I. A. und Klovackij, P. P. Na kilogramm privesa četyre kormovych edinicy. **(Je Kilogramm Gewichtszunahme vier Futtereinheiten.)** Životnovodstvo, Moskva **26** (1964) Nr. 3. S. 28-32. — 2 Abb., 3 Tab.

Es wird von einem Mastversuch berichtet, wo 3 Gruppen 4 Mon. alter Läufer der schwedischen Landrasse bei einem Kraftfutteranteil von 70%; 65% und 60% in 90 Tagen bis zu einem Endgewicht von 90-100 kg gemästet wurden. Es wurden entsprechend 4,01; 4,2 und 4,7 sowj. Futtereinheiten je kg Gewichtszunahme benötigt, was sich daraus erklärt, daß die Gruppen mit einem geringeren Kraftfutteranteil entspr. mehr Zuckerrüben, welche als Beifutter

dienten, aufnahmen. Es wird empfohlen, nicht mehr als 30% der Gesamtnährstoffe in der Fleischschweinemast in Form von Zuckerrübenbeifutter zu geben.
H. Schwiderski/Dummerstorf. 8536.

3-64/10-0667 Kivimäe, Arnold; Uppsala, Inst. for Husdjurens Utfodring och Vård. Varierande mängder protein i fodret till kycklingar och värphöns. **(Der Einfluß verschiedener Proteinanteile im Futter auf heranwachsende Hennen und ihre spätere Leistung.)** Lantbrukshögskolans Medd., Ser. A **1963** Nr. 5. S. 1-43. — 4 Abb., 10 Tab., 21 Lit.
Das Nat. Res. Council der USA fordert für Küken von der 0.-8. Woche ein Futter mit 20% Rohprotein, von der 8.-19. mit 16%; als Energiegehalt werden 139-145 bzw. 170-190 kcal umsetzbarer Energie angegeben. Von 1956-1960 in Schweden durchgeführte Versuche mit 830 Weißen Leghornhennen ergaben, daß Küken ohne weiteres mit 18-16% Rohprotein (0.-8. Woche) auskommen, ohne Einbuße an Lebensfähigkeit und Qualität. Der Energiegehalt der Handelsfuttermischungen (für die Aufzucht) reicht nicht aus, um den Bedarf zu decken. Getreidezusätze (35-50% des Gesamtfutters) verbesserten den Zuwachs und senkten die Futterkosten. Während der Wachstumsperiode nahmen — bei freier Wahl — die Küken immer weniger Protein und mehr Kalorien zu sich; im Alter von 16-22 Wochen verzehrten sie 12 bis 13% Prot. bzw. 190-210 kal. Die Sterblichkeit war bei den proteinarm ernährten Gruppen geringer; die Tiere, die beliebig viel Körner verzehren konnten, erkrankten seltener an Coccidiose, litten aber unter Kannibalismus. Hatten die Küken freien Grasauslauf zur Verfügung, verbesserte sich dadurch das Lgw. der proteinarmen Gruppe, und ebenso die Befiederung. Die Legeleistung und die Lebensdauer im 1. Jahr waren unabhängig vom Proteinangebot während der Jugendentwicklung, erst im 2. Jahr starben mehr Hennen aus diesen Gruppen. Unterschiedliche Protein- und Kalorienzufuhr im Legehennenfutter ließen erkennen, daß ein Mischfutter mit 14-16% Rohprotein etwa 60% Legeleistung zuläßt. Das Cal/Eiw.-Verhältnis kann weitgehend variieren. 200 kcal/1% Prot. dürften die obere Grenze bei schwacher Legeleistung sein (wobei mit Federfressen, Kannibalismus und Schwierigkeiten im Energiehaushalt zu rechnen ist), bei hoher Leistung schwankt das Verhältnis zwischen 150-180 kcal/% Protein. Bei hohem Rohfaseranteil und niedrigem Proteingehalt geht die Verdaulichkeit und auch die Futterverwertung zurück. C. Engelmann. 8544.

3-64/10-0668 Patrik, I. A. Ispol'zovanie fosfatidov pri vyraščivanii mjasnych cypljat (brojlerov). **(Verwendung von Phosphatiden bei der Aufzucht von Broilern.)** Tr. Centr. n.-i. in-t. pticepererabat. prom-sti **9** (1962) S. 70 bis 74. — Aus: Referativnyj žurnal Moskva. Životnovodstvo, veterinarija **1963** Nr. 15. 58. 211. S. 26.
Der Versuch wurde mit Junghennen der Weißen Russischen Rasse durchgeführt. Bis zum Alter von 20 Tagen hielt man sie in Batterie-Käfigen bei gewöhnlichen Futterrationen, danach enthielten die Rationen tierisches Fett (3% der Gesamtration) oder Phosphatide (**I**) (2%). Bis zum 60. Lebenstag erhielten die Junghennen trockenes und feuchtes Futter, danach nur noch eine Trockenfuttermischung. Das beste Aufzuchtergebnis (100%) und hohe Zunahmen (16,2-20,4 g) wurde durch Fett und **I** erhalten. In der Gruppe mit der alleinigen Zugabe von **I** betrugen diese Kennzahlen 99,6% und 15,1 bis 20,5 g, mit der alleinigen Zugabe von Fett 99,8% und 16,3-18,4 g, in der Kontrollgruppe 97,3% und 16,3-17,0 g. Bei Zugabe von **I** zur Ration erhöht sich die Fettmenge in den Muskeln, was dem Fleische eine bessere Saftigkeit verleiht und seine Diät-Eigenschaften verbessert. 8552.

3-64/10-0669 Anonym. Weaning weight and longevity. **(Absetzgewicht und Langlebigkeit.)** Nutrit. Rev. **22** (1964) Nr. 1. S. 22-23. 8570.

3-64/10-0670 *Cuthbertson, D. P.*, Ed. **Progress in nutrition and allied sciences. Being a contribution marking the first fifty years of the Rowett Research Institute.** Edinburgh; London: Oliver & Boyd. 1963. (452 S. m. Abb. u. Tab.) 8°. 50 s. Dem 50jährigen Bestehen des Rowett-Forschungsinstituts ist die vorliegende Festschrift gewidmet. Sie enthält neben Angaben über den derzeitigen Mitarbeiterstab folgende Beiträge: 1. J. B. Orr: Die Geschichte des Rowett-Instituts, 1913–45; 2. D. P. Cuthbertson: Die Geschichte des Rowett-Instituts, 1945–1963; 3. D. Lubbock: Entstehung und Frühentwicklung der FAO; 4. Einige ernährungsphysiologische Aspekte der NPN-Fraktion von Pflanzen; 5. P. N. Hobson: Rumenbakteriologie; 6. J. M. Eadie und B. H. Howard: Protozoologie der Rumenciliaten; 7. G. A. Garton: Aspekte des Fettstoffwechsels von landw. Nutztieren: 8. G. Halliwell: Der biochemische Abbau von Cellulose; 9. M. J. Chalmers: Die Bedeutung der Proteinverdauung im Pansen auf die Ernährung des Tieres; 10. A. A. Woodham: Die Qualität von Protein in Futterstoffen für Nicht-Wiederkäuer; 11. A. T. Phillipson: Rumination und Transport des Futters; 12. R. W. Ash und R. N. B. Kay: Die Sekretion von Verdauungssäften und der Fluß des Futters im Schaf; 13. B. F. Fell: Epitheliale Form und Funktion im Intestinum; 14. T. M. Sutherland: Der Stoffwechsel von kurzkettigen Fettsäuren im Rumen; 15. Aufnahme und Verwertung von Gras durch weidende Wiederkäuer; 16. J. A. Crichton und T. R. Preston: Milch- und Fleischproduktion; 17. J. D. Pullar: Energiestoffwechsel; 18. J. V. Evans: Vererbte physiolog. Eigenschaften bei Wiederkäuern; 19. C. F. Mills und J. Quarterman: Untersuchungen über die Resorption, Verwertung und Funktion von Mineralstoffen und Vitaminen; 20. H. G. Jones: Das Verhalten von gewissen nuklearen Spaltprodukten im Wiederkäuer; 21. V. Thompson und J. C. Gill: Die Ernährung von Zuchtschafen, in der Lämmermast und Wollproduktion; 22. E. Cresswell und D. Benzie: Der Mineralstoffwechsel im Skelett von Mutterschafen sowie Zahnprobleme bei Schafen. Eine Zusammenfassung von Versuchen und Mitteilungen von Dr. John Bruckworth und seinen Mitarbeitern; 23. F. Alexander: Verdauung beim Pferd; 24. J. J. Bullen: Krankheiten landw. Nutztiere, verursacht durch *Clostridium Walchii*; 25. J. G. Gordon: Tierverhalten und Futteraufnahme; 26. J. A. M. Lucas: Untersuchungen über die Ernährung des Schweines; 27. J. Davidson: Verwertung der Nahrungsenergie durch Geflügel; 28. C. A. Marsh und G. A. Leovy: Stoffwechsel von D-Glucuronsäure; 29. J. Conchie und G. A. Leovy: Säugetier-Glykosidase und ihre Hemmung durch Aldonolactone; 30. D. Harvey: Ernährung und Gesundheit der Familie im Vorkriegs-Britannien; 31. A.M. Thompson: Reproduktion und Ernährung; 32. J. Leitch und E. C. Aitken: Untersuchungen über das menschliche Wachstum; 33. J. T. Ironig: Untersuchungen über die Wirkung von Vit. A sowie über Calcium und Calcifikation; 34. J. W. Horu: Ernährung und Resistenz gegen Infektionen; 35. D. P. Cuthbertson: Stoffwechselreaktionen auf Verletzungen und die ernährungsmäßigen Folgeerscheinungen; 36. J. Leitch: Das Commonwealth-Büro für Tierernährung; 37. A. V. Boyne: Biometrie in einem Forschungsinstitut für Ernährung; 38. R. M. Campbell und D. P. Cuthbertson: Faktoren, die die Nahrungsmittelauswahl des Menschen beeinflussen; 39. D. P. Cuthbertson: Die Situation in der Welternährung in Beziehung zum vorhandenen Wissen und seiner Anwendung. Ein Sachregister erleichtert das Nachschlagen zu bestimmten Problemen. B. Piatkowski.

3-64/10-0671 *Reaves, P. M.* und *Henderson, H. O.* **Dairy cattle feeding and management.** 5th ed. London: John Wiley & Sons Ltd. 1964. (VI, 448 S. m. Abb., Tab. u. Sachreg.) 15 × 24 cm. 75 s. Die rasche Entwicklung auf dem Gebiet der Milchproduktion machte eine Neubearbeitung der letzten Ausgabe erforderlich. Ein breiter Raum ist der Fütterung der Milchkühe auf Grund neuer Ergebnisse gewidmet. So werden die Bedeutung der Nähr-, Mineral- und Wirkstoffe, die verschiedenen Futterstoffe, die Konservierungsverfahren, die Zusammenstellung opt. Rationen, der Nährstoffbedarf, die Aufzucht von Kälbern u. a. behandelt. Daran schließen sich Kapitel u. a. über praktische Durchführung der Züchtung, die Haltung der Kühe sowie die Erzeugung von Qualitätsmilch an. Das Buch ist besonders als Leitfaden für Studenten gedacht, doch ist es gleichfalls für technische Mitarbeiter und den interessierten Praktiker geeignet. Die übersichtliche und klare Darstellung, die umfangreichen Zahlen und Quellenangaben erlauben eine schnelle Orientierung auf dem Gebiet der Milchproduktion.

H. D. Hennig.

3-64/10-0672 Unter d. Red. v. *Tommé, M. F.* **Kormovye raciony i normy kormlenija dlja sel'skochozjajstvennych životnych.** (Futterrationen und Futternormen für landwirtschaftliche Nutztiere.) Moskva: Izd. sel'skochoz. lit., žurnalov i plakatov. 1963. (383 S.) 8°. (1964 A 308)

3-64/10-0673 *Schellner, Gottfried.* **Untersuchungen über die Wirkung von Mengenelementen, Spurenelementen, Vitaminen und Antibiotica auf die Wirtschaftlichkeit der Schweinemast, durchgeführt in einem VEB für Mast von Schlachtvieh.** Diss. Landwirtsch. Fak. Jena. 1962. (111 S.) 4°. (Diss. 9498)

FUTTERMITTELKUNDE

A. FUTTERSTOFFE, IHRE BEEINFLUSSUNG, KONSERVIERUNG UND ZUBEREITUNG

3-64/10-0674 Munday, B. L. Observations on the cobalt and copper status of sheep and cattle grazing pastures on King Island, Tasmania. **(Beobachtungen über den Co- und Cu-Status bei Weideschafen und -rindern in King Island, Tasmanien.)** Austral. veterin. J. **39** (1963) Nr. 3. S. 65-72. — 7 Abb., 3 Tab., 19 Lit.

Es wird ein Überblick über die Bedeutung des Co- und Cu-Mangels bei Schafen und Rindern in King Island, Tasmanien gegeben. H. Busse. 8630.

3-64/10-0675 Biłowicki, J. Technika i wyniki sztucznego dosuszania siana w Polsce. I. **(Technik und Ergebnisse der künstlichen Heutrocknung in Polen. 1. Mitt.)** Nowe Rolnictwo **12** (1963) Nr. 11. S. 15-18. — 4 Abb. Erörterung der Probleme der Kaltlufttrocknung. PRL/CBR. 8720.

3-64/10-0676 Biłowicki, J. Technika i wyniki sztucznego dosuszania siana w Polsce (II). **(Technik und Ergebnisse des künstlichen Trocknens des Heus in Polen. 2. Mitt.)** Nowe Rolnictwo **12** (1963) Nr. 12. S. 32-35. — 3 Abb., 3 Tab. 1. Mitt. vgl. vorst. Titel.
Die vorher auf dem Felde durch Auflockern und Wenden der Schwaden oder durch Zerquetschen der Stengel von Klee und Luzerne vorgetrocknete Grünmasse gelangt auf eine Belüftungsanlage (Kalt- oder Warmluft). Gegenüber der Reutertrocknung sind die Aufwendungen für Arbeitslohn um 30 bis 56% niedriger. Das Heu behält die Blätter und die Blüten; es ist grün und hat einen angenehmen Geruch. Die Eiweißverluste sind auf 12-16% reduziert. Außerdem enthält das Heu etwa 3-4 mal mehr Karotin. Die Zeit der effektiven Trocknung von 10-12 t Heu bei Benutzung eines Ventilators beträgt 5-10 Tage unter Berücksichtigung der Unterbrechungen durch ungünstige Wetterverhältnisse. Die Anwendungen von Verbrennungsaggregaten ermöglichte es, die Trocknung ohne Unterbrechung durchzuführen. PRL/CBR. 8720.

3-64/10-0677 Detre, J. **Die künstliche Trocknung von Grünfutter als Mittel zur Festigung der Futterbasis.** Int. Z. Landwirtsch. [Sofia/Berlin] **1963** Nr. 6. S. 83-85. 8720.

3-64/10-0678 Biłowicki, J. und Cenkow, T. P. Wstępne badania nad granulowaniem suszu z zielonek. **(Das Granulieren der getrockneten Grünmasse.)** Przemysł Rolny 8 (1963) Nr. 7/8. S. 7-14. — 10 Abb., 7 Tab.
Mit der Anwendung des Pelletierens mit vorhergehendem Mahlen sind höhere Kosten verknüpft. Im Jahre 1962 wurden in Polen erste Versuche mit einem Produktionsaggregat der belgischen Firma L. M. S. angestellt. Die Wirkungsweise und die Vorzüge der Pellets werden beschrieben. PRL/CBR. 8860.

B. DIE EINZELNEN FUTTERSTOFFE

3-64/10-0679 Murdoch, J. C. und Rook, J. A. F.; Reading, Shinfield, Nat. Inst. for Res. in Dairying. A comparison of hay and silage for milk production. **(Ein Vergleich von Heu und Silage für die Milchproduktion.)** J. Dairy Res. **30** (1963) Nr. 3. S. 391-397. — 9 Tab., 16 Lit.
Die 5 Versuche wurden im Verlaufe von 3 Jahren durchgeführt, wobei Heu oder Silage gleicher Herkunft als alleiniges Grundfutter in der Ration enthalten war. Wurden gleiche Quantitäten beider Konservierungsformen verabreicht, so ergaben sich keine Unterschiede. Bei ad libitum-Fütterung wurden größere Tr.-Subst.-Mengen in Form von Heu aufgenommen, was eine höhere Milchleistung sowie einen höheren SNF-Gehalt bewirkte. Grassilagen in frühem Wachstumsstadium (18/5. Schnittzeitpunkt) waren den später geschnittenen (22/6.) überlegen (+ 4,5 lb. Milch). Der SNF- und der Casein-Gehalt lag bei jüngerem Material niedriger. B. Piatkowski. 8910.

3-64/10-0680 Platikanov, N., Sandew, S. und Najdenov, T. **Veränderung der Zusammensetzung der Aminosäuren im Maisgärfutter bei Zugabe synthetischer Stickstoffverbindungen.** Int. Z. Landwirtsch. [Sofia/Berlin] **1963** Nr. 6. S. 78-79. — 2 Tab. 8910.

3-64/10-0681 Janeček, J. Poznatky a vyhodnocení čpavkové kukuřičné siláže. **(Erkenntnisse und Bewertung der Ammoniakmaissilage.)** Náš Chov **1963** Nr. 12. S. 436-437. — 2 Abb., 4 Tab.

Das Ammoniakwasser wird der Silage auf verschiedene Weise zugesetzt: Mit Hilfe eines modifizierten Gebläsehäckslers oder durch Sprengen aus einem über dem Bandförderer angebrachten Behälter oder auch mit Hilfe einer Gießkanne dort, wo das entweichende Ammoniak das Mikroklima der Rinder nicht ungünstig beeinflußt. Die Silage wird erst dann verfüttert, wenn das freie Ammoniak restlos verflüchtigt ist. Konz. der Ammoniaklösung: 10%ig (25 l/10 dt Silage) oder 25%ig (10 l/10 dt Silage). ČSSR/ÚVTI 8920.

3-64/10-0682 Phillips, G. D. und Lampkin, G. H. Pasture intake and digestibility studies with European and zebu cows. **(Die Aufnahme von Weidegras und Untersuchungen über die Verdaulichkeit bei Kühen europäischer Rassen und bei Zebukühen.)** Empire J. exp. Agric. **32** (1964) Nr. 125. S. 60 bis 64. — 1 Abb., 12 Lit.

Es wurden die Verdaulichkeit und die aufgenommene org. Subst. bei 10 Hereford- und 10 Zebukühen auf einer Dauerweide untersucht. Die Kühe erhielten während 15 Tagen zweimal tägl. Cr_2O_3 in Form imprägnierter Papierstreifen. In den letzten 5 Tagen wurden dreimal tägl. Kotproben genommen und die Verdaulichkeit mit Hilfe des N-Fäkalindex ermittelt. Hierbei wurde eine geringfügige aber nicht signifikante Differenz zugunsten der Zebus festgestellt. Die genannte Untersuchungstechnik reichte aus, um individuelle Unterschiede im 1,6%-Bereich gesichert nachzuweisen. Im Hinblick auf die Menge der aufgenommenen org. Subst. bestanden sowohl zwischen Herefords und Zebus, als auch zwischen Tieren der gleichen Rasse gesicherte Unterschiede. H. Busse. 8940.

3-64/10-0683 Ashton, G. C. Weight gain and faecal nitrogen excretion in grazing British and zebu crossbred steers. **(Gewichtszunahme und Kot-N-Ausscheidung bei weidenden British-Zebu-Kreuzungsochsen.)** Austral. J. agric. Res. **14** (1963) Nr. 6. S. 898-908. — 2 Abb., 4 Tab., 11 Lit. 8940.

3-64/10-0684 Weiland, G., Pieschel, H. und Litwin, E.; Paulinenaue, Inst. für Grünland und Moorforsch. der Dtsch. Akad. der Landwirtsch.-Wiss. zu Berlin. **Möglichkeiten der Leistungsfütterung von Milchkühen beim Weidegang.** Tierzucht **18** (1964) Nr. 4. S. 203-205. — 2 Abb. — nach Zus.

In modernen Weidekombinaten sollte die Leistungsfütterung der Milchkühe mit Weidegras angestrebt werden. Sie ist sehr einfach erreichbar, wenn die Kühe nach Leistungsgruppen gemolken werden und dadurch zeitlich gestaffelt auf die Portionsweide kommen. Neue Weidekombinate sollten möglichst so eingerichtet werden, daß die Kühe selbstständig von der Weidezentrale zu den Koppeln abwandern können. 8940.

3-64/10-0685 Anonym. Variation in carotenoid content and stability of corn. **(Schwankungen in Gehalt und Stabilität von Carotinoiden beim Mais.)** Nutrit. Rev. **22** (1964) Nr. 1. S. 30-31. — 3 Lit.

Der Gehalt an Provitamin A (β-Carotin, β-Zeacarotin, Kryptoxanthin) in gelben Inzuchtstämmen variierte von Spurenbeträgen bis 7,3 μg/g. Der Gehalt an Xanthophyllen schwankte ebenfalls stark (2-33 μg/g), zeigte aber keine Beziehung zum Provitamin A. Farblose azyklische Polyene, insbes. Phytoen, waren entspr. den Pigmenten reichlich vorhanden. Der Ölgehalt betrug 1,2-5,7%, die Jodzahl 111-151, der Tocopherolgehalt 0,03-0,33% des Öls. Eine Beziehung zum Provitamin-A-Gehalt bestand nicht. In Lagerungsversuchen ergab sich, daß die Temperatur von größerem Einfluß auf den Verlust an Carotin ist als die Feuchtigkeit. Nach 3 Jahren war der Gehalt bei 7 °C um die Hälfte, bei 25 °C um $^3/_4$ verringert. Auf Grund der Versuche wird eine sorgfältigere genetische Selektion und Lagerung zur Erzielung einer hohen Qualität von Futtermitteln gefordert.
W. Goldbach. 8990.

3-64/10-0686 Kramp, J. **Über die Qualität einiger zur Mischfuttermittelherstellung in den Jahren 1961/62 bereitgestellten Rohstoffe. 1. Mitt. Ge-**

treide und Mühlennachprodukte. Z. landwirtsch. Versuchs- u. Untersuchungswes. **9** (1963) Nr. 4./5. S. 381-398. — 7 Tab., 5 Lit.
Es wird eine Darstellung über Qualitätsunterschiede und ermittelte Verunreinigungen der im Kraftfuttermischwerk Wolgast verarbeiteten Getreide- und Mühlennachprodukte gegeben. Im Zusammenhang mit der Mischfutterherstellung werden folgende Schlußfolgerungen gezogen: 1. Infolge einiger Widersprüche zwischen Futtermittelverordnung und einzelner Preisanordnungen sollten neue Abgrenzungen über Höhe und Art der Körnerbeimischungen erfolgen und der zulässige Schwarzbesatz näher definiert werden. 2. Die zulässige Höchstgrenze des Wassergehaltes von Weizenkleie, Roggenkleie und Weizenfuttermehl müßte auf 14% herabgesetzt werden. Bei der Herstellung von Harnstoff- und Wirkstoffgemischen besteht durch zu hohen Wassergehalt die Gefahr der Zersetzung. 3. Durchgeführte Volumengewichtsbestimmungen ergaben innerhalb und zwischen den einzelnen Partien Abweichungen bis über 20%, wodurch bei der Volumendosierung erhebliche Schwierigkeiten entstehen. P. Matthies. 8990.

3-64/10-0687 Antoni, J. **Über die Verfütterung von Ackerbohnen.** Kali-Briefe, Fachgeb. 13 7 (1964) Nr. 1. S. 1-6. — 3 Tab., 12 Lit. 9000.

3-64/10-0688 Anonym. The raw soybean problem in chickens. **(Das Problem der rohen Sojabohne bei Küken.)** Nutrit. Rev. **22** (1964) Nr. 2. S. 58-62.
In Form eines Sammelreferates wird die Literatur der letzten 12 Jahre zum Problem der Fütterung von rohem Sojaschrot an Küken ausgewertet. Die Fütterung von nichterhitztem Sojaschrot an Küken verursacht bekanntlich eine Wachstumsdepression. Für diesen Effekt gibt es folgende Hypothesen: 1. Das Sojaschrot enthält einen Trypsininhibitor, 2. es enthält ein toxisches Prinzip, 3. es liegt eine Aminosäurenimbalance vor. Die experimentellen Untersuchungen zu diesen Hypothesen werden referiert. Die Originalliteratur wird an den entsprechenden Stellen im Text angegeben.
H. Bergner. 9005.

3-64/10-0689 Somogyi, J. C.; Rüschlikon-Zürich, Inst. für Ernährungsforsch. **Änderungen des Vitamin C-Gehalts von Kartoffeln unter verschiedenen Versuchsbedingungen.** Int. Z. Vitaminforsch. [Bern] **34** (1964) Nr. 1. S. 122 bis 131. — 7 Abb., 10 Lit.
Vit. C (Ascorbinsäure und Dehydroascorbinsäure) ist in der Knolle nicht gleichmäßig verteilt. In der äußeren Schicht von 1,5 mm sind 11,1% des gesamten Vit. C enthalten. In den 2 nachfolgenden Schichten (4-5 bzw. 6,5-8,5 mm) befinden sich 32,9 bzw. 32,7% und in der Mitte (25-30 mm) 23,3%. Der Vit.-C-Gehalt auf Frischgewicht bezogen ist unabhängig von der Größe der Kartoffel. Da der Trockengehalt mit der Größe der Knollen zunimmt, sinkt der auf Trockengewicht berechnete Vit.-C-Gehalt mit steigendem Gewicht der Knolle. Bei haushaltsmäßiger Zubereitung (170 °C u. 10 Min. Bratdauer) weisen Pommes frites einen Verlust von 16% Vit. C, Bratkartoffeln von 51% und Pommes Chips von 60% auf. Werden Pommes Chips bei 130 °C gebacken, beträgt der Verlust nur 30%. Bei industrieller Verarbeitung (160 °C) zu Pommes Chips sind die Verluste relativ gering (ca. 30%). Der Vit.-C-Gehalt von rohen Kartoffelscheiben steigt bei Aufbewahrung im Dunkeln und in feuchter Atmosphäre während 48-96 Std. an. In dünnen Scheiben (1-2 mm) ist die Erhöhung bedeutend größer (172%) als in 5 mm dicken (86%). Werden die Scheiben vermittels Durchsaugen von Luft belüftet, so ist der Vit.-C-Anstieg in den belüfteten Kartoffeln doppelt so hoch wie in den unbelüfteten (158 bzw. 74%). Unter N_2 beträgt der Anstieg nur 15%.
W. Goldbach. 9030.

3-64/10-0690 Vogt, H. und Penner, W.; Kiel-Steenbek, Lehr- und Versuchsanst. für Kleintierzucht. **Der Einsatz von Tapioka- und Maniokamehl**

im Geflügelmastfutter. Arch. Geflügelkunde 27 (1963) Nr. 6. S. 431-460. — 1 Abb., 23 Tab., 67 Lit.

Tapiokamehl (Synonyme: Manioka- bzw. Cassavamehl) ist wegen seines hohen Stärkeanteils (85% N-fr. E.) und dessen hoher Verdaulichkeit (87%) und seines geringen Preises ein geeignetes Futtermittel für Geflügel, obwohl der Proteingehalt niedrig liegt. Vff. machen Angaben über Verbreitung, Botanik und Inhaltsstoffe der Maniokaprodukte, verbunden mit einem Literaturüberblick. Die widersprüchlichen Ergebnisse versuchten sie durch eigene Versuche mit 3786 Mastküken in 5 Versuchsreihen mit je 86 Gruppen zu klären. Bei 20% und 30% Maniokamehl im Futter blieben die Küken im Wachstum zurück, bei 10% standen sie den Kontrollen nicht nach. Die Hemmung machte sich nur in den ersten Lebenswochen bemerkbar. Der Futterverzehr wurde anscheinend nicht betroffen, doch verschlechterte sich die Rohverwertung; weder durch d-Ca-Pantothenat noch Cholinchlorid gelang es, diese nachteilige Wirkung des Tapiokamehles auszugleichen. Die Verdaulichkeit entspricht den von Axelsson angegebenen Werten (Rohprotein 86%, Rohfett 85%, Rohfaser 8%, N-fr. E. 87%). In der Praxis können 10% Tapiokamehl unbedenklich in die Mastfuttermischungen aufgenommen werden; der geringe Proteingehalt ist allerdings durch Eiweißfuttermittel auszugleichen. C. Engelmann. 9080.

3-64/10-0691 Vogt, H. und Stute, K.; Celle, Bundesanst. für Kleintierzucht. **Prüfung von Tapiokamehl im Geflügelmast-Alleinfutter bei Beginn der Verabreichung in verschiedenen Altersstufen.** Arch. Geflügelkunde 27 (1963) Nr. 6. S. 473-482. — 1 Abb., 5 Tab.

Nach vorausgegangenen Versuchen mit Tapiokamehl wird durch höhere Aufwandmengen (20 und 30%) die Kükenentwicklung in den ersten Lebenswochen gehemmt. Die hier beschriebenen Versuche an 768 Mastküken bestätigen das Ergebnis. Zwischen der Wachstumsdepression in der 2. Woche und dem Blausäuregehalt des Mehls bestanden Beziehungen; die auf Grund des Futterverzehrs ermittelte Blausäureaufnahme stieg in der 2. Lebenswoche mit etwa 1,8 mg/kg Lgw. weit über die letale Dosis an (1 mg/kg). Eine Entgiftung war anscheinend bis zu 1,6 mg/kg noch möglich. (Das in Tapiokawurzeln reichlich vorhandene *Phaseolunatin* spaltet in Gegenwart des Enzyms *Linamarase* Blausäure ab. Eine Methode zur Bestimmung der Blausäure wird beschrieben). Tapiokamehl sollte nach alledem erst von der 4. Lebenswoche in größeren Mengen an Küken verfüttert werden. C. Engelmann. 9080.

3-64/10-0692 Anonym. **Zur Lage auf dem Melassemarkt.** Kraftfutter 47 (1964) Nr. 2. S. 71-72. — 1 Tab. 9155.

3-64/10-0693 Ellinger, Gabrielle M. und Boyne, Elizabeth B.; Bucksburn, Aberdeen, Rowett Res. Inst. Limiting amino acids in cereal: groundnut-meal diets for chicks. **(Die limitierenden Aminosäuren in Getreide-Erdnußschrot-Rationen für Küken.)** Proc. Nutrit. Soc. 22 (1963) Nr. 2. S. XXIII bis XXIV. — 2 Tab., 4 Lit.

An Küken wurden Versuche mit Rationen, die verschiedene Mengen an Getreide- und Erdnußschrot aufwiesen, durchgeführt. Die Rationen wurden mit Lysin und/oder Methionin ergänzt und zwar in der Größenordnung, die einem Aminosäuregehalt in 3% Casein entspricht. Wenn das Verhältnis von Erdnußschrot und Gesamtprotein in den Diäten anstieg, so wechselte die limitierende Aminosäure von Lysin zu Methionin. Eine weitere Ration glich in ihren Anteilen an Getreide und dem ergänzenden Protein Rationen, die in der Praxis verwendet werden. In dieser Diät ist die 3. limitierende Aminosäure gemäß der Analyse und den NRC-Normen unter den Aminosäuren Leucin, Threonin, Isoleucin und Phenylalanin zu suchen. Jedoch wurde keine Wachstumssteigerung weder mit den genannten Aminosäuren noch mit Tryptophan erzielt. K. Gruhn. 9170.

3-64/10-0694 Milner, C. K. und Carpenter, K. J.; Cambridge, Univ., School of Agric. The limiting amino acids of groundnut flour and meal as the sole protein source for the chick. **(Die limitierenden Aminosäuren des Erdnußmehles und -schrotes als einzige Proteinquelle für Küken.)** Proc. Nutrit. Soc. **22** (1963) Nr. 2. S. XXII–XXIII. — 1 Tab., 4 Lit.
Vff. benutzen das Verfahren von Grau (vgl. J. Nutrit. [Philadelphia] **32** [1946] S. 303.); sie verwendeten jedoch für ihr Testmaterial anstelle von 20% nur 14% Rohprotein und 8 Gruppen (je 3 Küken) für jede Behandlung. Es wurde ein Mehl — hergestellt für die menschliche Ernährung — mit dem handelsüblichen entschälten extrahierten Erdnußschrot verglichen. Threonin hat sich sowohl bei Küken als auch bei Ratten als eine limitierende Aminosäure erwiesen, aber nicht in dem gleichen Ausmaß wie Methionin für Küken. Analytischen Untersuchungen zufolge wird der Methioninbedarf durch 20% Erdnußschroteiweiß nach den NRC-Normen zu ungefähr 45%, der des Lysins zu 72% und der Bedarf an Threonin für Küken zu etwa 83% gedeckt. Vff. können nicht sagen, ob ihre Resultate mit einem niedrigeren Proteingehalt zeigen, daß ein Teil des verabreichten Threonin nicht verfügbar ist.
K. Gruhn. 9170.

3-64/10-0695 Black, Alison E. und Cuthbertson, W. F. J.; Greenford, Middlesex, Glaxo Res. Ltd. The limiting amino acids of groundnut flour and meal as the sole protein source for the rat. **(Die limitierenden Aminosäuren des Erdnußmehles und -schrotes als einzige Proteinquelle für Ratten.)** Proc. Nutrit. Soc. **22** (1963) Nr. 2. S. XXI–XXII. — 10 Lit.
Vff. erwähnen die neuere Literatur, die sich mit der Aminosäureanalyse des Erdnußproteins und dem Bedarf für Ratten beschäftigt. Ein Vergleich mit dem Geflügel ergibt sichtbare Differenzen und zeigt, daß weitere Forschungen über die Erdnußproteinverwertung notwendig sind. Es wird auf die NPU(op)-Tests von Miller und Payne (vgl. LZ. Abt. III **7** [1962] Nr. 10. S. 2121.) hingewiesen. Die neuesten Untersuchungen mit Erdnußmehl und -schrot lassen erkennen, daß bei Ratten Methionin, Lysin und Threonin die limitierenden Aminosäuren im Erdnußeiweiß sind. K. Gruhn. 9170.

3-64/10-0696 Theodossiades, G.; Tananarive, Serv. de Nutrit. Le caneton réactif biologique pour le dépistage de la toxicité des tourteaux d'arachide. **(Die Jungente als biologisches Testobjekt für den Nachweis der Toxizität von Erdnußölkuchen.)** Rev. Élevage Méd. vétérin. Pays trop. **16** (1963) Nr. 2. S. 229–236. — 2 Tab., 22 Lit. Zus. in Engl., Ital.
Entenküken haben sich als sehr empfindlich gegenüber Erdnußkuchen erwiesen, so daß damit nicht nur deren Toxizität, sondern auch der Grad der toxischen Wirkung ermittelt werden kann. Die verschiedenen Proben von Erdnußölkuchen werden den Entenküken mit Hilfe einer Sonde in den Oesophagus verabreicht in Form einer dünnflüssigen Paste. Während sich die Probe 1 als nicht toxisch erweist, verursacht Nr. 2 akute, die Proben 3–5 subakute Vergiftungserscheinungen. In den toxischen Erdnußölkuchen wird *Aspergillus flavus* nachgewiesen. Bei Schweinen rufen nur die Erdnußölkuchen, die bei Entenküken akut toxisch wirken, subakute toxische Veränderungen hervor. E. Tempel. 9170.

3-64/10-0697 Kemmerer, A. R., Heywang, B. W., Vavich, M. G. und Phelps, R. A.; Tucson, Univ. of Arizona. Further studies of the effect of cottonseed oil on discoloration of cold storage eggs. **(Weitere Untersuchungen über die Verfärbung von kalt gelagerten Eiern durch Baumwollsaatmehl.)** Poultry Sci. **42** (1963) Nr. 4. S. 893–895. — 2 Tab., 4 Lit.
Die Untersuchungen sollten klären, bis zu welcher Höhe der Anteil an Baumwollsaatöl (B.) in Handelsfuttermischungen heraufgesetzt werden kann, ohne daß es zu Verfärbungen im Weißei oder Dotter kommt. 31 Gruppen aus je 6 Weißen Leghornhennen standen zur Verfügung. Mit dem Legehennenfutter

vermischten die Verff. zu 0; 0,1; 0,2; 0,5 u. 2,0% 2 verschiedene B.; außerdem gaben sie den Hennen in Gelatinekapseln tägl. 0; 3; 10 oder 36 mg kristallines Gossypol, gelöst in Maisöl. 0,2% B. in Verbindung mit 3 mg Gossypol färbten die Dotter dunkler und das Weißei rosa. Bei 0,1% B. mit 3 mg Gossypol veränderten sich die Eier nicht. C. Engelmann. 9170.

3-64/10-0698 Heywang, B. W., Kemmerer, A. R. und Lowe, R. W.; Glendale, Ariz., Animal Husbandry Res. Div. Discolorations in eggs when cottonseed meal feeding was stopped before the pullets laid. **(Eiverfärbungen, nachdem die Fütterung mit Baumwollsaatmehl vor dem Legebeginn aufhörte.)** Poultry Sci. **42** (1963) Nr. 4. S. 995–997. — 1 Tab., 7 Lit.
13 Gruppen von je 10 Hennen wurden bis zur 16. oder 18. Lebenswoche mit einer Futtermischung aufgezogen, die ansteigende Mengen von Baumwollsaatmehl enthielt; der Gehalt an freiem Gossypol betrug im Baumwollsaatmehl 0,07%, in den Mischungen 0,001; 0,002; 0,004 und 0,008%. Das Gossypol war arm an der Komponente, die das Weißei rosa färbt. Deshalb zeigten nur 76 von insgesamt 1100 Eiern, die 6 Mon. lang bei 35 °F gelagert waren und die ersten 15 Eier je Henne darstellten, jene Verfärbungen, und der Ausprägungsgrad war gering. Allein die Hennen, die bis zum Versuchsende nach 207 Tagen 0,008% Gossypol zu sich nehmen konnten, legten bis zu 96% verfärbte Eier. C. Engelmann. 9170.

3-64/10-0699 Annamuchamedov, O. Ispol'zovanie šrota iz neošelušennych semjan chlopčatnika v kombikormach dlja teljat. **(Die Verwertung von unentschältem Baumwollsaatschrot im Kraftfutter von Kälbern.)** Životnovodstvo, Moskva **25** (1963) Nr. 9. S. 72–74. — 2 Tab.
Ein Anteil von 20, 30 und 40% Baumwollsaatschrot aus unentschälten Samen im Kraftfutter der Kälber bis zum Alter von 7 Mon. hatte keinen negativen Einfluß auf Entwicklung und Gesundheit. Ein Vergleich mit erprobten Kraftfuttermischungen ergab keine Unterschiede. G. Leisner. 9170.

3-64/10-0700 Hoser, Stefan, Berthold, Stefan und Ponikiewska, Teresa. Zastosowanie śrut poekstrakcyjnych z nasion krajowych roślin oleistych w mieszankach treściwych dla tuczników bekonowych. **(Die Verwendung von Extraktionsschroten aus inländischen Ölfrüchten in Kraftfuttermischungen für Baconschweine.)** Zeszyty problemowe postępów Nauk rolniczych **1962** Nr. 36. S. 5–12. — 5 Tab., 8 Lit.
Der Versuch erfolgte an 179 Schweinen der Großen Weißen Rasse. Es ergaben sich keine einheitlichen Werte für Rapsschrot, dessen Futterwert durch den Gehalt an Senföl bestimmt wird. Leindotterschrot besaß den gleichen Futterwert wie Lein- und Erdnußschrot. Den geringsten Futterwert wies Extraktionsschrot der Samen des Meerrettichbaumes auf. Eine Auswirkung von Futterrationen, die die untersuchten Schrotarten enthielten, auf die Schlachtkörper- und Speckqualität wurde nicht festgestellt. PRL/CBR. 9170.

3-64/10-0701 Gawęcki, Kazimierz, Lipińska, Hanna und Śmigaj, Maria. Badania nad określeniem wartości pastewnej i przydatności niektórych śrut poekstrakcyjnych z roślin oleistych w żywieniu kur niosek i kurcząt. **(Untersuchungen zwecks Bestimmung des Futterwertes gewisser Extraktionsschrote in der Fütterung von Legehennen und Küken.)** Zeszyty problemowe postępów Nauk rolniczych **1962** Nr. 36. S. 19–27. — 4 Tab., 8 Lit.
Die Untersuchungen betrafen Extraktionsschrote aus Lein, Raps und Samen des Meerrettichbaumes (**I**). Es ergab sich, daß **I** in Höhe von 8% der Futtermischung die Legetätigkeit anregte und die Futterverwertung verbesserte im Vergleich zum Leinextraktionsschrot, wogegen ein 12%iger Zusatz die Legetätigkeit beeinträchtigte. Rapsextraktionsschrot kam in der Auswirkung dem Leinschrot gleich, doch setzten Zugaben von Leindotterextraktionsschrot in Höhe von 8% und 12% die Produktionsleistung der Hühner

herab. I eignet sich nicht als Kükenfutter wegen seines hohen Rohfasergehalts. Rapsschrot bewirkte eine Vergrößerung der Schilddrüse und verbesserte die Futterverwertung, der Anteil darf 15% nicht überschreiten, da sonst Fälle von Diarrhöe auftreten können. G. Znaniecka. 9170.

3-64/10-0702 Hornoiu, M., Cadanțu, L., Timaru, S., Calotoiu, A., Calotoiu, E., Vescu, E., Gaci, N. und Rățeanu, D. Studiul toxicității și folosirea șroturilor de ricin în hrana animalelor. **(Untersuchung der Toxizität von Ricinus-Extraktionsschrot [Re] und dessen Verwendung in der Tierernährung.)** Lucrările științ. Inst. Cercetări zootehn. **20** (1962) S. 129 bis 140. — 4 Tab., 4 Lit. Zus. in Russ., Engl., Franz., Dtsch.
Vff. folgern, daß Ricinus-Extraktionsschrot (I) für die Tierernährung nicht giftig ist. Für verschiedene Tierarten sind folgende Toleranzgrenzen ermittelt worden: Arbeitsochsen 3 kg, Milchkühe 2,5 kg, 1-2 Jahre alte Jungrinder 1 kg, erwachsene Schafe 0,6 kg, Jungschafe 0,4 kg, 20-50 kg schwere Mastschweine 0,2 kg, Legehennen 15 g, erwachsene Enten 20 g. Es wird empfohlen, nur 20-30% der angegebenen Menge zusammen mit anderen Futtermitteln nach einer 8-10 Tage dauernden Gewöhnungszeit, zu verabreichen. In Fütterungsversuchen an Mastrindern konnten mit (I) ⌀ tägl. Gewichtszunahmen von 1250 g im Vergleich zu 1222 g der Kontrollgruppe erzielt werden. R. Petrovszky. 9170.

3-64/10-0703 Mergl, M. und Šiman, J. Sušené kvasničné krmivo z droždované syrovátky. **(Getrocknetes Hefefutter aus Hefemolke.)** Drůbežnictví [Praha] **11** (1963) Nr. 9. S. 136. — 1 Tab.
Aus Molke hergestellte Hefefutterarten, die sich bei der Aufmast gut bewährt haben, wurden durch Zusatz von Huminstoffen bzw. von Abfall der Erzeugung sogenannter Suppenwürze vervollkommnet. Wertvoll sind die N-haltigen Komponenten dieses Abfalls, von denen die Aminosäuren Leucin, Valin, Alanin, Lysin mehr als die Hälfte darstellen. Das getrocknete Futter enthält 4,75% Wasser, 20,74% N-haltige Subst., 14,02% Mineralstoffe, 60,05% N-freie Komponenten, 18,90% Rohprotein und 16,50% verd. Rohprotein. ČSSR/ÚVTI. 9210.

3-64/10-0704 Donec, N. E. Nekotorye dopolnitel'nye istočnika belka. **(Einige zusätzliche Eiweißquellen.)** Životnovodstvo, Moskva **25** (1963) Nr. 9. S. 65.
Am Ukrain. Forsch.-Inst. für Fleisch- und Milchind. wurden Rezepte zur Herstellung eines Futtermehls aus Psalter einschl. Inhalt sowie eines Fleischknochenmehls ausgearbeitet. Ersteres enthält 36,1% Protein, 18,18% Fett und 28,8% N-fr. E. und Rohfaser. Es ergab bei Verfütterung an Schweine um 10–15% höhere Zunahmen und ist besonders geeignet für Fische, wobei der Ertrag an Karpfen von 10 auf 15,8 dt/ha anstieg. Gleiche Ergebnisse waren in der Jungfischaufzucht zu verzeichnen. Das Fleischknochenmehl wurde durch Demineralisierung der Knochen mit HCl gewonnen. Bei Verfütterung von 50 g je Tier und Tag zeigten sich bei Hühnern verbesserte Legeleistung, um 10–12% höhere Zunahmen der Jungtiere sowie starkes Absinken der Aufzuchtverluste. Weiterhin wurde am Institut eine Technologie zur Gewinnung von Aminosäuren aus Schlachtabfällen entwickelt. G. Bernert. 9220.

3-64/10-0705 Ousterhout, L. E. und Snyder, D. G.; College Park, Md., Bureau of Commercial Fisheries. Nutritional evaluation of fish meals using four short-term chick tests. **(Bestimmung des Nährwertes von Fischmehlen mit Hilfe von 4 Kurzzeit-Kükentesten.)** Poultry Sci. **41** (1962) Nr. 6. S. 1753 bis 1757. — 2 Tab., 8 Lit.
Zur Bestimmung des Nährwertes von 9 Fischmehlen bekannter Herstellung und Zusammensetzung wurden Kurzzeitteste entwickelt, bei denen 4 verschiedene Diäten an 10 Tage alte Küken verfüttert wurden. Die auf der gleichen Grundkost (Glucose, Cellulose, Maisöl, Mineralstoffe, Vitamine)

aufgebauten Diäten unterschieden sich wie folgt: Diät 1 enthielt das zu testende Fischmehl als einziges Eiweiß in einer Gabe von 15% und Diät 2 von 25% Protein; Diät 3 wies 5% Glutaminsäure oder eine Mischung von nicht essentiellen Aminosäuren und Diät 4 Methionin oder Methionin + Cystin im Austausch der gleichen Menge Glucose zusätzlich zum Fischmehl der Diät 1 auf. Diät 1 liefert die Kenntnis über die Verfügbarkeit des Fischmehlproteins für das Küken, Diät 2 über die umsetzbare Energie des Mehles oder etwaige toxische Faktoren, Diät 3 über die verfügbaren schwefelhaltigen Aminosäuren und Diät 4 über die Verfügbarkeit der 2. limitierenden Aminosäure im Mehl. L. Sperling. 9230.

3-64/10-0706 Nordfeldt, Sam und Olsson, Nils; Uppsala, Nat. Animal Exp. Stat.; Stockholm, Nat. Inst. of Public Health. Stability of vitamin A and tocopherol in a mixture of fish liver and wheat germ oil. **(Stabilität von Vitamin A und Tocopherol in einer Mischung von Fischleberöl und Weizenkeimöl.)** Kungl. Lantbrukshögskolans Ann. **28** (1962) S. 189–193. — 1 Tab., 15 Lit.
Eine Mischung von Fischleberöl und Weizenkeimöl im Verhältnis 9:1 wurde während einer 8monatigen Lagerung bei 4 °C im Abständen auf den Gehalt an Vit. A und Gesamt-Tocopherolen untersucht. Die Tocopherole nahmen in dieser Zeit überhaupt nicht und das Vit. A nur geringfügig gegenüber dem Anfangsgehalt der Komponenten ab, so daß von einer genügenden Stabilität dieser Vitamine in einer derartigen Mischung gesprochen werden kann.
L. Sperling. 9230.

3-64/10-0707 Wöhlbier, W. und Giessler, H. **Die Eignung von Leimleder als Futtermittel für Mastschweine und Mastküken.** Landwirtsch. Forsch. **16** (1963) Nr. 3. S. 248-254. — 5 Tab., 11 Lit.
Von 4 Leimlederarten (getrocknet und gemahlen) wurden die Rohnährstoffgehalte und die VK bei Schweinen bestimmt. Die Möglichkeit der Verwendung des Leimleders als Futtermittel anstelle anderer Eiweißfuttermittel tierischer Herkunft wurde bei Küken und Schweinen geprüft. — Die gefundenen Werte schwankten infolge der unterschiedlichen Behandlung des Ausgangsmaterials erheblich. (VK bei Rohprotein: 76,1-91,4, verd. Rohprot.: 43,1 bis 61,1%, GN: 650 bis 807 u. Rohaschegehalt: 18,0 bis 48,5%). In 3 Küken- und 2 Schweinemastversuchen wurden die Leimlederarten anstelle von Dorsch-, Fisch- oder Tierkörpermehl eingesetzt und als Bestandteil üblicher Standardmischungen verglichen. Dabei wurden keine gesicherten Unterschiede bei Zunahmen, Futterverbrauch und den Verwertungszahlen gefunden. Auch zwischen den Leimlederarten konnte keine unterschiedliche Wirkung festgestellt werden. Die Versuche weisen darauf hin, daß ein Teil der in den VDW oder DLG Standards vorgeschriebenen tierischen Eiweißfuttermittel durch Leimleder ersetzt werden kann. P. Matthies. 9240.

3-64/10-0708 Hennig, A., Gruhn, K. und Schwabe, M.; Jena, Inst. für Tierernähr. **Untersuchungen über den Einsatz des Maschinenleimleders in der Entenmast.** Tierzucht **18** (1964) Nr. 2. S. 104-106. — 5 Tab., 4 Lit.
In einem 7-wöchigen Mastversuch wurde an Jungenten ab 10. Tag gewaschenes und gedämpftes Maschinenleimleder (M.) verabreicht. Die Kontrollgruppe I erhielt Entenmastfutter, Gruppe II erhielt Entenmastfutter und Maschinenleimleder im Verhältnis 85:30 Gewichtsteilen, Gruppe III 80:40, Gruppe IV 75:50. Der Trockenfutterverzehr fiel mit steigendem Anteil an M. Er lag bei Gruppe II um 9%, bei Gruppe III um 14%, bei Gruppe IV um 15% unter der Kontrollgruppe. Die Gewichtszunahme war bei II um 1% geringer, bei III und IV um 5 und 7% höher als bei Gruppe I. Die Futterkosten wurden durch Einsatz von M. gesenkt, sie betrugen bei I 1,38, II 1,23, III 1,12, IV 1,04 DM/kg Gewichtszunahme. Die Untersuchung geschlachteter Enten ergab, daß M. zu einer geringen Erhöhung des Gehaltes an Trokkensubstanz, Fett und Rohprotein führte. Geschmacklich bestanden keine

Unterschiede zwischen Enten der Gruppe I und IV. Vff. empfehlen, M. in der Fütterung der Mastenten einzusetzen, Gaben bis zu 40% des Gesamtfutters können verabreicht werden. W. Sommerfeld. 9240.

3-64/10-0709 Francis, D. W.; University Park, N. Mex., Agric. Exp. Stat. Failure to demonstrate estrogenic effects in S. C. White Leghorn chicks fed poultry by-product meal. **(Ausbleiben von oestrogenen Wirkungen bei Weißen Leghornküken nach Verfütterung von Geflügel-Abfallmehl.)** Poultry Sci. **41** (1962) Nr. 6. S. 1979–1981. — 4 Lit.
Um festzustellen, ob Geflügel-Abfallmehl irgendwelche Oestrogene enthält, wurden 4 Fütterungsversuche mit diesem Futtermittel an Küken durchgeführt, bei denen die Länge und Höhe sowie das Gewicht der Kämme, ferner in 2 Versuchen auch die Reaktion des Eileiters im Verhältnis zu entsprechenden Kontrollen bestimmt wurde. Die erhaltenen Ergebnisse lassen keinerlei oestrogene Wirkung des Geflügel-Abfallmehles erkennen. L. Sperling. 9240.

3-64/10-0710 Karlińska, K. Wpływ mączki keratynowej na ważniejsze cechy technologiczne tuszek kaczych i gęsich. **(Der Einfluß des Keratinmehls auf die wichtigsten technologischen Merkmale der Schlachtkörper der Enten und Gänse.)** Zeszyty naukowe wyższej Szkoły rolniczej Wrocławiu **10** (1963) Nr. 45. S. 135–150. — 7 Tab., 8 Lit. Zus. in Russ., Engl.
Bei den Gewichtszunahmen der Mastenten in der Zeit vor dem Schlachten konnten keine wesentlichen Unterschiede zwischen den Kontrollgruppen und denjenigen, die mit Zusatz von Keratinmehl gefüttert wurden, festgestellt werden. Die Unterschiede zwischen den Gruppen im Warmgewicht nach dem Schlachten zeugten vom negativen Einfluß des Keratinmehls. Bei Gänsen war der Einfluß des Keratinmehls auf dieses Merkmal unwesentlich. Der Zusatz von Keratinmehl verringert also den Handelswert der geschlachteten Enten unabhängig von der Höhe der Keratingabe. Die Einschätzung der Farbe der Entenschlachtkörper und die Ausgeglichenheit einer Partie zeigten, daß der Zusatz von Keratinmehl die Zahl der hellfarbigen Tiere und die Ausgeglichenheit einer Partie um so mehr verringerte, je höher die Keratingabe war. Sie bewirkte auch ein stärker entwickeltes Bindegewebe. PRL/CBR. 9240.

3-64/10-0711 Šatalin, P. und L'vova, A. Opyt primenenija neftjanogo rostovogo veščestva. **(Erfahrungen bei der Verfütterung eines aus Erdöl gewonnenen Wachstumsfaktors an Schweine.)** Svinovodstvo, Moskva **18** (1964) Nr. 3. S. 24.
An 55 Läufer (I) im Alter von 4 Mon. wurde zusammen mit der Futterration ein aus Erdöl gewonnener Wachstumsfaktor (NRV) verabreicht, und zwar zweimal tägl. insges. 4-5 mg je kg Lgw. Als Kontrollgruppe wurden 58 Tiere (II) eingestellt. Nach 1 Mon. wurden alle Tiere gewogen. Im Versuchsabschnitt wurden durchschnittl. Zunahmen von 423 g (I) bzw. 353 g (II) je Tier und Tag erreicht. Auch in ökonomischer Hinsicht erwies sich der Zusatz von NRV als vorteilhaft: Von den Tieren der Versuchsgruppe wurde 0,5 kg NRV verbraucht (Kosten je kg = 2 Kop.) Die erzielte Mehrzunahme in dieser Gruppe von 115 kg erbrachte einen Gewinn von 106 Rub. Parallel zu diesem Versuch wurde NRV an 550 Mastschweine verfüttert. Auch in diesem Fall bewirkte diese Substanz höhere Gewichtszunahmen. Am günstigsten erwies sich die Verabreichung des aus Erdöl gewonnenen Wachstumsfaktors an Jungtiere (10. Lebenstag bis 6. Mon.). I. Scholz/Dummerstorf. 9240.

3-64/10-0712 Petrov, D. F., Černova, R. P. und Čudakov, I. G. Obogaščenie kormov belkami i vitaminom B_{12}. **(Die Anreicherung des Futters mit Eiweiß und Vitamin B_{12}.)** Svinovodstvo, Moskva **16** (1962) Nr. 9. S. 35–37. — 5 Tab.
Bei der Anzucht von *Azotobacter suis* auf gekochten Kartoffeln steigt deren Eiweißgehalt um 30–60%, und es werden 100–150 µg Vit. B_{12}/kg Rohgewicht

gebildet. Werden 0,5–1 kg Kartoffeln/Tier/Tag gefüttert, auf denen die resistente Form von *A. suis* unter Zusatz von 3% Harnstoff angezogen worden ist, stiegen die Tagesdurchschnittszunahmen um 19–43%.
F. Schenk. 9250.

3-64/10-0713 Modjanov, A. V., Lichonosova, N. D. und Riza-Zade, N. I.; Dubrowizy, Gebiet Moskau, Unions-Inst. für Tierzuchtforsch. Sravnitel'noe kormovoe dostoinstvo karbamida raznych form. **(Vergleichende Futtereigenschaften verschiedener Carbamidformen.)** Vestnik sel'skochozjajstvennoj nauki, Moskva 8 (1963) Nr. 5. S. 77–83. – 5 Tab., 8 Lit. Zus. in Engl., Franz., Dtsch.
Vergleichende Untersuchungen über die Verwertung von feinkristallinem und granuliertem Carbamid als teilweiser Proteinersatz bei Rindern und Schafen ergaben keine wesentlichen Unterschiede in der Verdauung der Futterrationen und im N-Stoffwechsel. Granuliertes Carbamid wurde infolge seiner langsameren Auflösung von den Tieren besser aufgenommen. Weitere Vorteile gegenüber der feinkristallinen Form sind längere Haltbarkeit bis zu 1 Jahr ohne Klumpenbildung sowie die gute Mischbarkeit bei der Zugabe zu Mischfuttermitteln. Eine toxische Wirkung ist bei Verwendung von granuliertem Carbamid nicht zu befürchten. Ein Mahlen des granulierten Carbamides vor der Verwendung hebt diese Vorzüge auf. G. Bernert. 9250.

3-64/10-0714 Borodina, T. P. Nauka i opyt rekomendujat. **(Wissenschaft und Praxis empfehlen.)** Svinovodstvo, Moskva 18 (1964) Nr. 3. S. 28-29. – 1 Tab.
Vf. gibt Hinweise zur Verfütterung von Sapropel an Schweine, besonders im Winter. Diese in Seen vorkommende Substanz enthält außer Ca u. P verschiedene Spurenelemente (Cu, Mo, Mn, Co, J, B), Vitamine und andere Stimulatoren. Folgende Ergebnisse zeigten sich bei Verfütterung von Sapropel: Höhere Fruchtbarkeit, bessere Entwicklung der Ferkel, um 10-20% höhere Gewichtszunahmen bei Mastschweinen sowie Verbesserung der Blutzusammensetzung. Für die verschiedenen Altersgruppen werden folgende Gaben empfohlen: Ferkel (bis zum 2. Mon.) – beliebig; Absatzferkel (2.-4. Mon.) – 200-300 g; Zuchtläufer, kastrierte Sauen und Eber – bis 1 kg; Mastläufer – bis 2 kg; tragende und säugende Sauen – bis 1,5 kg.
I. Scholz/Dummerstorf. 9250.

3-64/10-0715 Czeremski, K. Wykorzystanie odpadków pokonsumpcyjnych w żywieniu zwierząt. **(Die Verwertung von Küchenabfällen in der tierischen Ernährung.)** Nowe Rolnictwo 12 (1963) Nr. 20. S. 32-34. – 2 Tab., 6 Lit.
Eine wichtige Rolle bei der Mast spielen außer den Abfällen von der einleitenden Rohstoffbearbeitung flüssige Abfälle, d. h. Reste von Suppen, Saucen etc. Diese Abfälle enthalten 3-7% Eiweiß und viele Mineralsubstanzen sowie Vitamine. Eine Hafereinheit entspricht ca. 10-15 kg flüssigen und halbflüssigen Abfällen, 5-10 kg Kartoffelabfällen und 6-10 kg Gemüseabfällen. Um eine entspr. Ausnutzung der Abfälle zu sichern, ist eine besondere Aufmerksamkeit auf ihre Aufbewahrung und danach auf die Vorbereitung zum Futtern zu richten. Während der Zubereitung des Futtermittels müssen die Abfälle gründlich vermischt werden, Rohabfälle aus Gemüse und Kartoffeln werden gekocht und bis zu 1 ½ Stunden stehen gelassen. Andere wertvolle Futterstoffe kann man erst nach dem Abkühlen bis zu einer Temperatur von 20-25° zusetzen. PRL/CBR. 9250.

3-64/10-0716 *Döhler, Hans.* **Die Qualität der Fischmehle und ihre Beurteilung mit Hilfe chemischer Methoden.** Diss. Veterinärmed. Fak. München. 1962. (IV, 40 S.) 8°. (Diss. 9371)
3-64/10-0717 *Mackiewicz, Z.* **Słonecznik pastewny.** (Die Futtersonnenblume.) 2. Aufl. Warszawa: Państw. wyd. rolnicze i leśne. 1963. (53 S.) 8°. (DA 1612)
3-64/10-0718 *Tommé, Michail Fedorovič* und *Modjanov, A. V.* **Zameniteli kormovogo proteina.** (Ersatzstoffe des Futterproteins.) Moskva: Izd. sel'skochoz. lit., žurnalov i plakatov. 1963. (350 S.) 8°. (1963 A 1246)

FISCHEREI

A. ALLGEMEINES

3-64/10-9001 Falk, Klaus, Jähnichen, Horst und Schlüter, Marlis; Berlin, Humboldt-Univ., Inst. für Fischereiwes. **Bericht über einen Studienaufenthalt im Institut za Oceanografiju i Ribarstvo (Split/Jugoslawien).** Wiss. Z. Humboldt-Univ. Berlin, math.-naturwiss. R. **12** (1963) Nr. 4. S. 595 bis 614. — 13 Abb., 2 Tab., 21 Lit.

Nach kurzen Hinweisen auf die Entstehung der Stadt Split und auf die Einrichtungen und Abteilungen des Ozeanographischen Institutes folgen Ausführungen über die Geologie, das Klima und die hydrographischen Verhältnisse der Ostadria. Teil III berichtet über die Vegetation und Teil IV über die Tierwelt der dalmatinischen Küste. Die auffälligsten Formationen der höheren Pflanzen der Halbinsel Marjan werden genannt. Die wichtigsten Fangmethoden der jugoslawischen Küstenfischerei sind in Teil V dargestellt. Unter den Benthosalgen waren die Phaeophyta vorherrschend, bes. Cystoseiren, deren wirtschaftliche Nutzung in Erwägung gezogen wird. Weitere häufige Vertreter der Phaeophyta waren *Padina pavonia* und *Dictyopteris polypodioides*. Rhodophyta waren durch *Laurencia obtusa* und *Pterocladia capillacea* am häufigsten vertreten. Chlorophyta zeigten im Untersuchungsgebiet Eutrophierung und Abwasserzuflüsse an. Es wurden *Enteromorpha linza* und *Ulva lactuca* sehr häufig festgestellt. An typisch mediterranen Vertretern der Chlorophyta wurden *Acetabularia mediterranea, Halimeda tuna* u. a. beobachtet. Typisch für die waldlosen Kalkberge um Split sind *Agave americana, Spartium junceum* und Macchien. Aufforstungen wurden mit *Pinus halepensis* durchgeführt. Von der Tierwelt waren Mollusca, Crustacea, Echinodermata, Annelida, Anthozoa u. a. am auffälligsten vertreten. Die häufigsten Vertreter unter den Fischen waren Arten aus den Familien der Labridae, Blennidae und Gobiidae. Als weitere regelmäßige Bewohner der Felsküsten wurden Atherinidae, Maenidae, Serranidae, Sparidae, Scorpaenidae u. a. beobachtet. Die jugoslawische Küstenfischerei lieferte 1961 einen Gesamtertrag an Fischen und Wirbellosen von 24400 t. Davon entfallen auf die Ringwadenfischerei ca. 82%. Hauptfangobjekt ist die Sardine. Historische Entwicklung und Bau der, Ringwaden die Lichtfischerei auf Sardinen (*Sardina pilchardus sardina*) und der Pelamidenfang (*Sarda sarda*) werden ausführlich beschrieben. Weitere Spezialfischereien werden kurz erwähnt. H. Jähnichen. 6010.

B. BIOLOGIE DER FISCHEREILICHEN NUTZTIERE

Biologie der Fische

3-64/10-9004 Ancona, Umberto d'; Padova, Univ., Ist. di Zool. e Anatomia Comparata. **Biologische und wirtschaftliche Probleme des Aales in Italien.** Z. Fischerei Hilfswiss. [N.F.] **10** (1962) Nr. 8/10. S. 589-598. — 1 Abb., 3 Tab., 25 Lit.

Die Arbeit enthält eine Zusammenstellung der bisherigen Kenntnisse über den Entwicklungszyklus des Aales (*Anguilla anguilla*). Der neuen Theorie von Tucker über die Vermehrung des Aales kann Vf. nicht beipflichten. Unter den Aalen gibt es neben männl. oder weibl. determinierten Individuen auch solche mit labilerer genotypischer Geschlechtsbestimmung, welche lange Zeit intermediäre Sexualität besitzen. Bei letzteren kann das Geschlecht durch metagamische (Milieu-)Faktoren gesteuert werden, auch experimentell ist dies auf hormonalem Wege möglich. Die verschiedene Verteilung der Geschlechter in den Gewässern ist auf unterschiedlichen Wandertrieb zurückzuführen. Abschließend gibt Vf. einen Überblick über die ökonomische Bedeutung der Aalfänge in den ital. Seen- und Küstengebieten, von denen vor allem die Produktion der Lagunen in der nördl. Adria hervorzuheben ist. Die ital. Aalproduktion betrug 1959 263 t aus Binnen- und 2541,6 t aus Küstengewässern. G. Seifert. 6080.

3-64/10-9005 Nümann, Wilhelm; Langenargen/Bodensee, Staatl. Inst. für Seenforsch. und Seenbewirtsch. **Untersuchungen an Karpfen verschiedener anatolischer Seen.** Z. Fischerei Hilfswiss. [N.F.] **11** (1962) Nr. 1/2. S. 47-77. — 2 Abb., 13 Tab., 18 Lit.

Die Karpfen (*Cyprinus carpio*) in den 9 größeren Seen sind echte beschuppte Wildfische. Das l/h-Verhältnis betrug im Mittel 2,8, bei Karpfen aus nahrungsreichen Gewässern war der Wert kleiner. Der Korpulenzfaktor (K) lag zwischen 2,30 und 1,50. Mit zunehmender Fischgröße nimmt K jedoch ab. Um daher verschieden große Individuen vergleichen zu können, wurde die Larsen-Formel durch einen empirisch erlangten Korrekturwert erweitert. Exakte Wachstumsberechnungen nach dem Schuppenbild sind nicht möglich, sie vermitteln lediglich einen allg. Überblick. Allg. werden die ♀♀ nach 4, die ♂♂ nach 3 Jahren geschlechtsreif. Bei Langsamwüchsigkeit und bei sehr schnellem Wachstum tritt die Reife früher ein. Darmuntersuchungen zeigten an, daß Plankton und Bodentiere je nach Angebot gleich gern auch von großen Karpfen aufgenommen werden. G. Merla. 6080.

3-64/10-9006 Wiktor, Józef; Swinoujscie, Morski Inst. Rybacki Oddzial. **Einige biologische Eigenschaften des Zanders als Funktion der Lebensbedingungen im Oderhaff.** Z. Fischerei Hilfswiss. [N.F.] **10** (1962) Nr. 8/10. S. 697 bis 703. — 4 Abb., 4 Tab.

Das Oderhaff bietet dem Zander (*Lucioperca lucioperca*) außerordentlich günstige Lebensbedingungen. Untersuchungen von Wachstum, Fangerträgen, Bestandserneuerung und Bestandszusammensetzung führten zu dem Ergebnis, daß trotz der hohen Fänge von durchschnittlich 333 t im Jahr (4 kg/ha) die Bestandsdichte des Zanders konstant bleibt. G. Seifert. 6080.

3-64/10-9007 Smith, J. Gary. Notes on the life history and a description of the sharpnose seaperch, Phanerodon atripes (Jordan and Gilbert). **(Bemerkungen über die Lebensgeschichte und eine Beschreibung von Phanerodon atripes.)** Calif. Fish and Game **50** (1964) Nr. 1. S. 42-47. — 1 Abb., 2 Tab., 14 Lit.

Mit dem Fang eines Exemplares von *Phanerodon atripes* in der Bodega-Bucht im Aug. 1960 hatte diese Seebarschart ihr Verbreitungsgebiet um 135 Meilen nordwärts ausgedehnt. Damit wurde ein Anlaß zur Sammlung neuer Informationen über Wachstum, Alter, Nahrung, Fortpflanzung und meristische Merkmale dieser rel. seltenen Art aus der Montery-Bucht, Cortez-Bank, Morro-Bucht und Baja-California gegeben. Das größte der 16 untersuchten Exemplare war 291 mm lang und wog 271 g. K. Anwand. 6080.

3-64/10-9008 Rothschild, Brian J.; Honolulu, Hawaii, Bureau of Commercial Fisheries. Graphic comparison of meristic data. **(Grafischer Vergleich von meristischen Daten.)** Copeia [Philadelphia] **1963** Nr. 4. S. 601-603. — 1 Abb., 1 Lit.

Vf. diskutiert die Anwendungsmöglichkeit der Methode des grafischen Vergleichs von meristischen Merkmalen in der systematischen Zoologie, wie sie von Hubbs und Perlmutter vorgeschlagen und angewandt wurde, unter Berücksichtigung des sogenannten Tukey-Verfahrens. K. Anwand. 6080.

3-64/10-9009 Rutte, Erwin; Würzburg, Geol.-Paläontol. Inst. **Schlundzähne von Süßwasserfischen.** Palaeontographica [Stuttgart], Abt. A **120** (1962) S. 165-212. — 72 Abb., 2 Tab., 59 Lit.

Vf. weist nach, daß ein einzelner Cypriniden-Schlundzahn — mit einigen Einschränkungen — genügt, um dessen ursprünglichen Träger zu bestimmen.

Dazu untersuchte er die Schlundknochen und -zähne von 21 mitteleuropäischen Cyprinidengattungen oder -arten, schuf eine Terminologie zur detaillierten Beschreibung der Schlundzähne und stellte eine Bestimmungstab. auf. Damit konnte er zahlreiche fossile (jungtertiäre) Schlundzähne 9 rezenten Gattungen oder Arten zuordnen. Ein fossiler Schlundzahntyp ist rezent unbekannt. Die Schlundzähne von einer fossilen Fundstelle gestatten manchmal Aussagen über Milieu und Biotop. Ferner werden zahlreiche Einzelfakten mitgeteilt über Zahnwechsel, Abkauungsgrad, systematische Stellung (z. B. von *Alburnus bipunctatus* und *Leuciscus meidingeri*) u. a. D. Scheer. 6085.

3-64/10-9010 Tilak, Raj; Pilani, India, Birla Coll. Relationships between the osteocranium and Weberian apparatus in two Indian catfishes of the genus Clarias (Siluridae). **(Beziehungen zwischen dem Osteocranium und dem Weberschen Apparat bei zwei indischen Siluriden der Gattung Clarias.)** Copeia [Philadelphia] **1963** Nr. 4. S. 623-629. — 9 Abb., 19 Lit.

Die Arbeit enthält eine Beschreibung der Bestandteile des Osteocraniums und des Weberschen Apparates von *Clarias batrachus* und *C. dussumieri* sowie eine taxionomische Analyse der beobachteten Merkmale mit dem Ziel, eindeutige Bestimmungsmerkmale für beide Arten zu finden, die bisher zum Teil noch fehlten. Weiterhin werden anhand der Literatur Vergleiche mit *C. lazera* und *C. angullaris* angestellt. Es wird eine Reihe eindeutiger Unterscheidungsmerkmale zwischen *C. batrachus* und *C. dussumieri* angegeben, die auch zur Abgrenzung von den beiden letztgenannten Arten dienen können. G. Seifert. 6085.

3-64/10-9011 Agrawal, S. C.; Meerut, Meerut Coll. The pelvic girdle in the common Indian freshwater grey mullet Mugil corsula Ham. **(Der Beckengürtel bei dem indischen Süßwasserfisch Mugil corsula.)** Sci. and Cult. [Calcutta] 28 (1962) Nr. 9. S. 424-426. — 4 Abb., 2 Lit.

Die Arbeit stellt einen Versuch dar, eingehend über interessante Merkmale im Bau und der Muskulatur des Beckengürtels zu berichten, um dessen Einfluß auf die Bewegung des Fisches aufzuzeigen. Der Fisch, der ein Oberflächenschwimmer ist, taucht gewöhnlich, um seine Augen vor dem Trockenwerden zu schützen. Die Bewegungen in Bodennähe sind ebenfalls zu berücksichtigen, wobei eine knöcherne Verbindung der Flossen im Rahmen des Beckengürtels und gut entwickelte Muskeln sowohl hierzu als auch für die Schwimmbewegung wirkungsvolle Hilfe leisten. G. Merla. 6085.

3-64/10-9012 Sengbusch, Reinhold von. **Fische „ohne Gräten“.** Züchter **33** (1963) Nr. 7. S. 284-286. — 6 Abb.

Auf Grund der Tatsache, daß es Fischarten mit geringer Grätenausbildung gibt (z. B. *Gadus morhua*), folgert Vf., daß auch bei Karpfen, Schleien und Forellen grätenarme Mutationen auftreten und lebensfähig erhalten werden könnten. Als Beispiele werden die Züchtung alkaloidfreier Lupinen und lamellenloser Champignons sowie das Auftreten von Schweinen mit erhöhter Rippenzahl genannt. Durch Röntgenaufnahmen können die Gräten bei Karpfen (*Cyprinus carpio*) ab 8 g Masse bzw. 7,5 cm Länge und bei Regenbogenforellen (*Salmo gairdneri*) ab 20 g Masse bzw. 12 cm Länge festgestellt werden. Im Bildverstärker sind die Gräten nicht zu erkennen. Es müßte zunächst ein größeres Fischmaterial durchgesehen werden, um evtl. vorhandene grätenarme Mutanten auslesen zu können. Diese wären danach als Ausgangsmaterial für die Züchtung zu benutzen. W. Steffens. 6085.

3-64/10-9013 Pfeiffer, Wolfgang. The morphology of the olfactory organ of Hoplopagrus guentheri Gill 1862. **(Die Morphologie des Geruchsorgans von Hoplopagrus guentheri.)** Canad. J. Zool. **42** (1964) Nr. 2. S. 235-237. — 5 Abb., 1 Tab., 3 Lit. 6085.

3-64/10-9014 Vicedom, Rudolf; Würzburg, Univ., Zool. Inst. **Die Entwicklung der Regio otica beim Hering (Clupea harengus L.).** Z. Morphol. Ökol. Tiere **52** (1962) Nr. 2. S. 93-130. — 27 Abb., 66 Lit.

Für die Untersuchungen sind lebendfrisch fixierte Frühjahrslarven und Jungtiere des Herings verwendet worden. Vf. unterscheidet 16 nach Längengruppen unterteilte Entwicklungsstadien. Durch massive Einwachsungen in die primitive Ohrblase wird das häutige Labyrinth als Hohlmodell vorgebildet. Der Recessus utriculi bildet sich frühzeitig. Ein Canalis utriculo-saccularis und ein Ductus endolymphaticus waren nicht zu finden. In der Macula utriculi werden 3 Abteilungen (Macula ant., media und post.) sehr früh gesondert angelegt. Die Cristae entstehen unabhängig von den Maculae und sind früher als diese differenziert. Die Bulla ant. bildet sich am Vorderende der Ohrblase aus einer Mesenchymanhäufung. Die Quermembran ist sehr zeitig vorhanden, erhält jedoch erst später ihre Stärke und Spannkraft. Die Bulla post. bildet sich nach der Bulla ant. durch Aushöhlung der lateralen Wand der Ohrkapsel vom Schwimmblasengang her. Die craniale Verlängerung der Schwimmblase wächst in die untere Abteilung der Bulla ant. ein, wo sie zur vorderen Blase wird. Die Schwimmblasenfüllung erfolgt anscheinend schon im 8. Stadium bei 24-25,9 mm langen Tieren. Der vordere Subcerebralkanal wird durch zur Perilymphe verflüssigtes Mesenchym erfüllt. Die Perilymphe dringt auch in die obere Abteilung der Bulla ant. ein. Weitere perilymphatische Räume waren nicht zu finden. M. Hegemann. 6085.

3-64/10-9015 Lundbeck, Johannes; Hamburg, Bundesforsch.-Anst. für Fischerei, Inst. für Seefischerei. **Untersuchungen über die Körperproportionen beim Kabeljau.** Arch. Fischereiwiss. **12** (1961) Nr. 1/2. S. 1-24. — 5 Abb., 2 Tab., 17 Lit.

Vf. fand an Hand eines Materials von 2462 Fischen (80 Grönland, 496 Island, 1800 Norwegen, 86 Ostsee), daß analog der früher von ihm festgestellten Altersvariation des Länge-Masse-Koeffizienten auch das Längen-Höhen-Verhältnis variiert. Ferner verkleinert sich das Verhältnis der Flossen- und Augengröße, und der After wandert kaudalwärts. Die 4 untersuchten Stämme von *Gadus morhua* lassen sich nach morphol. Merkmalen leicht einer ostatlantischen Gruppe (u. a. mit langem, schmalem Kopf und kleinem Auge) — Nordsee und Norwegen — und einer mittelatlantischen Gruppe (u. a. mit kurzem, hohem Kopf und großem Auge) — Island und Grönland — zuordnen. Diese Zuordnung stimmt nicht mit der Einteilung von Schmidt nach der Wirbelzahl überein. Die norwegische Form leitet über zu den Ogac-ähnlichen Formen des Weißen Meeres, deren Eigentümlichkeiten auch beim Ostseedorsch abgeschwächt zu finden sind. Starke Anklänge an die Ogac-Merkmale hat dagegen der Grönland-Kabeljau aufzuweisen. H.-J. Rümmler. 6085.

3-64/10-9016 Vinberg, G. G. und Beljackaja-Potaenko, Ju. S.; Minsk, Beloruss. Univ. Sutočnyj chod intensivnosti gazoobmena u pojkilotermnych životnych. **(Der tägliche Verlauf der Intensität des Gasaustausches bei wechselwarmen Tieren.)** Zoologičeskij žurnal, Moskva **42** (1963) Nr. 11. S. 1593 bis 1600. — 3 Abb., 1 Tab., 10 Lit.

Messungen des tägl. Sauerstoffbedarfes und seiner Schwankungen bei verschiedenen Wasserorganismen mit Hilfe von Respirationsgefäßen brachten bisher nur bei solchen Organismen klare Ergebnisse, die das Wasser im Gefäß in ausreichendem Maße in Bewegung versetzen. Bei Mollusken und Crustaceen waren genaue Messungen bisher noch nicht möglich. Bei der Messung des Sauerstoffverbrauches von Landtieren entstehen nur geringe Schwierigkeiten. H.-W. Hattop. 6085.

3-64/10-9017 Dodt, E. Photosensitivity of the pineal organ in the teleost, Salmo irideus (Gibbons). **(Die Lichtempfindlichkeit des Pinealorgans von**

Salmo irideus.) Experientia [Basel] **19** (1963) Nr. 12. S. 642-643. — 1 Abb., 9 Lit.
Von der Epiphyse der Regenbogenforelle lassen sich spontane Impulse ableiten, die bei Belichtung des Organs gehemmt werden. Entfernung der Augen hat keinen Einfluß auf die Vorgänge an der Epiphyse. Bei dunkeladaptiertem Organ liegt die Reizschwelle bei 0,75 lm/m². Adaptation an starkes Licht hat nachfolgend im Dunkeln eine Empfindlichkeitszunahme um das 10^2fache in 20 s und das 10^5fache in 30 min zur Folge. Die Spektralempfindlichkeit der Hemmung ähnelt der Absorptionskurve eines Photopigments mit einem Maximum bei 505 nm. Die Regenbogenforelle besitzt in ihren Augen 2 lichtempfindliche Pigmente mit λ_{max} bei 533 nm und 507 nm, wovon letzteres auch für die Wirkungen am Pinealorgan verantwortlich gemacht wird. M. Hegemann. 6085.

3-64/10-9018 Lozovik, V. I.; Odessa, Metschnikow-Univ. Vlijanie solenosti vody na razvitie glomeruljarnogo apparata v počkach morskich kostistych ryb. **(Der Einfluß des Salzgehaltes des Wassers auf die Entwicklung des Glomerularapparates der Nieren mariner Knochenfische.)** Doklady Akademii nauk SSSR, Moskva **153(31)** (1963) Nr. 1. S. 225-228. — 4 Abb., 1 Tab., 7 Lit.
Bei marinen Knochenfischen wurde insofern eine Anpassung an unterschiedliche Salzgehaltswerte festgestellt, als eine Verringerung der Zahl der Glomeruli sowie deren Degeneration bei solchen Fischen beobachtet wurde, die in stark salzhaltigem Wasser leben. Bei Fischen aus dem Schwarzen Meer, das einen geringeren Salzgehalt aufweist, sind die Glomeruli dagegen zahlreich und gut entwickelt. Bei Arten, die vor 20 Jahren aus dem Schwarzen Meer in ein Haff mit rel. hohem Salzgehalt umgesetzt wurden, erfolgte innerhalb dieses Zeitraumes eine verstärkte Entwicklung des Glomerularapparates.
H.-W. Hattop. 6085.

3-64/10-9019 Hodgins, Harold O. und Ridgway, George J. Preservation of trout and salmon erythrocytes for blood typing by freezing with dimethyl sulphoxide. **(Konservierung von Forellen- und Lachserythrocyten zur Feststellung der Bluttypen durch Gefrieren mit Dimethylsulfon.)** Nature [London] **201** (1964) Nr. 4926. S. 1336-1337. 6085.

3-64/10-9020 Caillouet jun., Charles W.; Ames, Iowa State Univ. Blood lactic acid concentration of unexercised and exercised mature carp in winter and summer. **(Der Milchsäuregehalt im Blut untrainierter und trainierter reifer Karpfen im Winter und Sommer.)** Iowa State J. Sci. **38** (1964) Nr. 3. S. 309-322. — 2 Abb., 8 Tab., 32 Lit.
Geschlechtsreife Karpfen (*Cyprinus carpio*) von durchschnittl. 1-2 kg Masse wurden im Winter (Febr.-März) bei 1 °C Wasserwärme und im Sommer (Juli) bei 24 °C Wasserwärme vor und nach 15 min langer heftiger Bewegung auf ihren Milchsäuregehalt im Blut untersucht. Im Winter stieg der Milchsäurespiegel von 9 mg/100 ml Gesamtblut im unbewegten Zustand auf 22 mg/100 ml sofort nach der Bewegung. Dieser höhere Gehalt wurde 2,5 h nach der Bewegung beibehalten und sank nach 4,4 h auf den Ausgangsstand ab. Zwischen den Geschlechtern wurde kein Unterschied festgestellt. Im Sommer variierten die Werte der einzelnen Individuen viel stärker als im Winter, und es ergaben sich daher keine signifikanten Unterschiede zwischen den unbewegten und den bewegten Fischen. Der höchste Milchsäuregehalt wurde im Juli beobachtet. Diese Ergebnisse können durch die höheren Temperaturen, durch ungeeignete Haltungsbedingungen und stärkere Bewegung der Fische vor und während der Untersuchungen bedingt sein. Die Auswertung der Daten erfolgte mit Hilfe der Varianzanalyse.
W. Steffens. 6085.

3-64/10-9021 Fine, J. M., Boffa, G. A. und Drilhon, A.; Paris, Lab. d' Immunochim.; Centre Nat. de Transfusion Sanguine; Inst. Oceanographique. The proteins of eel serum: starch gel electrophoresis and immunological studies. **(Die Proteine des Aalserums: Stärkegel-Elektrophorese und immunologische Untersuchungen.)** Proc. Soc. exp. Biol. Med. **114** (1963) Nr. 3. S. 651 bis 654. – 3 Abb., 1 Tab., 19 Lit.
Serum von Aalen (*Anguilla anguilla*), die 650-800 g wogen, wurde mit Hilfe verschiedener Elektrophorese-Techniken (Papier-, Agargel-, Stärkegel- und doppelte Elektrophorese) sowie immunologisch untersucht. Der Gesamteiweißgehalt im Serum betrug 6,2-7,0 g/100 ml. 21 Komponenten wurden beobachtet: Albumin, 10 α_1, 4 α_2, 5 β_1 und 1 diffuse γ_1-Zone. Im normalen Serum konnte kein γ_2-Globulin festgestellt werden, es erschien jedoch nach Immunisierung gegen Humanprotein. Das Aalserum enthält wenigstens 12 immunologisch unterschiedliche Antigene für Kaninchen. Die meisten individuellen elektrophoretischen Differenzen waren in der β-Region zu finden.
W. Steffens. 6085.

3-64/10-9022 Zama, Koichi; Hakodate, Japan, Hokkaido, Univ., Fac. of Fisheries. Studies on the phospholipids of aquatic animals. **(Untersuchungen über die Phospholipide von Wassertieren.)** Mem. Fac. Fisheries Hokkaido Univ. 2 (1964) Nr. 1. S. 1-73. – 44 Tab., 186 Lit. Orig.: engl.
Die Zusammensetzung des Lecithins und Cephalins aus Gehirn und Herz von Pottwal, Blauwal und Köhler (*Theragra chalcogramma*), aus den Eiern von Hai, Lachs, Köhler, Karpfen und einer Krabbe (*Paralithodes camtschatica*) sowie aus den Lebern von Meeresmollusken wurde untersucht. Vor allem wurde die Fettsäurezusammensetzung des Lecithins ermittelt. Lecithin und Glyceride derselben Organe waren unterschiedlich. Sie, vor allem die höher ungesättigten Fettsäuren, nehmen während der Eientwicklung von Wassertieren ab. Es wurden jedoch keine Veränderungen in der Fettsäurezusammensetzung beobachtet. Die Untersuchung des Cephalins ergab, daß es sich mit Ausnahme des Eicephalins dabei um eine Mischung von Inositolphospholipiden, Phosphatidylserinen und Phosphatidyläthanolaminen handelt. Die Fettsäurezusammensetzung des Cephalins war bei den verschiedenen Tierarten ebenfalls unterschiedlich. Der Gehalt an höher ungesättigten Fettsäuren war wie im Falle des Lecithins höher als bei Landtieren. I.allg. ist der Gehalt an konjugierten Lipiden in Reserveorganen wie z.B. der Leber höher als in anderen Organen wie z.B. der Muskulatur. M.-L. Albrecht. 6085.

3-64/10-9023 Sneed, Kermit E. und Clemens, Howard P.; Marion, Ala., Bureau of Sport Fisheries and Wildlife; Norman, Okla., Univ. The morphology of the testes and accessory reproductive glands of the catfishes (Ictaluridae.) **(Die Morphologie der Testes und der akzessorischen Geschlechtsdrüsen der Ictaluridae.)** Copeia [Philadelphia] **1963** Nr. 4. S. 606-611. – 6 Abb., 2 Lit.
Die Testes der Ictaluridae weisen im Gegensatz zu denen der meisten anderen Warmwasserfische keine kompakte Struktur auf, sondern sind in viele lappenartige Verästelungen gegliedert. Das hintere Viertel ist zurückgebildet und bleibt das ganze Jahr über rosa, während sich der vordere Teil mit fortschreitender Reife vergrößert und heller färbt. Dieser Teil besteht aus kubischen (spermatogenen) Zellen in unterschiedlichen Teilungsstadien, während die Lappen des hinteren Teils ein Zylinderepithel besitzen. Die Zellen des hinteren Teils vergrößern sich zwar mit der Annäherung an die Laichzeit, es wurde jedoch nachgewiesen, daß ihre Sekretion für die Lebensfähigkeit des Spermas und die normale Eientwicklung ohne Bedeutung ist. Die Testes von *Ictalurus catus* sind gegenüber anderen Mitgliedern der Familie etwas abweichend gestaltet. G. Seifert. 6090.

3-64/10-9024 Hoar, William S. Hormones and the reproductive behaviour of the male three-spined stickleback (Gasterosteus aculeatus). **(Hormone und**

Fortpflanzungsverhalten bei Männchen von Gasterosteus aculeatus.) Animal Behaviour **10** (1962) Nr. 3/4. S. 247-266. — 3 Abb., 10 Tab., 32 Lit.
G. aculeatus-♂♂, in der Phase vor dem Nestbau kastriert und vorher an tägl. 16stündige Beleuchtung gewöhnt, verhielten sich sehr aggressiv. Bei vorangegangenen nur 8stündigen Lichtperioden war das weit weniger zu beobachten. Daher ist anzunehmen, daß die Hypophyse lediglich im 1. Fall stark gonadotrope Hormone abgab. Bei Kastration während des Nestbaues wird dieser eingestellt und das sonst übliche Verhalten unterbunden. Durch Methyl-Testosteron (MT) wird die volle Entwicklung sekundärer Geschlechtsmerkmale wieder erreicht, Kampflust und Nestbau-Gebaren sind jedoch bei den Kurztag-Kastraten weniger ausgeprägt. Weder MT noch gonadotrope Säuger-Hormone erzielten mit Sicherheit das vollständige Reproduktions-Gebaren bei nichtkastrierten, nur bei kurzer Lichtzeit gehaltenen ♂♂. Die Versuche zeigen, daß das Androgen der Gonaden allein für die Ausbildung sekundärer Geschlechtsmerkmale verantwortlich ist. Es ist teils auch für das Nestbau-Verhalten nötig, hierzu und zu allem übrigen mit der Vermehrung in Verbindung stehenden Verhalten bedarf es jedoch des Zusammenwirkens gonadotroper und in den Gonaden erzeugter Hormone. G. Merla. 6090.

3-64/10-9025 Wolf, Robert S.; La Jolla, Calif., U.S. Bureau of Commercial Fisheries. Observations on spawning pacific sardines. **(Beobachtungen über das Laichen der pazifischen Sardinen.)** Calif. Fish and Game **50** (1964) Nr. 1. S. 53-57. — 1 Tab., 10 Lit.
Im Aug. 1958 wurde aus der Südbucht bei der Cedros-Insel (Mexiko) vom FFS „Black Douglas" das Verhalten von Pazifischen Sardinen (*Sardinops caeruleus*) vor und während der Fortpflanzung beobachtet. Außerdem wurden Laichfisch- und Eifänge durchgeführt. Vf. beschreibt das Schwarmverhalten bei der Fortpflanzung und diskutiert die Untersuchungsbefunde über die Zusammensetzung der Laichfischschwärme, der Eier und Larven.
K. Anwand. 6090.

3-64/10-9026 Lieder, Ulrich; Berlin, Humboldt-Univ., Inst. für Fischereiwes. **Über den gegenwärtigen Stand und die Methodik der Chromosomenuntersuchungen bei Fischen.** Z. Fischerei Hilfswiss. [N.F.] **11** (1964) Nr. 9/10. S. 673-684. — 4 Abb., 1 Tab., 39 Lit.
Vf. gibt einen historischen Überblick über die Chromosomenforschung bei Fischen, kennzeichnet ihren gegenwärtigen Stand und gibt Hinweise für die Methodik der Chromosomenuntersuchungen bei Fischen. Nach den Erfahrungen des Vf. eignen sich bei Untersuchungen von Fischchromosomen die Mitosen in Regenerationsgeweben am besten. Dieses Verfahren wird für einfach und zweckmäßig gehalten. Die Kernfärbung erfolgte nach dem Orcein-Karmin-Essigsäure-Quetschverfahren oder nach einer modifizierten Feulgen-Färbung. Die Klärung einer Vielzahl von Problemen durch die Chromosomenforschung ist möglich. H. Jähnichen. 6090.

3-64/10-9027 Falk, Ulrich; Rostock, Inst. für Hochseefischerei und Fischverarb. **Vorläufige Untersuchungsergebnisse an Heringen (Clupea harengus L.) des nordamerikanischen Schelfs.** Fischereiforschung **1** (1963) Nr. 1. S. 20-24. — 13 Tab., 1 Lit.
Bei den 1962 durchgeführten Untersuchungen an Heringen (*Clupea harengus*) vom nordamer. Schelfgebiet wurden Längen- und Alterszusammensetzung sowie meristische Merkmale zur Rassentrennung (Reifegrad, K_2, VS, P, Rf) festgestellt. Der Heringsbestand der Georges-Bank, der sich aus Herbstheringen der Jahrgänge 1957, 1956, 1958 zusammensetzte, unterschied sich von den Jungheringen der Grand-Manan und Browns-Bank (Golf von Maine). Im Vergleich zu diesen Heringsbeständen wurden deutliche Unterschiede zu dem von der Süd-West-Küste Neufundlands festgestellt, der sich außerdem aus Frühjahrs- und Herbstheringen zusammensetzte. K. Anwand. 6095.

3-64/10-9028 Ristkok, Ju. Peljad' — novaja ryba v Ėstonii. **(Coregonus peled — ein neuer Fisch in Estland.)** Priroda Ėstonii, Tartu **1963** Nr. 5. S. 281 bis 285. — 4 Abb., 2 Tab., 5 Lit. Orig.: estn., Ausz. russ. 6100.

3-64/10-9029 David, A.; Allahabad, India, Centr. Inland Fisheries Res. Sub-Stat. Studies on fish and fisheries of the Godavary and the Krishna river systems. Part II. **(Untersuchungen über Fische und Fischerei der Godavary- und Krishna-Flußsysteme. 2. Mitt.)** Proc. nat. Acad. Sci., India, Sect. B **33** (1963) Nr. 2. S. 287-293. — 3 Tab. 1. Mitt. vgl. 3-64/10-0006.
Die Arbeit enthält systematische und zoogeographische Bemerkungen über einige der im 1. Teil untersuchten Fischarten. Es handelt sich dabei um Ergänzungen zu den Originalbeschreibungen sowie Variationen und Besonderheiten, die bei den Fischen der beiden Flußsysteme beobachtet werden konnten. Die gefundenen Abweichungen werden bei folgenden Arten dargestellt: *Barilius evezardi, Grossocheilus latius. Garra lamta, Labeo gambusia, Osteobrama vigorsii* und *Puntius gelius*. Außerdem wird die neue Subspecies *Pangasius pangasius godovarii* aufgestellt, die sich von der Form des Ganges-Brahmaputra-Systems durch rel. größere Augen, kürzere Schnauze und Interorbitalbreite sowie kürzere und dünnere Dorsal- sowie Pectoralflossenstrahlen unterscheidet. G. Seifert. 6100.

3-64/10-9030 Collette, Bruce B.; Washington, U.S. Nat. Museum, Bureau of Commercial Fisheries. The subfamilies, tribes, and genera of the Percidae (Teleostei). **(Die Unterfamilien, Stämme und Gattungen der Percidae [Teleostei].)** Copeia [Philadelphia] **1963** Nr. 4. S. 615-623. — 2 Abb., 1 Tab., 47 Lit.
Bei den Perciden sind zwei entwicklungsgeschichtliche Linien zu beobachten: Die Percinae besitzen gut ausgebildete Analflossenstrahlen, und ihr vorderster Interhaemalknochen ist größer als die folgenden. Bei den Luciopercinae sind die Analflossenstrahlen schwach entwickelt und die Interhaemalknochen von einheitlicher Größe. In jeder Unterfamilie entstanden durch Parallelentwicklung kleine, bodenbewohnende Formen mit abgeflachtem Körper und zurückgebildeter Schwimmblase. Auf Grund dieser Differenzierung ist jede der beiden Unterfamilien in 2 Stämme einzuteilen: Innerhalb der Percinae sind die Etheostomatini (*Percina, Ammocrypta* und *Etheostoma*) als Abkömmlinge der Percini (*Perca, Gymnocephalus* [= *Acerina*] und *Percarina*) anzusehen. Bei den Luciopercinae haben sich die Romanichthyini (*Zingel* [= *Aspro*] und *Romanichthys*) von den Luciopercini (*Stizostedion* [einschl. *Lucioperca*]) abgetrennt. Die Arbeit enthält eine Tabelle der Wirbelzahlen.
G. Seifert. 6100.

3-64/10-9031 Penczak, Tadeusz; Lodź, Univ. A study of serological relationships within the family Cobitidae (Pisces). **(Eine Untersuchung der serologischen Verwandtschaft innerhalb der Familie der Cobitidae [Pisces].)** Naturwissenschaften **49** (1962) Nr. 24. S. 613. — 2 Tab., 8 Lit.
Die Untersuchungen sind an *Nemachilus barbatulus, Cobitis taenia* und *Misgurnus fossilis* ausgeführt worden. Die Ergebnisse bestätigen völlig die taxionomischen Annahmen von Berg und die embryo-phylogenetischen Studien von Kryzanowski. *M. fossilis* und *C. taenia* sind serologisch verwandt, während zwischen ihnen und *N. barbatulus* erhebliche Unterschiede bestehen. Experimente mit dem Antiserum von *N. barbatulus* deuten an, daß *C. taenia* mit den Angehörigen der Nemachilinae enger verwandt ist als mit *M. fossilis*.
M. Hegemann. 6100.

3-64/10-9032 Gunning, Gerald E.; New Orleans, La., Tulane Univ. The concepts of home range and homing in stream fishes. With a discussion of sensory implications. **(Standareal und Standorttreue bei Flußfischen und ihre sinnesphysiologischen Grundlagen.)** Ergebn. Biol. **26** (1962, hrsg. 1963)

Orientierung der Tiere, Symposium in Garmisch-Partenkirchen S. 202-218. — 4 Abb., 8 Tab., 10 Lit.
Die in 3 bereits erschienenen Veröffentlichungen (1959, 1962, 1963) mitgeteilten Ergebnisse der Untersuchungen des Vf. über die Größe des Standareals und über die Standorttreue von *Lepomis megalotis, Lepomis macrochirus* und *Anguilla rostrata* werden noch einmal vergleichend und zusammenfassend dargestellt und durch Beobachtungen an *Moxostoma poecilurus* ergänzt. Ende Apr. und im Mai sowie im Nov. halten große Exemplare von *M. poecilurus* ein Standareal von ca. 100 Fuß ein. Von 67 im Jahre 1960 markierten Tieren wurden 61 im Jahre 1962 wiedergefangen, von denen 45 Exemplare (= 74%) in dem 100-Fuß-Standareal verblieben. Die charakteristischen Daten des Standareals unterscheiden sich bei den 4 untersuchten Arten sehr wesentlich. Für den Untersucher ist es wichtig zu wissen, ob die Art in einem bestimmten Fluß überhaupt oder in einen bestimmten größeren Abschnitt des Flusses oder in eine Flußstrecke von einigen hundert Fuß zurückkehrt. H.-J. Rümmler. 6105.

3-64/10-9033 Braemer, Wolfgang und Schwassmann, Horst O.; Seewiesen/Obb., Max-Planck-Inst. für Verhaltensphysiol.; Madison, Wis., Univ. **Vom Rhythmus der Sonnenorientierung am Äquator (bei Fischen).** Ergebn. Biol. **26** (1962, hrsg. 1963) Orientierung der Tier, Symposium in Garmisch-Partenkirchen S. 182-201. — 10 Abb., 18 Lit.
Vff. untersuchten von Apr.-Aug. 1962 in Belém, Brasilien (1° 27′ S) die Sonnenorientierung bei den Cichliden *Cichlaurus severus* und *Crenicichla saxatilis*. Es wurden Spiegel- und Umstimmungsversuche an bei Tage dressierten Tieren sowie Dressuren in der Nacht durchgeführt. Es wird gezeigt, daß die Sonne der einzige äußere Bezugspunkt ist, der vom richtungsschwimmenden Fisch verwendet wird. Von Mai — Ende Aug. wird am Tage die im Norden kulminierende Sonnenbewegung verrechnet. Die notwendige Umstellung von der im Süden kulminierenden Sonne auf die im Norden kulminierende dauert mehrere Wochen. Die in den Mittagsstunden gegenüber den Abend- und Morgenstunden schnellere Azimutänderung wird eingerechnet. Bei morgens künstlich erhöhter Sonne ist eine gerichtete statistisch gesicherte Abweichung zu beobachten. Die Sonnenhöhe beeinflußt die Einrechnung der kompensierten Sonnenbewegung. Versuche mit phasenverschobenen Fischen in ihrer subjektiven Nacht sprechen für eine Richtungsumkehr der eingerechneten Sonnenbewegung in der Nacht, der wesentlichste Unterschied zum Verhalten in nördlichen Breiten neben der breitengrad- und jahreszeitspezifischen Verrechnung der Sonnenbewegung am Tage. Tageslänge und Sonnenhöhe beeinflussen die quantitative Einberechnung der Sonnenbewegung so, daß sie für Breitengrad und Jahreszeit richtig wird. Die Fähigkeit zur Verrechnung der Sonnenbewegung an sich ist angeboren. H.-J. Rümmler. 6105.

3-64/10-9034 Creutzberg, Frederik; Den Helder, Netherlands Inst. for Sea Res. The role of tidal streams in the navigation of migrating elvers (Anguilla vulgaris Turt.). **(Die Rolle der Gezeitenströmungen bei der Orientierung der Glasaale.)** Ergebn. Biol. **26** (1962, hrsg. 1963) Orientierung der Tiere, Symposium in Garmisch-Partenkirchen S. 118-127. — 4 Abb., 28 Lit.
Versuche des Vf. mit Glasaalen in einem Kreisstromaquarium ergaben, daß Glasaale natürl. Süßwasser dem Leitungswasser vorziehen und auch noch Mischungen Meerwasser — Süßwasser bevorzugen. Durch Holzkohle filtriertes nat. Süßwasser verlor an Anziehungskraft. Die meisten Glasaale zeigten eine angeborene positive olfaktorische Reaktion auf natürl. Süßwasser jeder Art. Wurde im Kreisstromaquarium durch Zufließenlassen von natürl. Süßwasser künstl. Ebbe und durch Zufluß von filtriertem Meerwasser künstliche Flut erzeugt, so zeigten die Glasaale bei erhöhter Strömungsgeschwindigkeit (36 und 50 cm/s) das gleiche Verhalten wie es Vf. bei Vertikalnetzfängen an der

Oberfläche und in 8 m Tiefe im Texelstrom vorgefunden hatte. Während der Flut schwammen oder trieben bei geringerer Strömung die meisten Glasaale mit der Strömung, während der Rest sich im Boden verborgen hielt. Nach Vergrößerung der Flutströmung sammelten sich die Glasaale in der oberen Aquarienhälfte an und übertrafen an Zahl diejenigen in der unteren Hälfte. Bei langsamen Zuströmen von natürl. Süßwasser schwammen die Glasaale gegen den Strom, und auch die im Boden sich verbergenden kamen heraus. Bei verstärktem Zustrom sank die Mehrzahl nach kurzem Kampf mit der Strömung zu Boden. Die beobachteten Unterschiede zwischen den Fängen zu Ebbe- und Flutzeit lassen sich durch das Auftreten von positiven und negativen rheotaktischen Reaktionen erklären, die durch die Stärke der Strömung modifiziert werden. Damit ergibt sich folgender Gesamtablauf: Die durch den Golfstrom im Aug./Sept. bis zum europäischen Kontinentalsockel gelangten Leptocephaluslarven legen nach der Metamorphose im Herbst und frühen Winter die ca. 1000 km zu den Küsten mit einer Marschgeschwindigkeit von 6 km/d mit Hilfe der Residualströmungen zurück. Im späten Winter und Frühjahr gelangen die Glasaale mit der einlaufenden Flut in die Mündungsgebiete der Flüsse und durch positive rheotaktische Reaktion auf Süßwasser wird verhindert, daß sie ins Meer zurückgetrieben werden.

H.-J. Rümmler. 6105.

3-64/10-9035 Heiligenberg, Walter; Seewiesen; Erling-Andechs, Max-Planck-Inst. für Verhaltensphysiol. **Ein Versuch zur ganzheitsbezogenen Analyse des Instinktverhaltens eines Fisches (Pelmatochromis subocellatus kribensis Boul., Cichlidae.)** Z. Tierpsychol. **21** (1964) Nr. 1. S. 1-52. — 40 Abb., 3 Tab., 41 Lit.

Schwarmverhalten, Schwimmaktivität, Fliehen, Tarnen, Angriffsverhalten, Sexualverhalten, Ablaichen und das Verhalten der Eltern bis zum Aufschwimmen der Jungen wurden untersucht. Insbes. am Beispiel der Angriffsbereitschaft werden Übung und Schwund, Erschöpfung und Aufladung, rel. und abs. Stärke von Bereitschaften und die Evolution einer spez. Bereitschaft besprochen. Abschließend wird das Wirkungsgefüge aller besprochenen Bereitschaften dargestellt. In Anbetracht der Tatsache, daß die physiol. Eigenschaften der Bereitschaften identisch sind mit denjenigen der „Dränge" (v. Holst 1960), soll das Wort Bereitschaft durch das kürzere Wort Drang ersetzt werden. Die Gesetzmäßigkeiten im Auftreten sämtlicher Instinkthandlungen werden auf das Zusammenwirken einer Mindestzahl unabhängiger Dränge zurückgeführt. Die Dränge steuern direkt oder indirekt das Auftreten bestimmter Bewegungen und Färbungen. Dränge können sich gegenseitig verstärken oder mehr oder weniger unterdrücken, Bewegungen umwandeln und Kompromißbewegungen hervorrufen; sie können versiegen und wiedergeweckt werden. Durch Umweltfaktoren können Dränge sowohl aktiviert werden als auch ihre Wirkung auf untergeordnete Dränge und Verhaltenselemente modifizieren. H.-J. Rümmler. 6105.

3-64/10-9036 Ohm, Dietrich. **Die Entwicklung des Kommentkampfverhaltens bei Jungcichliden.** Z. Tierpsychol. **21** (1964) Nr. 3. S. 308-325. — 13 Abb., 15 Lit. 6105.

3-64/10-9037 Schneider, Hans; Tübingen, Univ., Zoophysiol. Inst. **Auch Fische haben eine „Sprache".** Umschau Wiss. Techn. **64** (1964) Nr. 6. S. 166 bis 170. — 10 Abb., 6 Lit.

Vf. gibt einen Überblick über die Entwicklung des neuen Arbeitsgebietes „Fischlaute". Weiterhin wird an zahlreichen Beispielen der Einsatz der Lautäußerungen durch den Fisch aufgezeigt (Lockrufe im Sexualverhalten, Kampfrufe, Drohlaute u.ä.). Von bes. Interesse dürfte die Ansicht des Vf. sein, daß die Mannigfaltigkeit der lauterzeugenden Mittel bei den Fischen auf eine während der Stammesgeschichte mehrfach und auf verschiedenem Wege erworbene Fähigkeit hinweist. M. Hegemann. 6105.

3-64/10-9038 Schneider, Hans. **Bioakustische Untersuchungen an Anemonenfischen der Gattung Amphiprion (Pisces).** Z. Morphol. Ökol. Tiere **53** (1964) Nr. 5. S. 453-474. – 14 Abb., 10 Lit. 6105.

3-64/10-9039 Moulton, James M.; Brunswick, Me., Bowdoin Coll. Acoustic orientation of marine fishes and invertebrates. **(Akustische Orientierung bei Meeresfischen und Wirbellosen.)** Ergebn. Biol. **26** (1962, hrsg. 1963) Orientierung der Tiere, Symposium in Garmisch-Partenkirchen S. 27-39. – 3 Abb., 1 Tab., 44 Lit.

Die Reaktionen von vor im Durchschnitt nicht mehr als 6 h gefangenen erwachsenen Exemplaren. von *Brevoortia tyrannus* (Clupeidae) einerseits und *Poronotus tricanthus* (Stromateidae) andererseits auf Schallreize (1 bis 20 kc/s) wurden in einem bei Woods Hole, Geat Harbor, in der Gezeitenströmung über einer Wassertiefe von 21 m schwimmendem Holzgestellnetzkäfig (1,8 × 1,1 × 0,9 m) beobachtet. Die Menhaden schwammen zu den Stellen der größten Schallintensität und drängten sich dort mit wilden Schwimmbewegungen zusammen. Bei Wiederholung der Beschallung erfolgte keine Reaktion, es sei denn, die Wiederholung erfolgte nach einer längeren Pause. Der Schwarm der Butterfische andererseits löste sich bei 1-5 kc/s auf. Die Fische sammelten sich an der Netzwand. Bei höheren Frequenzen erfolgten keine eindeutigen Reaktionen. Nach 2 h hatten sich die meisten Fische an die Schallreize gewöhnt. Die bei 2 kc/s beobachtete langsame Verformung der Schwarmumrisse war aus der kreisenden Bewegung der Einzelfische nicht abzulesen. Die heftige Reaktion der Menhaden ist biol. begründet, da sie von Delphinen verfolgt und gefressen werden. Schallaufnahmen von *Tursiops* erzeugten ebenso heftige Reaktionen wie die Beschallungsversuche. Die akustische Umwelt scheint für Lebewesen ganz allg. weniger kritisch zu sein als Temperatur, Licht und chem. Bedingungen. Meeresfische, die passenden Meeresströmungen zu den Küstengewässern gefolgt sind, mögen an Hand von akustischen Merkmalen ihren Weg entlang der Küste finden. H.-J. Rümmler. 6105.

3-64/10-9040 Freytag, G.; Hamburg, Bundesforsch.-Anst. für Fischerei, Inst. für Netz- und Materialforsch. **Beiträge zur marinen Bioakustik der Nord- und Ostsee. 1. Trigla gurnadus Linné, der Graue Knurrhahn.** Arch. Fischereiwiss. **15** (1964) Nr. 1. S. 23-33. – 8 Abb., 21 Lit.

Der Graue Knurrhahn (*Trigla gurnadus*) besitzt die Fähigkeit, Knurrlaute zu erzeugen und ist damit einer der bioakustisch interessantesten Nordseefische. Die Geräusche werden mit einem gutentwickelten Schwimmblasenmechanismus hervorgebracht, der aus beiderseits in der Schwimmblasenwandung eingebetteten Tonmuskeln, welche dorsal durch eine Sehne miteinander verbunden sind, besteht. Bei Kontraktion werden Schwimmblase und deren Gasinhalt rhythmisch bewegt. Bei diesen typischen Schwimmblasengeräuschen liegt der größte Schalldruck im Terzbereich mit einer Mittelfrequenz von 315 Hz. Wie in Aquarienversuchen beobachtet werden konnte, erfolgt eine Lautproduktion nur dann, wenn 2 Fische gemeinsam in einem Becken gehalten werden, wobei eine tageszeitliche Abhängigkeit der Knurraktivität und eine akustische Verhaltensbeeinflussung bei zurückgespielten Knurrlauten festzustellen war. K. Anwand. 6105.

3-64/10-9041 Pfeiffer, Wolfgang. **Über die Verbreitung der Schreckreaktion bei Salmlern (Characidae) und Welsen (Siluroidea).** Naturwissenschaften **49** (1962) Nr. 24. S. 614. – 6 Lit.

21 Characidenarten aus 19 Gattungen, davon 20 aus Südamerika und eine aus Afrika, sowie 6 Welsarten aus 5 Familien sind auf ihre Schreckreaktion hin untersucht worden. Bei den Characiden ist die Schreckreaktion nicht allg. vor-

handen, während sie bei den Welsen weit verbreitet zu sein scheint. Bei allen Schreckreaktion zeigenden Arten wurden Schreckstoff und Schreckstoffzellen nachgewiesen. Eine ausführliche Mitteilung der Ergebnisse ist angekündigt.
M. Hegemann. 6105.

3-64/10-9042 Hensel, Karol; Prag, Univ., Zool. Inst. **Nahrungsbiologie des Zwergwelses (Ameiurus nebulosus Le Sueur, 1819) in einigen Kolken der mittleren Elbe der Tschechoslowakei und Bemerkungen über seine Konkurrenzbeziehungen zu anderen Fischen.** Z. Fischerei Hilfswiss [N.F.] 11 (1964) Nr. 9/10. S. 715-733. — 1 Abb., 15 Tab., 41 Lit.
Die wichtigste Nahrungskomponente der Jungfische des Zwergwelses (*Ameiurus nebulosus*) sind kleine Krebstiere, insbes. *Chydorus*. Adulte Zwergwelse ernähren sich vor allem von Insektenlarven der Fam. Chironomidae und treten hier als Nahrungskonkurrenten von Plötze (*Rutilus rutilus*), Rotfeder (*Scardinius erythrophthalmus*), Güster (*Blicca björkna*) und evtl. auch von Blei (*Abramis brama*) auf. H. Jähnichen. 6110.

3-64/10-9043 Ivanov, L. Razmeren i vŭzrastov sŭstav na šarana pokraj bŭlgarskija brjag na r. Dunav. **(Größen- und Alterszusammensetzung der Karpfen am bulgarischen Donauufer.)** Izvestija na Opitna stancija sladkovodno ribarstvo — Plovdiv, Sofija 1 (1962) S. 95-114. — 3 Abb., 5 Tab., 21 Lit. Zus. in Russ., Franz.
Im Jahre 1958 betrugen Körperlänge, mittlere Masse und Anteil der verschiedenaltrigen Karpfen (*Cyprinus carpio*) am Gesamtkarpfenfang: Einjährige 13,6 cm; 75 g; 4,3%; Zweijährige 22,2 cm, 304 g, 56,6%; Dreijährige 30,1 cm, 650 g, 25,6%; Vierjährige 36,2 cm, 1075 g, 10,3%; Fünfjährige 41,5 cm, 1650 g, 2,6%; Sechsjährige 47,2 cm, 2325 g, 0,5%; Siebenjährige 54,3 cm, 3475 g, 0,05%; Achtjährige 59,0 cm, 4250 g, 0,05%. Nach dem Fangverbot für Karpfen unter 25 cm Größe betrugen die entsprechenden Zahlen im Juli 1960: Dreijährige 33,7 cm, 900 g, 15,6%; Vierjährige 40,8 cm, 1550 g, 24,4%; Fünfjährige 47,8 cm, 2400 g, 28,9%; Sechsjährige 52,4 cm, 3150 g, 20,0%; Siebenjährige 57,9 cm, 4200 g, 6,7%; Achtjährige 65,0 cm, 5500 g, 2,2%; Neunjährige 67,0 cm, 6000 g, 2,2%. In der Periode 1958-1960 gingen die Erträge an Speisekarpfen stark zurück. Zur Aufrechterhaltung des Bestandes empfiehlt Vf. den Donauländern u. a. einen Teil ihrer Binnenseen in Laich- und Abwachsteiche umzuwandeln. N. Platikanow. 6110.

3-64/10-9044 Holden, M. J. und Meadows, P. S.; Lowestoft, Fisheries Lab.; Aberdeen, Marine Lab. The structure of the spine of the spur dogfish (Squalus acanthias L.) and its use for age determination. **(Die Struktur des Dorns von Squalus acanthias und sein Gebrauch bei der Altersbestimmung.)** J. Marine biol. Assoc. United Kingdom **42** (1962) Nr. 2. S. 179-197. — 10 Abb., 1 Tab., 27 Lit.
Die Dornen des Dornhaies bestehen aus einer Reihe ineinandersteckender Dentinkegel, die sich in der äußeren Struktur durch Pigmentbänder an den Stellen der Schmelzgrate erkennen lassen. Von den letzteren wird eine jährliche Neuanlage angenommen. Anhand der Zuwachszonen werden von den Vff. Wachstumsrückberechnungen angestellt. Einige Dornen zeigen an der Spitze einen weißen, pigmentfreien Ring. Messungen ergaben, daß diese Marke mit der Länge des Dorns bei der Geburt des Tieres übereinstimmt. Das Wachstum der ♀♀ geht etwas schneller voran, als das der ♂♂. Die Wachstumsrate der Art ist gering. Einjährige Tiere sind um 40 cm lang, 10jährige ♂♂ 73 cm und ♀♀ 81 cm. Mit 19 Jahren erreichen die ♂♂ 82,5 cm und die ♀♀ 92,5 cm.
M. Hegemann. 6110.

3-64/10-9045 Qasim, S. Z. und Bhatt, V. S.; Bombay, Centr. Inst. of Fisheries Education; Aligarh Muslim Univ. Occurrence of growth zones on the opercular bones of the freshwater murrel, Ophicephalus punctatus Bloch.

(Vorkommen von Wachstumszonen auf den Opercularknochen von Ophicephalus punctatus.) Current Sci. [Bangalore] **33** (1964) Nr. 1. S. 19-20. – 2 Abb., 17 Lit.

Auf den gereinigten Opercularknochen von *O. punctatus* konnten ohne Vergrößerung alternierende breite und schmale Zonen festgestellt werden, die mit hoher Sicherheit als Jahresmarken angesehen werden können. Von 619 untersuchten Fischen war lediglich bei 8% der Kiemendeckel keine einwandfreie Altersbestimmung möglich. Ein Vergleich der Ringanzahl mit der Längen-Häufigkeit bekräftigt die Annahme, daß es sich tatsächlich um echte Jahresmarken handelt. G. Seifert. 6110.

3-64/10-9046 Lohniský, Karel; Prag, Univ., Zool. Inst. **Das Wachstum des Bachsaiblings (Salvelinus fontinalis Mitchill 1815) im Bache Pančava (Riesengebirge) und im Schwarzen See (Böhmerwald).** Z. Fischerei Hilfswiss. [N.F.] **11** (1964) Nr. 9/10. S. 685-707. – 17 Abb., 5 Tab., 32 Lit.

An 79 Bachsaiblingen (*Salvelinus fontinalis*) aus einem Gebirgsbach und an 12 aus dem Schwarzen See wurden Wachstumsuntersuchungen durchgeführt. Männchen und Weibchen zeigten keine wesentlichen Wachstumsunterschiede. Es wurden folgende mittlere Körperlängen und Stückmassen in den einzelnen Lebensjahren ermittelt:

Lebensjahre	Bach Pančava		Schwarzer See	
	Stückmasse g	Körperlänge cm	Stückmasse g	Körperlänge cm
1	81,4	9,9	96,9	15,1
2	117,4	28,5	129,4	34,3
3	146,9	55,2	166,8	65,3
4	167,1	77,7	186,0	100,0
5	176,3	74,0	–	–
6	188,5	82,5	–	–

Das Wachstum verläuft bis zum 6. Lebensjahr ausgeglichen. An 6- und 7jährigen Tieren wurde in der Pančava Nahrungsmangel festgestellt. Die Männchen erreichen die Geschlechtsreife im 3., die Weibchen im 4. Lebensjahr. Das Höchstalter wird mit 6-7 Jahren angegeben. H. Jähnichen. 6110.

3-64/10-9047 Frost, Winifred E.; Ambleside, Ferry House, Freshwater, Biol. Assoc. **Einige Beobachtungen über Aale aus dem Windermere-Fanggebiet, England.** Z. Fischerei Hilfswiss. [N.F.] **10** (1962) Nr. 8/10. S. 599-607. – 5 Abb., 1 Tab.

Auf den Britischen Inseln beschränkt sich die Aalfischerei (*Anguilla anguilla*) hauptsächlich auf abwandernde Blankaale. Die weiblichen Blankaale waren 54-60 cm lang und meist 10-12 Jahre im Süßwasser. Bezüglich des Alters waren aber größere Abweichungen zu erkennen, so daß angenommen werden kann, daß das Blankwerden vom Erreichen einer bestimmten Länge abhängig ist. Wie Wachstumsuntersuchungen zeigten, wachsen die Aale über 60 cm Länge (etwa Altersgruppe XII) etwas langsamer als vorher. Die Nahrung bestand allg. aus der wirbellosen Bodenfauna, im Windermere-Gebiet hatten sie daneben größere Mengen an Laich von *Salvelinus alpinus* aufgenommen. Bei ihren Stromabwärtswanderungen wurden die Blankaale durch Lichterketten gehemmt und von ihrer Richtung abgelenkt. In der dunklen Seite einer Fangvorrichtung befanden sich stets mehr (bis zu 72% des Gesamtfanges) Aale als in der hellen Seite. G. Seifert. 6110.

3-64/10-9048 Harder, Wilhelm, Koops, Harald und Lillelund, Kurt; Hamburg, Univ., Inst. für Fischereibiol. **Versuche zur Markierung von Aalen.** Z. Fischerei Hilfswiss. [N.F.] **10** (1962) Nr. 8/10. S. 581-588. – 4 Abb., 5 Lit.

Bei den Experimenten ging man davon aus, daß bereits durch Wunden, die nur eine Beschädigung des Epithels und allenfalls noch des Coriums zur Folge haben, eine Veränderung der Hautpigmentierung hervorgerufen wird. Es wurden Ätzmarken durch konzentrierte und verdünnte H_2SO_4 und HNO_3 sowie durch $AgNO_3$ auf 30-50 cm langen Aalen (*Anguilla anguilla*) angebracht. Mit Stiften aus $AgNO_3$, teilweise mit Zusatz von KNO_3 waren die Markierungen am einfachsten anzubringen. Alle angebrachten Zeichen waren nach 14 Mon. noch deutlich auf der Haut der Aale zu erkennen. G. Seifert. 6115.

3-64/10-9049 Geiser, Albert E. und Kneubühler, Heinz. **Die Ergebnisse der Fischmarkierung in der Emme.** Schweiz. Fischerei-Ztg. **72** (1964) Nr. 3. S. 80-82.
Ende 1962 – Anfang 1963 wurden 1174 Bachforellen (*Salmo trutta fario*) mit gelben, blauen, roten oder grünen dreieckigen Kunststoffplättchen markiert und an verschiedenen Stellen in der Emme mit dem Ziel ausgesetzt, Wanderungen, Aufstiegsmöglichkeiten über hohe Querverbauungen und in Seitenbäche sowie Wiederfangsquoten festzustellen. Nach den Rückmeldungen waren die Fische äußerst standorttreu, da 68% der Wiederfänge am Aussetzungsort oder nur 500 m ober- oder unterhalb davon erfolgten. Die Wanderungen, die im Herbst deutlich an Intensität zunahmen, waren überwiegend flußaufwärts gerichtet. Querverbauungen wurden dabei erstaunlicherweise überwunden. In Seitenbäche erfolgte keine Einwanderung der Fische. Die Rückfänge betrugen bisher 9,8%. K. Anwand. 6115.

3-64/10-9050 *Makushok, M. E.* **Materials on the charakteristics of the Murman herring.** Aus: Israel program for scient. translations, Jerusalem **1963** (Übers. aus d. Russ.) — TO 865.
3-64/10-9051 *Opuszyński, Karol.* **Obserwacje nad wiekiem i biologia zerujacego wegorza (Anguilla anguilla L.).** (Untersuchung des Alters und der Biologie des fressenden Aales.) Olsztyn. 1963. 8° = Instytut rybactwa Srodladowego Nr. 40. (SR 3181, 40)

Biologie der sonstigen fischereilichen Nutztiere

3-64/10-9052 Ivanov, A. I. Midii Černogo morja. **(Die Miesmuscheln des Schwarzen Meeres.)** Rybnoe chozjajstvo, Moskva **39** (1963) Nr. 11. S. 23-27. – 6 Abb.
Die im Schwarzen Meer vorkommenden Miesmuscheln gehören alle einer Art (*Mytilus galloprovincialis*) an. Sie sind auf mehreren Stellen, hauptsächlich aber im nordwestlichen Teil des Schwarzen Meeres in Tiefen von 0-80 m anzutreffen. Während einer Lebensdauer von 7-8 Jahren erreichen sie max. eine Länge von 110 mm und eine Stückmasse von 30 g. *M. galloprovincialis* vermehrt sich sehr stark (mittlere Fruchtbarkeit 6-9 Mill. Eier) und bildet ausgedehnte Bänke mit mehr als 20 Exemplaren/m^2. Im Schwarzen Meer werden die Miesmuscheln mit Spezialdredgen für den menschlichen Verzehr geborgen. Ihr Vorkommen wird auf 96 Mill. dt geschätzt. A. Kozianowski. 6125.

3-64/10-9053 Raman, K.; Ernakulam, Centr. Marine Fisheries Res. Inst. On the location of a nursery ground of the giant prawn Macrobrachium rosenbergii (de Man). **(Über den Standort der Jungtiere der Riesengarnele Macrobrachium rosenbergii.)** Current Sci. [Bangalore] **33** (1964) Nr. 1. S. 27-28. – 1 Tab., 3 Lit.
Die juvenilen *M. rosenbergii* fanden sich zwischen Jungformen von *M. rudis*, *M. idae* und *M. malcolmsi* an einem regulären Anlandeplatz von Flußfischen im Pamba-Fluß, Staat Kerala. Die Stelle war durch bes. Tiefe (12 m) gekennzeichnet, und der Boden bestand aus lockerem Schlamm, der große Mengen Detritus enthielt, während im übrigen Fluß sandiger Boden vorherrschte. Von den übrigen Arten unterscheiden sich die Jungtiere von *M. rosenbergii* durch parallele Längsstreifen auf dem Carapax. Von März an wandern die Jungtiere

stromabwärts, und deshalb werden als günstigste Fangzeit dieser Tiere für Besatzzwecke die Mon. Jan. und Febr. angegeben, eine Zeit in der der Anteil von Tieren unter 100 mm Länge ebenfalls hoch ist. G. Seifert. 6125.

3-64/10-9054 Kourist, W., Mauch, E. und Tiews, K.; Hamburg, Bundesforsch.-Anst. für Fischerei, Inst. für Küsten- und Binnenfischerei. **Ergebnisse von im Jahre 1962 durchgeführten Garnelenmarkierungsexperimenten.** Arch. Fischereiwiss. 15 (1964) Nr. 1. S. 16-22. — 2 Abb., 1 Tab., 5 Lit.
Im Nov. und Dez. 1962 wurden Markierungsexperimente an Garnelen (*Crangon vulgaris*) im Juister und Norddeicher Watt sowie im Norddeich-Neuharlingersiel- und Cuxhaven-Hafen und beim Feuerschiff Elbe 1 durchgeführt. 340 kg oder etwa 165000 Garnelen erhielten eine Farbmarkierung mit Genthiana-Violett B und 26236 eine Drahtmarkierung. Davon wurden 102 farbmarkierte und 83 drahtmarkierte Tiere nach längstens 3-5 Mon. und nicht mehr als 10-15 sm vom Aussetzungsort entfernt wiedergefangen. Die Rückfangbefunde bestätigten die allg. Wandertheorie, daß die Garnelen im Spätherbst seewärts und im Frühjahr küstenwärts wandern.
K. Anwand. 6125.

C. LEBENSRAUM DER FISCHE
(Hydrographie und Hydrobiologie)

3-64/10-9055 Ragotzkie, Robert A. Effect of air stability on the development of wind waves on lakes. **(Der Einfluß der Luftstabilität auf die Entwicklung von Windwellen auf Seen.)** Limnol. and Oceanogr. 7 (1962) Nr. 2. S. 248-251. — 1 Tab., 10 Lit.
Fließt warme Luft über kaltes Wasser, so entsteht eine stabile Luftschichtung, die turbulenzmindernd wirkt. Der Windschub an der Wasseroberfläche wird geringer als bei instabiler Schichtung, und die Bildung von Oberflächenwellen verzögert sich oder unterbleibt ganz. So kann die Wellenbildung selbst bei Windgeschwindigkeiten über 10 mph — gemessen in Augenhöhe — ausbleiben. Die unterschiedlichen Werte in der Literatur über die Anfachgeschwindigkeit für Oberflächenwellen erscheinen verständlich, da diese Zusammenhänge meist nicht berücksichtigt werden. Vf. berichtet über 2 Beobachtungsserien an großen kanadischen Seen, die die Wirkung der Luftstabilität auf die Wellenbildung anschaulich demonstrieren. D. Barthelmes. 6135.

3-64/10-9056 Brickamp, Bernhard und Wenner, Heinz; Münster, Univ., Inst. für Reine und Angew. Geophysik. **Verdunstungsmessungen auf dem Steiner See bei Münster i. Westf.** Dtsch. gewässerkundl. Mitt. 7 (1963) Nr. 6. S. 149-154. — 5 Abb., 1 Tab., 8 Lit.
Eine Hauptfehlerquelle bei Verdunstungsmessungen mit eintauchenden Verdunstungsbehältern ist die abweichende Temperatur im Behälter. Durch Verwendung eines durchsichtigen Plexiglasbehälters und die Zugabe von Spuren eines Herbizids zum Behälterwasser gegen Planktonentwicklungen konnten Übertemperaturen durch Strahlungsabsorption vermieden werden. Gegen zeitweilige Unterkühlung des Behälterwassers wurde eine elektrische Heizung benutzt. Die Steuerung dieser Heizung erfolgte auf Grund der Differenz der Wassertemperatur im Gewässer und im Behälter in 1,5 cm Tiefe. Auf diese Weise konnten bei den Messungen im Steiner See die Temperaturen im Meßgefäß stets auf gleicher Höhe wie die im See gehalten werden.
D. Barthelmes. 6135.

3-64/10-9057 Becker, Hans und Hild, Jochen; Köln, Bot. Inst.; Univ., Bot. Garten. **Hydrobotanische Untersuchungen an einigen Pyrenäenseen.** Hydrobiologia [Den Haag] 19 (1962) Nr. 2. S. 146 160. — 3 Abb., 2 Tab., 13 Lit.
Vff. gehen auf die Entstehung, den Untergrund und die hydrochem. Verhältnisse einiger Pyrenäenseen ein. In dem eutrophen Lac d'Estaing werden die

unterseeischen Wiesen vor allem von Characeen gebildet, vorherrschendes Laichkraut ist *Potamogeton densus*; die Überwasserpflanzen gehören entweder zum Magnocaricion elatae oder zum Glycerieto-Sparganion. Von den Stauseen ist der Embalse de Terradets schwach eutrophiert. Die Verlandungsbestände bildet das Scirpeto-Phragmitetum. Zwei weiteren oligotrophen Stauseen fehlen Wasserpflanzen völlig, nur an dem Eintritt von Bächen kommt das Caricetum davallianae vor. M. Schlüter. 6135.

3-64/10-9058 Goldman, Charles R., Mason, David T. und Wood, Brian J., Davis, Univ. of California. Light injury and inhibition in Antarctic freshwater phytoplankton. **(Lichtschädigung und Hemmung bei antarktischem Süßwasserphytoplankton.)** Limnol. and Oceanogr. **8** (1963) Nr. 3. S. 313 bis 322. — 5 Abb., 3 Tab., 27 Lit.
Vff. untersuchten im Gebiet der Antarktis (Kap Evans) während der kurzen Vegetationszeit mit 24stündigem Tageslicht die Aufnahme von ^{14}C durch das Phytoplankton in 2 kleinen Seen. Bes. an der Wasseroberfläche wurde bei hohen Lichtintensitäten Hemmung der Photosynthese festgestellt. Max. Photosyntheseraten fanden Vff. mittags nach Abschirmung des einfallenden Lichts auf 20%. Plankton, das unter abgeblendetem, künstlichem Licht gehalten wurde, erlitt nach kurzem Einwirken des Sonnenlichtes reversible Depressionen der Photosyntheserate. Temperaturanstieg und Lichthemmung führten bei der ^{14}C-Aufnahme zu einem Q 10 von ca. 7. M. Schlüter. 6135.

3-64/10-9059 Zender, Alfons; Ottawa, Nat. Res. Lab.; Zürich, TH, Inst. für Spez. Bot. **Kulturversuche mit Gloeotrichia echinulata (J. E. Smith) P. Richter.** Schweiz. Z. Hydrol. **25** (1963) Nr. 1. S. 65-83. — 8 Abb., 4 Tab., 26 Lit.
Vf. untersuchte die Ansprüche, die die wasserblütebildende *Gloeotrichia echinulata* an das Kulturmedium stellt. Als bes. günstig erwiesen sich das Medium Nr. 11 und ein pH-Wert von 8-9, der sich während der aktiven Wachstumsphase einstellt. Die Nährlösung enthält keinen Erdextrakt, einen Zusatz von Spurenelementen mit $Co(NO_3)_2$ und als Fe-Quelle Eisenzitrat — Zitronensäure. Die Algen (Klon Cambridge 1432-1) wuchsen zusammen mit ihrer Begleitflora gut in stickstofffreier Nährlösung, so daß eine Assimilation von molekularem Stickstoff möglich scheint. M. Schlüter. 6135.

3-64/10-9060 Jónasson, Pétur M. The growth of Plumatella repens and P. fungosa (Bryozoa ectoprocta) in relation to external in Danish eutrophic lakes. **(Das Wachstum von Plumatella repens und P. fungosa [Bryozoa ectoprocta] in Beziehung zur Umwelt in eutrophen dänischen Seen.)** Oikos [Copenhagen] **14** (1963) Nr. 2. S. 121-137. — 6 Abb., 2 Tab., 32 Lit. 6135.

3-64/10-9061 Parker, Richard A. und Hazelwood, Donald H. Some possible effects of trace elements on fresh-water microcrustacean populations. **(Über einen möglichen Einfluß von Spurenelementen auf Populationen von Süßwasserkleinkrebsen.)** Limnol. and Oceanogr. **7** (1962) Nr. 3. S. 344-347. — 1 Abb., 2 Tab., 14 Lit.
Im Kepple Lake, Washington, wurden gleichzeitig eine Reihe von Spurenelementen und Populationen von *Daphnia schødleri* sowie von *Diaptomus leptopus* untersucht. Von den 10 regelmäßiger auftretenden Spurenelementen waren Aluminium positiv und Phosphor negativ mit der Dichte der Daphnien-Population korreliert. Die Dichte der *Diaptomus*-Population zeigte eine positive Korrelation zu Chrom und Vanadium, eine negative zu Eisen und Strontium. D. Barthelmes. 6135.

3-64/10-9062 Hazelwood, Donald H. Temperature and photoperiod effects on cyclomorphosis in Daphnia. **(Der Einfluß von Temperatur und Photoperiode auf die Zyklomorphose von Daphnia.)** Limnol. and Oceanogr. **7** (1962) Nr. 2. S. 230-232. — 2 Tab., 14 Lit.

Bei *Daphnia schødleri* ließ sich in Laborversuchen keine Beziehung zwischen Temperatur und Photoperiode einerseits und dem Verhältnis Kopflänge/Schalenlänge andererseits nachweisen. Jungtiere der gleichen Art zeigten jedoch eine signifikante, negative Korrelation der beiden Faktoren Temperatur und Photoperiode zum Verhältnis Schalenstachellänge/Schalenlänge.
D. Barthelmes. 6135.

3-64/10-9063 Mordukhai-Boltovskoi, Ph. D. Caspian fauna beyond the Caspian Sea. **(Kaspische Fauna außerhalb des Kaspi-Sees.)** Int. Rev. ges. Hydrobiol. **49** (1964) Nr. 1. S. 139-176. — 13 Abb., 37 Lit.

Die autochthone kaspische Fauna umfaßt z.Z. 329 Metazoen-Arten, von denen 141 auch im Schwarzen und Asowschen Meer vorkommen; hier sind bisher nur 6 Arten endemisch. Infolge des höheren Salzgehaltes beschränken sich die Arten in ihrer Verbreitung hier hauptsächlich auf die Ästuare von Donau, Dnjestr, Dnjepr-Bug, Don und Kuban. Die Verbreitung der einzelnen Arten wird ausführlich dargestellt. Eine große Zahl der Arten ist auch die Flüsse hinaufgewandert, *Paramysis* bis 3100 km wolgaaufwärts. Die Progression aller Arten schreitet fort. Die Verbreitung kann nicht als Rest einer tertiären pontischen Fauna angesehen werden, sondern ist wahrscheinlich im späten Quartär, vor der letzten Vereisung, aus dem Kaspi-See durch die Manytsch-Straße in den pontasowschen Raum eingewandert. Die 31 kaspischen Arten des Aralsees sind vielleicht zur gleichen Zeit durch die Usboi-Straße in den Aralsee eingewandert, während die Arten der Ostsee (9 Arten) und des Weißen Meeres wie der Barents-See wohl später über Flüsse und Kanäle eingewandert sind. Das Mittelmeer beherbergt nur 7 euryhaline Arten der kaspischen Fauna, deren Ausbreitung keine Schwierigkeiten macht. Auf welche Weise allerdings weitere 7 Arten in die Seen Kleinasiens und des Balkans gelangten, bleibt vorläufig noch rätselhaft. Ökologisch sind alle Arten der kaspischen Fauna eurytherme Süßwasserformen, nur einige mesohalin. Alle Arten sind litho- oder psammopelophil und stellen in entsprechenden Biotopen 90% des Benthos. Seit 15 Jahren laufen Versuche zur Umsiedelung von 10 Arten in künstliche Flußstauseen, deren Produktivität dadurch erhöht werden soll. W. v. Tümpling. 6135.

3-64/10-9064 Mordukhay-Boltovskoy, D. Caspian fauna in fresh waters outside the Ponto-Caspain basin. **(Kaspische Fauna in Süßgewässern außerhalb des Ponto-Kaspischen Gebietes.)** Hydrobiologia [Den Haag] **23** (1964) Nr. 1/2. S. 159-164. — 6 Lit. Vgl. vorst. Ref. 6135.

3-64/10-9065 Dimitrov, M. Bentosŭt na jazovir „Batak". **(Das Benthos in der Talsperre „Batak".)** Izvestija na Opitna stancija sladkovodno ribarstvo — Plovdiv, Sofija **1** (1962) S. 59-80. — 9 Abb., 3 Tab., 21 Lit. Zus. in Russ., Engl. 6138.

3-64/10-9066 Dimitrov, M. Bentosŭt na jazovir „Studen kladenec". **(Das Benthos in der Talsperre „Studen kladenez".)** Izvestija na Opitna stancija sladkovodno ribarstvo — Plovdiv, Sofija **1** (1962) S. 81-94. — 4 Abb., 6 Tab., 21 Lit. Zus. in Russ., Engl. 6138.

3-64/10-9067 Wisler, A.; Jerusalem, Hebrew Univ. Preliminary studies of fluctuations in concentrations of thiamine and its pyrimidine moeity in fish ponds. **(Einführende Untersuchungen über die Schwankungen im Gehalt an Thiamin und Pyrimidin in Fischteichen.)** Bamidgeh, Bull. Fish Cult. Israel **14** (1962) Nr. 3. S. 53-60. — 10 Abb., 8 Tab., 8 Lit.

Der auf biol. Wege bestimmte Gehalt an Thiamin in den Teichen lag zwischen 0,03 und 1,2 und der von Thiamin + Pyrimidin zwischen 0,08 und 2,6 mμg/ml. Das Thiamin gelangt kaum durch den Zufluß in den Teich, sondern wird hier erst gebildet. Die geringsten Vitamin-Gehalte in den Teichen waren immer

noch höher als die Minimalmengen, die *Prymnesium* im Laboratorium zum Wachstum benötigte. Wenn auch nicht notwendig ursächlich bedingt, so fand sich doch eine Korrelation zwischen den Fluktuationen von Vitamin-Gehalt im Teichwasser und Dichte der *Prymnesium*-Population.
G. Merla. 6140

3-64/10-9068 Dimitrov, M. Bentosŭt na ribovŭdnite stopanstva v Plovdivski okrŭg. **(Das Benthos in den Teichwirtschaften des Bezirks Plowdiw.)** Izvestija na Opitna stancija sladkovodno ribarstvo — Plovdiv, Sofija **1** (1962) S. 21-57. — 4 Abb., 15 Tab., 21 Lit. Zus. in Russ., Engl.

Es wurden während der Vegetationsperiode (Mai-Sept.) die Wassertemperatur, der Sauerstoffgehalt des Wassers sowie die quantitative Zusammensetzung des Benthos und seine Dynamik in den Teichen von 4 Karpfenteichwirtschaften periodisch untersucht. Die insgesamt untersuchten 651 Benthosproben wurden mit dem Bodengreifer nach Birge-Ekman entnommen. Die Wassertemperatur betrug in allen Teichen über 20 °C (in der Gegend von Plowdiw durchschnittlich 24 °C) und der Sauerstoffgehalt des Wassers im Jahresdurchschnitt 5-6 cm^3/l. Das Benthos setzt sich hauptsächlich aus Larven der Familien Chironomidae und Heleidae sowie aus Oligochaeta zusammen. Nach Anzahl und Biomasse herrrschen die Chironomidenlarven gegenüber den Oligochaeta vor. Die höchste Benthosbiomasse wurde im Mai-Juni festgestellt. Die Arbeit enthält ausführliche Angaben über die Artenzusammensetzung und die Biomasse des Benthos nach Wirtschaften und Mon. während der Vegetationsperiode. N. Platikanow. 6140.

3-64/10-9069 Williams, Louis G. und Scott, Carol; Cincinnati, Nat. Water Quality Network, U. S. Public Health Serv. Principal diatoms of major waterways of the United States. **(Die wichtigsten Diatomeen der Hauptwasserstraßen der Vereinigten Staaten.)** Limnol. and Oceanogr. **7** (1962) Nr. 3. S. 365-379. — 4 Abb., 4 Tab., 6 Lit.

Vff. ermittelten in Planktonproben von 73 Stationen, die in zweiwöchigen Abständen gesammelt worden waren, die prozentuale Artenzusammensetzung des Diatomeenanteiles, die mittlere Rädertiermenge/l sowie die Gesamtzahl lebender Algen und lebender Diatomeen/ml. Einige Stationen waren regelmäßig wenig produktiv, einige sehr hoch produktiv. Eine Abnahme der Artenzahl war häufig mit einer Zunahme der Individuenmengen gekoppelt. Öfter nahmen jedoch die Artenzahlen auch ohne entsprechende Änderung in der Individuenmenge zu oder ab, was auf veränderte Umweltbedingungen zurückgeführt wird. D. Barthelmes. 6145.

3-64/10-9070 Rusev, B. Nasekomnata fauna na reka Dunav pred bŭlgarskija brjag. **(Die Insektenfauna der Donau vor dem bulgarischen Ufer.)** Izvestija naOpitna stancija sladkovodno ribarstvo — Plovdiv, Sofija **1** (1962) S. 115-128. — 1 Tab., 21 Lit. Zus. in Russ., Dtsch. 6145.

3-64/10-9071 Dimitrov, M. Materiali po chironomidnata fauna (Larvae) na r. Iskŭr. **(Beiträge zur Chironomidenfauna [Larvae] des Iskâr-Flusses.)** Izvestija na Opitna stancija sladkovodno ribarstvo — Plovdič, Sofija **1** (1962) S. 129-135. — Zus. in Russ., Dtsch. 6145.

3-64/10-9072 Schultz, Günther; Scharfling/Mondsee, Bundesinst. für Gewässerforsch. und Fischereiwirtsch. **Die Bachflohkrebse, ihre Lebensweise und ihre fischereiwirtschaftliche Bedeutung.** Österreichs Fischerei **15** (1962) Nr. 10. S. 113-120. — 6 Abb.

Es werden zunächst Körperbau und Lebensweise der beiden häufigsten heimischen Arten, *Gammarus pulex fossarum* und *Carinogammarus roeselii*, beschrieben. Beide Arten unterscheiden sich gut durch die glatte Rückenkante bei *G. p. fossarum* und die 4 Rückendornen bei *C. roeselii*. Die Krebse brauchen

hohen O_2-Gehalt des Wassers, nicht zu geringen pH-Wert und rel. hohen Kalkgehalt. Die Wassertemperatur darf 20 °C nicht übersteigen, und die Strömungsgeschwindigkeit sollte zwischen 30-60 cm/s betragen. Zum Aufenthalt bevorzugt werden Bestände von *Rorippa*, *Fontinalis* und *Ranunculus*. Dort wurden im Sommer bis 60000 Krebse/m² angetroffen. Im Juni 1958 wurden in einem Bach, in dem bis zu 60% der Nahrung von *Salmo-trutta-fario*-Setzlingen aus diesen Krebsen bestand, 50 g Krebse/m² gefunden, 1959 200 g. Herbstabfischungen fördern den Krebsbestand und bekämpfen Acanthocephalen.
G. Merla. 6145.

3-64/10-9073 Roy, H., Bauer, W. und Waldmann, J. **Hydrographische und biologische Veränderungen in der Unterwarnow.** Z. Fischerei Hilfswiss. [N.F.] **11** (1964) Nr. 9/10. S. 709-714. — 2 Abb., 1 Tab., 3 Lit.

Die Mündung der Unterwarnow ist im Laufe der letzten hundert Jahre mehrmals verändert worden, um dem wachsenden Schiffsverkehr des Hafens Rostock gerecht zu werden. Eine Begradigung der Durchfahrt nach Rostock (Mitte des 19. Jhdts.), der „neue Strom" (1901) und die neue Hafeneinfahrt (1958) ließen Salzwasser in steigendem Maße in die Unterwarnow und den mit ihr zusammenhängenden „Breitling" eindringen, so daß jetzt typische Vertreter des Planktons der westlichen Ostsee bis zum Übergang in die Oberwarnow aufsteigen können. Angaben aus der Literatur über Salzgehalt und Plankton werden den Untersuchungsergebnissen von 2 Untersuchungsfahrten 1958 und 1959 gegenübergestellt. Der Salzgehalt lag 1959 an den oberen Untersuchungspunkten 3-4‰ über den Maximalwerten früherer Untersuchungen.
H. Roy. 6148.

3-64/10-9074 Schwarz, Siegfried. **Produktionsbiologische Untersuchungen am Zooplankton der Rügenschen, Hiddenseer und Darßer Boddengewässer (1953 bis 1955).** Z. Fischerei-Hilfswiss. [N.F.] **11** (1964) Nr. 9/10. S. 641-672. — 12 Abb., 10 Lit.

In den Jahren 1953-1955 wurden 63 Arten, Varietäten und Formen von Rotatorien quantitativ erfaßt. Ein großer Teil wird erstmalig für das untersuchte Gebiet gemeldet. Die Produktionen der räuberischen *Synchaeta*-Arten lösen sich gegenseitig ab. Unter den Mikrophagen sind die Vertreter der euryhalinen Gruppe produktionsbiol. am wichtigsten. Sie gehören zu den Gattungen *Brachionus*, *Filinia* und *Keratella*. Ihre Mengenentwicklung ist stark von den meteorol. Verhältnissen und dem Trophiestandard abhängig. Die Synchaeten blieben wahrscheinlich auf Grund ihres Ernährungsmodus von einem meteorol. bedingten Produktionsrückgang bei den Mikrophagen unberührt. Zwergformen konnten in fast allen Rädertiergruppen beobachtet werden, Riesenformen bei den Synchaeten und *Proales reinhardti*.
D. Barthelmes. 6148.

3-64/10-9075 Wetzel, Robert G.; Davis, Calif., Univ. A comparative study of the primary productivity of higher aquatic plants, periphyton, and phytoplankton in a large, shallow lake. **(Eine vergleichende Untersuchung über die Primärproduktion der höheren Wasserpflanzen, des Bewuchses und Phytoplanktons in einem großen, flachen See.)** Int. Rev. ges. Hydrobiol. **49** (1964) Nr. 1. S. 1-64. — 14 Abb., 11 Tab., 486 Lit.

Vf. untersuchte innerhalb eines Jahres die Primärproduktion des Phytoplanktons, Bewuchses und von *Ruppia maritima*, der einzigen höheren Pflanze des Borax-Sees im Norden Kaliforniens. Es handelt sich um einen flachen, stark gepufferten Brackwassersee mit einem pH-Wert von 9,7 und extrem hohem Borgehalt (440-850 mg/l). Für die Bestimmung der Primärproduktion des Bewuchses und der Makrophyten wurde eine neue Methode entwickelt, indem die Pflanzen am Standort in Plexiglaskammern eingeschlossen, mit $Na_2{}^{14}CO_3$ versetzt und 6 h lang bebrütet wurden. Später fand Veraschung der Pflanzen und Bestimmung des ^{14}C-Gehaltes in der Gasphase statt. Als jährliches Mittel der Primärproduktion berechnete Vf. folgende Werte:

Phytoplankton:	249,3 mg C/m²/Tag
Bewuchs:	731,5 „ „ „
Ruppia maritima:	76,5 „ „ „

Die jährliche Produktion betrug:

Phytoplankton:	101,0 kg C/See/Tag
Bewuchs:	75,5 „ „ „
Ruppia maritima:	1,36 „ „ „.

Vergleichsweise durchgeführte Messungen der Pigmentkonzentrationen standen nur während starker Wachstumsperioden mit den Produktionsmessungen in Beziehung. M. Schlüter. 6148.

3-64/10-9076 Ramsey, W. L.; San Diego, U.S. Navy Electronics Lab. Dissolved oxygen in shallow near-shore water and its relation to possible bubble formation. **(Gelöster Sauerstoff im flachen, küstennahen Wasser und seine Beziehung zur möglichen Blasenbildung.)** Limnol. and Oceanogr. **7** (1962) Nr. 4. S. 453-461. — 8 Abb., 13 Lit.
Vf. beobachtete über mehrere Jahre den Sauerstoffgehalt an der Mission Beach, Kalifornien. Die Sauerstoffkonzentration schwankte in Abhängigkeit von Tiefe und Jahreszeit. Sie war im Sommer am höchsten, wobei gleichzeitig eine Schichtung beobachtet werden konnte. Die mittlere Verteilung während dieser Jahreszeit zeigte, daß phys. Mischungsprozesse von entscheidender Bedeutung für die vertikale Konzentration des Sauerstoffs sind. Die Bildung von Gasblasen ist vom Sauerstoffdruck abhängig. Diese Blasen sind von einem dünnen Film aus org. Substanz umgeben, ihr Wachstum wird durch Sauerstoffsättigung, Druckabnahme und vertikale innere Wellenbewegung bestimmt. Die Gasblasen bilden auf der Wasseroberfläche einen dichten Schaum. D. Nehring. 6150.

3-64/10-9077 Vaccaro, Ralph F.; Woods Hole, Mass., Oceanographic Instn. Available nitrogen and phosphorus and the biochemical cycle in the Atlantic off New England. **(Verfügbarer Stickstoff und Phosphor und der biochemische Kreislauf im Atlantik in der Höhe von Neuengland.)** J. Marine Res. **21** (1963) Nr. 3. S. 284-297. — 3 Abb., 4 Tab., 23 Lit.
Infolge Stickstoffassimilation durch das Phytoplankton sank im Spätsommer der Nitratgehalt bis fast an die Grenze der Nachweisbarkeit. Im Winter wurde der 20fache Nitratgehalt des Sommers festgestellt. Die Konzentration des Ammoniums ist im Sommer nur ca. halb so groß wie im Winter. Im Aug. scheint NH_4 die einzige N-Quelle zu sein. Im Winter war der NO_3-Gehalt 5- bis 6mal höher als die NH_4-Konzentration. Im Gegensatz zum Nitrat scheint Phosphor während des ganzen Jahres in geringen Konzentrationen vorhanden zu sein. Das Verhältnis N:P lag im Winter bei 10:1, es stieg im Jan. und Apr. auf 15:1 und sank dann im Aug. wieder auf 11:1. Im Aug. betrug das N:P-Verhältnis im Phytoplankton 12:1, bezogen auf Trockensubstanz. Daneben kamen auch höhere Verhältnisse (20:1) vor.
D. Nehring. 6150.

3-64/10-9078 Steele, J. H.; Aberdeen, Marine Lab. Environmental control of photosynthesis in the sea. **(Umweltbedingte Regulierung der Photosynthese im Meer.)** Limnol. and Oceanogr. **7** (1962) Nr. 2. S. 137-150. — 12 Abb., 1 Tab., 51 Lit.
Vf. entwickelt eine theoretische Gleichung für die Lichtabhängigkeit der Photosynthese, wobei die hemmende Wirkung hoher Intensitäten berücksichtigt wird. Unter der Annahme, daß sich das Phytoplankton an den jahreszeitlichen Lichtwechsel adaptiert und Nährstoffmangel das Kohlenstoff-

Chlorophyll-Verhältnis natürlicher Phytoplanktonpopulationen beeinflußt, leitet er ferner Gleichungen ab, die die Photosynthese pro Einheit Chlorophyll sowie das Kohlenstoff-Chlorophyll-Verhältnis als Funktion der einfallenden Strahlung und der Nährstoffkonzentration beschreiben. Der Einfluß von Temperaturschwankungen bleibt unberücksichtigt. Die Verhältnisse in tieferen Seegebieten lassen sich mit Hilfe der Gleichungen im wesentlichen richtig voraussagen. Eine genaue Übereinstimmung ist nicht zu erwarten, da die Gleichungen auf zahlreichen Vereinfachungen aufbauen müssen.
D. Barthelmes. 6150.

3-64/10-9079 Hulburt, Edward M.; Woods Hole, Mass., Oceanographic Instn. The diversity of phytoplanktonic populations in oceanic, coastal, and estuarine regions. **(Die Mannigfaltigkeit von Phytoplanktonpopulationen im Ozean, in Küstengewässern und Flußmündungen.)** J. Marine Res. **21** (1963) Nr. 2. S. 81-93. — 5 Abb., 3 Tab., 7 Lit.
Vf. untersuchte zwischen New York und den Bermudas Artenzusammensetzung und -häufigkeit des Phytoplanktons im Jahresverlauf. Im offenen Ozean waren im Frühling und Sommer nicht viel dominante Arten vorhanden, gleichzeitig wurde eine beachtliche Artenzahl beobachtet. Vertreten waren Dinoflagellaten, Diatomeen und Coccolithophoridaceen. In den Flußmündungen herrschten Kieselalgen mit hoher Dominanz, aber geringer Artenzahl vor. Eine mittlere Stellung nahmen die Populationen des Ozeans und der Küstengewässer im Herbst und Winter ein. M. Schlüter. 6150.

3-64/10-9080 Kain, Joanna M.; Port Erin, Marine Biol. Stat. Aspects of the biology of Laminaria hyperborea. I. Vertical distribution. **(Aspekte der Biologie von Laminaria hyperborea. 1. Mitt. Vertikale Verteilung.)** J. Marine biol. Assoc. United Kingdom **42** (1962) Nr. 2. S. 377-385. — 4 Abb., 17 Lit.
Da *Laminaria hyperborea* die ökonomisch wichtigste sublitorale Braunalge in England ist, wurde ihre vertikale Verteilung auf der Isle of Man und an 2 Stellen in Schottland mit Hilfe von Tauchern festgestellt. *L. hyperborea* herrscht an der offenen Küste auf Felsen vor und wird an geschützten Stellen sowohl auf Felsen als auch nicht festgelegtem Material von *L. saccharina* abgelöst. Als Ursache für die untere Grenze von *L. hyperborea* bei Port Erin, Isle of Man, wird eine stärkere Neigung des Untergrundes als 20° in Erwägung gezogen. M. Schlüter. 6150.

3-64/10-9081 Stephens, K.; Nanaimo, Brit. Columbia, Fisheries Res. Board of Canada. Improved tripping mechanism for plastic water samplers. **(Ein einfacher Auslösemechanismus für einen Plastik-Wasserprobennehmer.)** Limnol. and Oceanogr. 7 (1962) Nr. 4. S. 484. — 1 Abb.
Das Entnahmegerät besteht aus einem Plastikrohr, das durch 2 halbrunde Kappen oben und unten (Meniskus nach Innen gerichtet) und ein Gummiband verschlossen gehalten wird. Im gespannten Zustand werden beide Kappen durch außenliegende Drahtseile neben die Rohröffnung gezogen. Diese Drahtseile können über den Auslösemechanismus, der auf Druck reagiert, gelockert werden, wobei die Gummikappen durch das Gummiband vor die Öffnungen des Rohres gezogen werden und dieses wasserdicht verschließen. Eine ausführliche Beschreibung des Gerätes wird gegeben. Seine Brauchbarkeit wurde bei rauher See durch die Entnahme von Wasserproben in 0,5-m-Intervallen bis zu einer Wassertiefe von 3000 m erprobt. D. Nehring. 6200.

3-64/10-9082 Smith, Stanford H.; Ann Arbor, Mich., U.S. Bureau of Commercial Fisheries. Temperature correction in conductivity measurements. **(Temperaturkorrektur bei Leitfähigkeitsmessungen.)** Limnol. and Oceanogr. 7 (1962) Nr. 3. S. 330-334. — 1 Abb., 1 Tab., 7 Lit.
Leitfähigkeitsmessungen finden bei Süßwasseruntersuchungen verbreitet Anwendung. Trotz gleicher Wassertemperaturen werden jedoch häufig unter-

schiedliche Meßergebnisse erhalten. Der Temperaturkoeffizient, der zur Korrektur der Leitfähigkeit von natürlichen Gewässern bei einer gegebenen Temperatur verwendet wird, ist abhängig von Art und Konzentration der gelösten Salze, der Temperatur zur Zeit der Messung und der Temperatur, bei welcher die Eichung vorgenommen wurde. Die Temperaturkoeffizienten sind ferner für jedes Gewässer verschieden und auch von der Jahreszeit abhängig. Für genaue Untersuchungen muß jeweils der Temperaturkoeffizient für das betreffende Gewässer bestimmt werden. Bei geringerer Genauigkeit können auch mittlere Temperaturkoeffizienten verwendet werden.

D. Nehring. 6200.

3-64/10-9083 Geyer, Reinhold; Berlin-Friedrichshagen, Inst. für Binnenfischerei der Dtsch. Akad. der Landwirtsch.-Wiss. zu Berlin. **Ein Kolorimeterzylindergestell, in dem zugleich eine Einrichtung für kolorimetrische Bestimmungen eingebaut ist.** Z. Fischerei Hilfswiss. [N.F.] **11** (1964) Nr. 9/10. S. 789-790. — 1 Abb.

Vf. beschreibt einige techn. Verbesserungen an einer von ihm entwickelten Hilfseinrichtung für kolorimetrische Bestimmungen bei der Wasseranalyse. Das Gerät besteht aus 3 dicht nebeneinander stehenden, schräggestellten Tubussen, in die die Kolorimeter-Rohre eingestellt werden. Der Farbvergleich erfolgt in der Weise, daß die zu bestimmende Konzentration in die Mitte zwischen 2 Kolorimeterzylinder der bekannten Konzentration eingesetzt wird. Die Lichtreflektion erfolgt durch ein weißes Blatt Papier, das sich unter den Zylindern befindet. Außer der kolorimetrischen Einrichtung bietet das Gerät noch Platz für die Aufbewahrung weiterer Kolorimeterzylinder. Die Einrichtung ist billig in der Herstellung und kann von jeder feinmech. Werkstatt hergestellt werden. D. Nehring. 6200.

3-64/10-9084 Geyer, Reinhold; Berlin-Friedrichshagen, Inst. für Binnenfischerei der Dtsch. Akad. der Landwirtsch.-Wiss. zu Berlin. **Eine vereinfachte Methode zur Bestimmung von anionaktiven Detergentien mittels eines Stufenkolorimeters.** Z. Fischerei Hilfswiss. [N.F.] **11** (1964) Nr. 9/10. S. 791 bis 794. — 1 Tab., 5 Lit.

Es wird ein Stufenkolorimeter beschrieben, das die lichtelektrischen Geräte bei der kolorimetrischen Bestimmung von anionaktiven Detergentien nach der Methylenblau-Methode ersetzt. Dabei werden die einer bestimmten WAS-Konzentration entsprechenden Färbungen durch Mischung wäßriger Lösungen von Kaliumchromalaun, Kobaltchlorid und Kupfersulfat bestimmter Konzentrationen hergestellt. Die Farblösungen werden in Reagenzgläser eingeschmolzen. Das so erhaltene Stufenkolorimeter ersetzt lediglich die lichtelektrischen Geräte, während im übrigen die Arbeitsvorschrift zur Bestimmung der anionaktiven Detergentien nach der Methylenblau-Methode unverändert beibehalten wird. Der nach dieser Methode erhaltene mehr oder minder stark gefärbte Chloroformauszug wird mit der Teststufe verglichen.

D. Nehring. 6200.

3-64/10-9085 Stephens, K. und Strickland, J. D. H.; Nanaimo, Brit. Columbia, Fisheries Res. Board of Canada. Use of a thermopile radiometer for measuring the attenuation of photosynthetically active radiation in the sea. **(Die Verwendung eines Thermoelement-Strahlungsmeßgerätes zur Messung der Abnahme von photosynthetisch wirksamer Strahlung im Meer.)** Limnol. and Oceanogr. **7** (1962) Nr. 4. S. 485-487. — 4 Abb., 1 Lit.

Die gesamte Strahlungsenergie im photosynthetisch wirksamen Bereich ist ein gutes Maß für das photosynthetische Potential einer Lichtquelle und ist den Werten überlegen, die auf einer Standardkerze beruhen. Vff. entwickelten daher ein Strahlungsmeßgerät zur Lichtmessung unter der Meeresoberfläche, dessen Meßeinheit aus einem 15fachen Wismut-Silber-Thermoelement besteht. Das Gerät ist in Pyrex-Glas eingebaut, das im Bereich zwischen 3700 und 23000 Å „Farbunempfindlich“ ist. Durch die Verwendung von Filtern können energiereichere Strahlungsanteile ausgefiltert werden. Eine genaue Beschreibung des Geräts wird gegeben. Außerdem werden Meßergebnisse aus dem küstennahen und -fernen Ozean mitgeteilt. D. Nehring. 6200.

3-64/10-9086 Whitley, L. Stephen. New bottom sampler for use in shallow streams. **(Ein neues Bodenentnahmegerät für Untersuchungen in flachen Flüssen.)** Limnol. and Oceanogr. 7 (1962) Nr. 2. S. 265-266. – 2 Abb.
Das topfartige Gerät wird mit den Händen 12-17 cm in den Boden gedrückt und entnimmt eine 500 cm^2 große Probe. Das überstehende Wasser wird abgegossen. Das Gerät hat sich bei Arbeiten in einem flachen Fluß mit schlammigem Untergrund bewährt. D. Barthelmes. 6200.

3-64/10-9087 Knowles, G., Edwards, R. W. und Briggs, R.; Stevenage, Water Pollution Res. Lab. Polarographic measurement of the rate of respiration of natural sediments. **(Polarographische Bestimmung der Respirationsrate von natürlichen Sedimenten.)** Limnol. and Oceanogr. 7 (1962) Nr. 4. S. 481-484. – 3 Abb., 14 Lit.
Vff. beschreiben einen Apparat, des es gestattet, den Sauerstoffverbrauch von natürlichen Schlämmen, der für das Sauerstoffgleichgewicht mancher Gewässer von Bedeutung ist, zu bestimmen. Hierzu wurden Schlammproben, die teilweise *Chironomiden* und andere wirbellose Tiere enthielten, in ein Respirationsgefäß gebracht. Das überstehende Wasser wurde zunächst belüftet und mittels Thermostaten auf konstante Temperatur gebracht. Dann wurde auf polarographischem Wege der O_2-Gehalt ermittelt. Durch einen Magnetrührer wurde das Wasser in dem nun geschlossenen Gefäß in Bewegung gehalten, um eine gleichmäßige O_2-Abnahme zu gewährleisten. Die O_2-Messungen wurden in bestimmten Zeitintervallen wiederholt. Eine genaue Beschreibung der Apparatur wird gegeben. Die Methode wurde an natürlichen Sedimenten aus verschiedenen Gewässern geprüft.
D. Nehring. 6200.

3-64/10-9088 Cassie, R. Morrison; Wellington, New Zealand, Oceanographic Inst. Microdistribution and other error components of C^{14} primary production estimates. **(Mikroverteilung und andere Fehlerkomponenten bei der Bestimmung der Primärproduktion mit Hilfe von ^{14}C.)** Limnol. and Oceanogr. 7 (1962) Nr. 2. S. 121-130. – 1 Abb., 6 Tab., 7 Lit.
Bei Bestimmung der Photosyntheseraten in natürlichen Meeresplanktonpopulationen und in einer bakterienfreien, gut durchmischten *Skeletonema*-Kultur betrug der Variabilitätskoeffizient um 10%. Unter diese Grenze war er nicht herabzudrücken. Vf. nimmt an, daß ein großer Teil dieser Variabilität auf das Hantieren mit den Proben zurückzuführen ist, wodurch die sehr empfindlich reagierenden Organismen möglicherweise ihre Photosyntheserate ändern. Proben, die im Meer weiter als 10 cm voneinander entfernt entnommen wurden, ergeben bereits mit großer Wahrscheinlichkeit signifikante Unterschiede in der Primärproduktion. Die Häufigkeitsverteilung von Produktionsbestimmungen in situ entspricht annäherungsweise einer logarithmischen Normalverteilung. D. Barthelmes. 6200.

3-64/10-9089 Lund, J. W. G.; Ambleside, Freshwater Biol. Assoc. Concerning a counting chamber for nannoplankton described previously. **(Über eine kürzlich beschriebene Zählkammer für Nannoplankton.)** Limnol. and Oceanogr. 7 (1962) Nr. 2. S. 261-262. – 1 Lit.
Beim Gebrauch der 1959 vom Vf. beschriebenen Zählkammer ergab sich, daß die Berechnung der Tiefe besser durch mehrmaliges Wiegen der leeren und mit destilliertem Wasser gefüllten Kammer erfolgt. Die Flächenbestimmung ist genauer, wenn sowohl eine Auszählung über Millimeterpapier als auch eine

mehrmalige Planimetrierung durchgeführt wird. Zum Säubern wird jetzt Chromschwefelsäure empfohlen. Ferner ist ein neues Zementrezept beigefügt.
D. Barthelmes. 6200.

3-64/10-9090 Lammers, William T.; Tennessee Valley Authority, Div. of Health and Safety. Density gradient separation of plankton and clay from river water. **(Trennung von Plankton und Bodenbestandteilen in Flußwasser mit Hilfe eines Dichtegefälles.)** Limnol. and Oceanogr. 7 (1962) Nr. 2. S. 224 bis 229. – 4 Abb., 1 Tab., 15 Lit.
Durch einfaches Zentrifugieren und Zentrifugieren in einem Dichtegefälle gelingt es, aus Seen- und Flußwasser folgende Fraktionen ziemlich vollständig zu isolieren: 1. Nichtkolloidale org. Bestandteile; 2. Nichtkolloidale anorg. Bestandteile; 3. Kolloide; 4. Gelöstes. Diatomeen, Protozoen, Bakterien, fädige und nichtfädige Algen überlebten die Behandlung. Eine Zunahme von Zellbruchstücken war nicht festzustellen. D. Barthelmes. 6200.

3-64/10-9091 Patten, Bernard C. Improved method for estimating stability in plankton. **(Eine verbesserte Methode zur Bestimmung der Stabilität von Planktongemeinschaften.)** Limnol. and Oceanogr. 7 (1962) Nr. 2. S. 266-268. – 1 Tab., 1 Lit.
Das 1961 vom Vf. angegebene Stabilitätsmaß hat einige wesentliche Schwächen, die hier zum größten Teil beseitigt werden. Die neuen Formeln dienten zur Berechnung der Stabilität des Planktons und seiner Umwelt im York River. D. Barthelmes. 6200.

3-64/10-9092 *Brodskij, K. A.* und *Baskalov, G. A.* **A more rapid metod of determination in the treatment of zooplankton.** Aus: Program for scient. translations, Jerusalem **1963** (Übers. aus d. Russ.) — TO 867.

D. FISCHEREIWIRTSCHAFT

Binnenfischerei

3-64/10-9093 Hattop, H.-W. **Die Intensivierung des Aalfanges durch Anwendung von Elektrofanggeräten.** Z. Fischerei Hilfswiss. [N.F.] **10** (1962) Nr. 8/10. S. 665-669. – 1 Abb., 4 Tab.
Nach dem heutigen Stand der Elektrofischereimethoden können Massenfänge an Aalen (*Anguilla anguilla*) nur in der verhältnismäßig kurzen Zeitspanne während der Laichzeit verschiedener Weißfischarten erzielt werden, da sich nur zu dieser Zeit größere Aalmengen in den flachen Gewässerteilen aufhalten. Für die Entwicklung neuer Fanggeräte, insbes. solcher, die zur Ausbeutung der Überwinterungsplätze des Aales dienen sollen, muß jedoch eine Vertiefung der Kenntnisse über das Verhalten des Aales vorausgesetzt werden. Gleichzeitig ist dafür zu sorgen, daß breite Kreise von Fischern den für eine erfolgreiche Durchführung der Elektrofischerei erforderlichen Ausbildungsstand erhalten. Die Produktionsergebnisse einiger Fischereibetriebe geben einen Überblick über die bisherigen Erfolge der Elektrofischerei.
G. Seifert. 6245.

3-64/10-9094 Schmidt, Jakob. **Der Edelkrebs. Besatz — Hege — Fang.** Allg. Fischerei-Ztg. **87** (1962) Nr. 10. S. 280-283. – 6 Abb.
Der Edelkrebs (*Astacus astacus*) findet optimale Lebensbedingungen in Bächen und Flüssen der Mittelgebirge und des Flachlandes, die nicht verschlammt sind. Uferbewuchs ist günstig. Von der Eiablage im Nov. bis zum Schlüpfen der Jungkrebse vergehen 6 Mon. Nach anfänglich vegetabilischer Nahrung gehen die Krebse immer mehr zu animalischer Kost über. Krebswirtschaft in Verbindung mit Forellenwirtschaft in Bächen ist empfehlenswert. Krebsbesatz sollte 14 Tage unter Quarantäne stehen, auf 1 km Bachstrecke (3-4 m breit) werden 1000 Stück ausgesetzt. 5- bis 6jährige Schonung nach dem

Besatz ist anzuraten. Der Krebsfang beginnt im Apr. und endet dann, wenn die ersten begatteten Weibchen festgestellt werden.

H. Müller/Berlin. 6250.

3-64/10-9095 Soulsby, J. J. Fishing survey at Kariba. **(Untersuchung der Fischerei des Kariba-Sees.)** Rhodesia agric. J. **60** (1963) Nr. 5. S. 135-138. — 2 Abb., 4 Tab., 2 Lit.

Mit Beginn der Fischerei auf diesem See waren die Mindestmaschenweiten aus Gründen der Bestandserhaltung auf 4″ festgelegt worden. Inzwischen führten jedoch umfangreiche statistische Erhebungen zu dem Ergebnis, daß die Fänge bei der Verwendung von 4-, 5- und 6″-Maschen zu 84% nur aus 5 Friedfischarten (*Tilabia mossambica, Labeo* sp. und *Distichodus* sp.) bestehen, während die großen Bestände an kleinwüchsigen Arten, darunter zahlreiche Raubfische nur unbedeutend, teilweise sogar überhaupt nicht befischt werden. Versuchsfänge zeigten, daß bei einer Anwendung verschiedener Maschenweiten von 2-6″ eine gleichmäßigere Erfassung des Gesamtbestandes gewährleistet wird. Da auch die großwüchsigen Arten schon zeitig laichreif werden, ist mit keinen nachteiligen Auswirkungen auf diese Bestände zu rechnen.

G. Seifert. 6255.

3-64/10-9096 David, A.; Allahabad, India, Centr. Inland Fisheries Res. Sub-Stat. Studies on fish and fisheries of the Godavary and the Krishna river systems. Part I. **(Untersuchungen über Fische und Fischerei der Godavary- und Krishna-Flußsysteme. 1. Mitt.)** Proc. nat. Acad. Sci., India, Sect. B **33** (1963) Nr. 2. S. 263-286. — 1 Abb., 28 Lit.

Die Untersuchung des mittleren und unteren Bereichs dieser beiden Flüsse mit ihren Nebenflüssen ermöglichte die Einschätzung des Standes der Fischerei und ihrer Hilfsquellen, dazu brachte sie neue Kenntnisse über die Fischereimethoden und die Fischerbevölkerung des Gebietes Andhra-Pradesh. Es wurde festgestellt, daß eine gewerbliche Fischerei nur in den unteren Regionen in der Nähe des Deltas existieren kann. Weiterhin wird untersucht, welche Möglichkeiten für die Bewirtschaftung der zahlreichen Staubecken in diesen Gewässern, insbes. zur Beschaffung von Fisch- und Krebsbrut bestehen. Abschließend gibt Vf. eine systematische Aufstellung der 157 bisher beschriebenen Fischarten dieser beiden Flußsysteme, von denen 47 Arten als wirtschaftlich wertvoll angesehen werden. 20 dieser Arten sind großwüchsig und werden über 500 mm lang.

G. Seifert. 6255.

3-64/10-9097 Fedorov, V. A.; Beloruss. Forsch.-Inst. für Fischereiwirtsch. Opredelenie optimal'noj intensivnosti rybolovstva na primere ozera Ezerišče. **(Bestimmung der optimalen Intensität des Fischfangs am Beispiel des Eseristsche-Sees bei Witebsk in der Belorussischen SSR.)** Rybnoe chozjajstvo, Moskva **39** (1963) Nr. 11. S. 17-22. — 3 Abb., 3 Tab., 3 Lit.

Zur Berechnung der Rentabilität des Fischfanges in natürlichen Gewässern wurde am Beispiel des Eseristsche-Sees nach der von Baranow angegebenen Methode die optimale Befischungsintensität ermittelt. Die Befischungsintensität verhält sich proportional zu der Anzahl der im See angewendeten Fanggeräte. Wird die Anzahl der einge- setzten Fanggeräte verdoppelt, so erhöht sich auch im gleichen Maße die Fangintensität. Die Ergebnisse des verstärkten Fanges hängen hauptsächlich von der Stärke des Fischbestandes ab und steigen nicht proportional zum Aufwand an. Die Rentabilität der Fischereibetriebe kann daher nicht durch eine übermäßige Intensivierung des Fanges, sondern durch die Senkung der Selbstkosten verbessert werden.

A. Kozianowski. 6255.

3-64/10-9098 Mann, H.; Hamburg, Inst. für Küsten- und Binnenfischerei. **Ursachen der schlechten Fangergebnisse in der Elbe im Jahre 1963.** Fischwirt **14** (1964) Nr. 3. S. 61-68. — 6 Abb., 4 Lit.

Der niedrige Fangertrag an Aalen und anderen Fischen in der Oberelbe im Jahre 1963 war durch Sauerstoffmangel und Niedrigwasser bedingt. Durch die lange Eisbedeckung (Jan.-März) des mit Abwässern belasteten Stromes war es zu einem Fischsterben größten Ausmaßes gekommen. Zwischen Geesthacht und Gorleben gingen schätzungsweise mehr als 500 t Fische verloren. Als höchster O_2-Gehalt wurden 2,5 mg/l gemessen. Der Ammonium-Gehalt betrug 6-8 mg/l (1954 4-5 mg/l). Im Frühjahr konnte das Schmelzwasser nicht in den gefrorenen Boden eindringen. Die Folge war geringes Frühjahrshochwasser. Auch in den folgenden Mon. betrug die Wasserführung nur ca. die Hälfte des Normalen (Mittelwasser 1963 nur 418,6 m^3/s gegen 717,6 m^3/s nach Berechnungen für 1926-1960). Bes. ungünstig war die Situation für den Aalfang. In den fangreichen Jahren stimmte die Zeit der guten Wasserführung auch mit den wichtigsten Fangmon. überein. In einem Hamen wurden tägl. 10-15 kg gefangen. 1963 lagen die Tagesfänge bei 4,7 kg.
M.-L. Albrecht. 6255.

3-64/10-9099 Köthke, Hugo. **Die gegenwärtige Lage der deutschen Aalwirtschaft.** Allg. Fischerei-Ztg. **89** (1964) Nr. 7. S. 200-201.
Vf. stellt fest, daß zur Sanierung der Aalwirtschaft in der BRD ein Aufwand von 3% des zu erwartenden Fangerlöses für Aalbesatzmaßnahmen nötig ist, da nach seinen Berechnungen durch den Wasserbau ein jährlicher Fangausfall von 16 Mill. DM beim Aal (*Anguilla anguilla*) zu verzeichnen ist. Er fordert deshalb eine gesetzliche Festlegung, wonach bei wasserbaulichen Maßnahmen 5% der Baukosten für die Gestaltung und Erhaltung der fischereilichen Produktionsflächen eingesetzt werden sollten.
H. Müller/Berlin. 6255.

3-64/10-9100 Lagemann, F. C. **Glasaale ziehen in die Ems.** Fisch u. Fang **3** (1962) Nr. 3. S. 46-47. — 4 Abb.
Ende Apr. werden am Herbrumer Tiedewehr die in der Regel 2 h vor bis 2 h nach Nachthochwasser eintreffenden Glasaale (*Anguilla anguilla*) gefangen. In 3 Bassins können bis zu 3 dt Glasaale gehältert werden. In Aalbrutversandkisten werden sie nach Hamburg verschickt. Von Ende Apr.-Anf. Juni werden im jährlichen Durchschnitt 30 dt gefangen, das entspricht etwa 12 Mill. Stück. H. Müller/Berlin. 6255.

3-64/10-9101 Anonym. Lake Ontario eel catches declining rapidly. **(Die Aalfänge im Ontario-See nehmen schnell ab.)** Canad. Fisherman **51** (1964) Nr. 3. S. 27. — 3 Abb.
Die Berufsfischer des Ontario-Sees haben seit 1959 300000 Pfund (136,2 t) Aale gefangen. Bei Glenora befindet sich die einzige Binnenmarkierungsstation für Blankaale in Nordamerika. Am Unterkiefer der Fische werden dort numerierte Plastikmarken mit einem rostfreien Stahlring befestigt. Wenn die Fische später auf dem Wege zum Atlantik gefangen werden, kann dadurch ihr Wanderweg verfolgt werden. Die Aalerträge im Ontario-See betrugen 1959 100000 Pfund (45,4 t) und sanken auf 62000 Pfund (28,1 t) 1962 ab. Wissenschaftler und Fischer führen den Rückgang auf das Fehlen von Fischtreppen im Sankt-Lorenz-Strom-System zurück.
H. Müller/Berlin. 6255.

3-64/10-9102 Frost, W. E.; Ambleside, Freshwater Biol. Assoc. **Diskussionsbeitrag über Probleme in Verbindung mit der Blankaalfischerei im Flusse Bann, Nordirland.** Z. Fischerei Hilfswiss. [N.F.] **10** (1962) Nr. 8/10. S. 609 bis 610. — 1 Lit.
Im Flusse Bann werden in 6 Reusen die aus dem Lough Neagh abwandernden Blankaale (*Anguilla anguilla*) gefangen. Seit der Flußregulierung 1930 erreichen die Steigaale den Lough Neagh nicht mehr, sondern sie mußten in der Nähe der Mündung des Flusses gefangen und künstlich eingesetzt werden.

Seit 1943 ging die Größe der gefangenen Aale zurück und der Anteil an Männchen stieg an. Zunächst wurde angenommen, daß diese Erhöhung des Männchenanteiles auf eine Übervölkerung durch den dauernden Steigaalbesatz zurückzuführen sei. Seit 1948 wurden deshalb keine Aale mehr eingesetzt, dennoch war 1956 immer noch ein sehr hoher Prozentsatz an Männchen in den Fängen enthalten. Die zunächst aufgestellten Vermutungen treffen demzufolge nicht in vollem Umfange für die Änderung des Geschlechtsverhältnisses zu. G. Seifert. 6255.

3-64/10-9103 Wurtz-Arlet, J. **Verteilung und Ausnutzung der Aalbrut und der Speiseaale in Frankreich.** Z. Fischerei Hilfswiss. [N.F.] **10** (1962) Nr. 8/10. S. 671-675. — 1 Abb.

Der Hauptaufstieg der Aalbrut (*Anguilla anguilla*) geht von den Küsten des Atlantiks und des Mittelmeeres aus. Durch Verunreinigungen der Flußmündungsgebiete ist der natürliche Aufstieg erheblich beeinträchtigt. Der Fang ist heute eingeschränkt und beträgt ca. 600 t jährlich. Die Glasaale dürfen nur für menschliche Ernährung und Besatz verwendet werden. Die aufsteigende Aalbrut wird mit großen Keschern entweder manuell vom Ufer aus oder durch Schleppfahrzeuge gefangen und meist tiefgekühlt oder als Konserve nach Spanien oder Mittelamerika geliefert. Polen und Westdeutschland erhalten jährlich ca. 20 t Aalbrut für Besatzmaßnahmen. Mit Ausnahme der Bergbäche kommt der Aal in allen natürlichen Gewässern Frankreichs vor. Hauptfanggebiete sind die Camargue mit 600 t und die Seen und Kanäle an der Mittelmeerküste. Von Sept.-Jan. werden hauptsächlich Blankaale, während der übrigen Mon. Gelbaale gefangen. Durch Flußverbauungen und Verunreinigungen ist der Fang in der letzten Zeit stark zurückgegangen. G. Seifert. 6255.

3-64/10-9104 Dahl, J.; Charlottenlund, Danmark, Inst. for Fiskeri-og Havundersøgelser. **Bedeutung und Ertrag der Zanderfischerei in der Bewirtschaftung dänischer Seen.** Z. Fischerei Hilfswiss. [N.F.] **10** (1962) Nr. 8/10. S. 689-695. — 3 Abb., 1 Tab.

Vor 40-50 Jahren war die dänische Binnenfischerei infolge geringer Absatzmöglichkeiten auf dem Binnenmarkt stark vernachlässigt. Erst die modernen Transportmittel ermöglichten den Export von Süßwasserfischen. Aus diesem Grund ist der 1879 eingeführte Zander (*Lucioperca lucioperca*) erst in den letzten Jahrzehnten zum zweitwichtigsten Fisch nach dem Aal (*Anguilla, anguilla*) geworden. Heute ist der Zander aus 50-60 Lokalitäten bekannt, wo er umso wertvoller ist, weil er die als starke Nahrungskonkurrenten für den Aal auftretenden Unkrautfische dezimiert und eine mit der zunehmenden Eutrophierung der Gewässer entstandene ökologische Nische ausfüllt. Durch einige Darstellungen wird die zunehmende Bedeutung des Zanders für die dänische Binnenfischerei illustriert. G. Seifert. 6255.

3-64/10-9105 Wurtz-Arlet, J. **Bemerkungen über den Zander in Frankreich.** Z. Fischerei Hilfswiss. [N.F.] **10** (1962) Nr. 8/10. S. 711-714.

Seit den ersten Besatzmaßnahmen 1942 hat sich der Zander (*Lucioperca lucioperca*), der schon vorher in Frankreich vereinzelt gefangen wurde, weit verbreitet. Die von deutschen Besatzungsbehörden aus Böhmen eingeführten Setzlinge zeigten gutes Wachstum und vermehrten sich erfolgreich. 1950-56 führte man auch Versuche zum Besatz von Seen und Teichen durch. Dabei wurden Behälter konstruiert, in welchen bis zu 15000 Eier transportiert und erbrütet werden können. Eine Anzahl von Beobachtungen aus der Aufzucht und der Zanderfischerei wird geschildert. Die Fischerei wird entweder mit Perlonnetzen von 50 mm Maschenweite oder mit der Handangel durchgeführt. Ein 75 ha großer Weiher brachte in einem Jahr 2000 kg Zander, von denen die stärksten 10-12 kg wogen. G. Seifert. 6255.

3-64/10-9106 Ammann, E. **Die zürcherische Fischerei im Jahre 1962.** Schweiz. Fischerei-Ztg. **71** (1963) Nr. 3. S. 85-87.; Nr. 4. S. 113-116. — 1 Abb., 7 Tab.

Vf. erörtert die sich aus der Teilrevision der Fischereiverordnung vom 22. Jan. 1962 und aus den getrennten Verfügungen der Finanzdirektion für die Ausübung der Fischerei im Zürich-, Greifen-, Pfäffiker-, Türler-, Katzen-, Hüttner-, und Egelsee und in den fließenden Gewässern ergebenden Neuerungen. Ferner wird ein Überblick über Neuverpachtungen des Fischereirechtes in den fließenden Gewässern, die Regaleinnahmen und Ertragswerte, die Anzahl der Fischereiberechtigten, die Fischsterben und Gewässerverunreinigungen, die Fangerträge, insbes. der Laichfischfänge, und die Satzfischzucht gegeben.

K. Anwand. 6255.

3-64/10-9107 Geiger, W.; Genf, Univ. **Besatz und Fang in Forellengewässern.** Schweiz. Fischerei-Ztg. **72** (1964) Nr. 4. S. 115-119. — 7 Abb., 2 Lit.

Vf. weist anfangs darauf hin, daß es nötig, aber auch schwierig ist, sich über die Auswirkungen von Besatzmaßnahmen auf den Ertrag Klarheit zu verschaffen, da Jungfischeinsatz sehr kostspielig ist. Wichtige Voraussetzungen für derartige Beurteilungen sind genaue Statistiken über Einsatz und Fang. In der Regel werden die Auswirkungen des Besatzes auf das Fangergebnis durch mannigfache andere Einflüsse verschleiert (natürliche Fortpflanzung, Wasserführung, Fischvergiftungen, Verbauungen, Grad der Befischung). Wenn geeignete Jungfische in genügend großer Zahl ausgesetzt werden, können sie sich bei intensiver Befischung auf den Fangertrag auswirken. Einzelne Besatzspitzen haben i. allg. keinen Einfluß, nur wiederholte größere Einsätze bringen spürbare Ertragssteigerungen. Steigt der Ertrag trotz Erhöhung des Besatzes mit Brut nicht an, ist zu prüfen, ob nicht besser ältere Fische eingesetzt werden. Stärkerer Besatz oder Umstellungen im Besatz veranlassen den Fischer oftmals zu stärkerer Befischung. Am Beispiel von 7 Fließgewässern, von denen langjährige Besatz- und Fangstatistiken sowie sonstige Angaben vorliegen, wird der Wert von Besatzmaßnahmen besprochen.

W. Steffens. 6255.

3-64/10-9108 Eipper, Alfred W.; Ithaca, N. Y., Cornell Univ. Effect of hatchery rearing conditions on stream survival of brown trout. **(Auswirkungen der Aufzuchtbedingungen auf die Überlebensrate von Bachforellen in Fließgewässern.)** Trans. Amer. Fisheries Soc. **92** (1963) Nr. 2. S. 132-139. — 1 Abb., 3 Tab., 32 Lit.

Bachforellensetzlinge (*Salmo trutta*), die unter „normalen" Bedingungen bei Durchschnittstemperaturen von 12 °C (4°-16°) aufgezogen worden waren, hatten nach dem Aussetzen eine geringere natürliche Verlustrate gegenüber Setzlingen, die bei niedrigeren Temperaturen (8 °C) aufwuchsen. Dies wurde bes. deutlich beim Ansteigen der Wassertemperatur auf kritische Werte. Zur Berechnung der Verlustrate dienten Untersuchungen der Wanderungen (Markierungen), Wiederfangrate (Fangkontrolle) und Gesamtsterblichkeit (aus Elektroabfischungen). Die „normal" aufgewachsenen Forellen besaßen härteres Körperfett (geringere Jodzahl) als die „zurückgehaltenen". Aus diesen Ergebnissen ist zu ersehen, daß die in der Brutanstalt herrschende Temperatur für die späteren Verluste mit von entscheidender Bedeutung ist; eine frühzeitige Gewöhnung an höhere Temperaturen erhöht die Widerstandsfähigkeit gegenüber kritischer Erwärmung. G. Seifert. 6255.

3-64/10-9109 Stechowsky, S. **Eine Studienreise in die Sowjetunion.** Dtsch. Fischerei-Ztg. **9** (1962) Nr. 12. S. 356-374. — 25 Abb.

Das Ziel der Reise im Aug. 1962 bestand darin, vor allem Erfahrungen auf dem Gebiet der Karpfenteichwirtschaft, der Mechanisierung und der Arbeitsorganisation zu sammeln. Zu diesem Zweck wurden praktische Betriebe und Institute vor allem im Leningrader Gebiet und in der Ukraine besucht.

Die Ergebnisse der Reise lieferten der Fischerei der DDR u.a. Hinweise über Verbesserung der Aufzuchtbedingungen, über die Anlage von Winterteichen und Badeeinrichtungen für Satzfische, über Teichsömmerung, -bodenbearbeitung, -düngung und nicht zuletzt über Fütterung und Fütterungstechnik.

G. Merla. 6300.

3-64/10-9110 Wunder, Wilhelm; Erlangen; Nürnberg, Univ., Zool. Inst. **Eine Reise in die südfranzösische Karpfenteichwirtschaft Sylvéréal (Besitzer: Zoltan Corchus).** Allg. Fischerei-Ztg. 89 (1964) Nr. 8. S. 240-243. — 12 Abb.

In dem besichtigten Betrieb werden hauptsächlich Karpfen- und Zanderzucht betrieben. Auf einem Sumpfgelände entstand durch einen 9 km langen Damm ein 250-ha-Teich mit 1,6 m mittlerer Wassertiefe. Der pH-Wert liegt bei 7,6. Aus benachbarten Teichen von 0,4 ha Größe, die mit je 15 Satz Laichkarpfen (= 45 Stück) besetzt sind, wird ständig vorgestreckte Brut mit einer Länge von 2-3 cm herausgenommen und auf größere Flächen verteilt. Die Karpfen (*Cyprinus carpio*) werden im 1. Jahr ca. 230 g schwer und erreichen im 2. Jahr ein mittleres Marktgewicht von 1,75 kg. Die Futtermenge beträgt ca. 600 kg/ha Bei der Abfischung Ende Okt. lag eine Wassertemperatur von 20 °C vor

G. Merla. 6300.

3-64/10-9111 Christian, Alexandra, Nicolau, Aurelia, Grozavu, P., Luscan, Silvia und Ionescu-Varo, M. Reproducerea timpurie a crapului (I). (Date preliminare). Cercetări şi experimentări la Staţiunea de cercetări piscicole Nucet. **(Die frühzeitige Vermehrung des Karpfens. 1. Mitt. Untersuchungen und Experimente der Station Nucet.)** Bul. Inst. Cercetări Proiectări piscicole 22 (1963) Nr. 1. S. 5-20. — 12 Abb., 3 Tab., 3 Lit.

Mit Hilfe erwärmten Wassers und Hypophyseninjektion läßt sich die Gonadenreifung von Karpfenlaichern um ca. 1 Mon. vorverlegen. Bei den Experimenten in Nucet wurden 41% der Rogener reif. Bei dem künstlich ausgelösten Reifungsprozeß bleibt die natürlicherweise auftretende portionsweise Eireifung erhalten. Insgesamt wurden 47% der Eier abgelegt, der Rest war unreif. Temperaturstürze von 18 °C auf 3-4 oder 6-7 °C verursachten große Eiverluste. Diese Verluste werden um so größer, je weniger die Eier entwickelt sind und je länger die niedrige Temperatur anhält. Brut von 3-4 Tagen verträgt Temperaturen von 3-4 °C besser. Bei schneller Änderung traten 56% Verlust auf. Temperaturstürze von 18 auf 3-4 °C führen auch bei den Laichern zu Verlusten. Es wird deshalb empfohlen, die Eier in künstlich erwärmbarem Wasser zu halten. Auch sollte anfangs die Brut darin verbleiben.

D. Barthelmes. 6315.

3-64/10-9112 Buşnţiă, Andrei und Cautiş, Ileana. Reproducerea timpurie a crapului (II). (Date preliminare) Cercetări şi experimentări la Centrul Ovidiu. **(Die frühzeitige Vermehrung des Karpfens. 2. Mitt. Untersuchungen und Experimente im Zentrum Ovidiu [Region Constanta].)** Bul. Inst. Cercetări Proiectări piscicole 22 (1963) Nr. 1. S. 21-29. — 4 Abb., 4 Tab. 1. Mitt. vgl. vorst. Ref.

In Ovidiu wurde das Kühlwasser des Wärmekraftwerkes Ovidiu II benutzt, um die Laicher frühzeitig reif zu machen. Wie in Nucet erhielten sie außerdem Hypophyseninjektionen. Durch die 1-1½ Mon. vorverlegte Brutgewinnung verlängert sich die Wachstumsperiode der K_1 entsprechend. Dadurch erhöht sich die Produktion beträchtlich. D. Barthelmes. 6315.

3-64/10-9113 Georgiev, N. Za standarta na šaranovija zaribitelen material. **(Über den Standard des Karpfenbesatzmaterials.)** Izvestija na Opitna stancija sladkovodno ribarstvo — Plovdiv, Sofija 1 (1962) S. 5-19. — 2 Abb., 10 Tab., 14 Lit. Zus. in Russ., Dtsch.

Es wurden unter gleichen Bedingungen 2 Teiche von je 0,25 ha Fläche und 60-70 cm Tiefe, in denen die Schlammschicht 25-30 cm betrug, mit 4 Gruppen einjähriger Karpfen (K_1) sowie K_0 besetzt. Die mittlere Masse der Satzfische (K_1) in den einzelnen Gruppen betrug 5, 15, 30 und 80 g. Die Besatzdichte (gemischt) betrug ca. 3000 K_1 (ungefähr 800 aus jeder Gruppe) und 20000 K_0/ha. Die Fische wurden mit Getreideschrot, Seidenspinnerpuppen u.a. gefüttert. Der mittlere Gesamtzuwachs ($K_1 + K_0$) betrug 1775 kg/ha. Folgende mittlere Massen wurden erreicht: K_1 – 5g, K_2 – 361, 398, 495 bzw. 657 g. Als günstigste Masse der Satzfische zur Gewinnung 0,5 kg schwerer zweisömmriger Marktkarpfen (bei halbintensiver Fütterung und ausgiebiger natürlicher Nahrung) sind 30 g anzusehen. N. Platikanow. 6315.

3-64/10-9114 Barthelmes, D. und Mattheis, Th.; Berlin-Friedrichshagen, Inst. für Binnenfischerei der Dtsch. Akad. der Landwirtsch.-Wiss. zu Berlin. **Die Überwinterung von K_2 in einem Kleinstteich während des strengen Winters 1962/1963.** Dtsch. Fischerei-Ztg. 11 (1964) Nr. 2. S. 40-44. — 3 Abb., 1 Tab., 7 Lit.

30% der im Herbst in einen Kleinstteich von 162 m^2 Nutzfläche eingesetzten K_2 überstanden den strengen Winter 1962/63. Die Überwinterungsbedingungen in dem Teich waren sehr extrem. Der Zufluß war völlig abgestellt, es wurden sehr häufig Löcher geschlagen, und gegen das Ende der Überwinterungsperiode befanden sich nur noch an der tiefsten Stelle vor dem Mönch etwa 10 cm Wasser unter dem max. 43 cm dicken Eis. Gleichzeitig sank die Wassertemperatur für ca. 2 Wochen auf + 0,1 °C bis 0 °C ab. Obwohl das regelmäßig schneefrei gekehrte Eis fast mit Beginn der 3monatigen Vereisungsperiode nach oben durch eine ca. 10 cm dicke Schnee-Eisschicht abgeschlossen wurde, müssen noch Algen am Teichboden assimiliert und O_2 in das Wasser abgegeben haben, denn bei der rel. hohen Sedimentaktivität, die in der Größenordnung normaler Produktionsteiche ohne Entenbesatz liegt, wäre anderenfalls völliger O_2-Schwund zu erwarten gewesen. Vor einer Verallgemeinerung dieses Ergebnisses wäre zu prüfen, wie die Algenbesiedlung des Bodens in tieferen Winterteichen entwickelt ist und bis zu welcher Tiefe noch mit Gewinn assimiliert wird. Solche Feststellungen sind bes. dort von praktischem Interesse, wo das Zuflußwasser mengen- oder qualitätsmäßig den Anforderungen nicht genügt (Abwasserbelastung, aber auch zu niedrige Temperatur bei strengem Frost u.a.). D. Barthelmes. 6315.

3-64/10-9115 Nehring, Dietwart; Berlin-Friedrichshagen, Inst. für Binnenfischerei der Dtsch. Akad. der Landwirtsch.-Wiss. zu Berlin. **Verdauungsversuche an Fischen nach der Chromoxyd-Indikatormethode.** Z. Fischerei Hilfswiss. [N.F.] 11 (1964) Nr. 9/10. S. 769-777. — 2 Abb., 1 Tab., 16 Lit.

Chromoxyd ist als Indikator für Verdauungsversuche an Fischen gut geeignet. Bei 3sömmerigen Karpfen (*Cyprinus carpio*) werden die Kotproben am besten 15 h nach der Fütterung aus dem Darm entnommen, da auch bei kurzzeitigem Aufenthalt im Wasser insbesondere ein Teil der stickstoffhaltigen Substanz aus dem Kot herausgelöst wird und die Verdauungskoeffizienten zu hoch ausfallen. Die mittleren Verdauungskoeffizienten für die org. Substanz des Roggenschrots betrugen bei den eingesammelten Kotproben 81,0 und bei den Proben aus dem Enddarm der Fische 80,8. Eine genaue Beschreibung der Versuchsmethodik wird gegeben. D. Nehring. 6320.

3-64/10-9116 Bank, Otto. **Entlandungskosten bei Einsatz verschiedener Geräte.** Allg. Fischerei-Ztg. 87 (1962) Nr. 24. S. 718-720. — 3 Abb., 1 Tab.

Vf. versuchte mit Hilfe von Probeeinsätzen die Entlandungskosten bei Verwendung verschiedener Geräte zu ermitteln, wobei er die ha-Kosten auf eine Arbeitstiefe von 80 cm umrechnete, um die Ergebnisse vergleichbar zu machen. Zum Einsatz gelangten ein Schürfkübelbagger von 82 PS, ein Greifbagger von 30 PS, eine Catterpillar-Planierraupe von 90 PS, eine Kaelble-Planierraupe von 100 PS und eine Hanomag-Planierraupe von 65 PS. An die Zusammenstellung der Ergebnisse schließen sich eine Diskussion sowie Hinweise für die Kalkulation der Entlandungsarbeiten an.

E. Kienast. 6335.

3-64/10-9117 Müller, Wolfgang und Merla, Günter; Königswartha, Zweigstelle für Karpfenteichwirtsch. des Inst. für Fischerei der Dtsch. Akad. der Landwirtsch.-Wiss. zu Berlin. **Versuche zur Steigerung der Erträge bei Salz- und Speisekarpfen durch Besatz- und Fütterungsmaßnahmen.** Z. Fischerei Hilfswiss. [N.F.] **11** (1962) Nr. 1/2. S. 1-46. – 17 Abb., 30 Tab., 23 Lit.

Zur Steigerung der Speisekarpfenerträge wurden Teichversuche mit den beiden Faktoren „Besatzdichte" und „Futtermenge" in je 2 Stufen bei 4-facher Wiederholung durchgeführt. 1959 wirkte Steigerung der Fischdichte von ca. 400 auf 650-700 K_{2-3}/ha stärker auf den Fischertrag als die Erhöhung der Fütterung von 752 auf 1300 kg Gerste/ha. 1960 wirkte die Verstärkung der Fütterung von 1338 auf mehr als 2000 kg Weizen/ha stärker als die Erhöhung der effektiven Besatzdichte von 632 auf ca. 1000 K_{2-3}/ha. Der Fischzuwachs konnte von ursprünglich 531 auf 957 kg/ha durch richtige Kombination der beiden Intensivierungsfaktoren gesteigert werden. Die Verwertung des Futtergetreides war sehr günstig und die Kosten je 100 DM Erntewert erhöhten sich nur wenig. Bei Versuchen zur Steigerung der K_2-Produktion wurden in den gleichen Jahren bei Naturzuwachs von $\sim$ 280 kg/ha die höchsten Erträge mit 5000 K_1 und 1500 kg Getreide/ha erzielt. Ein Einfluß hoher Besatzdichte auf die Bodenfauna konnte eindeutig nachgewiesen werden, nicht dagegen auf das Zooplankton. Die im Durchschnitt von Juli-Okt. gefundene Bodentiermasse nahm mit je 1000 K_{1-2} Mehrbesatz um $^1/_3$ g/m^2 ab. Durch ca. 5000 K_{1-2} wurde das bei schwachem Besatz (2000 K_1/ha) auffallende Bodentiermaximum bis Anfang Aug. stark ausgenutzt, später waren die Differenzen nicht mehr signifikant. Intensive Getreidefütterung erzielte hohe Fettreserven bei den K_2; doch waren die Winterverluste unter ungünstigen Bedingungen (1960/61) nur bei den unter mittlerer Bewirtschaftungsintensität herangezogenen K_2 niedrig. Wolfgang Müller. 6340.

3-64/10-9118 Ehrlich, S. Studies on the influence of nutria on carp growth. **(Untersuchungen über den Einfluß von Nutrias auf das Karpfenwachstum.)** Hydrobiologia [Den Haag] **23** (1964) Nr. 1/2. S. 196-210. – 4 Abb., 4 Tab., 9 Lit.

Sumpfbiber benötigen, wenn sie sich ausreichend vermehren sollen, in Teichen die Gelegenheit zur Bildung von Nistkolonien mit unantastbarem Territorium. Die Futterstellen müssen innerhalb der Kolonien eingerichtet werden. Durch die hohe Vermehrungsrate wird dann die Nutriazucht in Teichen an sich ein erfolgreiches Unternehmen. In Polen wurden 9 Experimente durchgeführt. Wenn keine Nachwirkung vorhanden war, wurden folgende Ergebnisse erhalten:

Nutria/ha	18	28	52	129	555
Mehrzuwachs an Karpfen kg/ha	31,3	44,9	85,9	162,0	417,0
%	30,9	35,4	84,9	159,0	264,0

Als Naturzuwachs wurde der früherer Jahre nach Abzug der geschätzten Futterwirkung verwandt (!). Mit mathematischen Methoden wird die Korrelation zwischen Nutriadichte und Fischertrag und Mehrertrag/Nutria analysiert. Die Nutriazucht während eines Jahres hinterließ im Folgejahr als Nachwirkung einen Karpfenmehrertrag von 0,7-0,8 kg/Nutria. Bei fortgesetzter Nutriahaltung konnten so Mehrerträge von 2,3 und 2,5 kg/Nutria erzielt werden.

Wolfgang Müller. 6345.

3-64/10-9119 Weiser, M. und Otte, E.; Wien, Tierärztl. Hochschule, Med.-Chem. Inst.; Inst. für Fischkunde. **Chemische und histologische Untersuchungen von Wild- und Teichforellen.** Wiener tierärztl. Mschr. **51** (1964) Nr. 2. S. 98-106. — 2 Abb., 1 Tab., 5 Lit.

Vff. führten chem. Untersuchungen an 10 Regenbogenforellen (*Salmo gairdneri*) aus Teichen, die mit Trockenfutter gefüttert worden waren, und an 10 Fischen aus Wildwässern sowie an 2 Trockenfuttermitteln durch. Außerdem gelangten je 5 Forellen beider Gruppen zur histol. Untersuchung. Die Teichfische waren 16-20 Mon. alt und wogen 145-225 g, die Wildfische 3-4 Jahre alt und 170-280 g schwer. Die Teichfische enthielten im Mittel 77,5% Wasser, 17,7% Rohprotein, 6,5% Rohfett und 2,9% Asche, bei den Wildforellen lauteten die entsprechenden Werte 78,3 bzw. 72,6%, 18,5 bzw. 17,7% 7,8 bzw. 7,2% und 2,7 bzw. 2,9%. Die Trockenfuttermittel enthielten 8,9 und 9,0% Wasser, 40,9 und 44,2% Rohprotein, 5,6 und 4,1% Rohfett sowie 10,2 und 11,7% Asche. Die Analysenwerte der Teichforellen streuten weniger als die der Wildfische. Histol. ließen sich lediglich eine stärkere Verfettung der Lebern der Teichforellen und eine Ceroidablagerung in den Lebern dieser Fische nachweisen. Degenerative Veränderungen lagen jedoch nicht vor.

W. Steffens. 6410.

3-64/10-9120 Deufel, Josef; Langenargen/Bodensee, Staatl. Inst. für Seenforsch. und Seenbewirtsch. **Über die Forellenernährung mit Trockenfutter.** Österreichs Fischerei **17** (1964) Nr. 2. S. 19-22. — 2 Lit.

Der Eiweißgehalt des Trockenfutters liegt am günstigsten zwischen 28 und 32%, bei Brut kann der Eiweißanteil bis auf 40% erhöht werden. Der Fettgehalt sollte unter 8% liegen. Das Futter darf nicht älter als 4 bis 5 Mon. sein. In einer Ergänzung werden Angaben über die Mengen an Vitaminen gemacht, die Frischfutter zuzumischen sind. Je kg Futter werden benötigt: Vit. A: 6000-8000 I.E., B_1: 5-20-30 mg, B_2: 12-15 mg, B_6: 5 mg, B_{12}: 0,03 mg, Cholin: 300 mg, Diacin: 0,65 mg, Panthotensäure: 20 mg, Biotin: 0,3 mg, Folsäure: 4 mg. Zur Bekämpfung von *Octomitus* hat sich ein Zusatz von 0,2 g Kalomel/kg Futter bewährt, bei Furunkulose werden 10 g Sulfamerazin und 3 g Sulfaguanidin für 100 kg Fische unter das Futter gemischt.

W. Steffens. 6420.

3-64/10-9121 Anonym. Den danske ørredeksport. **(Der dänische Forellenexport.)** Ferskvandsfiskeribladet **62** (1964) Nr. 3. S. 37-38. — 2 Tab.

1962 wurden aus den dänischen Forellenteichwirtschaften 7703 t Forellen exportiert, die zusammen mit exportierten Setzlingen und Eiern Erlöse von 55822 Dänischen Kronen brachten. 1963 stieg der Forellenexport auf 7822 t an. Über die Hälfte der exportierten Forellen gelangte nach Italien, Belgien, Großbritannien und Westdeutschland. Auch zu Beginn des Jahres 1964 ist eine Steigerung des Forellenexportes gegenüber 1963 zu verzeichnen.

B. Fuhrmann. 6425.

3-64/10-9122 Thurow; Hamburg, Inst. für Küsten- und Binnenfischerei. **Teichwirtschaften für Atlantische Lachse (Salmo salar).** Bundesforsch.-Anst. Fischerei Hamburg, Inform. Fischwirtsch. **10** (1963) Nr. 6. S. 220-221.

In der SU und in Skandinavien gibt es kleine Lachsbestände, die ständig in abgeschlossenen Binnengewässern leben und bei geringem Wachstum nur zwischen Binnensee und Fluß wandern. Viele männliche Lachse bleiben ebenfalls zeitlebens im Süßwasser und werden hier auch laichreif. Schon 1930 gelang es in Dänemark, Lachse im Süßwasser zu züchten. Die Weibchen wurden dabei im 4. Lebensjahr reif. Seit 1956 zieht man in Norwegen Lachse in Teichen auf. Die Brut wird durch künstliche Befruchtung gewonnen und schrittweise an Salzwasser gewöhnt. Im ersten Winter beträgt die Konzentration 12 bis 15‰. Nach 3 Jahren erreichte die Hälfte des Bestandes die Laichreife, es wurden max. Stückmassen von 2 kg erzielt. Die Zuchtlachse können in 4 aufeinanderfolgenden Jahren laichen. W. Steffens. 6450.

3-64/10-9123 Woynarovich, E.; Tihany, Ung. Akad. der Wiss., Biol. Forsch.-Inst. **Die künstliche Erbrütung des Zanders.** Z. Fischerei Hilfswiss. [N.F.] **10** (1962) Nr. 8/10. S. 677-680.

Bei der am Balaton seit dem Jahre 1900 geübten künstlichen Erbrütung von Zandereiern (*Lucioperca lucioperca*) konnte durch das 1947-49 entwickelte Sprühverfahren eine bedeutende Verbesserung der Schlupfergebnisse erzielt werden. Bei diesem Verfahren berieselt man die aufgehängten Laichnester mit einem feinen Regen. Der Wasserbedarf ist dabei sehr gering und die O_2-Versorgung der Eier erheblich besser als bei anderen Erbrütungsverfahren. Verpilzungen von Eiern sind äußerst selten, außerdem können dem Sprühwasser Medikamente und dgl. zugesetzt werden. Weiterhin vermittelt Vf. einige wertvolle Erfahrungen und Untersuchungsmethoden bei der Aufzucht von Jungzandern. G. Seifert. 6450.

3-64/10-9124 Shelbourne, J. E.; Lowestoft, Fisheries Lab. Marine fish culture in Britain. IV. High survivals of metamorphosed plaice during salinity experiments in open circulation at Port Erin, Isle of Man, 1961. **(Meeresfischzucht in Britannien. 4. Mitt. Hohe Überlebensraten verwandelter Schollen bei Salzgehaltsversuchen im offenen Kreislauf in Port Erin, Insel Man, 1961.)** Cons. permanent int. Explorat. Mer [Copenhague], J. Cons. 28 (1963) Nr. 2. S. 246-261. — 11 Abb., 3 Tab., 10 Lit. 3. Mitt. vgl. 3-64/05-9163.

Die zum Versuch verwendeten Eier stammten von laichreif im Meer gefangenen und in Teichen gehälterten Schollen. Salzgehaltsänderungen konnten durch Zugabe bestimmter Volumina dest. Wassers zu Meerwasser bekannten Salzgehaltes erzielt werden. Die Fließgeschwindigkeit betrug 4 l/h. Es wurden 9 Becken zu 40 l benutzt, mit je 1000 Schollengastrulae bestückt; 3 mit konstantem Salzgehalt (34‰) dienten als Kontrolle. *Balanus* bzw. *Artemia*-Nauplien dienten als Futter. Wie in den vorhergehenden Experimenten starben die meisten Schollenlarven zu Beginn und während der Metamorphose. Eine geringe Salzgehaltserniedrigung (1,5‰) am Ende der sog. kritischen Periode war ohne Einfluß auf die Mortalität der Larven. Auch die zweite spätere Salinitätserniedrigung auf 31 bzw. 28‰ hatte keinen Einfluß auf die Sterblichkeit, entsprechend auch die Erhöhung nach vollendeter Metamorphose. Dem Salzgehalt braucht also bei der praktischen Schollenaufzucht keine Beachtung geschenkt zu werden. Die Überlebensraten waren mit 36%, 33% und 31% insgesamt 3 × höher als bei den vorangegangenen Experimenten, bedingt v.a. durch verbesserte Methodik. Größenverteilung, Pigmentierung und Flossenbeschädigungen der überlebenden Jungfische entsprechen den vorhergehenden Versuchen. A. Kosler. 6450.

3-64/10-9125 Mitson, R. B.; Lowestoft, Fisheries Lab. Marine fish culture in Britain. V. An electronic device for counting the nauplii of Artemia salina L. **(Meeresfischzucht in Britannien. 5. Mitt. Ein elektronisches Gerät zur Zählung der Nauplien von Artemia salina.)** Cons. permanent int. Explorat. Mer [Copenhague], J. Cons. 28 (1963) Nr. 2. S. 262-269. — 6 Abb., 4 Lit. 4. Mitt. vgl. vorst. Ref.

Für die in den vorhergehenden Mitt. beschriebenen Schollenaufzucht-Experimente war es erforderlich, die zur Fütterung verwendeten *Artemia*-Nauplien zahlenmäßig zu erfassen. Es wurde ein elektronisches Zählgerät entwickelt, das auf der Reduzierung des auf eine Photozelle fallenden Lichtstromes durch die vorbeifließenden Nauplien beruht. Der dabei erzeugte Stromimpuls setzt nach entsprechender Verstärkung über einen Schalter ein Zählwerk in Betrieb. Das Zählwerk steht über einen weiteren Schalter mit einem elektrisch arbeitenden Absperrventil in Verbindung, das je nach eingestellter Menge den Durchfluß der Nauplien stoppen kann. Das Gerät kann bis 2000 Nauplien/s zählen, zunächst wurde aber nur mit 350/s gearbeitet. A. Kosler. 6450.

3-64/10-9126 *Bank, Otto* und *Krusch, August.* **So baut man Teiche.** Hamburg; Berlin: Parey. 1963. (119 S. m. 27 Abb.) 8°. (1964 A 588)

Küsten- und Hochseefischerei

3-64/10-9127 Bräutigam, R.; Rostock-Marienehe, Inst. für Hochseefischerei und Fischverarb. **Anwendungsmöglichkeiten von Lichterketten zur Intensivierung des Blankaalfanges.** Z. Fischerei Hilfswiss. [N.F.] **10** (1962) Nr. 8/10. S. 643-651. — 6 Abb., 8 Lit.
Ausgehend von der negativen Phototaxis der Blankaale (*Anguilla anguilla*) wurde in 2 Großversuchen der Wanderweg des Aales durch elektrische Lichterketten abgesperrt, die mit den Flügeln herkömmlicher Großreusen verbunden waren. Mit diesen Kombinationen konnten während der Saison, insbesondere 8-12 Tage vor Neumond, erhebliche Mehrfänge erzielt werden. Der Mehrfang betrug durchschnittlich 200-300% und max. 800% vom Fang einer Vergleichsreuse. Durch die Verwendung von Lichterketten wird folglich in dunklen Nächten an den Wanderwegen des Blankaales eine bedeutende Steigerung des Ertrages möglich sein. Bei Markierungsversuchen wurden Wiederfänge von 41 und 20% erzielt. Die Einflüsse von Umweltfaktoren wie Mondphase, Wetter, Strömungsgeschwindigkeit und Strömungsrichtung auf die Fangergebnisse werden erörtert. G. Seifert . 6470.

3-64/10-9128 Thurow, F. **Aussetzung von Meerforellensetzlingen in der westlichen Ostsee.** Bundesforsch.-Anst. Fischerei Hamburg, Inform. Fischwirtsch. **11** (1964) Nr. 1. S. 25. 6475.

3-64/10-9129 Fulik, Jerzy; Gdynia, Polen, Inst. für Seefischerei. **Nachkriegsstudium über Biologie und Fang des Zanders des Frischen Haffs.** Z. Fischerei Hilfswiss. [N.F.] **10** (1962) Nr. 8/10. S. 705-709.
Im Frischen Haff herrschen günstige Bedingungen für Entwicklung und Wachstum des Zanders (*Lucioperca lucioperca*), und die Erträge übertreffen heute bei weitem das mehrjährige Vorkriegsmittel. Der mittlere Ertrag ist von 3,2 (1926-1940) auf 4,7 kg/ha (1948-1959) gestiegen, insgesamt um ca. 100 t. Dieser günstige Zustand des Zanderbestandes wird zurückgeführt auf 1. die Erhöhung des Mindestmaßes von 35 auf 40 cm, 2. das Verbot des Aalfanges mit dem „Keitel", 3. die Beschränkung der Fischerei mit verschiedenen Zugnetzen und 4. den totalen Schutz der Zanderlaichplätze.
G. Seifert. 6480.

3-64/10-9130 Jensen, Aage J. C.; Charlottenlund Slot, Danmark, Fiskeri-og Havundsøgelser. **Die Schwankungen des Aalbestandes und der Aalfischerei in den dänischen Küstengewässern.** Z. Fischerei Hilfswiss. [N.F.] **10** (1962) Nr. 8/10. S. 635-641. — 4 Abb., 1 Tab., 4 Lit.
Der Gesamtertrag an Aalen (*Anguilla anguilla*) setzte sich bis 1928 zur Hälfte aus Gelbaalen und zur Hälfte aus Blankaalen zusammen, seitdem hat sich der Ertrag an Gelbaalen ca. um ein Viertel vermindert. Neben einem Überblick über die dänische Aalfischerei enthält die Arbeit Untersuchungen über den möglichen Einfluß einiger Faktoren, wie Sommertemperaturen, vorherrschende Windrichtung, Fischereimethoden und die Menge der aufsteigenden Glasaale auf die Schwankungen in den Aalfängen. Der gesamte Aalertrag variiert zwischen 3 und 5 Mill. kg jährlich. G. Seifert. 6480.

3-64/10-9131 Jensen, Paul T. Landings estimates of California's marine recreational salmon fishery. **(Schätzungen des Lachsfanges der kalifornischen Sportfischer.)** Calif. Fish and Game **50** (1964) Nr. 1. S. 48-52. – 4 Tab., 6 Lit.
Eine Erhebung über die Größe des Lachsfanges aus den kalifornischen Küstengewässern durch Sportangler wurde mit Hilfe von Befragungskarten durchgeführt. Der Angelsport auf Lachse wird in diesem Gebiet von Gesellschaftsfahrzeugen und sog. Skiff-Booten aus durchgeführt. Der Jahresertrag in der Zeit von 1947 bis 1963 schwankte zwischen 5000 und 199000 Fischen pro Jahr. Die Fänge setzten sich zu 90% aus *Oncorhynchus tshawytscha* und zu 10% aus *O. kisutch* zusammen. K. Anwand. 6480.

E. BEEINFLUSSUNG DER FISCHEREI DURCH DIE UMWELT

3-64/10-9132 Daly, John Charles. People, politics and pollution. **(Menschen, Verwaltung und Verschmutzung.)** J. Water Pollut. Control Federat. **36** (1964) Nr. 1. S. 1-9.
Vf. führt aus, welche Anstrengungen in den USA unternommen werden, um die Wasserverschmutzung zu überwinden. Er weist darauf hin, daß erst 1956 vom Kongreß ein Gesetz zur Überwachung der Wasserverschmutzung verabschiedet wurde. Die zu lösenden wiss. Probleme sind vielseitig und werden von 3 Dutzend Büros und ähnlichen Institutionen bearbeitet, die 7 verschiedenen Ministerien und der Atomenergiekommission unterstehen. Vf. geht dann auf die Forderungen und Vorschläge ein, die von den verschiedenen Gremien gemacht wurden, um der Wasserverunreinigung Herr zu werden. Ferner werden einige Beispiele der Wasserverschmutzung genannt. Wie groß die Anstrengungen zur Gewässerreinhaltung sind, geht am besten aus dem Etat des US Public Health Service hervor. Er stieg in 7 Jahren von 1,2 auf 125 Mill. Dollar, die Zahl der Mitarbeiter erhöhte sich im gleichen Zeitraum von 157 auf 1136. D. Nehring. 6655.

3-64/10-9133 Anonym. Statement of policy on water pollution control in the United States. **(Bericht über die Überwachung der Wasserverschmutzung in den Vereinigten Staaten.)** J. Water Pollut. Control Federat. **36** (1964) Nr. 1. S. 12-13.
Um die Erhaltung und den Schutz der nationalen Wasservorkommen zu sichern, werden 14 Forderungen aufgestellt. Hierin heißt es u.a., daß die Einleitung von Abwässern in die Wasserläufe überwacht werden muß. Die Abwasseraufbereitung muß nach den modernsten Gesichtspunkten erfolgen, wobei insbesondere der Forschung auf diesem Gebiet große Bedeutung beigemessen wird. Verwaltungsmäßig muß die Gewässerüberwachung sicher, wirkungsvoll und unparteiisch erfolgen. Ferner müssen Vereinbarungen zwischen den einzelnen Staaten getroffen werden. Die Bevölkerung muß über die Gefahren der Wasserverschmutzung aufgeklärt und zur Mitarbeit an Maßnahmen zur Reinhaltung aufgerufen werden. Bes. Bedeutung wird der Verschmutzung durch radioaktive und chem. Abwässer beigemessen.
D. Nehring. 6655.

3-64/10-9134 Prather, B. Vail; Tulsa, Okla., Sunray DX Oil Co. Development of a modern petroleum refinery waste treatment program. **(Entwicklung eines Programms zur Abwasseraufbereitung einer modernen Petroleumraffinerie.)** J. Water Pollut. Control Federat. **36** (1964) Nr. 1. S. 96-102. – 6 Abb., 2 Tab., 12 Lit.
Für eine große moderne Petroleumraffinerie, die ihr Abwasser direkt in den Arkansas-Fluß ableitet, wurden bes. Anforderungen an die Abwasseraufbereitung gestellt. Eine Studiengruppe stellte daher Untersuchungen an, um die wirkungsvollsten Reinigungsmethoden und Kontrollverfahren zu ermitteln. Sehr vorteilhaft wirkte sich eine chem. Oxydation durch Belüftung des Ab-

wassers aus, wobei sich wiederum ein Belüftungsturm am besten eignete. Dabei sanken der Ölgehalt von 2400 auf 3 mg/l und die Oxydierbarkeit von 1800 auf 160 mg/l. Auch der BSB und die Giftigkeit des Abwassers nahmen ab. Weiterhin hat sich eine zweistufige Reinigung bewährt. Das in den Vorfluter eingeleitete Abwasser war kaum getrübt, frei von Sulfid und Cyan. Es enthielt nur noch 1,5 mg Öl/l, 0,1 mg Phenol/l und 5 mg NH_4^+/l. Die Oxydierbarkeit betrug 140 mg/l und der BSB lag bei 8,68 mg/l. D. Nehring. 6655.

3-64/10-9135 Sbieschni, Günter. **Menge und Beschaffenheit der Abwässer aus Geflügelschlachthöfen und ein Vorschlag zu ihrer Reinigung.** Wasserwirtsch.-Wassertechn. **14** (1964) Nr. 1. S. 14-17. — 4 Abb., 3 Tab., 12 Lit. 6655.

3-64/10-9136 Young, G. K., Bungay, H. R., Brown, L. M. und Parsons, W. A. Chemical reduction of nitrate in water. **(Chemische Reduktion von Nitrat im Wasser.)** J. Water Pollut. Control Federat. **36** (1964) Nr. 3. S. 395 bis 398. — 1 Abb., 9 Lit.
Vergiftungen von Menschen und Tieren durch Nitrate waren der Anlaß zu prüfen, unter welchen Bedingungen die Nitratreduktion am billigsten durchgeführt werden kann. Im pH-Bereich zwischen 7 und 10,3 wird Nitrat durch Eisen-II-hydroxyd in Gegenwart von Kupferhydroxyd als Katalysator reduziert. Dabei entsteht hauptsächlich Ammoniak. Der beste Erfolg wird bei hohen pH-Werten erzielt. Bei pH-Werten von 2,5-3 wird Nitrat durch suspendiertes Eisenpulver reduziert. Vff. halten es für möglich, daß gewisse Industrieabwässer auf diesem Wege entgiftet werden können, ohne daß die Aufbereitungskosten wesentlich ansteigen. D. Nehring. 6655.

3-64/10-9137 Galloway, Robert N. Marine outfall cleaning. **(Reinigung einer ins Meer führenden Abwasserleitung.)** J. Water Pollut. Control Federat. **36** (1964) Nr. 1. S. 80-83. — 3 Abb.
Durch eine fast 3 km lange Rohrleitung mit ca. 2 m Durchmesser wird das Abwasser von 2 Aufbereitungsanlagen an der Mündung des Santa-Ana-Flusses in den Pazifischen Ozean eingeleitet. In dem Rohr setzte sich allmählich ein fettartiger Kuchen an, der nach Loslösung die Küste verschmutzte. Zur Reinigung wurde zunächst eine Sperrholzplatte mit Hilfe einer Winde durch das Rohr gezogen, die den Schmutz von den Wänden abkratzen sollte. Diese Platte ging jedoch sehr schnell entzwei. Wesentlich besser hat sich für diesen Zweck ein großer Flugzeugreifen bewährt, der seinem Umfang nach in der Mitte aufgeschnitten war und etwa den Durchmesser des Rohres besaß. D. Nehring. 6655.

3-64/10-9138 Haughey, Francis J. und Manganelli, Raymond M.; New Brunswick, N.Y., Univ. A method for the measurement of the radioactive content of wastewater. **(Eine Methode zur Messung der Radioaktivität des Abwassers.)** J. Water Pollut. Control Federat. **36** (1964) Nr. 1. S. 88-95. — 3 Abb., 5 Tab., 13 Lit.
Vff. entwickelten eine Methode zur Bestimmung der Radioaktivität in den verschiedensten Feststofffraktionen des Abwassers. Bestimmt wurde die β- und α-Aktivität. Das Verfahren wurde durch Verwendung von ^{131}J, ^{32}P und ^{204}Te überprüft. Zur Analyse werden die Abwasserproben zunächst zur Trockne eingedampft, in die Zählkammer gebracht, mit Wasser aufgeschlemmt und gemessen. Dabei werden ca. 92% des Feststoffgehalts und der Radioaktivität erfaßt. Die kolloid lösliche Fraktion im häuslichen Abwasser umfaßt 70% der Gesamtfeststoffe und enthielt 70% der β-Aktivität. Die einzelnen Radioisotope wurden jedoch in den verschiedenen Fraktionen unterschiedlich angereichert. Nach dem Veraschen sank der Gehalt an Radiojod und -thallium auf Null ab, während Radiophosphor in den verschiedenen Fraktionen zurückblieb. D. Nehring. 6655.

3-64/10-9139 Ventz, Dieter; Stralsund, Wasserwirtsch.-Direktion Warnow-Peene. **Beitrag zur Saprobiologie einiger Organismen.** Int. Rev. ges. Hydrobiol. **49** (1964) Nr. 1. S. 133-138. — 1 Abb., 5 Tab., 9 Lit.
Auf Grund mehrjähriger Beobachtungsergebnisse an einigen zur Ostsee abfließenden Wasserläufen wurde versucht, die Stellung folgender Saprobionten zu präzisieren: *Aspidisca lynceus, Paramaecium caudatum, Colpidium colpoda, Rotifer neptunius* und *Nitzschia palaea.* Als Kriterien wurden einige Wasserinhaltsstoffe (O_2, NH_4, H_2S, $KMnO_4$-Verbrauch) herangezogen. Die 5 besprochenen Organismen verhalten sich auch nach theoretischer Auswertung so zueinander, wie sie sich in einem org. belasteten Vorfluter nacheinander in den einzelnen Lebensgemeinschaften ansiedeln.
M.-L. Albrecht. 6665.

3-64/10-9140 Fjerdingdtad, E.; Copenhagen, Univ. Pollution of streams estimated by benthal phytomicro-organisms. I. A saprobic system based on communities of organisms and ecological factors. **(Verunreinigung von Fließgewässern, nachgewiesen durch benthale Phytomikroorganismen. 1. Mitt. Ein Saprobiensystem, das auf Organismengemeinschaften und ökologische Faktoren aufgebaut ist.)** Int. Rev. ges. Hydrobiol. **49** (1964) Nr. 1. S. 63-131. — 9 Abb., 3 Tab., 295 Lit.
Das Saprobiensystem ist auf der Grundlage von Organismengemeinschaften (Algen und Bakterien) aufgebaut worden. Zum Vergleich mit dem hier geschilderten System werden die Saprobiensysteme anderer Autoren zusammenfassend dargestellt und kritisch besprochen. Das System für Abwässer, die überwiegend aus Siedlungen stammen (org. Abwässer), enthält 9 Zonen. Die coprozoische Zone (Z. I) enthält völlig ungereinigtes Abwasser. Die polysaprobe Zone (Z. II-IV) wird dreimal unterteilt (α, β, γ). Die mesosaprobe Zone wird in gleicher Weise eingeteilt (Z. V-VII). Als Reinwasserzonen werden oligosaprobe und katharobe Zone unterschieden (Z. VIII und IX). In den Zonen I-V werden die Gemeinschaften durch saprobionte Arten gebildet, in Zone VI durch saprophile, in Zone VII-VIII durch saproxene und in Zone IX durch saprophobe Arten. Bei Industrieabwässern mit anorg. Material unterscheidet man 2 Zonen: die chemotoxische und die chemobionte Zone. Im Anhang werden die Organismengesellschaften anderer Gewässertypen besprochen.
M.-L. Albrecht. 6665.

3-64/10-9141 Wurtz, A.; Paraclet, Stat. d'Hydrobiol. Appl. Quelques remarques sur les pollutions fluviales et les pollutions organiques en hiver. **(Einige Bemerkungen über Verunreinigungen fließender Gewässer und organische Verschmutzung im Winter.)** Bull. franç. Piscicult. **36** (1963) Nr. 210. S. 5-7.
An 2 Beispielen wird gezeigt, daß org. Abwässer infolge der größeren bakteriellen Aktivität bei höheren Temperaturen im Sommer schneller abgebaut werden als im Winter. Während der kalten Jahreszeit erstreckt sich die Abwasserzone flußabwärts doppelt so weit wie im Sommer. Große Flüsse mit langsamer Strömung haben einen höheren Selbstreinigungseffekt als solche mit starker Strömung, da sie große Mengen Phytoplankton besitzen, das mittels der Photosynthese den Sauerstoffgehalt des Wassers erhöht. Als Beispiele für den 1. Typ werden Somme und Seine, für den 2. die Rhône genannt.
M.-L. Albrecht. 6665.

3-64/10-9142 Halsband, E. und Meyer-Waarden, P. F.; Hamburg, Inst. für Küsten- und Binnenfischerei. **Entwicklung eines elektrobiologischen Testes zur Bestimmung der Abwasserlast von Flüssen.** Arch. Fischereiwiss. **13** (1962) Nr. 3. S. 139-141. — 1 Tab.
Für die Durchführung ihrer Untersuchungen verwendeten Vff. 2 in sich geschlossene, ovale Plexiglasröhren, die durch einen 10 cm breiten und 8 cm langen Gang miteinander verbunden waren. Die Röhren faßten jeweils 25 l

Wasser, das durch Pumpen dauernd in kreisender Bewegung gehalten wurde. Dabei traten 2 völlig voneinander getrennte Kreisläufe auf. Bei der Versuchsdurchführung wurde in das eine Rohr normales Oberflächenwasser, in das andere Rohr mit Abwasserstoffen verunreinigtes Wasser eingefüllt. Nach Überschreiten der Störungsschwelle versuchten die Fische, dem ihnen nicht zusagenden Milieu zu entkommen. Sie wichen dabei durch das Verbindungsrohr in den nicht verunreinigten Wasserkreislauf aus. Die Zeitdauer des Einsetzens der Fluchtreaktion ist von den verwendeten Stoffen abhängig. Die Versuche bestätigten, daß die Fische bei einer Wasserverschmutzung, bei der zunächst nur physiol. Störungen auftreten, versuchen, aus dem veränderten Gewässerbereich in biol. normale Zonen abzuwandern. D. Nehring. 6665.

3-64/10-9143 Brown, A. W. A.; London, Ontario, Univ. Effects of insecticide on wildlife. **(Die Wirkung von Insektiziden auf freilebende Tiere.)** Conservationist **17** (1962/63) Nr. 3. S. 8-11. 40-41. — 13 Lit.
Vf. gibt einen Überblick über die Giftwirkung von Insektiziden auf Vögel und Fische. Es werden insbes. Angaben gemacht über DDT sowie andere, chlorierte Kohlenwasserstoffe (Aldrin, Endrin, Dieldrin und Heptachlor). Die Toxizität ist abhängig von der Dosierung. Die Wirkung steigt mit der chem. bzw. biochem. Stabilität der Verbindung. Zahlreiche Beispiele über eingetretene Schäden durch Insektizideinwirkung werden angeführt. Beispielsweise wurden derartige Schäden bei der Behandlung von Hartholz- und Nadelwäldern gegen Schadinsekten beobachtet. In Gewässern sind außerdem bei der Vernichtung von Mosquitos durch DDT immer wieder Fischsterben zu verzeichnen. Als weiterer unangenehmer Faktor kommt hinzu, daß Insektizide teilweise über die Insekten von Vögeln und Fischen gespeichert werden. Werden diese Tiere der menschlichen Ernährung zugeführt, so können auf diesem Wege auch Schäden bei Menschen eintreten. D. Nehring. 6665.

3-64/10-9144 Schmid, Otto J. und Mann, Hans; Hamburg, Univ., Physiol.-Chem. Inst.; Inst. für Küsten- und Binnenfischerei. **Die Einwirkung von Dodecylbenzolsulfonat auf die Kiemen von Forellen.** Arch. Fischereiwiss. **13** (1962) Nr. 1/2. S. 41-51. — 10 Abb., 21 Lit.
Vff. geben zunächst einen allg. Überblick über die Schadwirkung von grenzflächenaktiven Verbindungen gegenüber Fischen. Anschließend wird über Aquarienversuche mit Forellensetzlingen berichtet, die steigenden Detergentienkonzentrationen (3-20 mg/l) 10 min-7d lang ausgesetzt wurden. Die Versuche wurden mit Dodecylbenzolsulfonat (DBS) durchgeführt. Bes. eingehend werden die histol. Befunde und Veränderungen an den Kiemen der Fische behandelt. Erste Schäden machen sich schon bei Konzentrationen von 3-5 mg/l bemerkbar. Bei stärkeren Konzentrationen wird das Epithel der Kiemenblätter völlig zerstört; daneben treten Verklebungen der respiratorischen Falten auf. Das Gesamtgewebe schrumpft und wird brüchig. Die Ergebnisse werden im Hinblick auf eine Beeinträchtigung des Sauerstoff-Kohlensäure-Austausches sowie des Wasser-, Salz- und Harnstoff-Stoffwechsels diskutiert. D. Nehring. 6665.

3-64/10-9145 Buhse. **Der Motor- und Skisport und der Gemeingebrauch auf westdeutschen Gewässern.** Fischwirt 14 (1964) Nr. 2. S. 34-37.
Die störenden Faktoren beim Wasserskisport sind Bewegung, Geräusch, Wellenschlag und Ölverschmutzung. Alle diese Faktoren treten bei Motorbooten über 20 km/h in kleinen Gewässern sehr stark in Erscheinung und führen zu unverantwortbaren Schäden. So werden z.B. die Lebensgemeinschaften der Gewässer gestört. Durch den Wasserskisport werden zwar keine größeren Fischsterben verursacht, fischereiliche Schäden entstehen aber durch das Verscheuchen der Fische. In allen Landeswassergesetzen der BRD ist aus diesen Gründen nur das „Fahren mit kleinen Fahrzeugen ohne Triebkraft" als Gemeingebrauch gestattet. Vf. hält es für nicht angezeigt, einer kleinen Gruppe

eine allg. Rennlizenz zu erteilen, die eindeutig über dem Rahmen des Gemeingebrauchs hinausgeht. Der Wasserskisport sollte auf einige größere Gewässer beschränkt werden, auf denen die störenden Faktoren weniger stark in Erscheinung treten. D. Nehring. 6665.

3-64/10-9146 Osterberg, Charles; Oregon, Univ. Zn^{65} content of salps and euphausiids. **(^{65}Zn-Gehalt von Salpen und Euphausiaceen.)** Limnol. and Oceanogr. 7 (1962) Nr. 4. S. 478-479. — 2 Abb., 6 Lit.
In Meeresorganismen, die in einiger Entfernung von der Mündung des Columbia Rivers gesammelt wurden, konnte Radiozink (^{65}Zn) in merklichen Konzentrationen nachgewiesen werden. Dieses Isotop gelangt durch das Kühlwasser des Kernreaktors von Hanford, Washington, in den Fluß. Die Radioaktivitätsmessungen wurden an getrockneten *Salpa* spp. und an *Euphausia pacifica* mit einem empfindlichen γ-Strahlspektrometer durchgeführt. Die Untersuchungen an *Euphausia* waren durch einen Gehalt an radioaktivem Zirkon, Niob und Ruthenium von den sowjet. Kernexperimenten im Herbst 1961 beeinflußt. Trotzdem konnte bei beiden Meeresorganismen einwandfrei festgestellt werden, daß der ^{65}Zn-Gehalt schrittweise mit der Entfernung von der Mündung des Columbia Rivers abnimmt, womit nachgewiesen ist, daß der Fluß dieses Isotop dem Meer zuführt. D. Nehring. 6665.

3-64/10-9147 Köthke, Hugo. **Bericht über Aalpaßversuche.** Fischwirt **14** (1964) Nr. 3. S. 68-70.
Da von der normalen Bestockung unserer Binnengewässer mit Aalbrut (*Anguilla anguilla*) die Existenz der Fischerei mit abhängt, spielt die Funktionsfähigkeit der Aalpässe eine entscheidende Rolle. Die gelegentlich geäußerte Meinung, für aufsteigende Aalbrut gäbe es kaum ein Hindernis, trifft nicht zu. Bei den Beobachtungen in Geesthacht zeigte es sich, daß in der mit Reisig ausgelegten Rinne zwar Aale aufstiegen, doch handelte es sich vorwiegend um größere Exemplare; von den eigentlichen Glasaalen schaffte es nur ein sehr geringer Teil. Für die winzigen Tiere waren die Hohlräume zwischen dem Reisig offenbar zu groß. Sobald aber das Reisig zu dicht gepackt wird, ist die Aalleiter wieder für die großen Steigaale nicht passierbar. Es zeigte sich auch, daß die parallel zur Wasser- und Wanderrichtung liegenden Reisigbündel den Aalen beim Steigen nicht genügend Unterstützung boten. Um die für Glasaale günstigste Gestaltung einer Aalleiter zu untersuchen, wurden mit Glasaalen Versuche durchgeführt. Ein 100 m² großer Hälterteich wurde mit 7000 Stück Aalbrut frisch besetzt. Die Tiere mit ihrem starken Wandertrieb reagierten auf einströmendes Wasser sofort. In eine Ecke des Teiches wurde eine Tafel Well-Eternit mit einer Neigung von 1,5 so verlegt, daß die Rinnen parallel zum Gefälle lagen. Dabei ergab sich, daß über Reisig oder Kies wenig oder gar keine Aale aufstiegen. Auf schwach berieselten Rasenstücken konnten sich die Aale langsam aber stetig vorwärts bewegen. Da die senkrechtstehenden Halme des Rasens eine bessere Unterstützung geboten hatten, wurde ein Versuch mit einer Bürste gemacht, deren licht stehende Kunststoffborsten 6 cm senkrecht emporragten. Diese Anordnung bot für die schlangenartigen Bewegungen der Aale die beste Unterstützung, und sie nahmen das erste Mal das Hindernis ohne Verzug. Ein Versuch mit einer runden, langen Flaschenbürste, die sich für geschlossene Röhren eignen könnte, brachte dasselbe gute Ergebnis. Nach diesen Ergebnissen müßte es möglich sein, erheblich größere Erfolge in den Aalpässen zu erreichen, wenn die Rinne mit einem geschlossenen Bürstenband ausgelegt würde. H. Müller/Berlin. 6685.

F. FISCHKRANKHEITEN

3-64/10-9148 Bauer, Oleg; Leningrad, Staatl. Inst. für Seen- und Flußfischerei. **Krankheiten und Parasiten des Zanders (Lucioperca lucioperca L.).** Z. Fischerei Hilfswiss. [N.F.] **10** (1962) Nr. 8/10. S. 681-687. — 26 Lit.

Die Arbeit gibt einen Überblick über die beim Zander (*Lucioperca lucioperca*) vorkommenden Parasiten und Krankheiten. Von mehr als 50 beobachteten Parasitenarten sind nur 11 für den Zander spez. In natürlichen Gewässern wird er häufig von *Achtheres percarum*, *Argulus foliaceus* und Myxosporidien befallen. An Trematoden finden sich bes. *Bunodera luciopercae* im Darm und *Phyllodistomum angulatum* in der Harnblase. Das Auftreten verschiedener Fleckenkrankheiten wird beschrieben sowie eine eigenartige Infektionskrankheit der einsömmrigen Zander des Asowschen Meeres, bei der zunächst das Epithel und die Muskulatur des Kopfes, später auch die Knochen des Mundapparates zerstört wurden. In Teichen sind *Ichthyophthirius*, *Dilostomulum sp. sp.* und *Argulus* die häufigsten Parasiten. Bei Neubesatz konnte festgestellt werden, daß bei der Verpflanzung von Eiern oder Larven meist keine Parasiten mit eingebürgert wurden. G. Seifert. 6730.

3-64/10-9149 Priebe, K.; Bremerhaven, Staatl. Veterinäramt. **Einige wenig bekannte parasitologische, lebensmittelhygienisch bedeutsame Befunde bei Meeresfischen.** Arch. Lebensmittelhyg. **14** (1963) Nr. 11. S. 257-260. — 9 Abb., 15 Lit.
Als wichtigster Rotbarschparasit in deutschen Seefischhäfen ist *Sphyrion lumpi* anzusehen. Einzelne Fanggründe zeigen unterschiedliche Befallstärke. Fischfilets mit Parasiten gelten als verdorben im Sinne des Lebensmittelgesetzes. Ähnlich wird der als Tintenbeutel bezeichnete *Sarcotaces-arcticus*-Befall beurteilt. Er kommt mitunter recht häufig beim Blauen Leng (*Molva byrkelange*) vor. Weitere Muskelveränderungen bei Seefischen werden durch Mikrosporidienbefall (*Plistophora*-Arten) verursacht. Bes. häufig treten sie bei Katfischen (*Anarhichas lupus*, *A. minor*) auf. Die Schwimmblasencoccidiose (*Eimeria*-Arten) gibt ebenfalls zu lebensmittelgesetzlichen Beanstandungen Anlaß. Sie tritt mitunter recht häufig beim Hellen Leng (*Molva vulgaris*) auf. Th. Mattheis. 6730.

3-64/10-9150 Caselitz, F.-H. und Günther, R. **Antihämolysinstudien mit Aeromonasstämmen.** Zbl. Bakteriol., Parasitenkunde, Infektionskrankh. Hyg., I. Abt., Orig. **181** (1961) S. 241-248. — 2 Tab., 9 Lit. 6790.

3-64/10-9151 Caselitz, F.-H. und Krebs, D. **Untersuchungen an Aeromonasstämmen. Zur Frage der Wirkung auf Plasma, Fibrin, Leukozyten, Hyaluronsäure und Kollagen.** Zbl. Bakteriol., Parasitenkunde, Infektionskrankh. Hyg., I. Abt., Orig. **183** (1961) S. 503-512. — 2 Tab., 24 Lit. 6790.

3-64/10-9152 Bank, Otto; Starnberg, Außenstelle für Karpfenteichwirtsch. der Staatl. Lehr- und Versuchsanst. für Fischerei Höchstadt/Aisch. **Aus Südfrankreich im Frühjahr 1963 nach Franken eingeführte Karpfen haben die BWS nicht eingeschleppt.** Fischbauer **15** (1964) Nr. 183. S. 739-741.
Zur vorbeugenden Behandlung gegen die infektiöse Bauchwassersucht wurden dem Transportwasser der importierten, starken K_1 (*Cyprinus carpio*) bereits in der Heimatwirtschaft 2 g Leucomycin je 50 kg Karpfen beigefügt. Um die Wirkung des Antibiotikums zu erhöhen, hatte man zuvor den pH-Wert des Wassers mit Schwefelsäure auf 6 gesenkt. Die Transportdauer betrug 31 h, die Fische wurden danach zum Abwachs als Speisefische in verschiedene Teiche ausgesetzt. Vf. kommt nach Abfischungsberichten zu dem Urteil, daß die südfranzösischen Fische in Franken praktisch verlustlos abgewachsen waren. Die Wachstumsleistung entsprach der der einheimischen Fische. G. Merla. 6790.

3-64/10-9153 Krantz, George E., Reddeclift, Jack M. und Heist, Carroll E.; University. Park, Pennsylvania State Univ. Development of antibodies against Aeromonas salmonicida in trout. **(Entwicklung von Antikörpern gegen Aeromonas salmonicida bei Salmoniden.)** J. Immunol. [Baltimore] **91** (1963) Nr. 6. S. 757-760. — 1 Abb., 2 Tab., 14 Lit.

Bei Setzlingen, ein- und mehrjährigen Exemplaren von *Salmo trutta* und *Salvelinus fontinalis* konnten mit Hilfe der Röhrchen-Agglutination und der Objektträger-Schnellagglutination agglutinierende Antikörper gegen *A. salmonicida* festgestellt werden. Während Kaninchen den höchsten Titer bei Injektion von formolgetöteten Bakterien nach 1 Mon. erreichten, dauerte es bei Salmoniden 3 Mon. Durch Zusatz von Adjuvans (Mineralöl-Emulsion) konnten hohe Titer über längere Zeit erreicht werden (bis 24 Mon. bei Salmoniden). Auf solche Art behandelte Fische waren gegen intraperitoneale Injektion von lebenden *A. salmonicida* geschützt. Th. Mattheis. 6790.

3-64/10-9154 Deufel, Josef; Langenargen/Bodensee, Staatl. Inst. für Seenforsch. und Seenbewirtsch. **Kann die Forellenseuche bekämpft werden?** Allg. Fischerei-Ztg. **89** (1964) Nr. 7. S. 210. — 5 Lit.
Vf. setzt sich mit recht zweifelhaften Erfolgen der Forellenzüchter bei der Bekämpfung der Forellenseuche (INuL) auseinander. An Hand eines neuerschienenen Buches über Forellenzucht werden von den Praktikern oftmals erheiternde und unglaubliche Diagnosen gestellt und „Krankheiten" mit Erfolg bekämpft. Vf. weist darauf hin, daß es sich in jedem Falle um Fehldiagnosen gehandelt hat, denn weder Gantrisin (Sulfonamid) noch Nitrofurane sind gegen Viren wirksam. Bessert sich der Gesundheitszustand der damit behandelten Fische, so dürften Mischinfektionen (z.B. Furunkulose) vorgelegen haben, die mit diesen Mitteln bekämpft werden können. Heutzutage ist kein Mittel gegen die Forellenseuche bekannt. Th. Mattheis. 6790.

3-64/10-9155 Tatarko, K. I.; Kiew, Inst. für Hydrobiol. der Akad. der Wiss. der Ukrain. SSR. Morfologičeskie issledovanija anomal'nych brjušnych plavnikov karpa. **(Morphologische Untersuchung anomaler Bauchflossen von Karpfen.)** Zoologičeskij žurnal, Moskva **42** (1963) Nr. 11. S. 1666-1678. — 3 Abb., 3 Tab., 20 Lit.
Vf. gibt eine Beschreibung der Struktur und verschiedener Mißbildungen der Bauchflossen beim Karpfen (*Cyprinus carpio*). Außerdem werden Angaben über die Morphogenese der Flossen beim Karpfen gemacht. Es wird darauf hingewiesen, daß bei Mißbildungen stets beide Flossen betroffen sind, selbst wenn die Anomalie nur bei einer der beiden Flossen deutlich zu erkennen ist. H.-W. Hattop. 6800.

3-64/10-9156 Sathyanesan, A. G.; Varanasi, Banaras Hindu Univ. On the basophilic tumour in the pituitary of the fresh-water teleost Mystus seenghala (Sykes). **(Über einen basophilen Tumor in der Hypophyse des Süßwasser-Knochenfisches Mystus seenghala.)** Sci. and Cult. [Calcutta] **28** (1962) Nr. 9. S. 432-433. — 1 Abb., 9 Lit.
Anhaltende Störungen der Schilddrüse scheinen bei Ratten Hypophysen-Geschwülste (Adenome) zu verursachen. Im Alter von 9 Mon. kastrierte Ratten wiesen nach 27 Mon. basophile Tumoren auf. Tumorbildungen in Fischhypophysen sind anscheinend zuerst bei *Lebistes* beobachtet worden. Von 250 geprüften Individuen von *M. seenghala* wurde nur bei einem Milchner ein basophiler Tumor im Vorderlappen (Übergangsteil) der Hypophyse gefunden. Gründe, die zu der Bildung geführt haben, sind schwer anzugeben. Da in der verfügbaren Literatur nur wenig über den spontanen Ursprung eines Tumors in der Teleosteer-Hypophyse bekannt ist, verdient dieser Fall Interesse. G. Merla. 6800.

3-64/10-9157 Young, Parke H. Some effects of sewer effluent on marine life. **(Einige Auswirkungen der Abwassereinleitung auf das marine Leben.)** Calif. Fish and Game **50** (1964) Nr. 1. S. 33-41. — 6 Abb., 5 Tab., 5 Lit.
In den kalifornischen Küstengewässern konnten krankhafte Veränderungen bei *Paralichthys californicus, Pleuronichthys ritteri, Roncador stearnsii, Cynoscion nobilis, Microstomus pacificus, Genyonemus lineatus, Symphurus atricauda,*

Otophidium scrippsae, Citharichtys sordidus und *Haliotis cracherodii* festgestellt werden, die auf Abwassereinflüsse zurückzuführen sind. Neben Massenrückgang und erhöhter Sterblichkeit konnten Exophthalmus, Geschwüre und Lippenpapillome beobachtet werden, wie sie in den Vorjahren und aus anderen nicht verunreinigten Gebieten nicht nachzuweisen waren.
K. Anwand. 6805.

3-64/10-9158 Parnas, I., Reich, K. und Bergmann, F.; Jerusalem, Hebrew Univ. Photoinactivation of ichthyotoxin from axenic cultures of Prymnesium parvum Carter. **(Photoinaktivierung des Ichthyotoxins aus Kulturen von Prymnesium parvum.)** Appl. Microbiol. **10** (1962) Nr. 3. S. 237 bis 239. — 3 Abb., 2 Tab., 11 Lit.
Es wird über den Lichteinfluß auf das extrazelluläre und auf reines intrazelluläres Toxin berichtet. Bestimmt wurden der Spektralbereich, innerhalb dessen die Inaktivierung vor sich geht, der Einfluß einiger Faktoren auf den photochem. Prozeß und ferner die Veränderungen im Absorptionsspektrum des reinen Ichthyotoxins während der Beleuchtung. Danach wird der Giftstoff der Alge sowohl bei sichtbarem (400-510 nm) als auch bei ultraviolettem Licht (255 nm) inaktiviert. Dieser Vorgang wird durch Gegenwart von Zellen, Zellpigmenten, O_2 und Glutathion nicht beeinträchtigt. Die Inaktivierung könnte darauf zurückzuführen sein, daß eine steigende Photosynthese der Zellen die Toxinbildung unterdrückt, daß der Giftstoff entweder durch freiwerdenden O_2 zerstört wird oder sehr wahrscheinlich lichtempfindlich ist.
G. Merla. 6805.

3-64/10-9159 Reich, K. und Parnas, I.; Jerusalem, Hebrew Univ. Effect of illumination on ichthyotoxin in an axenic culture of Prymnesium parvum Carter. **(Der Einfluß der Beleuchtung auf das Ichthyotoxin in einer Kultur von Prymnesium parvum.)** J. Protozool. **9** (1962) Nr. 1. S. 38-40. — 1 Abb., 2 Tab., 10 Lit.
Als Maßstab für die Toxinwirkung wurde die Zeitdauer (in Min.) gewählt, die nötig war, um 3 Exemplare von *Gambusia affinis* (L_t = 2-4 cm) zu töten. Die Ergebnisse zeigten, daß Kulturen von *P. parvum*, die eine konstante Beleuchtung erfahren hatten, kein Ichthyotoxin aufwiesen. Demgegenüber ließen Kulturen, die wechselnden Licht- und Dunkelperioden ausgesetzt waren, eine allmählich steigende ichthyotoxische Aktivität während der Dunkelperiode erkennen. Dabei erreichte die Giftigkeit ihren Höhepunkt nach ca. 7 h. G. Merla. 6805.

G. FISCHVERARBEITUNG

3-64/10-9160 Wunder, Wilhelm; Erlangen; Nürnberg, Univ., Zool. Inst. **Ungenießbare Karpfen aus frischgestrichenem Hälterbecken.** Fischwirt **13** (1963) Nr. 11. S. 327-329. — 9 Lit.
Zementbecken wurden mit Chlorkautschuklack gestrichen, nach 3 Wochen mit Wasser gefüllt und nach weiteren 10 d ohne vorherigen Wasserwechsel mit Karpfen (*Cyprinus carpio*) besetzt. Je 1 Karpfengruppe blieb 6 bzw. 14 d in den Becken zur Hälterung. Alle Fische hatten nach dieser Zeit einen terpentinartigen Geschmack angenommen. Vermutlich ging Dibutylphthalat vom Anstrich ins Wasser über und machte die Karpfen ungenießbar. Es sollten zum Hälteranstrich nur unschädliche Farben verwendet werden, die nach 8-10 d Trockenzeit mit heißem Wasser gereinigt werden müssen. Anschließend müßte ein mehrmaliger Wasserwechsel erfolgen. Sicherer wird es jedoch sein, anstelle des Anstrichs an ein Abschleifen des Zements zu denken.
G. Merla. 6830.

3-64/10-9161 Morawa, F. **Ungenießbare Fische aus frisch gestrichenem Hälterbecken.** Fischwirt **14** (1964) Nr. 2. S. 38-39. — Vgl. vorst. Ref.

Anläßlich einer Ausstellung mußte ein Metallbecken von etwa 1 × 2 m kurzfristig mit weißer, schnelltrocknender Chlorkautschukfarbe gestrichen werden. Nach dem Trocknen wurden in das schnell gesäuberte Becken Fische eingesetzt. Da zunächst keine Belüftung angeschlossen war, zeigten verschiedene Fische alsbald Sauerstoffmangelerscheinungen. Diese Fische wurden herausgenommen und sollten der menschlichen Ernährung zugeführt werden. Es zeigte sich jedoch, daß alle Fische trotz sorgfältiger Säuberung und Zubereitung so stark nach Farbe schmeckten, daß sie nicht mehr genießbar waren. Sie hatten also bereits innerhalb von 2-3 h den üblen Farbgeschmack angenommen. Die übrigen Fische mußten daher in natürliche Gewässer oder Hälter zurückgesetzt werden. D. Nehring. 6830.

3-64/10-9162 Deufel, Josef; Langenargen/Bodensee, Inst. für Seenforsch. und Seenbewirtsch. **Vergleichende Untersuchungen zur Bestimmung des Frischegrades von Süßwasserfischen.** Hoppe-Seyler's Z. physiol. Chem. **123** (1963) Nr. 5. S. 354-361. — 6 Abb., 4 Tab., 9 Lit.

Vf. behandelt zunächst die organoleptische Prüfung und Beurteilung, die sehr subjektiv ist und viel Erfahrung und Übung erfordert. Unter den chem. Qualitätstesten erwies sich nur die Bestimmung des flüchtigen basischen Stickstoffs als gut brauchbar. Der Grenzwert der Genußtauglichkeit ist artspez. und liegt bei Süßwasserfischen zwischen 32 und 36 mg/100 g. Die Bestimmung des Reststickstoffs und des $KMnO_4$-Verbrauchs (Oxydationszahl) der wasserdampfflüchtigen Stoffe sowie die jodometrische Methode sind nur mit Vorbehalt zu empfehlen. Die Keimzahlbestimmung mittels Plattenmethode liefert zwar gute Ergebnisse, ist aber sehr zeitaufwendig. Von den phys. Testen zur Qualitätsbeurteilung sind sowohl die Bestimmung der Refraktion der Augenflüssigkeit als auch die Messung des Redoxpotentials geeignet. Die pH-Messung und die Ermittlung der elektrischen Leitfähigkeit sind als Qualitätstest für den Frischezustand des Fischfleisches nur bedingt bzw. gar nicht geeignet. D. Nehring. 6830.

3-64/10-9163 Pozo-Lora, Rodrigo; Córdoba, Fac. de Veterin. Primeras investigaciones sobre cristalización de los humores oculares del pescado. Nuevo método para la determinación del grado de frescura. **(Erste Untersuchungen über die Kristallisation in Abhängigkeit vom augenscheinlichen Zustand des Fisches. Eine neue Methode zur Bestimmung des Frischegrades.)** Arch. Zootecn. [Córdoba] **12** (1963) Nr. 47. S. 264-284. — 14 Abb., 7 Lit.

Vf. führte in Abhängigkeit von der Qualität des Fisches Kristallisationsuntersuchungen mit Körperflüssigkeit durch. Die Versuche wurden an bei Raumtemperatur aufbewahrten Fischen sowie an einfach gefrorenen und tiefgefrorenen Fischen durchgeführt. Die Methode wurde an *Trachurus trachurus* entwickelt. 4 andere Fischarten führten zu den gleichen Resultaten. Die Versuchsmethodik besteht darin, daß 0,2 ml der Flüssigkeit auf einen Objektträger bei 37 °C zur Trockne eingedampft werden. Dabei entstehen in Abhängigkeit vom Frischegrad 8 verschiedene Kristallarten. Es müssen mehrere Parallelversuche angesetzt werden, weil die Ergebnisse durch verschiedene Faktoren stark beeinflußt werden können. Eine genaue Beschreibung der Methode wird mitgeteilt. D. Nehring. 6830.

3-64/10-9164 Siebert, G., Marotie, R. v. und Beyer, R.; Mainz, Univ., Physiol.-Chem. Inst. **Verdauungsenzyme frischgefangener Dorsche.** Arch. Fischereiwiss. **13** (1962) Nr. 1/2. S. 21-34. — 5 Abb., 3 Tab., 11 Lit.

Vff. untersuchten auf See gefangene und unter bordüblichen Bedingungen an Deck gelagerte Dorsche, von denen nach 2, 4 und 8 h Proben aus der Leibeshöhle durch Ausspülen gewonnen wurden. Ferner wurden aus der Bauch- und der Rückenmuskulatur Gewebsproben entnommen. Dabei wurde gefunden, daß es während der Lagerung an Deck zu einem sehr erheblichen Anstieg von Verdauungsenzymen in der Leibeshöhle und den umgebenden Muskelgebieten kommt. Lagerung an Deck, selbst nur für 2 h, schädigt frischgefangene Dorsche in einem Maße, daß sie einen günstigen Bakteriennährboden bieten und dadurch wesentlich schneller verderben. Die Untersuchungen dienten dem Zweck, evtl. Maßnahmen zur besseren Qualitätserhaltung anzuregen. Sie haben gezeigt, daß dazu die Verbesserung der Lagerungsbedingungen geeignet ist. D. Nehring. 6830.

3-64/10-9165 Anonym. Vacuum-type unloading pumps developed by Todds, Nelson Bros. **(Vakuum-Entlade-Pumpen, entwickelt von Todd und Nelson Bros.)** Western Fisheries **67** (1963) Nr. 1. S. 15-17. — 4 Abb.
Zum Entladen von gekühlten Lachsen aus Transportschiffen wurden im Frühjahr 1963 2 Typen von Vakuumpumpen verwendet. Die Pumpen saugen die Fische mit Eis und Wasser aus dem Fischraum an und stoßen die nahezu trockenen Fische wieder aus. Dabei traten kaum Beschädigungen auf. Die Pumpe nach dem System „Todd" ist patentrechtlich geschützt, und deshalb werden keine Einzelheiten beschrieben. Dagegen wird die Pumpe nach dem System „Nelson Bros." näher erläutert. Die Erprobung der Pumpen ergab gute Resultate. Die volle Funktionsfähigkeit hofft man in einigen Jahren zu erreichen. G. Predel. 6840.

H. FANGGERÄTE

3-64/10-9166 Anonym. Detecting fish on or near the bottom. **(Die Ortung von Fischen am oder nahe am Boden.)** Canad. Fisherman **50** (1963) Nr. 10. S. 17. — 1 Abb.
Fische, die sich am oder nahe am Boden des Gewässers aufhalten, sind auf dem Schreibband eines Echographen schwer zu erkennen, weil sich Fisch- und Bodenecho vermischen. Mit Hilfe der „Weißen Linie" kann jedoch eine deutliche Trennung erfolgen. Das Prinzip dieser Methode beruht auf den unterschiedlichen Amplituden von Fisch- und Bodenecho. Auf dem Schreibband des Echographen wird unterhalb des weichen Fischechos eine dünne schwarze Linie aufgezeichnet, die den Verlauf des Bodenprofils angibt. Unterhalb dieser dünnen schwarzen Linie befindet sich eine starke weiße Linie. G. Predel. 6862.

3-64/10-9167 Klust, G. **Eigenschaften von endlosem Polypropylen-Netzmaterial.** Bundesforsch.-Anst. Fischerei Hamburg, Inform. Fischwirtsch. **10** (1963) Nr. 5. S. 183-186. — 3 Abb.
Endlose Polypropylen-Netzgarne werden hinsichtlich ihrer Naßknoten-Bruchlasten nur von endlosen Polyamid-Netzgarnen übertroffen. Mit einer Dichte von 0,91 g/cm³ ist Polypropylen der spez. leichteste Faserstoff. Darüber hinaus ist die Dehnungsfähigkeit sehr gering. Der Durchmesser ist jedoch größer als derjenige von Polyamid-Netzgarnen gleicher Garnnummer. Dies kann in einigen Fällen, z. B. bei der pelagischen Schleppnetzfischerei, von Nachteil sein. G. Predel. 6864.

3-64/10-9168 Klust, Gerhard; Hamburg, Inst. für Netz- und Materialforsch. **Polypropylen-Netzgarne.** Protokolle z. Fischereitechn. 8 (1964) Nr. 39. S. 357-416. — 8 Abb., 16 Tab., 27 Lit.
Der Faserstoff Polypropylen wird auf seine fischereiliche Eignung hin untersucht. Die Prüfwerte werden denen vergleichbarer Polyamidzwirne gegenübergestellt. Polypropylen ist mit einer Dichte von 0,91 g/cm³ noch leichter als Polyäthylen. Sowohl die Festigkeitswerte (Naß-Knotenreißlast) als auch die Werte der Scheuerbeständigkeit der Polypropylenzwirne liegen im Bereich der Polyamidzwirne. Die Naßreißlast liegt nicht unter der Trockenreißlast. Die Kraftdehnungskurve des Polypropylenmaterials verläuft gradliniger als

die vom Polyamid her bekannte. Die Wetterbeständigkeit ist gering, jedoch sollen mit „stabilisiertem" Polypropylen bessere Ergebnisse erreicht worden sein. E. Schlieker. 6864.

3-64/10-9169 Schärfe, J. **Modellversuche mit Einschiff-Schwimmschleppnetzen.** Bundesforsch.-Anst. Fischerei Hamburg, Inform. Fischwirtsch. **10** (1963) Nr. 5. S. 174-180. — 12 Abb.
Zur Erforschung des Wirkungsprinzips von Einschiff-Schwimmschleppnetzen wurden Modelle von Zwei- und Vierlaschennetzen in der Eckernförder Bucht eingehend untersucht. Als Modellmaßstab wurde 1:4 gewählt, weil kleinere Modelle keine exakte Nachbildung von Heringsschleppnetzen gestatten. Die Beobachtungen am Modell wurden teils mit hydroakustischen Geräten und teils direkt mit Wasserguckern und Froschmännern durchgeführt. Unterwasseraufnahmen sollten der weiteren Auswertung der Versuche dienen. Leider waren die Sichtverhältnisse unter Wasser nicht günstig. Die Versuche ergaben wesentliche Hinweise für die Wirkungsweise der untersuchten Netze. Insgesamt war der Eindruck vom Vierlaschennetz günstiger als der vom Zweilaschennetz. G. Predel. 6866.

3-64/10-9170 Steinberg, R. **Weiterentwicklung der Fanggeschirre für die Zweischiff-Schwimmschleppnetz-Fischerei der Kombi-Logger.** Bundesforsch.-Anst. Fischerei Hamburg, Inform. Fischwirtsch. **10** (1963) Nr. 5. S. 180-183. — 2 Abb.
Um eine möglichst große Öffnungshöhe beim pelagischen Schleppnetz zu erreichen, wurde ein Schwimmschleppnetz mit rechteckiger Netzöffnung konstruiert und in der Praxis erprobt. Es zeigte sich trotz ungünstiger Versuchsbedingungen, daß die neue Netzkonstruktion eine deutlich höhere Netzöffnung hatte. Dabei war der Gesamtumfang der Netzöffnung gleich derjenigen von Netzen mit quadratischer Netzöffnung. Versuche, das Vorgeschirr pelagischer Loggerschleppnetze so zu verändern, daß nur eine Kurrleine von jedem im Gespann fischenden Schiff eingesetzt zu werden braucht, führten zu einer Verminderung der Öffnungshöhe des Schwimmschleppnetzes. G. Predel. 6866.

3-64/10-9171 Döbler, H. **Elektrischer Fischfang im Süßwasser.** Fischwirt **13** (1963) Nr. 10. S. 284-288.
Vf. vergleicht die Vor- und Nachteile einer Reihe von Elektrofanggeräten, die in der BRD serienmäßig hergestellt werden. Näher beschrieben werden die Mofixgleichstromaggregate, das Impulsstromgerät für Wechselstromanschluß Hamburg II E und die batteriegespeisten Geräte Bafix und Hamburg I T. Außerdem werden Hinweise für die zweckmäßige Anwendung der verschiedenen Elektrofanggeräte gegeben. H.-W. Hattop. 6868.

3-64/10-9172 Hager, Franz. **Fischfangversuche mit neu entwickelten elektrischen Geräten und deren Anwendung für neue Fangmethoden.** Allg. Fischerei-Ztg. **88** (1963) Nr. 24. S. 710.
Vf. berichtet über die Durchführung von Elektrofangversuchen in Gebirgsflüssen mit klarem Wasser, die eine gute Beobachtung der Wirkung der unterschiedlichen Stromarten ermöglichten. Zur Anwendung gelangten der normale Fang mit Gleichstrom, das Scheuchen von Fischen mit Impulsstrom, der Fang mit Impulsstrom und der Fang mit dem sogenannten Hagerschem Kathoden-Netz. Mit allen angewendeten Fanggeräten und Fangmethoden konnten gute Ergebnisse erzielt werden, es wird zum Ausdruck gebracht, daß die Versuche einen Schritt auf dem Wege zur Entwicklung neuartiger Fangmethoden in der Elektrofischerei darstellen. H.-W. Hattop. 6868.

3-64/10-9173 Hattop, H.-W. **Wege zur Standardisierung der Elektrofanggeräte.** Dtsch. Fischerei-Ztg. **10** (1963) Nr. 9. S. 249-252.

Die Elektrofischerei wird z. Z. noch fast ausnahmslos mit reinem Gleichstrom ausgeführt, der mit Gleichstromaggregaten erzeugt wird. Im Zuge der Weiterentwicklung der Elektrofischerei durch Anwendung neuer Fangmethoden und zur Erleichterung der Standardisierung der Fanggeräte und Fangmethoden wird es erforderlich, in Zukunft Wechselstromaggregate als Grundgeräte zu verwenden und den erforderlichen Gleichstrom mit Hilfe moderner Halbleiter-Gleichrichter herzustellen. Hierbei ergibt sich der Vorteil, daß die Spannung des Gleichstromes leicht und verlustlos an die jeweiligen Wasserleitfähigkeitswerte angepaßt werden kann und daß die zur Elektrofischerei benötigten Stromerzeugeranlagen auch gelegentlich zum Betrieb verschiedenartiger Elektrogeräte verwendet werden können, was bei den bisher üblichen Gleichstromgeräten nicht ohne weiteres möglich war. H.-W. Hattop. 6868.

3-64/10-9174 *Dembiński, Wiktor* und *Rozycki, Karol.* **Tabele do obliczania ciezaru bawełnianych i stylonowych tkanin sieciowych.** (Tabellen zur Berechnung der Masse von Baumwoll- und Stylon-Netzgeweben.) Olsztyn. 1963. (13 S.) 8° = Instytut rybactwa Srodladowego Nr. 7. (SR 3181,7)

3-64/10-9175 *Dembiński, Wiktor* und *Sadowska, Zofia.* **Kuralonowe narzedzia połowu ryb. Zasady doboru i stosowania kuralonowych tkanin sieciowych.** (Kuralongeräte für den Fischfang.) Olsztyn. 1963. (16 S.) 8° = Instytut rybactwa Srodladowego Nr. 8. (SR 3181,8)

I. ORGANISATION UND PLANUNG

3-64/10-9176 Meseck, Gerhard. **Die Fischwirtschaftspolitik 1961/62.** Jber. dtsch. Fischwirtsch. **1961** (hrsg. 1962) S. 7-17. — 1 Tab.

Vf. erörtert Probleme der Fischereigrenzen und Territorialgewässer sowie einer künftigen gemeinsamen Fischereipolitik der EWG, wobei freier Fischfang in den Küstengewässern, Freiheit der Anladungen in den Fischereihäfen und Freizügigkeit an den Seefischmärkten der Gemeinschaft als vordringliche Maßnahmen genannt werden. Weiterhin werden Probleme der Fischerei- und Meeresforschung sowie der Deckung des Eiweißbedarfes der Menschheit diskutiert. Es wird festgestellt, daß der Einfluß der Umweltbedingungen auf die Fischbestände weitaus größer als der Eingriff des Menschen zu sein scheint. Der Fischereiertrag der BRD ging 1961 gegenüber 1960 um weitere ca. 50 000 t zurück. In den Bundeshaushalt wird ab 1962 ein Hilfsprogramm für eine Frist von 2-3 Jahren eingegliedert. Ziel dieses Strukturprogrammes ist es, neue Fanggebiete und Fangtechnologien zu erforschen, die Be- und Verarbeitung an Bord zu verbessern sowie Abwrack- und Fangprämien und Bundesdarlehen für die Erneuerung und Umstellung der Flotte gewähren zu können. Es wird ein Leitbild eines modernen Fischereibetriebes entwickelt. Abschließend werden Zoll- und Marktprobleme behandelt.

E. Kienast. 6870.

3-64/10-9177 *Nakamura, Takeshi.* **A brief note on the fisheries extension service in Japan.** Bangkok: FAO Regional Office for Asia and the Far East. 1963. (5 S.) 22 × 28 cm = FAO, Indo-Pacific Council, Occasional Paper 63/1.

K. FISCHEREIRECHT

3-64/10-9178 Keune, Heinz. **Wasserrechtliche und wirtschaftliche Überlegungen für eine Gewässer-Klassifizierung.** Wasserwirtschaft **53** (1963) Nr. 12. S. 438-443. — 16 Lit.

Vf. behandelt zunächst die Gewässerklassifizierung in verschiedenen westeuropäischen Ländern und stellt fest, daß diese sehr unterschiedlich gehandhabt wird. Eine Abstufung der Reinheitsanforderungen an Gewässer bringt für die einen Gewässerbenutzer wirtschaftliche Vorteile, kann aber für andere wirtschaftliche Nachteile haben. Die einen haben weniger Aufwendungen für die Aufbereitung der entnommenen Wassermengen, die sie zu ihrer wirtschaftlichen Nutzung einsetzen; umgekehrt haben andere Mehraufwendungen für die Reinigung ihrer Abwässer. Aus diesem Grunde wird die Frage geprüft, ob durch eine Klassifizierung nicht die Rechte anderer verletzt werden können. Abschließend wird die Frage erörtert, ob die Klassifizierung nach techn. Nomenklaturen, wie den Fischregionen oder dem Saprobien-System, oder aber nach wirtschaftlichen Nutzungsstrecken vorgenommen werden soll. D. Nehring. 6880.

3-64/10-9179 Möcklinghoff, G. **Gesetzgebung 1961.** Jber. dtsch. Fischwirtsch. **1961** (hrsg. 1962) S. 19-21.
Vf. gibt die Aufhebung und Änderung einiger Gesetze und Verordnungen und das Inkrafttreten verschiedener neuer Gesetze und Verordnungen bekannt. Zu den wichtigsten neuen Gesetzen und Verordnungen zählen das Außenwirtschaftsgesetz sowie das Fischereiabkommen zwischen der BRD und Island. E. Kienast. 6880.

3-64/10-9180 Sahrhage, D. **Nordostatlantische Fischereikonvention in Kraft.** Bundesforsch.-Anst. Fischerei Hamburg, Inform. Fischwirtsch. **10** (1963) Nr. 5. S. 162-164. — 1 Abb.
Am 27. 7. 1963 ist die Nordostatlantische Fischereikonvention von 1959 in Kraft getreten. Gegenüber der alten Konvention sieht die neue vor, daß die Schonmaßnahmen vorwiegend in Regionalausschüssen beraten werden. Die Möglichkeiten für die Empfehlungen der Regionalausschüsse sind wesentlich erweitert worden. So können neben den Mindestmaschenweiten und Mindestmaßen auch andere Regulierungsmaßnahmen wie Schongebiete, Fangbeschränkungen und Erhöhung der Produktivität von Meeresteilen empfohlen werden. Voraussetzung für das Inkrafttreten von Schonbestimmungen ist eine Zweidrittelmehrheit. Bei Fangbeschränkungen ist eine einstimmige Annahme erforderlich. Die Kündigung der beschlossenen Maßnahmen kann von jedem Staat innerhalb von 90 Tagen vorgenommen werden. G. Predel. 6880.

L. FISCHEREILICHE WIRTSCHAFTSGEOGRAPHIE

3-64/10-9181 Vol'skis, R. Rybnoe chozjajstvo Litovskoj SSR. **(Die Fischwirtschaft der Litauischen SSR.)** Rybovodstvo i rybolovstvo, Moskva **5** (1962) Nr. 2. S. 4-5. — 1 Abb.
Die gesamte fischereiliche Nutzfläche der Litauischen SSR beträgt (ohne Haff) 87 600 ha, davon 1600 ha Teiche. In den Flüssen werden alljährlich ca. 300 t und im Kurischen Haff etwa 1400 t Fische gefangen. Die 17 vorhandenen Teichwirtschaften haben 1961 neben den notwendigen Satzfischen 174,9 t Speisefische (Karpfen, Hecht, Zander, Karauschen) erzeugt und wollen bis 1965 800 t Fische produzieren. In der weiteren Perspektive ist eine Steigerung der Teicherträge bis auf 1000 kg/ha und eine Erweiterung der Entenmast und -haltung bis auf 6 Mill. Stück vorgesehen. A. Kozianowski. 6890.

3-64/10-9182 Kászoni, Zoltán. Date despre economia piscicolă a R.S.F. Iugoslavă. **(Angaben über die jugoslawische Fischwirtschaft.)** Bul. Inst. Cercetări Proiectări piscicole **22** (1963) Nr. 1. S. 47-101. — 33 Abb., 27 Tab.
In Jugoslawien wurden 1961 25 560 t Meeresfische und 12 975 t Süßwasserfische gefangen. Der Binnenfischerei stehen folgende Flächen zur Verfügung: 164 090 ha Fließgewässer, 77 910 ha Seen, 4 025 ha Stauseen, 8000 ha Teiche. Etwa 40% der Gesamtproduktion kommen aus Kroatien, 33% aus Serbien, 11% aus Montenegro, 10% aus Mazedonien, 5% aus Bosnien-Hertzogovina und 1% aus Slovenien. Jugoslawien exportiert Seefischkonserven in alle Kontinente und Frischfisch in alle europäischen Länder. In Kroatien, wo die Teichwirtschaft am weitesten entwickelt ist, wurden 1961 auf einer Gesamtfläche von 4437 ha 4388 t Karpfen produziert. Gegenüber dem Vorjahr wurde eine Steigerung um 39% durch folgende Intensivierungsmaßnahmen erreicht: Starke Fütterung (11306 t, davon 7884 t Mais), Herbstbesatz zur Bekämpfung von Krankheiten, Verabreichung von 7571 t Kunstdünger (davon 1555 t Phosphatdünger und 1835 t Dünger aus Zuckerfabriken), regelmäßigen Schilfschnitt u. a. D. Barthelmes. 6890.

3-64/10-9183 Sahrhage, Dietrich; Hamburg, Bundesforsch.-Anst. für Fischerei, Inst. für Seefischerei. **Die Seefischerei in der Republik Guinea und einige Möglichkeiten zu ihrer Intensivierung.** Arch. Fischereiwiss. **12** (1961) Nr. 1/2. S. 38-74. — 22 Abb., 2 Tab., 26 Lit.
Im Rahmen des Abkommens über wirtsch. und techn. Zusammenarbeit zwischen der Republik Guinea und der BRD untersuchte Vf. von Okt.-Dez. 1959 die Fischereiverhältnisse Guineas. Es wird über die ozeanographischen und ichthyofaunistischen Grundlagen, den gegenwärtigen Stand und die Entwicklungsmöglichkeiten der Meeresfischerei und der Fischwirtschaft berichtet. Bootstypen, Fangmethoden und Fanggeräte, die Organisation der Fischerei und des Absatzes der Seefische, das Räuchern und Trocknen werden geschildert. Die Vorstellungen des Vf. über die vorzuschlagenden Förderungsmaßnahmen sind jeweils angefügt. Die Anlandungen der guineischen Fischer und französischen Kutter in Conakry stiegen von 136 t im Jahre 1947 auf 2679 t im Jahre 1958. Die Gesamtanlandungen der Republik werden jährlich auf 7000 t geschätzt. Sie bestehen zu ca. 70% aus *Ethmalosa fimbriata.* Weitere Hauptbestandteile der Fänge bilden *Otolithus senegalensis, O. brachygnathus* und *O. macrognathus* sowie *Arius gambensis* und *A. hendeloti.* Die Liste der wichtigsten Nutzfischarten umfaßt 24 Familien und 40 Gattungen mit ca. 50 Arten. Im Innern des Landes hat die Binnenfischerei eine weit größere Bedeutung als die Meeresfischerei. Das Gesamtaufkommen wird auf etwa 9000 t jährlich geschätzt. Die Wasserläufe werden sehr intensiv genutzt. Von Fischern, die hauptberuflich als Bauern tätig sind, werden die Flüsse und Seen saisonmäßig, beginnend nach dem Ende der Regenzeit, befischt. Neben Stellnetzen werden hauptsächlich Umzingelungsnetze, Reusen, Scherenhamen und Fischspeere benutzt. Gefangen werden Welse, *Alestes*-Arten, Nilhechte und *Tilapia.* Zahlreiche Fischzucht- und Teichwirtschaften befinden sich im Aufbau, in denen die folgenden *Tilapia*-Arten gezüchtet werden: vorwiegend *zilli,* dann *melanopleura, galilaea, nilotica* und *monodi,* manchmal auch *Heterotis niloticus.* H. J. Rümmler. 6890.

Redaktionsschluß: 17. 7. 1964

EIN VOLLSTÄNDIGER ODER GEKÜRZTER ABDRUCK DER REFERATE IST OHNE GENEHMIGUNG DER REDAKTION UND DES VERLAGES VERBOTEN!

Herausgeber: Deutsche Demokratische Republik · Deutsche Akademie der Landwirtschaftswissenschaften zu Berlin, Institut für Landwirtschaftliche Information und Dokumentation, Berlin W 8, Krausenstraße 38/39; Fernsprecher: 22 51 61. Chefredakteur: Dr. Werner Kleeberg, Berlin W 8, Krausenstraße 38/39; Fernsprecher: 22 51 61. Redaktion der Abteilung III — Tierzucht · Tierernährung · Fischerei: Dr. Hans Dieter Hennig, Dr. habil. Bernhard Piatkowski und Dr. habil. Werner Steffens, Berlin W 8, Krausenstraße 38/39; Fernsprecher: 22 51 61. Verlag: Akademie-Verlag GmbH, Berlin W 8, Leipziger Straße 3—4; Fernsprecher: 22 04 41, Telex-Nr. 011773, Postscheckkonto: Berlin 350 21. Bestellnummer dieses Heftes: 1030 III — IX/10. Das Landwirtschaftliche Zentralblatt, Abt. Tierzucht · Tierernährung · Fischerei, erscheint monatlich. Einzelheft DM 20,—; einseitig bedruckte Ausgabe DM 24,—. Jahresbezugspreis DM 240,—; einseitig bedruckte Ausgabe DM 288,— einschl. Register, zuzüglich Porto- und Versandkosten. Gesamtherstellung: VEB Druckerei „Thomas Müntzer“ Bad Langensalza. Veröffentlicht unter der Lizenznummer 1290 des Presseamtes beim Vorsitzenden des Ministerrates der Deutschen Demokratischen Republik.

KÜHN-ARCHIV

Arbeiten aus der Landwirtschaftlichen Fakultät
der Martin-Luther-Universität Halle-Wittenberg

Herausgegeben im Auftrage der Fakultät
von Hans Stubbe und Gustav Könnecke

78. Band, Heft 1/2

1964. 224 Seiten — 94 Abbildungen — 6 Tabellen — 4 Darstellungen — 6 Diagramme
18 Übersichten — gr. 8° — 33, - MDN

Inhalt:

JOACHIM BOESSNECK, HANNS-HERMANN MÜLLER, MANFRED TEICHERT

Osteologische Unterscheidungsmerkmale zwischen Schaf (*Ovis aries* LINNÉ) und Ziege (*Capra hircus* LINNÉ)

EBERHART FLEISCHER

Weitere Untersuchungen zum funktionalen Zusammenhang zwischen Arbeitszeitbedarf und Arbeitsbedingungen und zur Möglichkeit seiner nomographischen Darstellung, demonstriert am Beispiel der Stalldungausbringung mit Dunglader T 170 und Stalldungstreuer D 352

EBERHART FLEISCHER

Zur Arbeitswirtschaft der Stroh-Stalldung-Kette

Fortsetzungsbestellungen durch eine Buchhandlung erbeten

AKADEMIE-VERLAG · BERLIN

32404

BESTIMMUNGSBÜCHER ZUR BODENFAUNA EUROPAS

Lieferung 3

K. PRINCIS

Ordnung Blattariae

(Schaben)

In Vorbereitung
Etwa 72 Seiten
56 Abbildungen
gr. 8°
etwa 17,– MDN

Die Bearbeitung der auch dem Bodenzoologen immer wieder unterkommenden und zum Teil recht schwierig zu bestimmenden Schaben, die vielfach biotopcharakteristisch sind, stammt von dem derzeit besten Kenner dieser Gruppe. Wie bei den anderen Lieferungen ist dem systematischen Teil ein einführendes Kapitel vorangestellt, in dem sich der Benutzer über Morphologie und Terminologie sowie über andere allgemeine Belange der Gruppe orientieren kann. Im systematischen Teil sind alle freilebenden Arten des europäischen Faunengebietes berücksichtigt. Der vielfach stark ausgeprägte Sexualdimorphismus zwang dazu, die Bestimmungsschlüssel der meisten Gattungen nach Geschlechtern getrennt aufzubauen. Zahlreiche Abbildungen veranschaulichen die taxonomisch wichtigen und oft schwer zu beschreibenden Merkmale der einzelnen Arten und ermöglichen so auch dem Nichtspezialisten deren Bestimmung.

Vorbestellungen durch eine Buchhandlung erbeten

AKADEMIE-VERLAG · BERLIN

Bei Fragen zur Produktsicherheit wenden Sie sich bitte an:
If you have any questions regarding product safety,
please contact:

Walter de Gruyter GmbH
Genthiner Straße 13
10785 Berlin
productsafety@degruyterbrill.com